現代企業
經營管理

主編 ○ 楊孝海、翟家保

前　言

　　隨著市場經濟的深入發展，企業管理的重要性日益凸顯，迫切需要具有創造性、競爭性、開拓性的複合型管理人才。成功企業之所以成功主要是贏在管理上。現代企業若想在激烈的市場競爭中立足並有所作為，人、財、物、信息等生產要素是必不可少的。但如何將這些生產要素進行有效組合併使之發揮最大效能則更顯重要，這就需要管理。從以往成功企業的經驗看，它們的成功不僅因為擁有先進的技術與優秀的技術人才，更重要的是它們都擁有優秀的管理人才和一套科學的管理機制。現代企業管理就是在這樣的條件下應運而生的。

　　本書在內容上力求反應現代企業管理理論研究的最新成果，吸收國內外現代企業管理實踐的先進經驗，全面、系統、準確地介紹現代企業管理的理論和實務知識，具有形成技術應用能力所必需的基礎理論和專業知識。在論述各種現代企業管理理論的同時，列舉了國內外企業管理中的許多實際例子，這些例子有助於學生理解、學習和運用有關理論。

　　本書堅持知識普及性和理論前沿性相結合，堅持理論與實踐相結合，緊密圍繞現代企業管理發展的新趨勢，以充分體現「現代性」，具有綜合性、實用性和可讀性的特點。在體系結構設計上著重考慮工商管理類專業學生的認知結構背景，在內容的選擇、概念的引出、理論的推導、範例的引證、結論的歸納和習題的挑選等方面具有較強的針對性，力求做到理論、實務、案例三結合，在每章結尾都有小結和復習思考題，每章都有案例，這既有助於提高學生運用所學的理論解決實際問題的能力，又有助於學生加深對國內外企業管理實際的瞭解。

編者

目 錄

第一章　企業經營管理概論 ……………………………………………（1）
　　第一節　企業及其特徵 ……………………………………………（1）
　　第二節　產權制度與企業類型 ……………………………………（5）
　　第三節　企業組織行為 ……………………………………………（16）
　　第四節　企業經營管理 ……………………………………………（22）

第二章　企業戰略與經營環境 …………………………………………（27）
　　第一節　企業經營環境概述 ………………………………………（27）
　　第二節　經營環境的種類 …………………………………………（29）
　　第三節　經營機會與風險 …………………………………………（39）
　　第四節　企業戰略概述 ……………………………………………（43）
　　第五節　企業戰略方案設計 ………………………………………（51）
　　第六節　企業戰略的實施與控制 …………………………………（57）

第三章　企業決策 ………………………………………………………（62）
　　第一節　決策概述 …………………………………………………（62）
　　第二節　決策方法 …………………………………………………（66）
　　第三節　科學決策的制定與執行 …………………………………（74）

第四章　企業經營計劃 …………………………………………………（80）
　　第一節　經營計劃概述 ……………………………………………（80）
　　第二節　計劃體系與制定流程 ……………………………………（84）
　　第三節　現代計劃方法 ……………………………………………（88）

第五章　企業組織 ………………………………………………………（99）
　　第一節　組織機構設計的必要性 …………………………………（99）

第二節　企業組織機構設置的原則 …………………………………（102）
　　第三節　企業的組織形式 ……………………………………………（105）
　　第四節　組織變革 ……………………………………………………（109）

第六章　領導與激勵 …………………………………………………………（122）
　　第一節　領導的含義與領導原理 ……………………………………（122）
　　第二節　領導理論與領導方式 ………………………………………（126）
　　第三節　激勵理論與方法 ……………………………………………（130）

第七章　管理控制 ……………………………………………………………（143）
　　第一節　控制概述 ……………………………………………………（143）
　　第二節　控制過程 ……………………………………………………（149）
　　第三節　控制方法與原則 ……………………………………………（158）

第八章　生產管理 ……………………………………………………………（169）
　　第一節　生產管理概述 ………………………………………………（169）
　　第二節　生產組織 ……………………………………………………（173）
　　第三節　生產作業計劃 ………………………………………………（182）

第九章　質量管理 ……………………………………………………………（195）
　　第一節　質量管理概述 ………………………………………………（195）
　　第二節　質量成本 ……………………………………………………（200）
　　第三節　全面質量管理 ………………………………………………（202）
　　第四節　質量管理體系 ………………………………………………（206）
　　第五節　質量控制方法 ………………………………………………（210）

第十章　營銷管理 ……………………………………………………………（226）
　　第一節　營銷管理概述 ………………………………………………（226）
　　第二節　市場調查與預測 ……………………………………………（236）

第三節　營銷策略 …………………………………………………（242）

第十一章　財務管理 ……………………………………………………（253）
　　第一節　財務管理概述 ……………………………………………（253）
　　第二節　融資與投資管理 …………………………………………（258）
　　第三節　成本、費用和利潤管理 …………………………………（267）
　　第四節　財務分析 …………………………………………………（272）

第十二章　人力資源管理 ………………………………………………（278）
　　第一節　人力資源管理概述 ………………………………………（278）
　　第二節　企業人力資源規劃 ………………………………………（281）
　　第三節　人力資源的開發 …………………………………………（287）
　　第四節　人力資源評價 ……………………………………………（292）

第十三章　企業文化 ……………………………………………………（299）
　　第一節　企業文化的含義與功能 …………………………………（299）
　　第二節　企業文化的塑造 …………………………………………（303）

第十四章　創新管理 ……………………………………………………（309）
　　第一節　創新及其作用 ……………………………………………（309）
　　第二節　創新的基本內容 …………………………………………（311）
　　第三節　創新的過程和組織 ………………………………………（325）

第一章　企業經營管理概論

　　企業是一個歷史範疇，是隨著商品生產的發展而產生的。企業是指商品經濟中以營利為目的，獨立從事商品生產、流通或服務性經營活動的獨立核算、自負盈虧的社會經濟組織。企業是在一定的財產關係基礎上形成的，企業在市場上所進行的物品或服務的交換實質上也是產權的交易。企業制度是企業產權制度、企業組織形式和經營管理制度的總和。企業制度的核心是產權制度，企業組織形式和經營管理制度是以產權制度為基礎的，三者分別構成企業制度的不同層次。企業制度是一個動態的範疇，它是隨著商品經濟的發展而不斷創新和演進的。本章將主要講解企業的起源、概念、特徵，產權、產權交易方式、產權制度和現代企業制度，企業的設立、變更和終止行為，以及企業經營管理的幾種職能。

第一節　企業及其特徵

一、企業的起源與邊界

　　企業是隨著市場經濟的形成和發展逐步產生並發展起來的。企業作為一個歷史範疇，是生產力發展到一定階段的產物，是隨商品生產的發展而產生的。在企業產生以前，從事經濟活動的基本單位是家庭或家族。隨著商品生產和生產力的發展，到了資本主義社會，以資本家大量雇工和協作勞動為特徵的經濟組織大量出現，工廠、商店、農場等企業成為從事社會生產和流通活動的基本經濟單位。

　　原始的市場上，交易活動的當事人大都是個體生產者，他們以家庭為單位，獨立地生產或銷售。而在現代市場經濟中，企業取代了家庭，成為社會生產和銷售的基本組織形式。為什麼在市場經濟的發展過程中會產生和形成企業這一經濟組織形式呢？對此經濟學和管理學等領域的研究者有如下幾種解釋：

　　1. 分工專業化觀點

　　亞當‧斯密等古典經濟理論學家認為勞動分工的日益深化和不斷演進提高了勞動生產率，強調分工和專業化的發展是經濟增長的源泉，並以扣針工場中做扣針為例詳細闡述了勞動分工對提高勞動生產率的巨大作用，其中隱含著分工促使企業產生的思想。

　　在新古典經濟理論中，企業被看作一個「黑箱」，即企業是一個與消費者處於同等地位的、在市場和技術的約束下追求利潤最大化的專業化的生產單位（而其過程可以

通過生產函數予以描述）。此類研究者主要從分工協作效益、規模經濟等生產技術因素分析企業產生的根源。

2. 交易成本觀點

任何社會經濟活動或協作生產都需要一定的組織方式去調節。科斯（R. Coase）發現，現代市場經濟中存在著兩種基本的組織方式：市場組織和企業組織。在市場經濟中，在企業之外，經濟活動由市場組織、市場交易以其特有的有效方式，把成千上萬經濟活動當事人的活動聯繫起來，結合成一個社會的經濟體系，而「在企業之內，市場交易被取消，伴隨著交易的複雜市場結構為企業家所替代，企業家指揮生產」。於是，這裡就產生了一個問題：既然市場是協調經濟活動的一種有效方式，為什麼還需要用企業這種組織方式來取代市場呢？科斯用「交易費用假說」進行瞭解釋。

交易費用是指一切不直接發生在物質生產過程中的與人打交道時所消耗的費用。換句話說，我們可以把在直接生產過程之外的一系列制度費用，包括信息費用、談判費用、擬定和履行合約的費用等，都歸結為交易費用。著名學者威廉姆森曾形象地將交易費用比喻為物質世界中的摩擦力。沒有交易費用的世界宛如物質世界中缺乏摩擦力那樣令人無法想像。

組織經濟活動的方式說到底就是人與人之間發生經濟關係、進行交易活動的一種方式。在不同的組織方式下，交易費用是不同的，而節省交易費用能增加當事人的收益。因此，在產權明晰的條件下，人們會對不同的組織方式進行選擇，以使交易費用最小化。

市場組織的特點是通過交易來協調社會經濟活動。在市場交易中，人們做什麼不做什麼，受價格機制的調節。事實上，所有市場交易活動都是有成本的。在交易中，要發現每一種產品的相對價格，要討價還價，要簽訂合約，要監督和保證合約的實施，這些都需付出一定的耗費。當市場交易費用太高，比如說，要在連續生產中度量和決定各個獨立生產者各自的加工量或部件的價格變得十分困難時，放棄個體生產和部件的市場交易，「通過形成一個組織，並允許某個權威（企業家）來支配資源，就能節約某些運行成本」。於是，有組織的企業出現了，企業取代了市場。

企業的特點是權威性和等級制，人們的活動受統一計劃或指揮的支配。在存在企業的條件下，企業家只需在企業外部與其他生產要素所有者簽訂少量合約，就可把從事協作生產的一切必要資源置於自己的控制之下，並根據己願組織生產。這樣，少量合約代替了系列合約，同時較長期合約取代了較短期合約，簽約與履約費用也可大量節省。而且長期合約較之於短期合約更能避免或減少交易中的不確定性因素，從而減少交易風險。總之，企業出現的制度原因在於企業可以以低於市場的交易費用完成同樣的交易活動。

如果企業作為一種經濟組織方式永遠因節約交易費用而優於市場組織方式，那麼，在利潤最大化的動機下，企業就會無限擴大，最終完全取代市場，使整個經濟變成一個大企業，如同中國曾經的傳統計劃經濟體制一樣。然而，事實上，企業與市場總是並存、相互依賴的。這是因為，企業運行本身也是有成本耗費的。企業組織其活動，例如，對勞動的考核、獎勵與監督成本，就是一種交易費用。當企業規模變得過大，

以致需要追加的企業的組織成本費用超過了從規模擴大取得的好處時，繼續擴大企業規模就變得不經濟了。概言之，當企業規模擴大造成的內部管理和監督費用（簡稱為管理費用，也是一種「交易費用」）的邊際增加，正好與節約下來的市場交易費用的邊際減少相等時，企業規模便停止擴大，這時企業規模與市場規模就處在均衡狀態上。超過了這個規模，企業的管理與監督費用就會過高，交易費用不如通過市場組織，即通過協議買賣來得更低些。不難看出，在企業內部組織一筆追加的交易的費用剛好等於在市場上完成這筆交易的費用的地方，就是企業的邊界所在。這就是科斯等人給出的解釋。

3. 人類社會發展觀點

在人類社會發展過程中，人有兩大最基本的需要——生存和自由，人的基本福利也就相應地包含生存福利與自由福利。與西方主流經濟學家不同，馬克思認為個體對自由的追求與組織對自由的限制是對立統一的，個體追逐自由、捍衛自由是社會進步的原初動力，但自由僅限於此不可能真正推動社會的進步，個體通過追逐、捍衛自由來推動社會進步必須在與組織的矛盾運動中實現。一方面，組織會限制人的自由，導致自由福利減損；另一方面，人們之所以願意以自由福利減損為代價加入組織，是因為組織能夠為其帶來（較多的生存）利益，或者說，是因為他們能夠從組織中獲得「合作剩餘」，每個參與者獲得的合作剩餘都至少能彌補各自的自由福利減損。正是通過建立起符合工業文明生產力發展要求的合作生產組織——企業，人類才解決了更大規模人口的生存問題。

企業高效率合作生產帶來的正能量使主流經濟學家習慣於擔心的「人—物」使用過程中邊際遞減規律可能引發的社會財富增長乏力變得多餘，以企業為載體的合作生產使社會財富在「人—人」合作過程中因報酬遞增而快速增長。因此，從人類社會發展角度看，能夠創造合作剩餘才是企業產生的原因，企業的本質就是創造合作剩餘的經濟組織。合作剩餘則源於馬克思所說的因分工而產生的「協作生產力」，即合作剩餘源於企業協作生產導致的生產率提高。

4. 企業家創造觀點

企業家創造觀點認為，以上觀點大都忽視了企業產生的「主觀主義」，忽視了企業家與企業的內在聯繫。美國經濟學家黑爾斯對企業家的定義是：「所謂企業家，即那些能夠抓住經濟生活中的機遇，或能夠對經濟生活中發生的機會做出反應，通過創新為其本人和社會創造更多的價值，從而使整個經濟體系發生變化的人。」美籍奧地利著名經濟學家約瑟夫·熊彼特指出：「企業家是實現創新、進行新組合的人，否則只能是管理者。」企業家的這些特質具有特殊性。企業家創造觀點認為，企業的產生是敏銳的企業家為滿足消費者需求的創造物，是逐利的企業家為實現潛在的盈利機會的行為所致。企業家實現其自身的資本價值的可能途徑就是創立企業並持續經營（或轉讓企業獲利）。

二、企業的概念及特徵

企業是指商品經濟中以營利為目的，獨立從事商品生產、流通或服務性經營活動

的獨立核算、自負盈虧的社會經濟組織。

社會經濟生活狀況，即生產、分配、交換、消費的狀況，在很大程度上取決於企業的生產經營狀況。在生產領域，企業是生產的現場，通過企業實現了勞動力同勞動資料結合併生產出產品。在交換領域，企業是實現商品價值的基本環節。在分配領域，企業在「勞動者—企業—國家」這個鏈條當中起著中間環節的作用，通過企業實現國民收入的分配和再分配。因此，企業是社會經濟活動的基本單位，是國民經濟的微觀基礎。

企業與事業單位不同，它具有以下幾個方面的普遍特徵：

1. 營利性

營利性是指從事商品生產或經營的單位必須以獲取利潤作為自身存在及進一步發展的前提和保證。營利特徵是事業單位和企業單位的根本區別所在。比如，公辦學校是靠國家的財政撥款建立並運作的，其目的不在於營利，而在於興辦教育事業。企業的目的卻在於營利，國家並不向企業無償地提供資金，相反，企業還有義務向國家納稅。

2. 經營性

經營性又稱商業性。企業是從事經營性活動的組織，為他人消費而從事商品生產和流通，或從事服務性經營活動。

3. 獨立性

企業必須獨立核算、自主經營、自負盈虧。有些總公司屬下的分公司，它們也是進行生產經營活動的經濟組織，但如果它們對自己的經營成果只進行核算，而不自負盈虧，其最終盈虧由總公司負責，那麼它們就不是真正意義上的企業。

三、企業的社會責任

企業作為市場經濟的微觀主體，它必須承擔相應的社會責任。

1. 企業要對其資本所有者和員工負責

傳統理論認為企業是資本家獲取利潤的地方，而現代理論卻強調企業是其員工創造利潤的場所。實際上企業創造的附加價值包括資本收益和勞動收益兩個部分，因此，企業是代表資本所有者和員工利益的經濟實體。企業對資本所有者和員工具有不可推卸的責任。

2. 企業對顧客負有社會責任

顧客是企業的生存之本，只有顧客購買，企業的商品和服務才能實現交換，並最終實現其價值，企業的各種消耗才能得到補償，從中獲取相應的利潤。因此，企業對顧客負責，不僅維護了顧客的利益，也維護了企業自身的利益。對顧客負責的根本體現是企業的生產和經營必須以顧客的需求為出發點，必須關注顧客的需求變化，力求使企業的商品和服務滿足顧客的需要。

3. 企業對債權人負有責任

企業在運行中為增加資本收益，往往舉債經營。如果沒有這些債權人，企業運行就會陷入困境。企業對債權人的責任就是到期償還債務。如果做不到這一點，企業的

信譽和正常營運都將受到影響。

4. 企業對政府負有一定的責任

企業對政府的責任主要是依法經營、依法納稅。企業的一切行為必須遵守國家的法律、法規，定期進行財產審計，做到帳實相符，按經濟合同履行義務，不得損害消費者的利益和員工的合法權益等。

5. 社會是人們生活的場所，也是企業的一個責任點

企業必須同社會各界一起，共同解決面臨的社會問題，積極參與本地區社團組織與社會公益活動。企業對社會的責任，主要是提供就業機會和良好的工作條件，保護生態環境，以公平合理的價格為社會提供優質的商品和服務，保護消費者的利益，合理開發和有效利用社會資源，提高資源利用率。

由以上分析可知，企業不僅是一個營利的場所，而且還是擔負各種社會責任的組織。

第二節　產權制度與企業類型

一、產權的本質及特徵

產權是財產權的簡稱，它是法定主體對財產的所有權、佔有權、收益權和處置權的總稱。排他性是產權的本質特徵，即所有者不允許他自己以外的任何人佔有、使用或控制其擁有的財產。在自然人企業制度下，財產權是由法律規定的主體對於客體的最高的、排他性的獨占權；在法人企業制度下，所有權與經營權的分離具有法律意義，公司財產取得了獨立的法律形式——法人資產。產權具有以下特徵：

1. 產權是所有制關係的法律形態

生產資料所有關係有兩種表現形式：一是人們在生產資料或財產佔有上所體現的經濟關係；二是所有制的獨占或壟斷在法律上表現出來的法權關係——排他性產權。產權是依法獲得的權利。

2. 排他性產權的契約性質

產權作為所有制關係的法律形式，具有上層建築的屬性，產權所有者要求他人在法律上承認他對財產的權利。同時，所有者還可以通過契約或委託形式，把財產的佔有、使用、收益、處置等產權權益在特定時期內轉讓或租賃出去。如承包者獲得財產在一定時期內的收益權和使用權。在公司法人制度下，股權與物權相分離，收益權與處置權脫離。

3. 產權是一組權利，是多種權利的總和

凡是能給所有者帶來收入的資源都存在產權問題。資源產權包括：物權、債權、股權、人力資源產權。

4. 產權的統一性和不完全性

產權的統一性就是產權的完全性或完全產權，即使用權、收益權、轉讓權、處置權的集中性，這些權力集中於同一主體。但隨著產權的流動與交易，產權發生分解，

出現不完全產權。債權是典型的不完全產權。市場經濟中的產權絕大多數是不完全產權。

不完全產權是市場中產權轉讓、買賣必然出現的產權形態。產權的買賣、轉讓、租賃、代理、拍賣、分拆與合作等等，通過合約的談判、簽署來進行，並把它置於法律的保護之下。產權交易會出現以下情況：①產權主體轉讓所有權和收益權，而部分地保留使用權。例如，資金和財產捐贈者規定接受資金和財產者運用其財產的特殊用途並保留監督審查的權利，接受者通常是基金會、社團法人和公司法人。②產權主體轉讓其財產經營權而保留所有權和收益權，即委託代理人經營資產，這時，產權中的所有權與經營權是分離的，分離的程度通過租賃承包合同來規定。③產權主體轉讓其財產所有權、支配權、使用權，而僅保留財產收益權和破產清償的期待權，財產的出售、轉移、抵押、典質、出租、交換或以其他方式處置全部或任何部分財產和資產的權利轉讓給了法人，這時產權的原有主體成為股東。股東的股權由公司章程規定，其內容主要包括：紅利分配和破產清償的期待權；股權憑證的轉讓權；法人機關的選舉權和重大問題的投票權。法人無權要求在公司正常狀況下的投資回收，股東義務僅以出資額對公司債務承擔有限責任。

產權是財產或資源所有權、佔有權、支配權和收益權「四權」的總稱，在有些情況下「四權」是統一的，而在產權的具體運用和交易的情況下，「四權」以不同形式分離。例如，在現代公司制度中，產權分解為股權、法人所有權、經營權，其產權主體分別為股東、董事會和總經理。許多學者在其文章和討論中，把產權僅僅理解為法人產權，並且進一步把企業產權單純定義為法人產權，引起理論討論中的混亂和概念不清。有限責任公司在大多數情況下，法人代表或董事本身就是出資人，他們擁有的企業產權就不僅僅是法人產權，也有的自然人既是法人又是股東，在臺灣地區甚至規定有限責任公司的股東所享有的經營權是絕對的，即股東的經營管理權是他的義務。在這種情況下，企業產權中的所有權與經營權是重合的。

5. 產權起源與資源稀缺性及交易費用有關

現代產權理論認為，強有力的產權約束能防止資源的濫用，合理的產權安排可以促使資源的有效配置。同時，產權歸屬的確定性使得產權交易中談判對象大大減少，從而會大大降低交易費用並提高配置效率，推動經濟增長。

二、產權概念屬於現代經濟學範疇

產權概念屬於現代經濟學的範疇。古典經濟學和新古典經濟學都不涉及產權問題。但現實世界的不完全競爭性、經濟人的不完全理性、信息的不完全性、未來的不確定性以及外部經濟等問題，使得現代經濟學注意到產權制度對經濟效率、資源有效配置、減少政府干預的重要性。

現代經濟學使用產權概念具有以下特點：

（1）注重產權的現實形式——產權的實際支配權，如在獨資企業、合夥企業、公司企業（有限責任公司、無限責任公司、兩合公司）資產的實際控制權和佔有權以及收益權和處置權。

（2）產權主體的泛化。產權主體既包括自然人，也包括機構、組織等社團法人。與此相關的產權客體也泛化了，有物權、人力資源產權、動產權、非動產權、有形產權、無形產權等。

（3）產權分析的定量化。比如：產權分析要揭示企業的具體資產結構、佔有方式、責權利分佈組合；要判斷各當事人擁有的權力空間和限度、受公司法和公司章程約束的程度、行使企業控制權的程序、利得權的界定以及企業治理結構和利益分配結構。

可見，產權概念較之所有權概念，內容更寬泛、更具體，它主要回答資源配置主體在法律範圍內可行使的各項權利。所以，產權概念有利於揭示經濟生活中多種複雜的財產佔有和支配形式，有利於人們更具體地把握所有權的內涵及實現形式。如對清新空氣的享用權、陽光採集權、寧靜享用權等，雖不能成為所有權的內容，卻可以成為產權的內容。

三、產權流動與產權交易

1. 產權流動和產權交易

產權流動是指財產所有權、佔有權、控制權、收益權在不同主體間的轉換，是一種權利的變更。產權流動分為經濟性流動和非經濟性流動。產權的經濟性流動是指通過經濟手段來實現產權的轉移。產權的非經濟性流動包括戰爭和暴力導致產權轉移、分封、贈予、繼承、劃轉等。

產權交易是產權的有償轉讓，是廣義財產權（所有權、佔有權、控制權、處置權、收益權）的經濟性流動。產權交易包括以交換、經營、承包、租賃、拍賣、託管、兼並、收購、出資入股、組建股份公司、改組、改制、改造等方式獲得或轉讓的財產權利。這種形式的產權交易的最原始形式是商品社會中的物物交換。商品交換，是實物產權的易手和主體的轉換。隨著商品經濟的普遍化和市場經濟的約束，產權交易的內涵擴大了：從物權到使用權，從所有權到經營權，從股權到債權，從商品產權到資源產權，從物質產權到企業產權，從有形產權到無形產權。總之，產權交易的內涵從單純的財產所有權轉讓擴大到財產使用權、收益權的轉讓。如租賃關係、典當關係、承包關係、代理關係等等，產權關係更加豐富多彩，產權流動與交易的豐富性和多樣化成為現代市場經濟中產權的顯著特徵。

2. 產權交易的方式

產權交易既包括產權的整體轉讓，也包括產權的部分轉讓。企業產權轉讓是典型的產權整體轉讓。在產權市場上，企業的整體產權交易很少，一般是在資產股份化條件下，通過股權轉讓實現產權的部分轉讓。

根據交易形式劃分的產權交易方式有購買式、承債式、吸收入股式、控股式、人員接受式等。

（1）購買式。企業法人通過議價或競價方式出資購買另一企業的全部或部分產權。

（2）承債式。在被轉讓企業的資產與債務等價的情況下，企業以承擔被轉讓企業債務為條件接收其資產，又叫「零收購」，即在淨資產為零的情況下，接受目標企業的債權債務和資產。

（3）吸收入股式。被轉讓企業的資產所有者將被轉讓企業的淨資產作為股金投入另一企業，成為另一企業的股東。

（4）控股式。一個企業通過購買其他企業一定數量（理論上說是50%以上，現實生活中則具有很大的彈性）的股權，達到控股，成為被控股企業的產權法人代表。

（5）承擔安排全部職工等其他條件式。一個企業以承擔安排另一個企業全部職工生產與生活為條件，接收其全部資產。

根據交易主體劃分的產權交易方式有兼並、租賃、拍賣、轉讓、合併等。

（1）兼並。企業兼並是指一企業購買其他一個或幾個企業的產權，被兼並企業失去法人資格或改變法人實體，兼並者通常作為存續企業仍然保留原有企業的名稱，而被兼並企業則不復存在，即 A+B＝A。

（2）租賃。租賃是一方向另一方支付租金，以取得一定期間內對另一方資產的使用權。企業租賃是產權轉讓的一種特殊形式，其特點是在有限的租賃期，產權屬非一次性的不完全轉移，轉移的對象是財產使用權和資產的經營權。租賃大部分為融資性租賃、服務性租賃和經營性租賃三大類。

（3）拍賣。產權拍賣是產權擁有者和需要者雙方通過競賣方式，使產權從擁有者一方向出價最高的需要者一方轉移的一種產權轉讓形式。

（4）股份轉讓。股東一旦取得股份，便失去了對入股資金的經濟支配權，擁有的只是股權（終極所有權）以及與股權相關的公益權（選舉權）和收益權。股份轉讓，是股東根據自身利益和預期心理決定對持有股份轉讓與否的權利。股份轉讓使終極所有權發生經常性的部分變更，但股份制企業的產權並沒有因部分股份轉讓而發生變化，除非其破產或被兼並。

（5）資產轉讓。這是指實物資產所有者（產權代表者）與需求者之間的一種有償交換關係。有償轉讓，指資產擁有者與需求者之間按照等價的原則用資產的實物價值與貨幣價值進行交換的一種方式。

（6）合併。企業或公司合併包括吸收合併和新設合併。吸收合併即兼並，A+B＝A；新設合併是指交易雙方法人資格消失，共同組建一家新公司，即 A+B＝C。

（7）收購。它是指通過取得企業控制權進行資本運作的一種經濟行為。為取得企業經營控制權進行收購，通常要求達到絕對控股和相對控股要求。絕對控股是指收購的股份達到50%以上；相對控股是指法人持有一家上市公司發行在外的普通股30%，此時收購方要發出收購要約。從收購對象上看，有收購股權和收購資產兩種。收購股權是指收購目標公司的股份，收購者將成為目標公司的股東，自然要承擔公司的一切債務。而收購資產不涉及公司股份，無須承擔公司的債務。如果企業資產全部出售，則企業將無法繼續經營原來的生產或業務，最後只能被迫解散公司。

四、產權關係和產權制度

（一）產權關係和產權制度的含義

產權關係是指財產的所有權、支配權、使用權、收益權與由法律界定的經濟當事

人之間的權利關係，簡單地講就是社會經濟運行中各經濟當事人與財產權利及具體形式的關係。

產權制度是指既定產權關係下產權的組合、調節、保護的制度安排。產權制度是對產權關係、產權界定、產權經營和產權轉讓的法律確定。人類社會發展的不同階段，產權制度具有不同的內容。在現代市場經濟中，產權制度至少應包含以下內容：

（1）產權安排。通過產權界定，確定排他性產權，明確誰有權做什麼並確立相應的規則，如產權收益獲取規則、產權轉讓交易規則、產權擁有者承擔產權行使後果責任規則、產權擁有者自由行使權利規則等。

（2）產權結構安排。明確出資人、經營者、生產者的責權利，法人產權制度，企業法人對法人資產的支配、轉讓、收益獲取、債務責任，企業各利益主體的責權利以及制約監督機制。

（3）產權保護。產權的法律保護以及對破壞產權關係行為的強制懲罰等。

產權制度具有財產約束功能、激勵功能、有效配置資源的功能、形成穩定預期的功能、規範交易行為和交易界區的功能。產權制度能有效地界定和規範財產關係和人們的經濟行為。

（二）產權制度的主要類型

一個社會的產權制度的具體形式受制於特定的政治經濟文化條件下配置稀缺資源的交易費用的大小。人類歷史發展的各個階段有不同的產權制度。

1. 個人私有產權制度

這種小生產者企業，是簡單商品經濟階段以小商品生產為特徵的經濟單位，是企業的初始形式。這類企業以手工操作為主，以家庭經營為依託，因而其產權結構和組織狀況比較簡單，呈現出很直觀、很簡單的形態。其主要特點是：

（1）企業資產與所有者個人的消費財產，是完全合一的。二者不僅不存在任何界限，甚至缺少必要的核算。生產經營收入可以立即轉化為個人、家庭的消費資料，反之亦然。

（2）企業的所有者（出資人）、經營者和主要勞動者是合一的。手工業作坊的主人也就是主要勞動者（師傅），一切生產經營都在他的決策和參與下進行。

（3）企業的組織、經營目標和產權觀念都較簡單直觀，帶有明顯的古典的所有權色彩，不同產權主體之間的產權邊界是清楚的，但是交易合約中的產權權益並無精確核算，仍帶有明顯的宗法色彩。

這種產權制度的典型形式是前資本主義社會存在的小生產者或小經營者。他既是小私有者，同時又是勞動者。在資本主義時代乃至現代市場經濟中，這類小私有者經營的企業仍然存在，其產權制度的基本特徵依然存在，只不過在形式上或管理上多了些科學成分或時代特點而已。

2. 自然人企業制度

這種產權制度最初表現為獨資企業，後來發展為合資企業或者家族式控股公司。家族控股公司是由企業主獨資企業演變而來的家族內部的合夥企業，這類企業儘管都

採取公司的形式，甚至在某些國家的法律上也歸入公司制企業，但從產權制度上看，它們都屬於自然人企業制度，同法人制度有著根本的差別。這類企業的產權制度的基本特徵是：

（1）企業的一切真正財產權利，都集中在企業主手中，形成了「資本專制」，「資本家所以是資本家，並不是因為他是工業領導人。相反，他所以成為工業的司令，因為他是資本家」。工業上的最高權力成了「資本屬性」。馬克思的這類分析，正是對這種產權制度的最主要特徵的描述。

（2）所有者即企業主與生產者已徹底分離，並形成對立。所有者與經營者逐漸分離，但這時的經營者仍然完全隸屬於企業主，一切仍然聽命於企業主。企業主與實際經營者之間只是一種決策與執行之間的關係，是一種簡單的雇傭關係。經營權（更不要說財產處置權）實質上並不掌握在經營者手中。這就是說，經營權仍然同所有權一起掌握在企業主手中，企業的營運及其收益均完全從屬於企業主的利益和意志。

（3）企業資產同企業主的私人財產實質上仍然是合一的。儘管在形式上企業主（連同其親屬）的直接收入是額定的並通過簿記，但企業全部資產仍然以企業主的私人財產的性質並完全聽憑企業主來處置而存在的，其私人財產、額定收入同企業財產之間並無實質性界限，企業破產也以企業主的私人財產沖抵，一般說來財產責任是無限的。因此，這種產權制度仍具有直接的私有性、排他性和單一性。

（4）這種企業的產權制度，不僅在上述三方面較之第一種類型已有顯著變化，而且存在最根本的區別，即它是以資本經營、資本增值為特徵的產權制度。但是，就其基本性質而言，仍屬自然人企業制度。其產權關係和組織結構已較複雜，而不再具有粗陋的形式。

（5）值得注意的是，在家族控股公司的形式下，它已吸收和借鑒公司制（法人制度）的某些科學形式，如股東的有限責任、公司治理結構的形式以及吸收家族外投資等。但是，只要它保有家族公司的性質，就其實質而言，仍應屬於自然人產權制度，企業行為均取決於家族首腦的利益和意志，只是在經營上增加了專家治理而已。這類產權制度仍然在西方市場經濟國家佔有一定地位。

3. 法人產權制度

法人制度是市場經濟發展的產物。法人產權制度以法人企業制度的形成為前提，以股份有限公司為其典型形式，法人產權制度的典型特徵是產生了原始產權（表現為投資人股權）與法人產權的雙重產權結構，從而引起一系列企業制度的根本變化。

現代法人產權制度，是在繼承自然人產權制度的優點、摒棄其弊端的基礎上建立起來的，其形成經歷了一個兩權分離、統一和再分離的複雜過程。其特徵是：首先通過現代信用制度使財產原始所有權和經營權初次分離，接著又在公司法人產權形態上實現所有權和經營權的重新統一，最後在公司內部實行所有權和經營權的再度分離。

與現代法人產權制度相適應的企業形式是股份制企業（主要指股份有限公司）。與獨資企業或合夥企業不同，股份制企業有其自身的特點。股份制企業通過向社會發行股票的方式來籌集資金，即它的經濟基礎是社會資本，而不是獨資。股票購買者以購買股票形式向企業投資後，有權取得股息與紅利，但無權從企業抽回投資，資金在經

濟上的所有權、支配權、使用權和收益分配權都屬於企業。因此，股份制企業的一個重大特點，就是資金來源多元化和外在化。這不僅使企業本身的生產經營規模可按生產力發展的需要擴大，而且使企業本身有了自己獨立的經營人格。法人制度使法人公司（股份制公司）變成一個獨立的、完善的、明確的產權單位，從而實現了企業家職能、累積職能和所有權約束職能的制度化。這正是現代企業制度的深刻內涵。

4. 合作制企業制度

這種企業制度最初是在資本主義條件下，勞動者為避免資本剝削或商業中間盤剝而興辦的一種勞動合作企業，即合作社。這種合作企業，最初在消費領域，後逐漸擴展到生產及信用等領域。這類企業制度的主要特點如下：

（1）由勞動者以投股的形式創辦，全部資產均歸參與合作並投股的全體勞動者所共有，合作者有參股、退股的自由。

（2）全部資產由合作社成員共同推舉產生的合作企業職能機構（如理事會之類）實際運作。社員大會對其有選舉權和罷免權。實際上形成了法人產權並獨立承擔民事責任。勞動者按人而不是按資行使民主權利（即一人一票制）。

（3）典型的合作制企業在當期盈利中拿出相當比重按股金比例以及參與合作交易的程度以即期紅利的形式返還合作者。企業經營保持「為社員服務」的宗旨。

雖然從其非自然人制度的角度看，它也是一種法人制度，但它同公司法人制度至少有如下明顯區別：它以勞動合作為基礎，堅持一人一票表決制，不是以資本權利為主；法人成員沒有股權代表資格，法人機構為社員代表大會執行機構；分紅和資產增值份額均失去資本報酬的典型性質，而以勞動合作收入或累積為主。當然，合作制企業與合夥企業也不同，它主要不是「資本合夥」，也不是自然人企業。

五、企業的類型

劃分企業種類的目的在於根據不同的企業可以採用不同的管理模式。各種企業除了具有企業的一般特徵以外，還具有各自的特點和運行規律。對此進行科學的分類，掌握其內涵，是研究企業經營管理的基礎。

（1）按不同的企業制度劃分，可將企業分為個人業主制企業、合夥制企業和公司制企業三種基本類型。

（2）按企業的所有制性質劃分，企業可以分為國有企業、私營企業、聯營企業和外商投資企業（中外合資經營企業、中外合作經營企業和外商獨資企業）。

（3）按所屬產業的位置劃分，企業可以分為第一產業企業、第二產業企業和第三產業企業。

（4）按占用資源的集約度劃分，企業可分為勞動密集型企業、資金密集型企業和技術密集型企業（知識密集型企業）。

一般把紡織、服裝、食品、家用電器等企業劃為勞動密集型企業；把飛機製造、精密機械、航天、計算機、生物工程等企業劃為技術密集型企業；把汽車製造、鋼鐵業、造船業等企業劃為資本密集型企業。

（5）按企業規模劃分，企業可分為大型企業、中型企業和小型企業。衡量企業生

產規模大小的標準有企業的生產能力、固定資產、職工人數、總投資或註冊資本額以及總銷售收入等，不同工業部門有其不同的分類標準。如汽車行業一般以生產能力的大小劃分企業，而綜合經營公司一般以年銷售額作為劃分標準。

（6）按使用技術的先進程度劃分，企業可分為高新技術企業和傳統技術企業。一般把應用了最新技術的企業稱為高新技術企業，如應用新材料、新能源、生物工程、大規模集成電路等技術的企業。把那些採用已有成熟技術的企業稱為傳統技術企業，如鋼鐵、紡織、造船、一般機械製造等企業。

（7）按企業的法律責任劃分，企業可分為法人企業和非法人企業。法人企業具有資產、經營、債務承擔上的獨立性，具備獨立的法人資格。法人企業註冊登記是為了取得法人資格，註冊登記的程序比非法人企業的營業登記要複雜得多。公司制企業是以獨立的財產為限，承擔有限清償責任的企業法人。非法人企業不具有資產、經營、債務承擔上的獨立性，因而不具有法人資格，只能進行營業登記，其註冊登記程序就相對簡單，企業在取得合法經營資格的同時也取得商號專用權和納稅人資格。非法人企業有個人業主制企業和合夥制企業，非法人企業的投資人及合夥人對企業的債務需承擔無限清償責任（合夥制企業的合夥人對企業的債務負無限連帶清償責任）。

（8）其他劃分。按企業組織形式不同，可以將企業劃分為單廠、總廠、公司和企業集團等。隨著經濟形勢的發展，也將不斷地出現一些新的企業分類方法，對企業經營管理產生新的影響。

六、現代企業制度

現代企業制度是以市場經濟為基礎，以企業法人制度為主體，以有限責任制度為核心，以產權清晰、權責明確、政企分開、管理科學為條件的新型企業制度。與業主制企業和合夥制企業不同，現代公司制企業主要包括有限責任公司和股份有限公司兩種。

（一）公司制企業

中國公司法規定的公司組織形式有兩種：有限責任公司和股份有限公司。

1. 有限責任公司

有限責任公司（簡稱有限公司）是由兩個以上的股東共同出資，每個股東以其認繳的出資額為限對公司的債務承擔責任，公司以其全部資本對公司的債務承擔責任的企業法人。有限責任公司的特徵有：①其股東均為有限責任股東，即股東對公司的債務僅以其出資額為限負有限責任。②其股東人數既有最低限也有最高限，中國規定下限在2人以上，上限在中國是50人以下，日本和美國一般為30人以下，英國和法國為50人以下。③有限責任公司的股東不限於自然人。④有限責任公司註冊資本的最低限額，根據行業有所區別。如以生產經營為主的公司，要求最低限額為人民幣50萬元；以商業批發經營為主的公司，要求最低限額為人民幣50萬元；以商業零售為主的公司，要求最低限額為人民幣30萬元；科技開發、諮詢、服務性公司，要求最低限額為人民幣10萬元；特定行業和特定地區可以經國家工商行政管理機關的批准，公司註冊

資本可以降低50％。⑤註冊資本由股東按一定百分比認繳出資，而不像股份公司那樣將其資本劃分成等額的股票。⑥在有限責任公司中，證明股東出資額的出資證明書不叫股票，而叫股單。股單無法像股票那樣在股市上流通，只能按公司章程的規定在內部轉讓。⑦公司的資本一般均在公司登記之前全部繳足，股東出資既可以用貨幣，也可以用實物、工業產權、非專利技術和土地使用權等。

有限責任公司與股份有限公司相比較，既有優點也有缺點。其優點有：公司帳目無須向公眾公開，有利於保密；組建容易，是中小企業相當理想、也極為常見的組織形式。其缺點有：有限責任公司封閉色彩濃厚，不能發行股票，通常也不能向社會公開招股；股東轉讓出資額必須得到其他全體股東法定多數的同意，而且少數持異議的股東享有優先受讓權。有限責任公司與股份有限公司同為現代企業制度的兩大支柱，但有限責任公司在數目上超過了股份有限公司。

2. 股份有限公司

股份有限公司（簡稱股份公司）是一種註冊資本由等額股份構成並通過發行股票籌集，股東人數無最高限額且以其認購的股份為限對公司承擔有限責任，公司則以其全部資產對公司的債務承擔責任的企業法人。其特點有：①公司的信用基礎不在股東而在其全部資本，因此對出資額的要求較高。中國規定股份有限公司的註冊資本最低限額為人民幣1,000萬元，上市公司的股本總額不少於5,000萬元。②股東可以以貨幣、實物、工業產權、非專利技術、土地使用權等出資，但發起人以工業產權、非專利技術作價出資的金額不得超過股份公司註冊資本的20％。③其資本由若干均等的股份組成，形成股票，向公眾發行。④公司的經營狀況，不僅要接受股東查詢，還要向社會公告其財務會計報表。⑤股東人數有最低限度規定，卻沒有最高限度規定。一般股東人數必須達到的法定人數，法國和日本為7人以上，德國為5人以上，中國規定應有5人以上，國有企業改建為股份公司的，發起人可以少於5人，但應採取募集設立的方式。股份有限公司與有限責任公司相比較而言，有以下幾個優點：籌集大規模的資本比較容易；徹底實現所有權與經營權的分離；資本產權實現社會化和公眾化，有利於大眾的監督。同時股份有限公司也有其缺點：開業和歇業的程序很複雜；所有權與控制權分離程度高，出資者與經理人員之間具有複雜的委託—代理關係；帳目公開不利於保守經營秘密。

(二) 現代企業制度及其特徵

現代企業制度是以產權制度為核心的企業組織結構制度，它反應的是財產關係以及受財產關係決定的企業組織關係與責任關係，是為了使企業適應社會化大生產的要求，符合市場經濟發展的需要而建立的一種新的企業制度。它具體指在現代市場經濟條件下，以完善的企業法人制度為基礎，以有限責任制度為核心，以公司制企業為主要形式，以產權清晰、權責明確、政企分開、管理科學為基本特徵的新型企業制度。現代企業制度是一種複雜的制度體系，從總體上看，它是由以下三大制度構成的有機整體。

1. 企業法人制度

企業具有法定的資本金和明確的法人財產權，才能夠獨立地享有民事權利、承擔

民事責任。建立完整的企業法人制度，關鍵是確立企業法人財產權，使企業不僅做到有人負責，而且有能力負責。中國的國有企業是國家出資的企業法人，企業中的國有資產所有權屬於國家，企業擁有法人財產權，國家僅以出資者的身分擁有企業財產，享有所有者的權益，即資產受益、重大決策和選擇管理者等權利。企業則以其全部法人財產依法自主經營、自負盈虧、照章納稅，對國家承擔資產保值和增值的責任。

2. 有限責任制度

有限責任制度有兩層含義：一是企業作為獨立的法人實體，以其全部法人財產為限，對自己的民事行為承擔責任、清償債務，即企業只對其債務承擔有限責任；二是企業因經營管理不善，不能償付到期債務時，應依法宣布破產，在實施破產清算時，出資者只以其投入企業的出資額為限，對企業債務承擔有限責任。我們知道，市場經濟的本質特徵是競爭，有競爭就有優勝劣汰，有限責任制便是在激烈的市場競爭中，出資者實行自我保護、減少風險的一種有效方法。

3. 科學的企業組織結構和管理制度

在規範的企業組織管理制度下，企業的權力機構、監督機構、決策和執行機構之間，應該是相互獨立、權責明確的，相互間形成制約關係。這種組織管理制度，可以調動出資者、經營者、生產者的積極性，使行為受到約束，利益得到保障，做到出資者放心、經營者精心、生產者用心。科學的組織管理制度包括科學的組織管理體系和科學的企業管理制度。建立科學的組織管理體系，是現代企業制度的重要內容。公司制企業的最高權力機構是股東大會，它有權選舉和罷免公司的董事和監事，制定和修改公司的章程，審議和批准公司的財務決算、經營決策以及收益分配等重大決策事項。董事會是股東大會常設的代理機構，履行公司權力機構的職權，是公司的管理機構。現代企業的管理制度是權力機構、經營機構、監督機構相互分離、相互制約、責權分明、各司其職的高效的制度。

根據現代企業制度的主要內容，結合實際情況，中國的現代企業制度具有四個特徵，即產權清晰、權責明確、政企分開、管理科學。

1. 產權清晰

現代企業制度中所講的產權清晰，是指產權主體多元化的公司的產權清晰，或產權關係清晰。法律為這種產權組織形式專門構造了一種特殊的法人財產制度，這就是出資者對所形成的財產擁有所有權，而公司則擁有法人財產權，這種法人財產權具有獨立於出資者的法律地位。從產權關係來說，它體現了社會經濟運行中由法律界定和法律維護的各種經濟當事人對財產的權利關係。因此，要建立具有激發企業動力和活力的現代企業制度，使其有效地配置資源，有序地經營運轉，就必須以某種機制界定清楚各經濟當事人（包括出資者、經營者和生產者）對財產的權利關係，並協調和維護好這種關係。中國建立現代企業制度，正是要使國有大中型企業變成具有這種產權關係清晰特徵的公司制企業。將一批競爭性行業的國有大中型企業改造成為產權主體多元化的股份公司，是中國建立現代企業制度的關鍵。只有按照公有制和市場經濟雙向要求統一的原則，構造出一種新的合理的產權制度，才能有效地理順新的產權關係，依法搞好各經濟當事人對財產的權利界定、協調和維護，充分發揮產權的特殊功能，

引導人們將某些難以把握的不確定的外部因素，轉變為內在化的自我激勵，形成有效率的產權結構，才能硬化財產約束，保障正當經營權利和資源優化配置，規範市場交易行為。

如果產權關係能搞好，公司即能吸引更多的社會資金和智力，形成強大的經濟技術實力和經營管理與監督力量，發揮法人制度的優越性，承擔市場競爭的更大風險，使規範的公司能夠成為中國國民經濟發展的柱石。

2. 權責明確

責權利統一是現代企業制度處理各種關係的基本準則，也是其優越性和重要特徵之一。規範的公司都形成了一套使所有者和經營者及生產者責權利相互協調、相互約束的組織機構和行為機制。國際通行的股東大會、董事會、監事會和總經理負責制，是有效維繫責權利制衡關係的企業組織制度。有了這種制度，即可避免責權利相互脫節、有責任無權利、有權利無責任的非正常現象。中國建立現代企業制度，就是要使國有企業過去存在的這種弊病得以徹底改變，使它們在變成規範的公司企業後，既有獨立的法人財產權、自主經營權和獨立的經濟利益，同時也確立它們應承擔的經濟責任。中國建立現代企業制度，對上述符合國際慣例的企業組織制度都可以採用，但是，在具體內容上有些必須根據中國國情加以設定。

根據權責明確和責權利結合這一現代企業制度的優點和特徵，公司企業最重要的是要解決好總經理的問題。首先，必須真正按能人治企的原則，選擇有高度責任心、事業心和經營才能的人來擔任；其次，要真正為他履行職責和承擔風險給予相應的自主權和報酬。在現代企業中總經理往往是關係到公司興衰成敗的關鍵人物，既要充分信任他，充分發揮其才能，又要對其進行有效的監督，以防止不端的經營行為發生。經營失誤給公司造成損失，當然總經理要撤職，並承擔責任，但董事會也要承擔一定的責任，出了大問題，董事長必須辭職，董事會也要改組。

權責明確的重要內容之一，是在經濟方面實行有限責任制度，即當公司發生資不抵債而宣告破產時，股東以出資額為限對公司負責，公司則以全部財產對全部債務負責。以全部資產償還全部債務，不足清償部分，公司不再負清償責任。

3. 政企分開

政府與企業是兩種不同性質的組織機構，按現代企業制度的規範，政企是明確分開的，兩者之間是法律關係。政府依法管理企業，不能直接干預企業經營活動。政府調控企業主要用財稅、金融手段和法律手段，包括對企業經營中某些嚴格的限制也是如此，如禁止企業經營壟斷、污染環境和向外銷售關係到軍事用途與本國經濟發展命運的高新技術產品等。企業依法經營，照章納稅。

在現代企業制度下，政府積極協助企業開拓市場，特別是國際市場，並著力建立健全社會保障體系，減輕企業的社會負擔，讓企業致力於發展經濟，增強自身和國家的經濟力量。企業則應重視所有者、經營者、職工、用戶、中間商、供應商、消費者等方面的關係，把它作為搞好生產經營的內在需要看待。

4. 管理科學

所謂管理科學就是企業的內外部管理特別是內部管理，一切都要以市場要求為中

心,以發揮人和科學技術的作用為重點,建立一套科學合理的管理制度。這是現代市場經濟的特點所規定的。現代企業要適應市場經濟發展的要求,就必須不斷地向市場提供質優、價廉、性能好的商品,要不斷地開發出這種商品,不僅要擁有先進的科學技術和大批科技人才,而且還應該有科學的組織管理方法和制度。在同等條件下,組織管理科學與否,往往會產生截然不同的結果。現代企業制度就具有促進管理科學的機制,它誘導企業通過橫向聯合、集聚和優化社會資源,不斷開發、生產適應市場需求的商品;按照能人治企的原則,不斷選拔、培養和使用優秀的企業家搞好企業經營、增強企業的競爭能力;正確處理產權關係和責權利關係,有效調動各方面特別是廣大職工的積極性。所以國際企業發展史研究者認為,先進的科學技術和科學的組織管理,是現代企業順利發展必需的、缺一不可的兩個輪子。因此,中國在建立現代企業制度中絕不可忽視其應有的這一特徵。

管理科學還包括在企業內部建立起科學的管理組織結構,按照權力、決策、執行、監督機構之間相互獨立、相互協調、相互制約的原則,設立股東大會、董事會、監事會,聘任總經理,由總經理「組閣」。

第三節　企業組織行為

企業組織行為可以按照企業從開始選擇投資項目到完成企業設立登記及最後退出市場競爭的過程,分為企業設立行為、企業變更行為和企業終止行為三種。

一、企業設立行為

企業的設立要按照《中華人民共和國公司法》《中華人民共和國合夥企業法》《中華人民共和國個人獨資企業法》等法律法規以及國家工商行政管理局頒布的《關於劃分企業登記註冊類型的規定》進行登記,個人獨資企業和合夥企業只能領取「企業營業執照」,而不能領取「企業法人營業執照」。由於企業有很多種類,其中公司是一種較高級的企業類型,因此,下面我們主要講述公司制企業的設立與登記問題。

(一) 公司的名稱、住所與經營範圍

1. 公司的名稱

公司名稱是公司人格特定化的標誌,公司以自身的名稱區別於其他經濟主體。公司名稱具有唯一性(即一個公司只能有一個名稱)和排他性(即在一定範圍內只有一個公司能使用指定的、已經註冊的名稱)。

按照法律規定,公司的名稱一般由四部分構成:一是公司註冊機關的行政級別和行政管理範圍;二是公司的行業經營特點,即公司的名稱應顯示出公司的主要業務和行業性質;三是商號,它是公司名稱的核心內容,也是唯一可以由當事人自主選擇的內容,商號應由兩個以上漢字或少數民族文字組成;四是公司的法律性質,即凡依法設立的公司,必須在公司名稱中標明有限責任公司或股份有限公司字樣。

2. 公司的住所

公司以其主要辦事機構所在地為住所，主要辦事機構在公司登記時確定。例如，公司有多個辦事機構，一般以公司總部所在地為公司的住所。申請公司的住所，必須提交能夠證明其擁有使用權的文件，如房屋的產權證或者房屋的租賃合同等（必須有2年以上的租賃期限）。確定公司住所有兩方面的含義：一是確定訴訟管轄地。按照法律規定，如果出現合同糾紛、侵權行為等，一般由被告所在地的人民法院管轄。二是確定公司送達文件的法定地址。

3. 公司的經營範圍

任何一個公司成立前都必須明確經營範圍。為了維護股東、債權人的權益和維護經濟秩序，中國公司法對公司的經營範圍做出了以下規定：

（1）公司的經營範圍由章程做出規定。

（2）公司的經營範圍要依法登記。

（3）經營範圍中屬於法律、法規規定的項目，必須經過中央銀行批准；經營菸草業務必須經過菸草專賣局批准。

（4）公司超範圍經營，由登記機關責令改正，並處以1萬元以上罰款。

（5）公司修改章程，並經過登記機關辦理變更登記可以變更經營範圍。

（二）有限責任公司的設立與登記

1. 有限責任公司設立的條件

（1）設立有限責任公司，股東必須符合法定的人數。中國公司法規定，有限責任公司由2人以上和50人以下的股東出資設立，但國家授權的投資機構或者國家授權的部門單獨設立的國有獨資公司，是有限責任公司的一種特殊形式。

（2）有限公司的註冊資本不得少於下列最低限額：

①以生產經營為主的公司人民幣50萬元；

②以商品批發為主的公司人民幣50萬元；

③以商業零售為主的公司人民幣30萬元；

④科技開發、諮詢、服務性公司人民幣10萬元。

（3）股東共同制定的章程。

（4）合法的公司名稱和健全的組織機構。

（5）有固定的生產經營場所和必要的生產條件。

2. 有限責任公司章程的制定

全體股東必須依照公司法的要求共同制定公司章程，並在公司章程上簽名、蓋章。公司章程要載明以下事項：

（1）公司的名稱和住所；

（2）公司的經營範圍；

（3）公司的註冊資本；

（4）股東的姓名或者名稱；

（5）股東的權利和義務；

（6）股東的出資方式和出資金額；

（7）股東轉讓出資的條件；

（8）公司機構的設立、職權、議事規則；

（9）公司的法定代表人；

（10）公司解散事由及清算辦法；

（11）股東認為需要規定的其他事項。

3. 有限責任公司股東的出資方式及要求

股東可以用貨幣出資，也可以用實物、工業產權、非專利技術和土地使用權等方式出資。對作為出資的實物、工業產權、土地使用權等，必須進行資產評估。以工業產權、非專利技術作為出資形式的，其金額不得超過公司註冊資本的20%，國家對高新技術成果有特別規定的除外。

股東應當足額繳納章程規定的出資額。股東以貨幣出資的，要將出資額及時存入公司開設的銀行帳戶；以實物、工業產權、非專利技術和土地使用權作價出資的，要及時辦理財產轉移手續。股東不按章程要求出資的，應當承擔違約責任。股東的出資在公司登記後不得抽回。股東的全部出資到位以後，必須經過法定的驗資機構驗資並出具證明。

4. 有限責任公司的設立登記

股東的全部出資額經過法定機構驗資後，由全體股東指定的代表或者共同委託的代理人向公司登記機關申請設立登記，提交公司登記申請書、公司章程、驗資證明等文件。法律、法規規定需要由有關部門審批的，應當在申請登記時提交批准文件。公司登記機關對符合中國公司法規定條件的，準予登記，頒發公司營業執照。公司營業執照簽發之日，就是有限責任公司成立的日期。

設立有限責任公司的同時設立分公司的，也應當向工商登記機關申請登記，由法定代表人向公司登記機關領取分公司的營業執照。

5. 有限責任公司的設立

申請設立登記應提交的文件有：

（1）企業董事長簽署的公司設立登記申請書；

（2）全體股東指定代表或者共同委託代理人的證明；

（3）國家有關部門的批准文件；

（4）公司章程；

（5）具有法定資格驗資機構出具的驗資證明；

（6）股東的法人資格證明或者自然人身分證明；

（7）載明公司董事、監事、經理的姓名、住所的文件以及有關委派、選舉或者聘用的證明；

（8）公司法定代表人任職文件和身分證明；

（9）企業名稱預先核准通知書；

（10）公司住所證明。

(三) 股份有限公司的設立與登記

股份有限公司的設立比較複雜，必須依照法定的程序進行。

1. 設立股份有限公司的條件

（1）股份有限公司的設立，必須有 5 個以上發起人，其中有過半數的發起人在中國境內有住所。國有企業改制為股份公司，發起人可以少於 5 人，但應當採取募集的方式設立。

（2）發起人認繳和社會公眾募集的股本達到法定的最低限額。中國公司法規定，股份有限公司註冊資本的最低限額為 1,000 萬元，上市公司註冊資本的最低限額為 5,000 萬元。股份有限公司的註冊資本是指在公司登記機關登記時實收股本總額。

（3）發起人制定公司章程，並經創立大會通過等。

2. 股份公司章程的訂立

公司章程由發起人訂立，經公司發起人一致同意簽署後，即產生法律效力。如果要對章程進行修改，必須經過法定程序。章程是公司組織和活動的基本規範。

中國公司法第十九條對股份公司的章程做出了規定。公司章程的內容與有限責任公司章程的內容大同小異。一般應包括經營範圍和經營方式；股份和股權結構；股東和股東會；董事會和經理；監事會；財務會計和審計；章程的修改；終止與清算等內容。

3. 股份有限公司的設立方式

股份公司的設立，可以採取發起設立或者募集設立的方式。

（1）發起設立，是指發起人認購公司第一次應發行的全部股份而設立的公司。發起設立不必向社會公眾募集股份。

發起人按認購的股份繳納股款，股款的繳納可以是貨幣、實物、工業產權、非專利技術和土地使用權等，但工業產權和非專利技術的作價金額不得超過註冊資本的 20%。

（2）募集設立，是指發起人認購公司第一次應當發行的一部分股份，其餘向社會公開募集而設立的公司。中國公司法規定，以募集方式設立股份公司的，發起人認購的股份不得少於公司股份總數的 35%，其餘部分應當向社會公開募集。

規定發起人認領股份的數額，目的是防止不具備經濟能力的發起人依靠別人的資本開辦公司。募集設立的步驟是：

①獲得證券管理部門批准。按照公司法的規定，在公開募集前，必須向國務院證券管理部門提出申請，並得到批准。需要報送的主要文件有：地方政府或者中央企業主管部門的批准發行申請的文件；批准設立股份公司的文件；發行授權文件；公司章程；招股說明書等。

②公開招募股份。經過批准後，公司要公告招股說明書，以募集股份。

③認股人認購股份。認股人在認購股份的時候，要填寫認股書，在認股書上填寫認股數量、金額及住所，並要簽字蓋章。填寫認股書後，認股人有按照要求交納股款的義務。但發行人逾期沒有募足股份總額時，認股人有權撤回所認購的股份。

④履行出資。這包括三個環節：發起人交納股款；發起人向認股人催繳股款；認股人到指定的銀行交納股款。

⑤召開設立大會，設置機構。

發起人在股款募足後，應在30天內召開公司設立大會，會議通知全體認股人參加，有代表股份總數1/2以上的認股人參加時，大會才可以舉行。

由設立大會選舉產生董事會和監事會成員，通過公司章程，對設立公司的費用進行審核等。

⑥註冊登記。董事會應當於設立大會結束30日內，向登記機關報送文件，申請登記。主要文件有：批准設立公司的文件；設立大會記錄；公司章程；董事會和監事會成員及其住所；法定代表人；籌資審計報告等。

符合條件的被核准登記，頒發營業執照，公司正式成立，認股人成為公司的正式股東。營業執照簽發日期就是公司的成立日期。至此，公司法人正式成立，便可以公司法人的名義開展各項經營活動。

二、企業變更行為

企業經工商行政登記主管機關核准後，即可進入市場進行生產經營活動。企業生產規模的擴大、經營形式與內容的變化，必然涉及企業產權關係以及相關的各種經濟關係、法律關係的變更，從而產生企業的變更行為。企業法人的變更行為是指登記主管機關依法對企業法人申請的改變登記註冊事項或因分立、合併、遷移、改變企業組織形式而申請變更登記事項，進行審查核准的一種行政行為。企業變更行為主要包括企業合併、分立行為，公司組織變更行為，企業註冊資本變更行為，企業名稱變更行為，企業地址變更行為，企業法定代表人變更行為，企業產權關係變更行為和企業生產經營範圍變更行為等。

1. 公司合併

公司合併是指兩個或兩個以上的公司按照法定程序歸並為其中的一個公司或創設一個新公司的法律行為。公司合併有吸收合併和新設合併兩種。吸收合併是指兩個或兩個以上的公司合併後，其中有一個公司存續，而其餘公司歸於消滅的法律行為。合併後的公司仍用存續公司的名稱，消滅公司的債權債務都歸屬於存續公司，消滅公司的股東都成為存續公司的股東。新設合併又稱創設合併，是指兩個或兩個以上的公司合併後，參與合併的公司均歸於消滅，在此基礎上另行成立一個新的公司的法律行為。公司合併必須具備以下幾個條件：①訂立合併合同。合併合同必須寫清合併各方的名稱、住所，合併後存續公司或新設公司的名稱、住所，合併各方的資產狀況及其處理方法，合併各方的債權債務處理辦法，存續公司或新設公司因合併而增資所發行的股份總數、種類、數量等。②合併決議。根據中國公司法的規定，有限責任公司必須有代表2/3以上表決權的股東通過，股份有限公司的合併必須有出席會議股東所持表決權的2/3同意。③通知和公告債權人。公司合併決議之日起10日內公司必須通知債權人，債權人自接到通知後的30日內，或未接到通知的，自第一次公告之日起90日內，有權要求公司清償或提供相應的擔保，不清償或不提供擔保的不能合併。④編製資產

負債表和財產清單。這是為了明確各方的財產狀況，便於公司債權人瞭解企業狀況。公司合併必然引起公司的消滅、新設或變更，合併後存續的公司，登記事項發生變更，應辦理變更登記，合併後消滅的公司應辦理解散註銷登記，合併後新設的公司辦理設立登記。公司合併，應當自合併決議或決定之日起90日內申請登記，並向登記機關提交合併協議和合併決議以及在報紙上登載公司合併公告至少三次的證明和債務清償或債務擔保情況的證明。

　　2. 公司分立

　　公司的分立是指一個公司依法定程序分為兩個或兩個以上公司的法律行為。公司分立形式有兩種，即新設分立和派生分立。新設分立又稱分解分立，是指將一個公司的資產進行分割，然後分別設立兩個或兩個以上的公司，原公司因此而消滅。派生分立是指在不消滅原公司的基礎上，將原公司資產分出一部分或若幹部分而成立一個或數個公司的行為。公司的分立也需要具有與合併同樣的條件。如股東會決議，通知和公告債務人，編製資產負債表和財產清單。除此之外，公司合併時，參與合併的公司需要提供相應的合同，與公司合併不同的是，分立需要各分立公司代表簽署的內部分工協議。協議應就資產分割、債權債務分擔、股權安排等事項及具體實施辦法達成一致。該協議主要內容有：原公司的名稱、住所，分立後的存續公司、新設公司的名稱、住所，原公司的資產負債狀況及其處理辦法，存續公司、新設公司發行股份的總數、種類和數量，向原公司股東換發新股票或股權證明書的有關規定，分立的具體日期等。公司派生分立後存續的公司，其股東、資產發生了變化，應依法辦理變更登記。新設立的公司應依法辦理設立登記，分立後解散的公司應依法辦理註銷登記。

　　3. 公司組織變更

　　公司組織變更又稱公司組織形式的轉換，是指公司在其存續的情況下，由一種類型的公司轉換成其他類型的公司。對於公司組織形式的轉換，中國公司法中只規定了有限責任公司向股份有限公司的轉換，而未規定股份有限公司向有限責任公司的轉換。公司組織變更的條件有：①變更後的公司應具備股份有限公司的條件。如5個以上的發起人，註冊資本1,000萬元以上等。②變更程序按照設立股份有限公司的程序辦理。如制定公司章程，股東會作決議；經有關部門的審批，向登記機關申請變更登記等。③變更後的股份有限公司向有限責任公司的股東折合交付的股份總額應等於原有限責任公司的淨資產，而不能超過此額度。④原有限責任公司的債權債務由變更後的股份有限公司繼承。

　　4. 其他變更登記事項

　　除了以上公司的合併、分立、組織變更登記以外，公司有可能會產生名稱的變更登記、住所的變更登記、註冊資本的變更登記、法定代表人的變更登記和有限責任公司股東變更登記等。

三、企業終止行為

　　企業在市場經營活動中，由於決策失誤或管理不善等原因，可能縮小規模、被其他企業兼並或最終破產。同樣，這些變動會使企業的名稱、經營形式、產權關係等發

生變化，這就涉及企業終止行為。企業終止行為是指企業法人因某種原因終止營業而必須辦理的登記程序。企業終止行為包括企業自動歇業行為、企業撤銷行為和企業破產行為。

1. 企業自動歇業

企業自動歇業是指企業法人的自動解散，即由企業經營管理機構根據法律或企業章程的規定解散。

企業自動歇業的原因主要有：①企業章程所規定的終止事由發生。如企業章程所規定的經營期限屆滿，企業章程規定的經營事業完成，聯營企業章程規定的聯營期限屆滿等。②企業由於不能適應市場競爭的需要，經營虧損或無利可圖而主動要求歇業。這種情況的歇業在企業歇業中所占比重最大，往往是企業缺乏技術力量，因經營管理不善或因市場定位不準等原因以致企業虧損或無利可圖而主動要求歇業的。③企業由於不可抗拒的原因而終止營業。如火災、水災等自然災害，致使企業無法維持正常的生產經營活動。

2. 企業撤銷

中國企業被主管機關依法責令關閉或撤銷的情況有以下幾種：①企業設立登記時，虛報註冊資本或者採取其他欺詐手段隱瞞重要事實取得註冊登記。②企業成立後無正當理由超過6個月未開業的，或者開業後自行停業連續6個月以上。③企業違反管理規定，偽造、塗改、出租、出借、轉讓營業執照情節嚴重；企業不按規定接受年檢的；企業超出經營範圍情節嚴重；股份公司設立、變更、註銷登記後，不在規定的期限內發布公告或發布公告不實且情節嚴重。④企業從事違法生產經營活動。

3. 企業破產

企業不能償還到期債務，達到破產界限時，依債權人或債務人的申請，法院可依法宣告企業破產。

符合下列條件之一的企業可以申請宣告破產：①經營管理不善造成嚴重虧損，無法清償到期債務的企業。②在整頓期間被依法終結整頓的企業。③整頓期滿，但不能按照和解協議清償債務的企業。

第四節　企業經營管理

企業創建以後，就要根據企業不同的分類，進行有針對性的經營管理，以達到最大限度地獲取利潤的目的。

一、企業經營管理的概念

一般意義上的管理是指為達到預定目的而協調集體活動的實踐過程。現代意義上的管理概念是指對一個組織所擁有的資源進行有效的計劃、組織和控制，以最有效的方法去實現組織目標的活動過程。

經營與管理相比，管理適用於所有組織，經營則適用於企業。管理是勞動社會化

的產物，經營則是商品經濟的產物。管理旨在提高作業效率，經營則以提高經濟效益為目標。但管理與經營又是統一的，經營是管理的延伸和發展，二者是不可分割的整體。因此，經營管理是指以營利為目標，對這種營利過程的管理。企業經營管理是社會化大生產的客觀要求和直接產物。隨著現代企業經營規模的擴大、分工細緻、技術協作複雜程度的提高，企業經營管理也日益顯示出其重要性。作為管理的基本原理和方法雖然對各類組織都適用，但是目前研究最多的管理組織還是企業，現代管理學也主要是從企業管理實踐中總結和提煉出來的。企業管理是企業生產力諸要素的組織與協調，管理本身就是一種生產力。

所以，嚴格意義上的企業經營管理是指對企業擁有的生產要素，包括人力資源、財力資源、物力資源、技術資源和信息資源等進行有效的計劃、組織和控制，用最有效的方法去實現企業經營目標的過程。

二、企業經營管理的職能

對於企業經營管理活動具有哪些基本職能的問題，至今仍眾說紛紜。但是至少應該包括計劃職能、組織職能、領導職能和控制職能。

1. 計劃職能

計劃是合理地使用現有的資源，有效地把握未來的發展，以組織目標的實現為目的的一整套預測未來、確定目標、決定政策、選擇方案的行動過程。主管人員為使集體裡一起工作的每個人都能有效地工作，他的主要任務是努力使每個集體成員理解集體的總目標和一定時期的目標，以及完成目標的方法，這就是計劃工作的職能。這項職能在所有管理職能中是最基本的。計劃工作是一座橋樑，它把我們所處的這岸和我們要去的對岸連接起來，以克服這一天塹。有了這座橋，本來不會發生的事，現在就可能發生了。雖然我們很少能夠確切地預知未來，雖然那些超出我們控制的因素可能干擾制訂最佳的計劃，但是我們仍然必須制訂計劃。企業計劃職能主要有以下幾個方面的內容：①調查和分析企業的外部環境和內部條件，預測和分析企業未來的情況變化。主要工作有研究企業的外部市場狀況和社會、政治環境，分析企業自身的條件及其變化等。②制定企業目標，包括確定企業發展戰略方向和目標、經營方針和政策、實現目標必須遵循的原則和保證措施。③擬訂實現計劃目標的方案，做出決策。對各種備選方案進行可行性研究和技術經濟論證，選出可靠的滿意方案。④編製企業的綜合計劃、各部門的具體計劃以及實現計劃的行動方案和步驟。⑤檢查計劃的執行情況。通過對計劃的進程實施控制，保證計劃完成，同時通過檢查總結，進一步提高計劃水平。

2. 組織職能

組織作為名詞是指有序的實體，用作動詞意味著事物的無序到有序，或從舊序到新序的過程。組織職能是指為了實現某一目標，互相結合、明確權責、溝通信息和協調行動的人造系統及其運轉的過程。

組織職能的內容有以下幾個方面：

（1）組織設計。它決定各部門人員的業務、責任與權限範圍和完成組織的架構。

建立企業組織機構，包括各個管理層次和職能部門的建立。

（2）組織聯繫。合理確定組織中各個部門之間的相互關係；使組織各部門進入最佳的運行狀態，建立信息溝通的渠道。

（3）制定各項規章制度，包括管理部門和管理人員的績效評價與考核制度，以調動職工的積極性。

組織職能的目標是為了建立有效組織。有效組織能讓每個員工明確自己實施的工作，明確個人在組織中的工作關係和隸屬關係，明確完成工作所必需的權利和承擔的義務，從而確保每個人都能有效地完成各自的任務，並且使組織中的各部分保持和諧的關係，從而提高工作效率。

3. 領導職能

領導職能是指管理者充分利用權力和威信等，對下屬進行有效的激勵，並為下屬提供必要的指導和支持，以協調眾多員工的力量，集中精力、實現組織預定目標的過程。有效的領導不僅需要管理者掌握豐富的溝通技巧，與下屬進行充分的交流，掌握其思想和工作動態，充分挖掘新的激勵點，還要求管理者發展獨特的組織文化，營造和諧的工作氛圍。

4. 控制職能

控制是指由管理人員對實際運作是否符合計劃要求進行測定，並促使組織達到目標的過程。控制有以下兩個方面的作用：①控制作為計劃的延伸，檢查和考核計劃實施的情況，保證計劃的有效性。②控制是改進計劃的手段，當實際工作偏離計劃時，就有必要或改進實際工作，或改變不符合實際的計劃部分。控制的基本程序是：①制定標準。要進行控制首先就要制定衡量各種工作的標準。衡量的標準應該是有利於組織目標的實現，而且必須有具體、明確的時間界限、內容或標準要求。在控制過程中，衡量實際業績的標準大致有實物標準、資金標準、技術標準和工作方案標準等。②衡量成效。要以制定的計劃標準來衡量每個員工的工作完成情況和實際表現，而且這種檢查是經常而持續的。③糾正偏差。衡量成效以後，如果發現了超出界限的偏差，則管理者應採取糾偏行動，使組織的運行回到正常的軌道上來。有時糾偏僅僅是臨時性的應急措施，有時確實是永久性的根治措施。

三、企業經營管理的內容

根據企業經營管理的含義及職能，可以確定企業經營管理的內容。企業的全部活動，按其性質可以分為生產活動與經營活動。生產活動的主要內容是充分利用企業內部的資源條件，提高生產效率，以經濟有效的方法，按預定計劃把產品生產出來。經營活動的主要內容是瞭解企業宏觀環境、微觀環境及競爭形勢，根據環境的變化趨勢制定企業目標、戰略計劃和投資決策，保障企業在滿足社會需求的前提下，取得良好的經濟效益。據此，企業的經營管理內容可以有狹義和廣義兩種。廣義的經營管理內容為企業經營活動管理的全部，包括對生產活動全過程的管理以及其他企業經濟活動過程的管理。狹義的經營管理內容主要包括除生產製造過程以外的其他企業經濟活動過程的管理，內容多屬於決策性問題。企業經營管理的基本點是根據社會需求制定企

業的經營戰略目標，對各種可選方案進行決策，並使生產活動適應企業宏觀環境、微觀環境的變化，保證獲得良好的經濟效益。

本教材認為，企業通過經營環境分析，把握經營機會與風險，制定經營戰略與決策，進行企業組織機構設計，以及營銷管理、生產管理、財務管理、供應鏈管理、庫存管理、質量管理、人力資源管理、企業文化與企業形象、危機管理等管理活動構成了企業經營管理的主要內容。

復習思考題：

1. 什麼是企業？企業的產生有哪些觀點？
2. 企業有哪些特點？
3. 產權的本質及特徵是什麼？
4. 什麼是產權流動？產權交易的方式有哪些？
5. 產權制度的主要類型有哪些？
6. 簡述企業的類型。
7. 有限責任公司和股份有限公司有哪些特徵？
8. 企業組織行為有哪些？
9. 企業經營管理的概念是什麼？
10. 企業經營管理主要有哪些內容？

[本章案例]

阿里巴巴獨特的合夥人制度

阿里巴巴的發展壯大體現了獨特的合夥人精神。從 1999 年阿里巴巴的創始人在馬雲的公寓內成立公司起，他們就在以合夥人的精神在營運和管理這家公司。阿里巴巴合夥人制度在 2010 年正式確定。2010 年 7 月，為了保持公司的這種合夥人精神，確保公司的使命、願景和價值觀的持續發展，阿里巴巴決定將這種合夥人協議正式確立下來，取名「湖畔合夥人」，這取自馬雲和其他創始人創立阿里巴巴的地方——湖畔花園。

關於合夥人資格認定。馬雲和蔡崇信為永久合夥人，其餘合夥人在離開阿里巴巴集團公司或關聯公司時，即從阿里巴巴合夥人中「退休」。每年合夥人可以提名選舉新合夥候選人，新合夥人需要滿足在阿里巴巴工作或關聯公司工作五年以上的條件；對公司發展有積極的貢獻；高度認同公司文化，願意為公司使命、願景和價值觀竭盡全力等。擔任合夥人期間，每個合夥人都必須持有一定比例的公司股份。阿里巴巴目前共有 30 名成員，包括 23 名阿里巴巴集團的管理層和 7 名關聯公司及分支機構的管理層。合夥人的權力包括董事提名權、獎金分配權。合夥人需竭盡全力提升阿里巴巴生態系統願景、使命與價值。合夥人的目標是體現一大批管理層的期望，一方面使創業

文化傳承，另一方面保證創業者管理層能老有所依。被提名董事人選，由合夥人委員會推薦，並由全部合夥人投票，過半數通過。

合夥人對公司業務的貢獻以及對公司使命、遠景和價值觀的促進將決定其分配到的現金紅利。合夥人管理人員的年度現金紅利基金中的一部分，將被延遲支付；延遲支付的部分及支付時間表由合夥人委員會決定。只有繼續在阿里巴巴公司工作的合夥人才有資格參與延遲的紅利基金分配。

合夥人委員會委員（至少5人組成）每屆任期三年，可連任。每三年選舉一次委員會委員。每次選舉之前，合夥人委員會將提名8個合夥人。每個合夥人可以投票給5個被提名者，得票最高的5個被提名者將當選合夥人委員會委員。根據阿里巴巴公司章程，阿里巴巴合夥人享有提名過半數董事會成員的專屬權。被提名董事必須在每年的股東大會上得到半數以上投票。如果阿里巴巴合夥人提名的董事沒有獲得股東大會的選舉，或在選舉後因為任何原因離開了董事會，阿里巴巴合夥人有權任命另一個人作為臨時董事以填補空缺，直至下一次年度股東大會。

在下一次年度股東大會上，被任命的臨時董事或者是阿里巴巴合夥人提名的替代被提名董事將代表原來的被提名董事行使其選舉權。如果任何時候，因任何原因（包括阿里巴巴合夥人提名的董事不再是董事會成員、阿里巴巴合夥人之前沒有行使董事提名權），董事會成員中由阿里巴巴合夥人提名或任命的合夥人不足半數，阿里巴巴合夥人有權任命額外的董事，以確保董事會中半數以上成員由阿里巴巴合夥人提名或任命。

馬雲和蔡崇信將保持合夥人資格直至他們自己選擇退出合夥人關係或被免除合夥人資格。如果過半數合夥人投票同意，任何合夥人（包括馬雲和蔡崇信）都將被免除合夥人資格。

討論題：
（1）阿里巴巴獨特合夥人制度的實質是什麼制度？
（2）阿里巴巴獨特合夥人制度的優勢和潛在的不足是什麼？

第二章　企業戰略與經營環境

　　企業戰略是對企業各種戰略的統稱，既包括競爭戰略，也包括營銷戰略、發展戰略、品牌戰略、融資戰略、技術開發戰略、人才開發戰略、資源開發戰略等。企業戰略是層出不窮的，例如信息化就是一個全新的戰略。企業戰略雖然有多種，但基本屬性是相同的，都是對企業的謀略，都是對企業整體性、長期性、基本性問題的計謀。現代管理學認為企業戰略是一個自上而下的整體性規劃過程，並將其分為公司戰略、職能戰略、業務戰略及產品戰略等幾個層面的內容。經營環境是影響企業經營的要素之一，企業制定經營戰略在很大程度上是為了迎接環境變化的挑戰。可以說，經營環境的分析，既是企業制定經營戰略進行經營活動的立足點，又是其迴歸點，至於企業經營戰略與經營活動的得失評價，最終要以其是否適應環境為標準。本章將討論的是企業戰略的含義、類型、內容、特點、結構、環境分析、戰略選擇過程和方法等。

第一節　企業經營環境概述

一、企業經營環境的含義

　　企業經營環境是指所有與企業經營活動有關的外部環境和內部環境因素的總和。所謂外部環境，是指企業進行生產經營活動所處的外部條件或面臨的周圍情況。外部環境因素包括企業一般外部環境和企業特殊外部環境。所謂內部環境，是指企業在一定的技術經濟條件下，從事生產經營活動所具備的內在客觀物質環境和文化環境。任何企業的生存與發展都必須以外部環境為條件，以內部環境為基礎，都不可能脫離企業的經營環境去安排生產經營活動。

　　企業外部環境與內部環境是相互聯繫、相互制約的。外部環境因素一般是不可控因素。企業經營者只能收集和利用這些因素，並採取適應性措施。而在採取適應性措施過程中，還要與自身內部環境因素結合起來進行考慮，充分發揮其自身優勢來影響環境，使企業經營得以順利進行。

　　企業外部環境與內部環境是動態的有機組合。企業內部環境因素將推動、促進外部環境因素向著有利於企業發展的方向變化。當外部環境因素給企業帶來不利影響時，企業就應調整內部條件因素來克服和改變這種不利因素的影響。作為企業經營者，應通過對企業經營環境的分析，努力謀求企業外部環境因素、內部環境因素與企業經營目標的動態平衡。

二、企業經營環境分析的意義

1. 企業經營環境分析是企業從事生產經營活動的基本前提

企業是社會的細胞，企業的生存與發展離不開所處的社會環境和企業內部條件。外部環境是企業生存的土壤，它既為企業生產經營活動提供條件，同時也必然對企業生產經營活動起制約作用。如企業生產經營活動必須遵守國家的有關法規、政策；所需的人、財、物必須通過市場獲取，離開外部的這些市場，生產經營活動便會成為無源之水、無本之木。與此同時，企業生產的產品或提供的勞務也必須通過外部市場去滿足社會需要。沒有外部市場，企業就無法銷售產品、得到銷售收入，生產經營活動就無法繼續。而企業內部的物質環境和文化環境又是企業從事生產經營活動的基礎，要充分有效地利用企業的內部資源，就必須研究企業在客觀上對資源的佔有情況以及在主觀上對資源的利用情況。因此，企業經營者必須認真分析企業內、外部環境因素，制定正確的經營戰略，並且根據外部環境的變化來調整企業內部環境的狀況，為企業順利開展經營活動創造良好的條件。

2. 企業經營環境分析是企業制定經營決策的基礎

企業生產經營活動是與內、外部環境密切相關的開放系統，企業從社會獲取人力、物力、財力和信息等資源，經過企業內部生產過程，將其轉換成產品或勞務以滿足社會需要。在整個過程中，受到社會政治、經濟、文化、技術、市場和資源等因素的影響，而經營決策又始終貫穿於生產經營活動的全過程，經營者只有對上述各種因素做出及時、客觀、全面和科學的分析與判斷，才能保證經營決策的科學性、正確性與及時性。

3. 企業經營環境分析有助於企業及時發現機會實現經營目標

企業的外部環境是客觀存在的，並不斷發生變化。比如，技術在發展，消費者收入在提高，教育不斷普及，就連執政者也在經常更換。對經營者來說，這既可能是一種威脅，又可能是一種機會。企業必須根據外部環境所提供的各種信息以及內部環境所提供的各種保障，進行認真的對比分析，及時發現由外部環境變化給企業生產經營帶來的有利因素，積極地採取措施利用機會，避開威脅，有效地實現經營目標，不斷地提高企業經濟效益。

三、企業環境的特徵

企業環境具有差異性、動態性和可測性三個特徵。

1. 環境差異性

這是指即使是兩個經營範圍相同的企業面對同一環境因素，對環境因素的影響也會有不同的體驗和反應。

快餐店和烤肉館對於生活節奏加快這一社會因素的反應不會一樣。通貨膨脹對於技術密集型企業和勞動密集型企業造成的風險差異就更大了。環境的差異性決定了企業經營戰略的多樣性。

2. 環境動態性

任何一種環境因素的穩定都是相對的，變化則是絕對的。經濟環境與技術環境的變化不僅是明顯的，而且有顯著的趨勢。市場供求關係變化的頻率在不斷加快。所有這些變化既有漸進性，又有突變性，都要求企業以相應的戰略去適應這種變化。

3. 環境可測性

各種環境因素之間是互相關聯和互相制約的。因而某種環境因素的變化大都是有規律性的。不過，這種規律性有的比較明顯，有的比較隱蔽；有的作用的週期長，有的作用的週期短。變化規律性明顯且作用週期長的環境因素，其可測性較高；反之，其可測性則較低。礎潤知雨，戰略優勢的確立，必須以對環境變化趨勢的科學預測為前提。

第二節　經營環境的種類

一切對企業生產經營活動及其生存發展發生影響，而企業又無法控制的因素，都屬於企業環境。各種環境要素對企業生產經營活動的影響錯綜複雜、相互交織。有些因素有利於企業的生存和發展，有些因素對企業的經營活動可能帶來不利，正是這種企業環境因素的二重作用，對企業的生存和發展既形成機會，又孕育風險。企業環境諸因素，對企業生存發展影響的力度是不同的，我們可以把它們劃分為外部環境和內部環境。

一、企業經營的外部環境

企業外部環境因素通常存在於企業外部，是影響企業經營活動及其發展的各種客觀因素與力量的總和，由短期內不為企業所支配的變量組成的，是企業不可控制的因素。企業通過收集外部環境信息，敏銳洞察到企業受到哪些方面的挑戰和威脅，又面臨怎樣的商業機會與發展機遇。進行企業外部環境的分析，就是要通過可靠的信息獲取，對企業經營的外部環境關鍵戰略要素進行較為全面透澈的分析。

企業的生產經營活動日益受到外部環境的作用和影響。外部環境作為一種企業的客觀制約力量，在與企業的相互作用和影響中形成了自己的特點，這就是企業外部環境的唯一性和變化性。外部環境唯一性的特點，要求企業的外部環境分析必須具體情況具體分析，不但要把握企業所處環境的共性，而且要抓住其個性。同時，要求企業的經營決策及戰略選擇不能套用現成的模式，要突出自己的特點，形成自己的風格；外部環境的變化性特點，要求企業的外部環境分析應該是一個與企業環境變化相適應的動態分析過程，而非一勞永逸的一次性工作。經營策略也應依據外部環境的變化做出修正或調整。企業要不斷分析與預測未來環境的變化趨勢。當環境發生變化時，為了適應這種變化，企業必須改變或調整經營策略，從而實現企業外部環境、內部環境與企業經營目標的動態平衡。

企業的外部環境可分為兩個層次：第一個層次是企業的一般外部經營環境，也稱

為宏觀環境。它是指給企業造成市場機會和環境影響的社會力量，包括人口環境、經濟環境、自然環境、技術環境、政治環境及社會文化環境等。這些都是企業不可控制的社會因素，但它們通過微觀環境對企業經營產生巨大的影響。第二個層次是企業的特殊外部經營環境，也稱微觀環境。它是指與企業經營過程和經營要素直接發生關係的客觀環境，是決定企業生存和發展的基本環境，包括企業競爭者、供應商和顧客等。

（一）一般外部環境

一般外部環境是指那些對企業經營活動沒有直接作用而又能經常對企業經營決策產生潛在影響的一般環境因素，主要包括與企業環境相聯繫的經濟、科學技術、社會文化、政治以及自然環境 5 個方面的因素。

1. 經濟環境

所謂經濟環境，是指企業經營過程中所面臨的各種經濟條件、經濟特徵、經濟聯繫等客觀因素。宏觀經濟環境因素的變化，通過改變企業的資源投入和市場環境來影響生產經營和戰略決策。

一般說來，在宏觀經濟高速發展的情況下，市場擴大，需求增加，企業往往面臨更多的發展機會，可以增加投資，擴大生產和經營規模。反之，在宏觀經濟低速發展或停滯的情況下，市場需求增長很小甚至不增加，企業環境將變得較為嚴峻，企業之間競爭的激烈程度加劇，這樣企業發展機會也就減少。一個企業經營的成功與否，在很大程度上取決於整個經濟運行狀況。為了使企業取得成功，企業的經營者必須識別出那些最能影響戰略決策的關鍵的經濟力量，作為優秀的企業家要更善於在經濟低谷時期抓住機會促進企業發展。經濟結構的調整，將使順應調整方向的企業興旺發達、背離發展趨勢的企業趨向衰敗和被淘汰；國家重點工程、重點項目的實施、投產，將使相關企業得到發展機會；市場發育程度和市場體系是否完善，都將直接影響企業生產經營活動的順利進行。對於經濟環境的分析，關鍵是考察以下幾點：

（1）宏觀經濟週期。應識別目前國家經濟處於何種階段，以及宏觀經濟呈現出怎樣的一種規律週期性地運行。在衡量經濟形勢的諸多指標中，國民生產總值（GNP）是最常用的一種，它是衡量一個國家或地區經濟實力的重要參考指標，它的總量及其增長率與工業品市場購買力及其增長率之間有著較高的正相關關係。

（2）人均收入。人均收入是一個重要的經濟指標，它與消費品市場的購買力有著很大的正相關關係。

（3）人口因素。人口因素是一個重要的參考指標，一個國家的人口總量往往決定著該國許多行業的市場潛力，特別是在生活必需品和非耐用消費品方面更是如此。因此，市場潛力與人口因素為正相關關係。

（4）價格因素。價格是經濟環境中的一個敏感因素，價格的升降和貨幣的升貶之間具有負相關關係。此外，國家的經濟性質、經濟體制等因素與企業經營有著密切的關係。但此類經濟因素因其與一個國家的政治因素相關，因此在進行經濟分析時，要結合政治因素來考慮。另外，還應考慮財政政策、貨幣政策、國家經濟規劃產業政策因素，如利率水平的高低、貨幣供給的鬆緊、通貨膨脹率的大小及其變動趨勢、失業

率的水平、工資、物價的控制狀況、匯率的升降情況、能源供給與成本、市場機制的完善程度等等，都應該根據實際情況對其進行分析。

2. 科學技術環境

科學技術環境是指一個國家或地區的科學技術水平、技術政策、新產品研製與開發能力以及新技術發展的新動向等。科學技術對企業經營的影響是多方面的，企業的技術進步，將使社會對企業的產品或服務的需求發生變化，從而給企業提供有利的發展機會。技術的變革在為企業提供機遇的同時，也對它形成了威脅。技術力量主要從兩個方面影響企業的經營活動。一方面技術革新為企業創造了機遇。這表現在：①新技術的出現使得社會和新興行業增加了對本行業產品的需要，從而使得企業可以開闢新的市場和新的經營範圍。②技術進步可能使得企業通過利用新的生產方法、新的生產工藝或新材料等各種途徑，生產出高質量、高性能的產品，同時也可能會使得產品成本大大降低。另一方面，新技術的出現也使得企業面臨著各種挑戰。技術進步會使社會對企業產品和服務的需求發生重大變化。技術進步對某個產業形成機遇的同時，也可能會對另一個產業形成威脅。如塑料製品業的發展就在一定程度上對鋼鐵業形成了威脅，許多塑料製品成為鋼鐵產品的代用品。此外，競爭對手的技術進步可能會使得本企業的產品或服務陳舊過時，也可能使得本企業的產品價格過高，從而失去競爭力。在國際貿易中，某個國家在產品生產中採用先進技術，就會導致另一個國家的同類產品價格偏高。因此，要認真分析技術環境給企業帶來的影響，認清本企業和競爭對手在技術上的優勢和劣勢，越是技術進步快的行業，技術環境就越應該作為環境分析的重要因素。

當前，一個國家或地區經濟的增長速度，在很大程度上與重大技術發明應用的數量和程度相關。所有企業特別是本身屬於技術密集型的企業或處於技術更新較快的行業中的企業，必須高度重視當今技術進步將對企業經營帶來何種影響，以便及時地採取相應的經營戰略以不斷促進技術創新，保持競爭優勢。在衡量技術環境的諸多指標中，整個國家的研究開發經費總額、企業所在行業的研究開發支出、技術開發力量集中的程度、知識產權與專利保護、新產品開發狀況、實驗室技術向市場轉移的最新發展趨勢、信息與自動化技術發展、可能帶來的生產率提高等，都可以作為關鍵經營戰略要素進行分析。

3. 社會文化環境

社會文化環境是指一個國家和地區的民族特徵、文化傳統、價值觀、宗教信仰、教育水平、社會結構、風俗習慣等情況。這些社會文化因素的內容差異性構成不同的民族和國家的特點。每一個社會都有一些核心的價值觀，這些價值觀和文化傳統是通過家庭的繁衍和社會的教育形成的歷史沉澱，因此它們通常具有高度的持續性，較為穩定，不易改變。而且，社會成員中的價值觀念等社會文化因素是在長期的社會發展過程中形成的，因而又具有一定的地域性和傳承性，而且每種文化都是由許多亞文化組成，它們有著共同的價值觀念及其共同的生活經驗和生活環境，有著共同的社會態度、心理偏好和行為，從而表現出亞區域相同的市場需求和類似的消費行為。

社會文化環境主要包括三大方面：一是社會結構；二是社會風尚；三是社會文化

與教育。社會結構一般包括人口構成、職業構成、民族構成及家庭構成等。其中人口構成影響最大，人口總數直接影響著社會生產的總規模；人口的地理分佈影響著企業的廠址、店址的選擇；人口的性別比例和年齡結構，在一定程度上決定了社會需求結構，進而影響到社會供給結構和企業產品結構等。

經濟結構的變化導致社會文化的變遷，同時也帶來消費結構的變動，如由於人民生活水平的提高和計劃生育政策的實施，人口結構趨於老齡化，青壯年勞動力供應則相對緊張，從而影響企業勞動力的補充。但另一方面，由於人口結構老齡化又出現了一個老年人的市場，這就為生產老年人用品和提供老年人服務的企業提供了一個發展的機會。又如因長假的實施，便出現了「假日經濟」。另外社會結構的變動還表現在共同利益群體成為社會經濟生活的重要影響力量，如黨政工團、行業協會、消費者協會等。社會環境中的文化力量決定了人們的價值觀、風俗習慣，其中關鍵的要素有生活方式的演變、人們期望的工資水平、消費者的活躍程度、家庭數量及其增長速度、人口年齡的分佈狀況及其變動趨勢、人口流動與遷移情況、平均壽命的延長情況、出生率等。研究社會文化環境，對企業深入研究市場需求、形成企業經營戰略有極大幫助。

4. 政治環境

政治環境是指一個國家或地區的政治制度、體制、路線方針政策、法律法規等方面。一個國家經濟體制的選擇是由政治力量決定的，儘管在其背後有經濟力量支配，在中國經濟體制的轉軌過程中，儘管市場競爭法則已迅速地被引入眾多的行業，但對於某些關係到國家安危、國計民生、意識形態的領域，政府控制發揮主導性作用。

政府的政策廣泛地影響著企業的經營行為，即使在市場經濟較為發達的國家，政府對市場和企業的干預似乎也有增無減，如壟斷法、最低工資限制、勞動保護、社會福利等方面。當然，政府的很多干預往往是間接的，常以稅率、利率、匯率、銀行存款儲備金為槓桿，運用財政政策和貨幣政策來實現宏觀經濟的調控，以及通過干預外匯匯率來確保國際金融與貿易秩序。因此，在制定企業經營戰略時，對政府政策的長期性和短期性的判斷與預測十分重要，企業經營戰略應對政府發揮長期作用的政策有必要準備；對短期性的政策則可視其有效時間做出反應。

市場的運作需要一整套能夠保證市場秩序的「游戲」規則和獎懲制度，這就形成了市場的法律系統。作為國家意志的強制表現，法律、法規對於規範市場和企業行為有著直接規範的作用。立法在經濟上的作用主要表現在為維護公平競爭、維護消費者利益、維護社會最大利益三個方面。因此，企業在制定經營戰略時，要充分瞭解既有的相關法律的規定，特別是要關注那些正在醞釀之中的法律帶來的影響，這是企業在市場中生存、參與競爭的重要前提。

另外，不可忽視社會環境中的政治力量產生的影響。其中的關鍵經營戰略要素有反不正當競爭法、環境保護法、稅法、外貿法規、對於外來企業政策、人員招聘與職務晉升的法規、政府政策穩定性與持續性、其他行政干預措施等。

任何國家的政府都要對企業的經營活動施加影響，或者進行控制，通過制定經濟政策和立法進行鼓勵、限制或禁止。市場經濟是法制經濟，隨著中國市場經濟的發展，中國經濟立法工作進一步加快，諸如消費者權益保護法、反不正當競爭法、廣告法、

公司法、商標法和專利法等。每次新法令的頒布實施，都可能給企業經營帶來機會和威脅，為此應及時加以監控。從經營角度分析政治法律環境，一方面是培養企業對政治法律的敏感性，從而把握機會或避開威脅。另一方面，要注意企業對法律特別是對政策的能動性，使國家及地方政策、法規有利於企業的發展。此外還要注意政府執法機構及人員的變動和消費者組織對企業經營活動的影響。

5. 自然環境

企業的自然環境主要是指企業所在地域的全部自然資源所組成的環境。它包括諸如鎢礦、鐵礦、煤礦、石油、空氣、水、自然地界地貌、各種自然災害等。為了滿足市場不斷增長的消費需求，企業生產出的產品越多，就使得不可再生自然資源變得日益稀缺，企業的經營活動就必然要受到自然資源的限制。同樣，地理、氣候等自然條件，如沿海、沿邊、內陸、島嶼和春夏秋冬因素，對企業的經營活動有著極大的影響。自然環境對企業經營的影響主要表現為：自然資源日益短缺，能源成本趨於提高，環境污染日益嚴重，政府對自然資源管理的干預不斷加強，氣候變動趨勢和地理環境特點等，所有這些都直接或間接地給企業帶來威脅或機會。

面對資源短缺，企業應重點發展節約能源降低原材料消耗的產品，如節能、節電、節時、節空間的產品；尋找替代品開發新材料，如用太陽能、核能、地熱等新能源代替煤炭、石油等傳統能源；加強「三廢」的綜合利用，大力發展人工合成材料，使產品輕型化、小型化和多功能化。

從經營角度分析，對資源依賴程度較大的企業或產品品質明顯受地理和氣候條件影響的企業，要注意樹立資源戰略意識和環境保護意識。國外企業和政府對不可再生資源都實施了戰略性保護政策，中國政府也及時制定了注重環境保護的可持續發展戰略。

(二) 微觀環境

企業不僅在一般外部經營環境中生存，而且在特殊的領域或行業中從事經營活動。一般環境對不同類型的企業都會產生一定程度的影響，而與企業所在的具體領域或行業有關的特殊外部經營環境則直接、具體地影響著企業的經營活動。

企業是在一定行業中從事經營活動的，行業環境的特點直接影響著企業的競爭能力。企業競爭態勢分析是由美國哈佛商學院教授邁克爾·波特首先提出的。波特認為，影響行業內競爭結構及其強度的因素主要有：潛在的行業新進入者、替代品的威脅、購買商討價還價的能力、供應商討價還價的能力以及現有競爭者之間的競爭。如圖2-1所示。

1. 潛在競爭對手的分析

一種產品的開發成功，會引來許多企業的加入。這些新進入者既可給行業注入新的活力，促進市場競爭，也會給現有廠家造成壓力，威脅它們的市場地位。一方面新進入者加入該行業，會帶來生產能力的擴大，帶來對市場佔有率的要求，這必然引起與現有企業的激烈競爭，使產品價格下跌；另一方面，新加入者要獲得資源進行生產，從而可能使得行業生產成本提高。這兩方面都會導致行業的獲利能力下降。

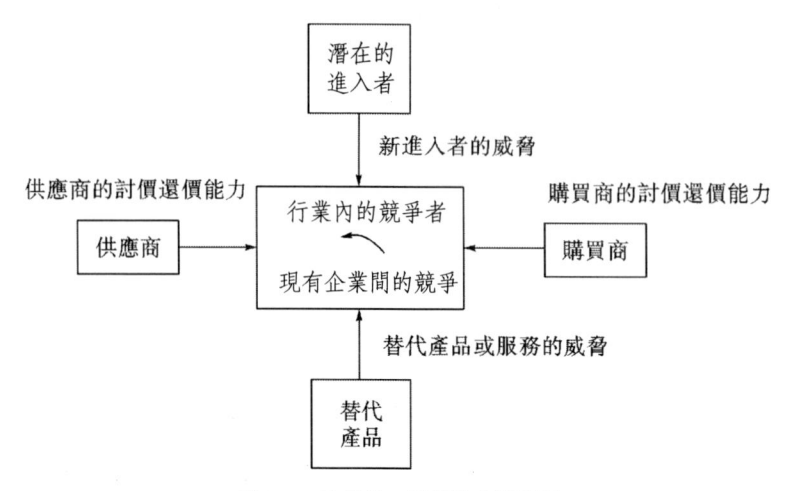

```
                    ┌─────────┐
                    │ 潛在的  │
                    │ 進入者  │
                    └────┬────┘
                         │ 新進入者的威脅
                         ▼
供應商的討價還價能力  ┌─────────────┐  購買商的討價還價能力
    ┌─────┐         │行業內的競爭者│         ┌─────┐
    │供應商│────────▶│             │◀────────│購買商│
    └─────┘         │現有企業間的競爭│         └─────┘
                    └──────▲──────┘
                           │ 替代產品或服務的威脅
                    ┌──────┴──────┐
                    │    替代     │
                    │    產品     │
                    └─────────────┘
```

圖 2-1　波特的五種競爭力模型圖

新廠家進入行業的可能性大小，既取決於由行業特點決定的進入難易程度，又取決於現有廠商的反擊程度。如果進入障礙高，現有企業激烈反擊，潛在的加入者就難以進入該行業，對已加入者的威脅就小。決定進入障礙大小的主要因素有以下幾個方面：

（1）規模經濟。規模經濟是指生產單位產品的成本隨生產規模的增加而降低。規模經濟的作用是迫使行業新加入者必須以大的生產規模進入，並冒著現有企業強烈反擊的風險；或者以小的規模進入，但要長期忍受產品成本高的劣勢。這兩種情況都會使加入者望而卻步。如在鋼鐵行業中，就是存在規模經濟的。大企業的生產成本要低於小企業的生產成本，這就有了進入障礙的客觀條件。實際上，不僅產品的生產，而且新產品的研發、物質的採購、資金的籌措、產品的銷售和營銷渠道的建立等，都存在著最低規模。產品的性質不同，技術的先進程度不同，生產和經營的最低規模也會不一樣。

（2）產品差別優勢。產品差別優勢是指原有企業所具有的產品商標信譽和用戶的忠誠度。出現這種現象是由於企業過去所做的廣告、用戶的服務、產品差異或者僅僅因為企業在該行業歷史悠久。產品差異化形成的障礙，迫使新加入者要用很大的代價來樹立自己的信譽和克服現有用戶對原有產品的忠誠。這種努力通常是以虧損作為代價的，而且要花費很長的時間才能達到目的。如果新加入者進入失敗，那麼在廣告、商標上的投資是收不回任何殘值的，因此這種投資具有特殊的風險。

（3）資金需求。資金需求所形成的進入障礙，是指在行業中經營不僅需要大量資金，而且風險性較大。加入者要在持有大量資金、冒很大風險的情況下才敢進入。形成需要大量資金的原因是多方面的，如購買生產設備、提供用戶信貸、存貨經營等都需要大量資金。

（4）轉換成本。轉換成本是指購買者將購買一個供應商的產品轉到購買另一個供應商的產品所支付的一次性成本。它包括重新訓練業務人員，增加新設備，檢測新資

源的費用以及產品的再設計等。如果這些轉換成本高，那麼新加入者必須為購買商在成本或服務上做出重大的改進，以便購買者可以接受。

（5）銷售渠道。一個行業的正常銷售渠道，已經為原有企業服務，新加入者必須通過廣告合作、廣告津貼等來說服這些銷售渠道接受他的產品，這樣就會減少新加入者的利潤。產品的銷售渠道越有限，它與現有企業的聯繫越密切，新加入者要進入該行業就越困難。

（6）與規模經濟無關的成本優勢。原有的企業常常在其他方面還具有獨立於規模經濟以外的成本優勢，新加入者無論取得什麼樣的規模經濟，都不可能與之相比。它們是專利產品技術、獨占最優惠的資源、占據市場的有利位置、政府補貼、具有學習或經驗曲線以及政府的某些限制政策等。

2. 現有競爭對手研究

企業面對的市場通常是一個競爭市場，同種產品的製造和銷售通常不止一家企業。多家企業生產相同的產品，必然會採取各種措施爭奪用戶，從而形成市場競爭。如現有競爭對手之間經常採用的競爭手段有價格戰、廣告戰、引進產品以及增加對消費者的服務和保修等。任何組織，即使是寡頭壟斷廠商，也會有著一家以上的競爭對手，就好似可口可樂與百事可樂，通用汽車與豐田汽車、大眾汽車一樣。沒有任何企業能夠忽略競爭，否則其代價將是非常昂貴的。現有競爭對手的研究主要包括以下內容。

（1）基本情況的研究。競爭對手的數量有多少？分佈在什麼地方？他們在哪些市場活動？各自的規模、資金、技術力量如何？其中哪些對自己的威脅特別大？基本情況研究的目的是要找到主要競爭對手。

為了在眾多的同種產品的生產廠家中找出主要競爭對手，必須對他的競爭實力及其變化情況進行分析和判斷。反應企業競爭實力的指標主要有三類。

①銷售增長率。銷售增長率是指企業當年銷售額與上年相比的增長幅度。銷售增長率為正且大，說明企業的用戶在增加，企業的競爭能力在提高；反之，則表明企業競爭能力的衰退。這個指標往往只有與行業發展速度和國民經濟的發展速度進行對比分析才有意義。如果企業當年銷售額比上年有所增加，但增加的幅度小於行業或國民經濟的發展速度，則表明經濟背景是有利的，市場總容量在不斷擴大，但擴大的部分被企業占領的比重則相對減少，大部分新市場被其他企業占領了，因此該企業的競爭能力相對地下降了。

②市場佔有率。市場佔有率是指市場總容量中企業所占的份額，或指在已被滿足的市場需求中有多大比例是由本企業占領的。市場佔有率的高低可以反應不同企業競爭能力的強弱，這是一個橫向比較的指標，某企業占領的市場份額大，說明購買該企業的產品的消費者數量多。消費者之所以購買該企業而非其他企業的產品，說明該企業產品在價格、質量、售後服務等各方面的綜合競爭能力比較強。同樣，市場佔有率的變化可以反應企業競爭能力的變動，如果一家企業的市場佔有率本身雖然不高，但與上年相比有了進步，則表明該企業的競爭實力有所增強。

③產品的獲利能力。產品的獲利能力是反應企業競爭能力能否持續的支持性指標，可用銷售利潤率表示。市場佔有率只反應了企業目前與競爭對手相比的競爭實力，並

未告訴我們這種實力能否維持下去；只表明企業在市場上銷售產品的數量相對較多還是相對較少，並未反應銷售這些數量的產品是否給企業帶來了足夠的利潤。如果市場佔有率高，銷售利潤也高，那麼表明銷售大量產品可給企業帶來高額的利潤，從而可以使企業有足夠的財力去維持和改善生產條件，因此較高的競爭能力是有條件堅持下去的；相反，如果市場佔有率很高，而銷售利潤率卻很低，那麼則表明企業賣出去的產品數量很多，得到的收入卻很少，補償了生產消耗後，很少甚至沒有剩餘，較高的市場佔有率是以較少的利潤為代價換取的，長此以往，企業的市場競爭能力是無法維持的。

（2）主要競爭對手的研究。比較不同企業的競爭實力，找出了主要競爭對手後，還要研究其所以能對本企業構成威脅的主要原因——是技術力量雄厚？資金多？規模大？還是其他原因？主要競爭對手研究的目的是找出主要對手的競爭實力的決定因素，以幫助企業制定相應的競爭策略。

（3）競爭對手的發展動向。競爭對手的發展動向包括市場發展或轉移動向與產品發展動向。要收集有關資料，密切注視競爭對手的發展方向，分析競爭對手可能開發哪些新產品，開闢哪些新市場，從而幫助企業先走一步，爭取時間優勢，使企業在競爭中爭取主動地位。在判斷競爭對手的發展動向時，要分析退出某一產品生產的難易程度。下列因素可能妨礙企業退出某種產品的生產。

①資產的專用性。如果廠房、機器設備等資產具有較強的專用性，則其清算價值很低，企業既難以用現有資產轉向其他產品生產，也難以通過資產轉讓收回投資。

②退出成本的高低。某種產品停止生產，意味著原來生產線工人的重新安置。這種重新安置需要付出一定的費用（比如新技能的培訓）。此外，企業即使停止了某種產品的生產，但對在此之前已經銷售的產品在相當長的時間內仍有負責維修的義務。職工安置、售後維修服務的維持等費用如果較高，也會影響企業的產品轉移決策。

③心理因素。特定產品可能是由企業的某位現任領導人組織開發成功的，曾在歷史上對該領導的升遷起過重要影響，因此該領導可能對其有深厚的感情，即使已無市場前景，可能也難以割捨。考慮到這種因素，具體部門在對該產品的對策上也可能顧慮重重。那些曾經作為企業成功標誌的產品生產的終止，可能給全體員工帶來更大的心理影響，影響他們對企業的忠誠，對個人事業前途充滿畏懼等。因此，人們在決定其「退役」時必然會猶豫不決。

④政府和社會的限制。某種產品的生產終止、某種經營業務的不再進行，不僅對企業有直接影響，可能還會引起失業，影響所在地區的經濟發展，因而可能遭到來自社區政府或群眾團體的反對或限制。

此外，對於競爭不能片面理解。競爭是多方面的，不僅限於爭取顧客，在取得原材料、貨款上也有競爭，在技術發展、改進產品上更是競爭激烈，而這些競爭最終又將是管理的競爭、人才的競爭。因此，企業的經營管理人員必須保持清醒的頭腦，仔細分析研究本企業的競爭狀況及競爭對手的實力和發展動向，並及時採取適宜的競爭策略。

3. 替代品生產廠家分析

替代產品是指那些與本行業的產品有同樣使用價值和功能的其他產品。產品的使用價值或功能相同，能夠滿足的消費者需要相同，在使用過程中就可以相互替代，生產這些產品的企業之間就可能形成競爭。因此，行業環境分析還應包括對生產替代品企業的分析。

替代品生產廠家的分析主要包括兩方面的內容：①確定哪些產品可以替代本企業提供的產品。這實際上是確認具有同類功能產品的過程。②判斷哪些類型的替代品可能對本企業經營造成威脅。為此，需要比較這些產品的功能實現能夠給使用者帶來的滿足程度與獲取這種滿足所需付出的費用。如果兩種相互可以替代的產品，其功能實現可以帶來大致相當的滿足程度，但價格卻相差懸殊，則低價格產品可能對高價格產品的生產和銷售造成很大的威脅；相反，如果這兩類產品的功能/價格比大致相當，則相互間不會造成實際的威脅。

4. 購買商分析

購買商在兩個方面影響著行業內企業的經營：①購買商對產品的總需求決定著行業的市場潛力，從而影響行業內所有企業的發展邊界；②不同用戶的討價還價能力會誘發企業之間的價格競爭，從而影響企業的獲利能力。對購買商的研究也因此包括兩個方面的內容：購買商的需求（潛力）研究以及購買商的討價還價能力研究。

（1）需求分析。一般包括以下內容：

①總需求分析。這包括市場容量有多大、總需求中有支付能力的需求有多大、暫時沒有支付能力的潛在需求有多少。

②需求結構分析。需要回答的問題是：需求的類別和構成情況如何；用戶屬於何種類型，是機關團體還是個人；主要分佈在哪些地區；各地區比重如何等。

③購買商的購買力研究。需要分析：購買商的購買力水平如何，購買力是怎樣變化的，有哪些因素影響購買力的變化，這些因素本身是如何變化的。通過分析影響因素的變化，可以預測購買力以及市場需求的變化。

（2）購買商的價格談判能力分析。購買商的價格談判能力是眾多因素綜合作用的結果，這些因素主要有：

①購買量的大小。如果購買商的購買量與企業銷售量比較相對較大，是企業的主要顧客，則應意識到其購買對企業銷售的重要性，因而擁有較強的價格談判能力。同時，如果購買商對這種產品的購買量在自己的總採購量以及總採購成本中佔有較大比重，必然會積極利用這種談判能力，努力以較優惠的價格採購貨物。

②企業產品的性質。如果企業提供的是一種無差異產品或標準產品，則購買商堅信可以很方便地找到其他供貨渠道，因此也會在購買中要求盡可能優惠的價格。

③購買商後向一體化的可能性。後向一體化實際指企業將其經營範圍擴展到原材料、半成品或零部件的生產。如果購買商是生產性的企業，購買企業產品的目的在於再加工或與其他零部件組合，又具備自制的能力，則會經常以此為手段迫使供應者壓價。

④企業產品在購買商產品形成中的重要性。如果企業產品是購買商產品的主要構

成部分，或對自己產品的質量或功能形成有重大的影響，則可能對價格不甚敏感，這時他關注的首先是企業產品的質量及其可靠性。相反，如果企業產品在購買商產品形成中沒有重要影響，購買商在採購時則會努力尋求價格優惠。

5. 供應商分析

企業生產所需的許多生產要素是從外部獲取的，提供這些生產要素的經濟組織，也在兩個方面制約著企業的經營：①這些經濟組織能否根據企業的要求按時、按量、按質地提供所需的生產要素，影響著企業生產規模的維持和擴大。②這些組織提供貨物時所要求的價格決定著企業的生產成本，影響著企業的利潤水平。所以，供應商的研究也包括兩個方面的內容：供應商的供貨能力，或企業尋找其他供貨渠道的可能性，以及供應商的價格談判能力。這兩個方面是相互聯繫的，綜合起來看，需要分析以下因素：

（1）是否存在其他貨源。企業如果長期僅從單一渠道進貨，則其生產和發展必然在很大程度上受制於後者。因此，應分析與其他供應商建立關係的可能性，以分散進貨，或在必要時啟用後備進貨渠道。這樣便可在一定程度上遏制供應商提高價格的傾向。

（2）供應商所處行業的集中程度。如果該行業集中度較高，由一家或少數幾家集中控制，而與此對應，購買此種貨物的客戶數量眾多，力量分散，則該行業供應商將擁有較強的價格談判（甚至是決定）能力。

（3）尋找替代品的可能性。如果行業集中程度較高，分散進貨的可能性也較小，則應尋找替代品。如果替代品不易找到，那麼供應商的價格談判能力將是無疑的。

（4）企業後向一體化的可能性。如果供應商壟斷了供貨渠道，替代品又不存在，而企業對這種貨物的需求量又很大，則應考慮自己掌握或自己加工製作的可能性。這種可能性如果不存在，或者企業對這種貨物的需求量不大，那麼這時企業只能對價格談判能力較強的供應商俯首稱臣。

二、企業經營的內部環境

內部環境由企業內部的物質環境和文化環境構成。企業內部物質環境研究是指要分析企業內部各種資源的擁有狀況和利用能力，企業內部文化環境研究則是考察企業文化的構成要素及其特點。

1. 企業內部物質環境

任何企業的經營活動都需要借助一定的資源來進行。這些資源的擁有情況和利用情況影響甚至決定著企業經營活動的效率和規模。企業經營活動的內容和特點不同，需要利用的資源類型亦有區別。但一般來說，任何企業的經營活動都離不開人力資源、物力資源以及財力資源。它們是構成企業生產經營活動過程的各種要素的組合。

（1）人力資源分析。根據不同的標準可以將人力資源劃分成不同類型。比如根據所從事的工作性質的不同，企業人力資源可分為生產工人、技術人員和管理人員三類。人力資源研究就是要分析這些不同類型的人員數量、素質和使用狀況。比如，對企業生產工人的研究，就是要瞭解他們的數量，分析其技術、文化水平是否符合企業生產

現狀和發展的要求，近期內有無增減的可能，能否組織他們進行技術培訓，企業是否根據生產工人的特點分配了適當的工作、進行了合理的利用，等等；對技術人員的研究，就是要弄清企業有多少技術骨幹，他們的技術水平、知識結構如何，是否做到了人盡其才，使他們充分發揮了作用；對管理人員的研究，就是要分析企業管理幹部的配備情況，這支隊伍的素質如何，能力結構、知識結構、年齡結構、專業結構是否合理，是否具有足夠的管理現代企業的經驗和能力，能否通過培訓提高他們的管理素質等等。

（2）物力資源分析。這是狹義的內部物質環境的構成內容。物力資源研究，就是要分析在企業的經營活動過程中需要運用的物質條件的擁有數量和利用程度。比如，要分析企業擁有多少設備和廠房，它們與目前的技術發展水平是否相適應，企業是否應對其進行更新改造，機器設備和廠房的利用狀況如何，企業能否採取措施提高其利用率等等。

（3）財力資源分析。財力資源是一種能夠獲取和改善企業其他資源的資源，可以認為是反應企業經營活動條件的一項綜合因素。財力資源研究就是要分析企業的資金擁有情況（各類資金數量）、構成情況（自有資金與債務資金的比重）、籌措渠道（金融市場或商業銀行）、利用情況（是否把有限的資金使用在最需要的地方），分析企業是否有足夠的財力資源去組織新業務的拓展、原有活動條件和手段的改造，在資金利用上是否還有潛力可挖等。

2. 企業文化

任何企業的經營活動都離不開內部物質環境和內部文化環境，它們是構成企業生產經營活動過程的各種要素的組合。在這些要素中，企業文化毫無疑問是決定一個企業競爭力的最重要的因素。企業文化是企業在長期的實踐活動中所形成的並且被企業成員普遍認可和遵循的具有本企業特色的價值觀念、思維方式、工作作風、行為準則等群體意識的總稱。它是隨著企業的存在和發展而逐漸形成的。企業內部的文化必須與外部環境和企業的總體發展戰略相互協調，如果能做到這一點，員工的績效將是驚人的，這樣的企業也是難以戰勝的。

第三節　經營機會與風險

與自然界生存競爭的規律極其相似，在對手如林的市場競爭角逐中，企業的生存和發展也與其適應環境、捕捉機會的能力息息相關。經營機會，雖然常常伴隨著經營風險，但一旦捕捉在手，便會給企業帶來豐厚的收益。對於企業來說，經營機會與風險分析是企業經營環境分析的重要內容。

一、**經營機會與經營風險**

經營機會是指有利於實現企業的經營目標的良好條件或客觀可能性。這些條件和客觀可能性可以通過企業的戰略制定與實施變為現實，形成經營機會的因素很多，如

新技術、新發明的出現，需求結構的變化，政府的稅制及投資政策的改變，以及國際關係或貿易環境的改善等。

經營風險是指企業在創辦或經營過程中發生的對未來結果的不確定性，使企業遭受一定的風險損失。國內外一切政治、經濟、技術、市場等因素的變化都存在著某種對企業經營成果的不確定性。企業經營風險主要包括籌資風險、投資風險和經營風險。

應當指出：經營機會與風險總是並存的，有機會就會有風險，有風險也必然存在著某種機會，只不過機會與風險孰大孰小而已。根據機會和風險程度的大小，可以運用一個矩陣把企業經營環境劃分為四種環境，即理想的環境、冒險的環境、老化的環境和惡化的環境。如圖 2-2 所示：

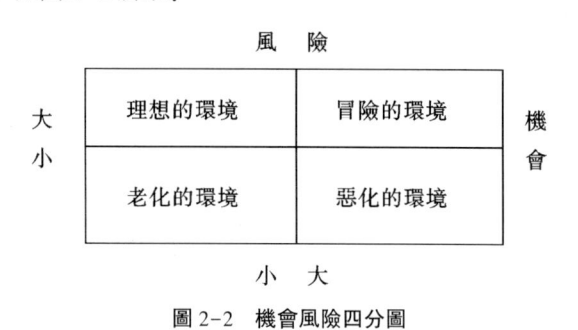

	風　險		
大 小	理想的環境	冒險的環境	機 會
	老化的環境	惡化的環境	
	小　　　大		

圖 2-2　機會風險四分圖

理想的環境下，機會大而風險小。環境的變化具有確定性，這種環境的競爭必然會日趨激烈。捷足先登者往往會掌握競爭優勢。判斷和掌握這種機會的前提是做出科學的預測，並不失時機地做出戰略選擇。餐飲業與食品工業均屬此種環境。

冒險的環境下，機會大而風險也大。這種環境或其變化具有不確定性，或退出的障礙較大。進入這種環境，要有風險意識和承擔風險的能力。時裝業屬於這種環境，微電子等高科技產業、金融市場也屬這種環境。

老化的環境下，機會小風險也小。環境的變化雖然具有確定性，但是或因投資的收益率很低，或因市場日益狹窄，對經營者越來越喪失吸引力。企業在進行維持性經營的同時，必須當機立斷實行戰略轉移，像教學儀器、小商品、普通機電產品市場均屬這種環境。

惡化的環境下，機會雖小風險卻大。這種環境的形成大都有其特殊的原因，或是由理想環境演變而來，或是老化環境的進一步惡化。有的屬於長期惡化，有的屬於暫時惡化。像汽車工業原屬於理想環境，加入 WTO 後卻變成了惡化環境，這種惡化是暫時的。像鋼鐵工業，在新技術的衝擊下，這一環境開始老化，隨著新材料的出現，這一環境還將日益惡化。面對這種環境，企業必須採取相應戰略擺脫困境。

二、環境與經營機會

進行環境分析的目的是為了不失時機地掌握機會、回避風險。環境並不是靜止的，而是不斷變化的。環境的變化既會呈現漸進性，也會呈現某種突發性，都可能為企業帶來一定的機會。

1. 系統環境與經營機會

系統環境是指總體上同質、有序、連續穩定的環境。這樣的環境常常制約著經營機會的程度和範圍。它給企業帶來同等的外界條件和均等的經營機會。例如，平穩的市場發展形勢、經營的繁榮為各個企業帶來了發展壯大的可能性。但是，平等的環境、均等的機會並不會使各個企業同水平地提高。因為企業之間素質的差異，對機會反應的彈性會不同。所以在外界條件均等的情況下，企業只有不斷提高自身素質，才能敏銳地捕捉到經營機會，靈活出擊，占領機會的制高點。

系統性環境的有序性、整體性、穩定性是相對的。兵無常勢，系統中隱藏著非系統性，包含著向非系統性轉化的趨勢。如政治上的大事變、經濟政策、制度的變更等都會破壞系統條件，使經營機會消失或出現、收縮或擴張。企業的經營者應該善於洞察環境的變化及其趨勢，才能及時趕上機會的潮流，成為機會的「寵兒」。

2. 非系統性環境與經營機會

非系統性環境是指局部的、不連續或無序的、變異的環境。如突然出現的政治、經濟、技術、文化事件，地理、人口、教育的不平衡，商品、資金、價格、資源的時空差等等。非系統性環境紛紜微妙，千差萬別，在變化中孕育著各種經營機會，也往往在一夜之間奪去原有的經營機會。這種非系統性環境與企業日常經營機會的得失有很強的相關性。如價格的變化、利率的變動等。非系統性環境由於是非全局性的，它所孕育的經營機會對不同的行業是不均等的，但對同一行業的各個企業一般是均等的。所以，企業要樹立「時不再來，機不可失」的觀念，最大限度地利用於己有利的環境，適時適度地獲取機會。具有同等機會的企業要有強烈的「機會競爭」觀，千方百計地利用自己與競爭對手的時間差、空間差、資源差，牢牢地把握住戰機。

三、經營機會分析

1. 顯在性經營機會

這是常常可以憑即時環境感受到的一種顯而易見的機會。一般地說，顯在性機會常與某一時期的特定環境的變動相聯繫。沒有1973年世界性石油危機的爆發與延續，就沒有豐田汽車的走紅。經營機會即使明顯存在，也不意味著人人都唾手可得。某類經營機會相對於眾多的追求者來說，總是有限的。它只屬於那些審時度勢、善於隨機應變、不失時機把握機會的人。判斷顯在性經營機會並不難，難的是事前能大致估算到孕育這種機會的環境何時形成、持續的時間、影響面及作用強度等。成功的環境調查和預測等於捕獲了一半的機會。因此，捕捉顯在性機會有賴於企業環境預測的實力和水平。

2. 潛在性經營機會

這是人們不易直接憑藉即時的環境來判斷的一種不明顯的隱含的機會。從運動的環境觀來考察，潛在性經營機會隨其所依賴的環境變化呈現雙向運動狀態：有些會有助於環境的發展、成熟、穩定而由暗轉明，成為顯在性機會；有的則抑制環境的發展、成熟、穩定而由暗轉亡，萎縮消失。一個企業要想捷足先登，摘取潛在性經營機會的果實，必須付出較大的代價去認識、把握環境運動的時空性及其他因素的變化狀況，

瞭解政治、經濟、文化、技術等經營因素對企業實現經營目標的各種機會造成的影響，發掘機會，變潛在性經營機會為對我有利的顯在性經營機會。值得注意的是，潛在性機會中隱藏著許多似是而非的機會，一個出色的經營者應獨具慧眼，善於對其進行由表及裡、去偽存真的分析，以免錯捕機會，造成戰略失誤。

四、經營風險分析

機會與冒險總是相互聯繫、相互依存的。冒險的衝動在於機會中的豐厚利益，而實現機會的可能在於冒險行為的成功。

經營風險的形成，是多種因素綜合作用的結果。構成經營風險的因素既有內部因素，又有客觀因素。概括地講，經營風險的成因主要來自三個方面：

1. 客觀條件變化的不確定性

企業風險存在於企業生產經營活動過程之中，企業的經營活動是為其實現經營目標而產生的行為。決策是根據已知的現實條件去規劃未來要實現的目標，這就是說，進行決策所依據的條件是現實的客觀存在，而決策要實現的目標則是未來要達到的結果。世界上的一切事物都處於永恆的變化之中，制約企業經營活動的各種客觀條件也處於不斷變化之中。正是影響企業經營活動的各種客觀條件的不斷變化，才使得決策帶有不確定性的因素。這種不確定性，主要不是指決策所依據的客觀條件的不確定性。如果一個決策者進行決策時，對必須依據的客觀條件都不清楚，那只能表明決策者的無知和蠻幹。客觀條件變化所引起的不確定性主要包括：

（1）可能發生影響決策後果的自然狀態不確定性。決策是以客觀條件為依據的，由於客觀條件的變化，對決策的後果也必然要發生影響。對未來客觀條件將會發生怎樣的變化，雖然事先可以做出大體的估計，但卻會呈現多種自然狀態。

（2）決策的未來結果不確定性。由於客觀條件變化會出現多種自然狀態，決策的結果就不可能是一個，而是存在著一組可能的結果。

（3）決策的預期結果變化方向不確定性。由於存在多種的自然狀態和一組可能的結果，決策者對這些可能的結果出現的概率雖然可以大體上測算出來，但究竟會出現哪種結果，決策者卻不能做出肯定的判斷。如果客觀條件的變化與決策目標的實現發生同方向的運動，就會對企業的生產經營活動產生有利的影響，從而就會促使決策目標的實現。否則，如果客觀條件的變化與決策目標的實現發生反方向的運動，對企業的生產經營活動就會產生不利的影響。這樣，未來實際出現的結果就與要實現的目標發生偏離，風險就可能發生。

2. 預見的局限性

客觀條件變化引起的不確定性，是說明客觀因素的影響與風險形成的關係。在不確定性因素存在的條件下，是否會發生風險，則取決於人們對客觀事物發展變化的認識和預見的能力。因此，分析風險的形成，不僅要分析客觀條件的變化，而且還要把人的主觀因素引入對風險的分析，才能全面瞭解風險形成的原因。

風險是通過未來實際出現的結果與決策規定的目標相比較來表現的，假如人們對客觀條件變化的時間、變化的程度以及變化的方向能夠做到完全瞭解和掌握，並能對

未來出現的結果做出準確的判斷，也就不會出現風險。但實際上，人們卻不能完全做到這一點，其原因就在於人們對於客觀事物發展變化的預見有很大的局限性，因而就會使未來實際出現的結果與人們的主觀判斷發生差異。這是因為：

（1）預見是指人們基於對客觀規律的認識而對事物未來發展變化趨勢的主觀判斷。對事物未來發展變化的預見，只能指出事物發展變化的大體趨勢和基本方向，但卻不能對這個發展趨勢在其變化過程中出現的一切情況都能做出準確的判斷。

（2）預見是以對客觀規律的認識為前提的，預見的能力取決於人們對客觀規律的認識程度。人們的認識來源於實踐，要通過不斷地實踐，才能逐步加深對客觀事物變化規律的認識。人們對客觀規律不可能一下子認識得十分清楚，總會帶有一定的片面性，這就決定了人們對未來的預見也必然會存在一定的局限性，不可能對未來的一切變化都能預見到，並且預見得十分準確。

（3）客觀世界是一個龐大的複雜的系統，同時又是在不斷地發生變化，而人們本身都是局限在一定的範圍內來從事活動的，觀察問題的範圍和掌握的信息量也是有限的，很難從總體上完全把握客觀世界的變化規律。人們雖然能夠預見到未來變化的大體趨勢，但由於人們認識事物發展變化的客觀規律要有一個逐步深化的過程，根據過去和現在獲得的知識與經驗來預見未來，總會有一定的局限性，因而決策規定的目標與實際發生的結果就可能出現偏離。

3. 控制能力的有限性

風險是作為一種可能性存在的，如果人們對客觀存在的風險完全能做到有效控制，風險就只能是一種可能性，而不會轉化為現實。根據構成風險的因素性質不同，風險分為可控性風險與不可控性風險。不可控性風險是由人們無法抗拒的因素造成的，或者是不能由企業本身左右的。人們對這類風險控制能力有限，這是很明顯的。對於可控性風險，雖然人們可能進行控制，但控制風險要通過一定的技術經濟手段，這就需要具備一定的物質技術條件。條件充分，控制風險的能力相對就要強一些。條件較差，控制風險的能力就弱一些。由於人們風險控制能力的有限性，因而不能完全排除風險。

上述風險成因的三個要素是互相聯繫的，這些因素同時存在並相互作用，風險不僅是一種客觀存在，而且有可能使潛在的風險轉化為現實的風險

第四節　企業戰略概述

一、企業戰略的概念

「戰略」一詞出自軍事術語。《孫子兵法》云「上兵伐謀」。謀就是戰略。英文的戰略一詞是希臘語「將軍」的衍化，意指將軍的用兵藝術。現代社會常把戰略用於政治與經濟領域。20 世紀 60 年代始被用於企業，出現了企業戰略或戰略管理。

企業戰略研究的先驅者錢德勒在《戰略與結構》一書中給企業戰略下了一個定義：企業戰略是決定企業的基本長期目標與目的，選擇企業達到這些目的所循的途徑（方

針），並為實現這些目標與方針而對企業重要資源進行分配。在這裡，錢德勒的企業戰略是從戰略決策出發的，著重於企業成長目標的實現和資源分配，並未對企業戰略本身進行具體分析。

安索夫在《公司戰略論》中把企業戰略定義為企業為了適應外部環境，對目前與將來要從事的經營活動所進行的戰略決策。安索夫認為，戰略是決策的基準。它的作用在於：①為公司確定一項經營概念；②提供特定的準則，使公司在探尋各個機會時有所依據；③彌補公司目標的不足，為公司提供必要的決策規劃，以縮小機會選擇的範圍。

安東尼在《計劃與控制系統：一個分析框架》一書中提出，企業戰略就是企業內部控制過程中的戰略性計劃。它包括決定或變更企業的目的，決定達到企業目的所必需的諸資源以及取得、使用或處理這些資源所應遵循的方針。與錢德勒不同的是，安東尼企業戰略的概念中加進了經營計劃的內容，而且把經營計劃劃分為戰略性計劃、管理性計劃和業務性計劃。

我們認為，戰略首先是為實現一定的目標服務的，一定時期的經營目標既是企業戰略的出發點，又是企業戰略的終結點，所以，企業戰略首先應該包含戰略目標。戰略目標乃至整個企業戰略都是建立在對經營環境客觀分析基礎上的，不僅戰略目標要以客觀環境為基礎，實現戰略目標的方針與途徑也必須是環境所容許的，並應是最有效地利用了環境的。企業戰略歸根到底是尋求競爭優勢的指導方針。因此，戰略可以理解為是組織總體目標和保證總體目標得以實現的一系列方針、政策和活動的集合體。

這個定義說明了：①戰略是有形的，不僅是一種指導思想或原則，而且是一種具體設計或規劃；②這個規劃首先是根據競爭環境的形勢分析為企業確定長期發展或成長目標；③戰略的重點是選擇實現企業成長目標的途徑或指導方針；④實現企業成長目標的途徑與方針的選擇，必須以揚長避短發揮企業競爭優勢為基準。

二、影響企業戰略的因素

安索夫把影響企業戰略的因素概括為四個方面，即產品的市場範圍、成長方向、競爭優勢和協作效果。我們認為，影響企業戰略的基本要素主要有三個方面，即經營環境與企業的服務範圍、企業的發展目標、企業的經營結構與競爭優勢。

1. 企業的經營環境與服務範圍

服務範圍指的是企業所從事的產業或行業。這是企業進行競爭角逐的舞臺，也是企業賴以生存的業務項目和活動空間。經營環境是處於變化之中的，影響其變化的因素既有社會政治方面的，也有技術和經濟方面的。其中經常發生作用的是技術和經濟方面的。在企業的服務範圍這一直接環境中，技術或供求關係的任何變化既可能給企業的發展提供機會，也可能對企業的生存造成一定的威脅。因此，環境的變化既對企業提出了客觀要求——進行戰略經營，以應變戰略接受環境變化的挑戰，充分利用環境變化所帶來的契機，把經營風險減小到最低的限度，同時又制約著企業的戰略。企業戰略必須以對環境的科學分析為依據，順應環境的變化。同時，戰略的有效性也要受環境變化的檢驗。如果戰略目標、方針與環境變化趨勢相適應，戰略是有效的。如

果戰略目標與方針同環境變化趨勢相悖，則要調整或改變戰略。

2. 企業的發展目標

目標既包含方向選擇，又包含矢量確定。在這裡，最重要的是發展方向，方向選對了，就會事半功倍，矢量可以根據趨勢外延來規定。方向選錯了，不僅會事倍功半，甚至會倒退、破產，矢量會變得毫無意義。安索夫認為，在企業的服務範圍內，企業發展方向的選擇，取決於產品、市場這兩個因素的組合。產品與市場組合派生出四個方向：①市場滲透，即在現有的產品和市場組合條件下，增加生產和銷售，提高市場佔有率，使企業得到發展；②市場開發，即為現有的產品尋求和開發新的市場，使企業得到發展；③產品開發，即在現有的市場範圍內，開發和推出新產品，以增加產品品種或進行產品更新換代，求得企業的發展；④多角化，即一手開發新產品，一手開闢新市場，兩面出擊，使企業得到發展。企業的成長方向具有相對的獨立性，它一方面受企業環境特別是企業服務範圍的制約，另一方面又受企業經營結構及其競爭優勢的制約。

3. 企業的經營結構及競爭優勢

企業的經營結構是指能用來滿足社會某種需要以維持其生存發展的一切手段，包括人力、物力、財力等資源結構，生產設備、工藝等技術結構，產品結構，經營組織結構等。企業的經營結構是企業戰略的物質基礎和內部條件。戰略是不能超越物質基礎的，否則只能是紙上談兵。物質條件作用的充分發揮又依賴正確的企業戰略。正確的企業戰略必須是充分地利用了行業環境所提供的機會，又充分地利用了企業的物質基礎和內部條件。充分利用企業外部環境和內部條件的前提是揚長避短發揮自己的競爭優勢。尋求競爭優勢有兩個途徑：一是研究需求特性和進行市場細分，或在服務於顯在需要的同時，發現潛在需要，先發制人，或以特定的產品服務於特定的市場，保持局部優勢。二是發揮協同效果。協同效果也稱乘數效果，就是在制定戰略時，正確地處理「棄舊」與「圖新」的關係。利用舊基礎，改造舊基礎，推陳出新，錦上添花，而不是一切從頭來，使企業的優勢能夠逐步累積，由量變轉為質變。

三、企業戰略的特點

企業戰略是指導企業走向未來的行動綱領，它具有以下幾個特點：

1. 全局性

企業戰略是以企業全局的發展規律為研究對象，指導整個企業生產經營活動的總謀劃。雖然企業戰略必然包括企業的局部活動，但這些局部活動都是作為總體行動的有機組成部分出現的。

2. 長期性

戰略不是著眼於解決企業眼前遇到的麻煩，那是策略所要解決的問題。戰略的著眼點是迎接未來的挑戰。未來並不是遙遠的和不可知的，而是目前環境態勢的有規律的發展。所以，戰略的長期性絕不意味著脫離眼前的現實，憑空臆造一個未來世界，以理想的模式表達企業的願望，而是在環境分析和科學預測的基礎上，展望未來，為企業謀求長期發展的目標與對策。人無遠慮，必有近憂。沒有這種對未來的高瞻遠矚，

企業必將永遠被眼前的困擾所羈絆而不能自拔，失去經營的主動性，從而也就增加了經營的風險性。

3. 綱領性

企業戰略是企業長時期生產經營活動的綱領，是企業經營管理綜合思想的體現。企業戰略研究的是對諸如確定企業發展目標、經營方向、經營重點以及應該採取的基本行動方針、重大措施等做出原則性、概括性的規定，從而為企業經營的基本發展指明方向，它具有很強的指導性。

4. 競爭性

企業戰略主要研究在激烈的市場競爭中如何強化本企業的競爭力，如何與競爭對手抗衡，以使得本企業立於不敗之地。同時在對未來進行預測的基礎上，為避開和減輕來自各方面的環境威脅，迎接未來的挑戰制訂各種行動方案。

5. 穩定性

企業發展戰略的全局性和長期性決定了企業戰略的相對穩定性。企業戰略必須具有相對穩定性，才會對企業的生產經營活動有指導作用。如果企業戰略朝令夕改，變化無常，不僅難以保證戰略目標和戰略方案的具體落實，而且也失掉了戰略的意義，還可能引起企業經營的混亂，給企業帶來不應有的損失。

四、企業戰略的類型

西方戰略管理文獻一般將企業戰略分為企業總體戰略和企業戰略兩大類。企業總體戰略考慮的是企業應該選擇進入哪種類型的經營業務，企業戰略考慮的則是企業一旦選定某種類型的經營業務，就應該如何在這一領域裡進行競爭或運行。

1. 企業總體戰略

企業總體戰略是涉及企業經營發展全局的戰略，是企業制定經營戰略的基礎，一般有以下幾種類型：

（1）單一經營戰略

單一經營戰略是企業把自己的經營範圍限定在某一種產品上。這種戰略使企業的經營方向明確、力量集中、具有較強的競爭能力和優勢。比如，中國四川的長虹電器股份有限公司，其生產領域就主要以電視機為主，成為中國最大的電視機生產基地。

單一經營戰略的優點是：把企業有限的資源集中在同一經營方向上，形成較強的核心競爭力；有助於企業通過專業化的知識和技能提供滿意和有效的產品和服務，在產品技術、客戶服務、產品創新和整個業務活動的其他領域開闢新的途徑；有利於各部門制定簡明、精確的發展目標；可以使企業的高層管理人員減少管理工作量，集中精力，掌握該領域的經營知識和有效經驗，提高企業的經營能力。世界上許多企業都是通過單一經營而成為某一領域的主導者的。單一經營戰略的風險是企業把所有的雞蛋都放在同一個籃子裡，當行業出現衰退或停滯時，難以維持企業的長遠發展。

（2）縱向一體化戰略

縱向一體化戰略是指企業在同一行業內擴大企業經營範圍，後向擴大到供給資源和前向擴大到最終產品的直接使用者。企業實行縱向一體化戰略的目標是提高企業的

市場地位和保障企業的競爭優勢。後向一體化可以在原材料供給需求大、利潤高的情況下，把一個成本中心變成利潤中心，還可以擺脫企業對外界供應商的依賴。前向一體化的好處是保證企業分銷渠道的暢通，維護生產的正常秩序。縱向一體化戰略的不足是：需要的投資成本較大。

（3）多元化戰略

多元化戰略是指企業通過開發新產品、開拓新市場相配合而擴大經營範圍的戰略。這種戰略一般適用於那些規模大、資金雄厚、市場開拓能力差的企業。其作用主要是分散風險和有效地利用企業的經營資源。

企業實行多元化戰略的動因有外部動因和內部動因兩個方面。外部動因是：企業現有產品的市場需求增長率下降或停滯；現有產品的市場集中度高，沒有進一步擴張的餘地；同類產品的技術發展迅速，更新換代快，單一經營風險大。內部動因是：企業內部資源可利用的潛力大，尤其是累積了成功的管理經驗；分散經營風險。多元化戰略有相關多元化和非相關多元化兩種形式。相關多元化是指企業的各種業務活動之間存在著市場的、技術的或生產的關聯性的一種多元化方式。這裡的關聯性可以是相關的技術、共同的勞動技能和要求、共同的分散渠道、共同的供應商和原材料來源、類似的經營方法、相仿的管理技巧、互補的市場營銷渠道和為共同的客戶服務等，這是對企業很有吸引力的一種擴大經營領域的戰略。它的優點是：實施這一戰略不僅能使企業挖掘現有資源，利用潛力，節約成本，增加利潤，分散風險，而且能把企業原有的經驗基本不動地運用到新的領域，通過資源共享和經營匹配，迅速建立起比單一經營企業更強的競爭優勢，獲得更多的利潤。相關多元化有時也被作為同心多元化，表明多元化以各業務的某種資源（資金、技術、生產、市場）為核心，使各業務之間共享資源和產生戰略協同。可見，有沒有戰略協同是相關多元化的關鍵。比如，中國的家電企業海爾公司就是典型的以制冷技術為核心的相關多元化生產企業，其多元化始終限定在家電領域。

非相關多元化是沒有資源共享和經營關聯的多元化方式。實行非相關多元化的企業，各項業務活動之間沒有一定的關聯性，經營風險和管理控制的難度都比實施相關多元化的企業要大，因此，只有實力非常雄厚的企業才會採用這一戰略。比如，美國企業發展史上曾出現五次大規模企業兼並，就是以大跨度的非相關多元化為主。

（4）集團化戰略

集團化戰略是指企業通過組建企業集團來推動企業發展的一種企業發展戰略。集團化是中國產業政策鼓勵發展的企業組織形式。中國目前的企業集團一般是以一個或幾個實力雄厚的大型骨幹企業為核心，以名優產品的生產為龍頭，由多個法人企業（生產、技術、金融、原材料供應、產品銷售等）以資金為聯繫紐帶構成的多層次、具有多種功能的企業聯合體。

對企業來說，集團化經營有利於通過相互協作、相互滲透和相互扶助，揚長避短，促進技術和生產的發展，提高管理水平，挖掘資源潛力，獲得規模經濟，提高企業的綜合經濟效益。

企業集團的形式很多，但主要有兩種形式：一種是合同契約式，又稱拖船式。這

種方式一般是由一個大型的核心企業牽頭，企業之間圍繞著產品、技術、產銷等相關內容，通過簽訂一個帶有控制性的合同、契約實現聯合。企業集團內部成員之間是一種為共同利益而形成的協作關係。協作的內容是專業化協作、技術轉讓、定牌生產、加工訂貨、購銷、服務聯合等生產經營活動。以這種方式組建的企業集團缺乏穩定性和牢固性，呈現出鬆散的特點，表現出企業集團的初級形式。另外一種是資金參與式，又稱聯合艦隊式。這種方式一般是由企業之間通過控股、參股等資金滲透，建立起以資產聯合為紐帶的企業集團。這種方式通常是由雄厚實力的企業通過向其他企業投資——控股或參股，達到控制或影響的目的，從而形成一個利益共同體。這種方式是組建穩定、牢固的企業集團的重要方式。

（5）國際化戰略

國際化戰略是指實力雄厚的大企業把生產經營的方向指向國際市場，從而推動企業進一步發展的戰略。實施國際化戰略的企業常用的方式有商品輸出和建立跨國公司兩種。從國際上看，商品輸出往往是企業國際化的起點，由於實施跨國經營會面臨各種關稅和非關稅壁壘，因此一些資金雄厚、生產技術和經營能力強的企業，在開拓並比較鞏固地占領了國外市場後，常常會在海外國際市場建立獨資或合資的企業，以充分利用當地政府的各種優惠政策，繞過所在國的貿易壁壘，降低生產和營銷成本，強化競爭能力。

2. 企業經營戰略

企業經營戰略是企業為了實現企業的目標，對企業在一定時期內的經營發展的總體設想與謀劃。經營戰略是企業總體戰略的具體化，其目的是使企業的經營結構、資源和經營目標等要素，在可以接受的風險限度內，與市場環境所提供的各種機會取得動態的平衡，實現經營目標。

人們按照不同的標準對企業的經營戰略進行了許多不同的分類。

（1）按照戰略的目的性，可把企業經營戰略劃分為成長戰略和競爭戰略。成長戰略是指企業為了適應企業外部環境的變化，有效地利用企業的資源，研究企業為了實現成長目標如何選擇經營領域的戰略。成長戰略的重點是產品和市場戰略，即選擇具體的產品和市場領域，規定產品和市場的開拓方向和幅度。競爭戰略是企業在特定的產品與市場範圍內，為了取得差別優勢，維持和擴大市場佔有率所採取的戰略。競爭戰略的重點是提高市場佔有率和銷售利潤率。企業經營戰略歸根到底是競爭戰略。從企業的一般競爭角度看，競爭戰略大致有三種可供選擇的戰略：總成本領先戰略、差異化戰略和專一化戰略。「總成本領先戰略」要求企業必須建立起高效、規模化的生產設施，千方百計地降低成本，嚴格控制成本、管理費用及研發、服務、推銷、廣告等方面的成本費用。為了達到這些目標，企業需要在管理方面對成本給予高度的重視，確保總成本低於競爭對手。「差異化戰略」是將公司提供的產品或服務差異化，樹立起一些全產業範圍內具有獨特性的東西。實現差異化戰略可以有許多方式，如設計名牌形象，保持技術、性能特點、顧客服務、商業網絡及其他方面的獨特性，等等。最理想的狀況是公司在幾個方面都具有差異化的特點。但這一戰略與提高市場份額的目標不可兼顧，在建立公司的差異化戰略的活動中總是伴隨著很高的成本代價，有時即便

全產業範圍的顧客都瞭解公司的獨特優點，也並不是所有顧客都願意或有能力支付公司要求的高價格。「專一化戰略」是主攻某個特殊的顧客群、某產品線的一個細分區段或某一地區市場。低成本與差異化戰略都是要在全產業範圍內實現其目標，專一化戰略的前提思想是：公司業務的專一化能夠以較高的效率、更好的效果為某一狹窄的戰略對象服務，從而超過在較廣闊範圍內競爭的對手。公司或者通過滿足特殊對象的需要而實現了差異化，或者在為這一對象服務時實現了低成本，或者二者兼得。這樣的公司可以使其盈利的潛力超過產業的平均水平。

（2）按照戰略的領域，可以把企業的經營戰略劃分為產品戰略、市場戰略和投資戰略。

產品戰略主要包括產品的擴展戰略、維持戰略、收縮戰略、更新換代戰略、多樣化戰略、產品組合戰略等。

市場戰略按不同標準分為不同種類。①按其內容可分為市場滲透戰略、市場開拓戰略、市場發展戰略和混合市場戰略。市場滲透戰略的目的在於增加老產品在原有市場上的銷售量，即企業在原有產品和市場的基礎上，通過提高產品質量、加強廣告宣傳、增加銷售渠道等措施，來保持老用戶，爭取新用戶，逐步擴大產品的銷售量，提高原有產品的市場佔有率。市場開拓戰略，又稱市場開發戰略。它包括兩個方面的內容：一是給產品尋找新的細分市場；二是企業為老產品尋找新的用途，在傳統市場上尋找、吸引新的消費者，擴大產品的銷售量。市場發展戰略，又稱新產品市場戰略。企業為了保持市場佔有率、取得競爭優勢，並不斷擴大產品銷售，就必須提高產品質量、改進產品，刺激、增加需求。混合市場戰略。為了提高競爭力，企業不斷開發新的產品，並利用新的產品開拓新的市場。②按其性質可劃分為進攻戰略、防守戰略以及撤退戰略。③按產品在市場上的壽命週期可劃分為導入期產品的市場戰略、成長期產品的市場戰略、成熟期產品的市場戰略和衰退期產品的市場戰略。

投資戰略是一種資源分配戰略，主要包括產品投資戰略、市場投資戰略、技術發展投資戰略、規模化投資戰略和企業聯合與兼並戰略等。

（3）按照戰略對市場環境變化的適應程度，可以把企業經營戰略劃分為進攻戰略、防守戰略和撤退戰略。進攻戰略的特點是企業不斷地開發新產品和新市場，力圖掌握市場競爭的主動權，不斷地提高市場佔有率。進攻戰略的著眼點是技術、產品、質量、市場和規模。防守戰略也稱維持戰略，其特點是以守為攻，後發制人。所採取的戰略是避實就虛，不與對手正面競爭；在技術上實行拿來主義，以購買專利為主；在產品開發上實行緊跟主義，後發制人；在生產方面著眼於提高效率，降低成本。撤退戰略是一種收縮戰略，目的是積蓄優勢力量，以保證重點進攻方向取得勝利。

（4）按照戰略的層次性，可把企業經營戰略劃分為公司戰略、事業部戰略和職能戰略。公司戰略是企業最高層次的戰略，其側重點是確定企業經營的範圍和在企業內部各項事業間進行資源分配。事業部戰略是企業在分散經營的條件下，各事業部根據企業戰略賦予的任務而確定的。職能戰略是各職能部門根據各自的性質、職能制定的部門戰略，其目的在於保證企業戰略的實現。

五、企業戰略的內容

1. 西方管理學界的觀點

西方理論界認為企業戰略一般由四種要素構成，即產品與市場的範圍、成長方向、競爭優勢和協同作用。這四種要素共同作用，可產生合力，成為企業共同的經營主線。

（1）產品與市場的範圍

產品與市場的範圍指的是企業所從事的產業和行業，是企業進行市場競爭的場所。同時，其主要用於說明企業在所處行業中產品與市場的地位是否佔有優勢。為此，企業不能將自己的經營範圍定義得過寬，造成經營內容過於廣泛，結果共同的經營主線不明確。如果經營的範圍很大，為了清楚地表達一個共同的經營主線，可以分行業來描述產品與市場的範圍。分行業是指那些具有相同特徵的產品、市場和技術的行業。比如，電子行業中的家電行業、計算機行業；家電行業中的電視機行業等。又比如，四川長虹公司如果從優勢分析，其產品與市場的範圍是家電行業中的電視機產品；青島海爾公司的產品與市場範圍可以說是電子行業中的家電行業。

（2）成長方向

成長方向是企業經營運行的方向，亦即企業的發展方向。成長方向的選擇取決於產品、市場這兩個因素的組合。產品與市場的組合可以派生出四個方向：產品滲透、市場開發、產品開發、多角化。

總之，成長方向指出了企業在一個行業裡的發展方向，而且指出了企業跨行業經營的方向，因此它是對產品與市場範圍的補充。

（3）競爭優勢

競爭優勢是指企業單個產品在市場中的競爭能力。一個企業要獲得競爭優勢，可採取以下幾種途徑：

①通過兼並，在原行業裡或新行業裡取得重要地位。比如企業成為最大的生產者、最早的市場開拓者、新技術的開發者等。

②設置防止新的競爭對手進入該行業的障礙。比如壟斷原材料的供應，大規模地降低市場價格，尋求國家的限制進入政策等。

③發揮自身的生產、成本、技術和服務等方面的優勢。比如企業依託技術優勢，加快產品更新換代的步伐或依託完善的服務網絡來排斥新的進入者。

（4）協同作用

協同作用一般有市場相關協同、操作或技術協同和管理協同三個方面。市場相關協同，即銷售協同作用，是指當不同產品適用於同樣的消費者時，可以通過共同的批發商或零售商，採用相近的市場激勵方式，實現戰略協同。操作或技術協同，即運行協同作用，不同業務之間可能存在著操作協同，比如統一採購原材料，共同進行研究開發、製造部件和組裝產品，從而達到在企業內分攤間接費用，產生成本優勢。管理協同，即在一個經營單位裡運用另一個單位的管理經驗與專門技能，這是協同作用發揮作用的關鍵。

以上構成企業戰略的四個方面是相輔相成的，歸根到底是分析企業應如何考慮尋

求獲利的能力。

2. 中國理論界的觀點

中國理論界認為，企業戰略（主要是指企業總體戰略）由戰略指導思想、戰略目標、戰略重點和戰略對策等內容構成。

（1）戰略指導思想

戰略指導思想是企業總體戰略的靈魂，其內容可以概括為：滿足市場需要的思想；系統的思想；競爭思想；市場營銷觀念。

（2）戰略目標

戰略目標是一定戰略時期內的總任務，也是戰略主體的行動方向。

企業的戰略目標不同於企業的中間目標、具體目標。戰略目標是由企業的經營目的確定的，是經營目的的對象化和數量化。不同的企業有不同的經營目的，但它們都是為了提高企業的經營能力。可以說，經營目的決定經營目標，經營目標決定經營戰略及其目標的形成。

企業戰略目標有三種基本類型：

①成長性目標。如產品品種、產量、資產總額、銷售額及其增長率、利潤及其增長率。

②穩定性目標。如經營安全率、利潤率、支付能力、企業凝聚力等。

③競爭性目標。如產品成本價格定位、產品質量水平、市場佔有率、企業知名度和美譽度等。在確定企業的戰略目標時，需要注意符合一定的要求，比如先進性和可靠性的統一、定量與定性的有機結合等。

（3）戰略重點

戰略重點是指那些對實現戰略目標具有關鍵作用的方面（部門、環節、項目等），也是企業資金、勞動和技術投入的重點，同時還是決策人員實行戰略指導的重點。一個企業有沒有戰略重點，戰略重點選擇得對不對，這些都是企業經營成敗的關鍵。

（4）戰略對策

戰略對策是根據戰略目標制定的，用來指導企業在戰略期內合理分配資源、有效達到目標的一整套手段的總稱。它包括企業生產經營活動的各種方針、策略和措施等。戰略對策的主要特徵包括預見性、針對性、多重性、靈活性。

第五節　企業戰略方案設計

企業實施戰略管理的首要環節是設計出適合企業自身現實和未來發展需要的企業戰略方案，而要制訂出切實可行的戰略方案必須認識戰略形成過程的規律和確定制定戰略的標準。

一、對企業戰略設計過程的認識

從理論上說，戰略的設計方法是很多的，管理者可以選擇多種方法來設計自己的

戰略。但是，戰略的形成過程有其基本規律，表現為：

（1）戰略的設計過程是一個認識過程。企業管理者作為戰略的設計者，其基本任務是找出企業的發展方向和目標，制訂各種備選方案，在科學選擇的基礎上，進行組織實施。

（2）戰略的設計過程由一系列有順序、前後相接的步驟組成，戰略的設計過程包括戰略分析、方案的選擇和實施。

（3）戰略的設計過程包括對各種方案進行合理的評價和權衡，評價的標準是管理者的價值觀、風險估計和組織的目標與文化。

（4）戰略設計的結果是形成戰略計劃，戰略計劃中明確了組織的目標和實現這一目標的手段。

二、企業戰略的設計標準

企業設計的戰略必須是科學合理、切實可行的。然而，戰略的好壞很難在設計的初期做出評判，但仍然可建立一些評價的標準。

1. 明確性

戰略目標應當非常明確，一個好的企業戰略的總體目標要能夠為人們所理解，具有較高的透明度。在總目標一定的情況下，企業各下屬經營單位的基本戰略可以改變、調整。但組織內部每一個戰略經營單位的目標也都必須清晰、明確，以保證企業戰略策略的連續性。

2. 主動性

戰略應當有一種創造力，使企業主動地對外部環境做出反應。它在企業的經營活動中起到引導作用，否則就會失去可利用的市場機會，被動挨打。

3. 集中性

戰略方案的形成要有利於發揮企業自身的優勢，集中必要資源，形成一種合力。

4. 靈活性

企業建立的戰略要具有良好的機動能力，保證資源分配的靈活性。同時，要充分考慮各種具體戰略調整的轉換成本。

三、企業戰略的設計過程

設計企業戰略是戰略管理過程中的核心部分，也是一個複雜的系統分析過程。因此，一個戰略的制定過程實際上就是戰略的決策過程。加拿大著名的管理學者亨利‧明茲伯格（H. Mintzberg）認為，戰略決策是解決戰略問題的過程，戰略是由管理、組織和環境三者之間的相互作用而形成的。一個完整的戰略決策由戰略分析、戰略設計和戰略選擇三個階段組成。

然而，戰略的形成過程在相當程度上是一個實踐問題。戰略設計也並不是一個規則的、連續的過程。因此，明茲伯格指出：「戰略制定的開始和配合常常是一種非規則、非連續的過程。在戰略的形成中雖然有一段穩定時期，但是也有波動、探索、逐漸變化及全部改變的時期。」可見，戰略設計是一個動態的過程。實踐中的形成過程

如下：

1. 外部環境和企業內部條件分析

對企業外部環境和內部條件作具體分析，其目的是全面地評價企業外部的機會與威脅、企業內部的優勢與劣勢。這種分析簡稱戰略因素分析，在國外稱為 SWOT（Strengths，Weaknesses，Opportunities，Threats）分析。

企業進行上述綜合分析的基本目的是尋求使公司內部優勢與外部環境機會有效配合而形成有利的市場位置。這一位置是企業特定的競爭角色。當然，尋找這種位置總會有一定的困難，需要企業管理人員經常尋找市場機會，仔細分析新產品的市場與需求。

2. 確定企業戰略目標

企業使命是貫穿於企業各種活動的主線，是企業統一的主題。國內經濟界一般根據產品、顧客需求和市場等方面來確定企業的使命。企業使命過窄，會限制企業的發展，忽視相關的市場機會；企業使命過寬，又會分不清企業經營的主要特點以及現在與未來的經營範圍。

企業的戰略目標就是企業在遵循自己的宗旨時所要達到的長期的特定地位，它可以看作是企業活動在一定時期所要得到的結果。企業宗旨為企業高層管理者選擇要達到的戰略目標提供了方向和範圍。

一般來說，企業的戰略目標與企業的一系列外部和內部因素相關。從企業的外部因素看，企業戰略目標與企業在總體環境中的位置、形象、商譽相聯繫；從企業內部因素來看，企業戰略目標與企業追求的經營管理成果即市場份額、增長速度、盈利水平、現金流量、投資收益、競爭能力、經營方向、多種經營的程度等一系列指標相聯繫。

戰略目標的確定是企業戰略規劃中至關重要的一步，只有明確戰略目標，企業才能合理地根據實現目標的需要，合理地分配各種資源，正確地安排經營活動的優先順序和時間表，恰當地指明任務和職責。不確定企業的戰略目標，企業的宗旨就可能成為一紙空文。

在確定企業的戰略目標時，要注意下面四個方面的問題：

（1）一個戰略目標應該有一個明確的、特定的主題，不應該是模糊不清、過於抽象的。如「我們的戰略目標就是要使本企業成為一家更有進取心的企業」。這個戰略目標就十分不明確。

（2）目標應該是可以測量的，只要有可能，戰略目標就應該用定量指標來描述。

（3）設定目標的同時要有一個實現目標的明確期限。

（4）目標應該是積極進取的，具有挑戰性，同時又具有現實性和可操作性。

總之，戰略目標的設定，原則上應以適應環境變化的需要和企業的能力為依據。在具體確定目標值時，應根據企業的需要和考慮企業的努力程度，而不是只依據可能性來確定目標。此外，在確定組織的使命和目標的同時，還必須確立組織的戰略方針，戰略方針應根據組織的經營哲學來形成。在制定方針時，要考慮到環境狀況、組織目標的調整、競爭對手的方針和政府的政策。一個良好的戰略方針有助於組織中各單位

按相同的基本準則行動，有助於組織內部各單位之間的協調和信息溝通。例如，海爾公司的「日清日高」方針——公司的每一個員工都要力爭把每天的工作在當天干完，並有所提高。

3. 戰略方案的形成

戰略規劃的基本任務是根據企業內外所有有關方面的情況分析，制定出實現長期和短期戰略目標的詳細的行動計劃，也就是描繪出實現戰略目標、鞏固組織地位的行動藍圖。

一個戰略規劃通常由下面幾方面的內容組成：

（1）如何對變化的條件（如新的市場機會、顧客需求、競爭壓力、企業經營組合等）做出反應？

（2）如何配置企業的資源（資本、人力資源開發等）？

（3）如何在現有的行業開展競爭？

（4）在企業的每一個經營單位內，在主要的經營部門和職能領域內採取什麼行動方法，可以使整個經營單位形成一致有力的戰略力量？

根據企業的戰略目標，戰略規劃可以是多樣化的，也可以是立體型的。例如，企業的總體戰略（公司戰略）可以依據不同的條件制定為成長戰略、穩定戰略、緊縮戰略和混合戰略。同時，相應地形成公司戰略、事業部戰略（經營戰略）和職能戰略。需要注意的是企業各個層次的戰略計劃應該是相互銜接、協調一致的，防止相互衝突而導致經營的混亂。

4. 企業戰略方案的評價與選擇

戰略方案評價是在對戰略分析的基礎上，論證戰略方案可能性的過程。當企業選定了未來的經營領域及具體的戰略目標後，就可以有多種途徑和方法，依靠各種資源組合的支持來達到戰略目標，由此形成多個可能的戰略決策，並對這些方案進行論證，選擇其中最優方案作為決策。戰略選擇是選擇備選方案中最適合企業外部環境與內部條件的戰略方案。這就決定了戰略評價要把重點放在評價企業戰略目標同企業的總體目標是否一致，企業的戰略同企業的環境是否一致，戰略方案本身所包含的目標和方針是否一致，預期取得的經營成果與戰略假設的基礎是否一致等方面。

約翰遜和斯卡勒在1993年的著作中，提出了要從適宜性、可行性和可接受性三個角度來評價戰略方案的準則。在這三個準則之下，對所選擇的戰略來說，其評定分數都要大於零，並且要限制在公司可以接受的風險範圍之內。

（1）適宜性

判斷所考評的戰略是否符合適宜性，首先，要求這個戰略具有實現公司既定的財務目標和其他目標的良好前景。它應該是這樣的戰略，即與公司的任務說明書要求一致。任務書被許多管理者看作公司策劃的替代物，它建立了企業擴展其業務能力的基本原則。好的任務說明書通常有下列特點：①共同的信仰和價值觀。②非常明確的業務，它包括滿足需求、選擇市場、如何打入市場、在提供產品或服務中使用何種方法。③包含利害關係團體，如雇主、股東、顧客、社團和城市的合法要求。④對發展、籌資、分散權力和革新的態度。

因此，適宜的戰略應處於公司希望經營的領域，必須具有與公司道德哲學協調的文化，而且如果可能的話，必須建立在公司優勢的基礎上，或者以某種人們可能認知的方式彌補現有的缺陷。例如，福特公司需要研究推出天蠍座型轎車是否是一個適宜的戰略，使車要與奔馳、寶馬和凌志等汽車在相同的市場中競爭。在適宜性標準下，應該強調的問題是：

①天蠍座轎車能否實現充分的形象定位，在這個市場分割中進行有效的競爭。

②這個戰略能否達到福特公司規定的市場份額、總銷售量和營利性等目標。

所有選定的戰略都必須通過適宜性檢驗。當然，在不同公司之間和不同的條件下，根據這個標準回答的具體問題都存在著很大的差異。

（2）可行性

經過判斷，所考慮的戰略基本上符合適宜性標準以後，就需要回答可行性問題：假如選擇了該戰略，公司能夠成功地實施嗎？這裡，需要考慮的事情是公司是否具有足夠的財力、人力或者其他資源、技能、技術、訣竅和組織優勢，換言之，是否具有有效地實現戰略的核心能力。

因此，如果經分析發現天蠍座型轎車可以滿足福特公司的具體目標，並且與公司更為廣泛的目標相一致，那麼，下一個要回答的問題是福特公司是否有核心能力去製造和銷售這種高檔汽車。要回答該核心問題，就要分析福特公司近期的表現、它的核心能力和整個形象。弄清楚公司在這些領域的表現能否完全實現上述目標。

（3）可接受性

可接受性標準所強調的問題是：與公司有利害關係的人員是否對推薦的戰略非常滿意，並且積極支持。在前面福特公司的例子中，推出天蠍座型轎車的戰略應該經過這些利害關係者集團的認可。例如，如果福特公司在推出天蠍座型轎車之前，已經擁有了美洲豹公司，那麼美洲豹公司的管理層就會認為這個戰略是無法接受的，並且會反對它，因為他們會認為這種車型是與美洲豹公司的產品以及奔馳、寶馬和凌志等競爭。

以適宜性、可行性、可接受性三個標準評論備選方案，其前提應是對每一個備選方案的風險程度有所把握。一般而言，方案要求公司偏離它已經在其中建立了良好信譽的經營領域越遠，方案的風險越大。如果低風險戰略能夠實現預定的目標，就不必去選擇更具風險的戰略。

5. 戰略態勢選擇的影響因素

公司戰略態勢的選擇會對未來戰略實施產生重大影響，因而這一決策必須是非常慎重的。但往往在經過對各種可能的戰略態勢進行全面評價後，企業管理者會發現好幾項方案都是可以選擇的。在這種情況下，會有一些因素對最後決策產生影響，這些因素在不同的企業和不同的環境中起到的作用是不同的。

（1）企業過去的戰略。對大多數企業來說，過去的戰略常被作為戰略選擇過程的起點。這樣，一個很自然的結果是，進入考慮範圍的戰略方案的數量會受到基于企業過去的戰略的限制。由於企業管理人員是過去戰略的制定者和執行者，因此他們也常常傾向於不改動這些既定戰略，這就要求企業在必要時撤換某些管理人員，以削弱目

前失敗的戰略對未來戰略選擇的影響，因為新的管理層更少受到過去的戰略的限制。

（2）管理者對風險的態度。企業和管理者對風險的態度影響著戰略態勢的選擇。風險承擔者一般採取一種進攻性戰略，以便在被迫對環境的變化做出反應之前主動地做出反應。風險回避者則通常採取一種防禦性戰略，只有在環境迫使他們對環境變化做出反應時它們才不得不這樣做。風險回避者相對來說更注重過去的戰略，而風險承擔者則有著更為廣泛的選擇。

（3）企業對外部環境的依賴性。企業總是生存在一個受到股東、競爭者、客戶、政府、行業協會和社會影響的環境之中。企業對這些環境力量中的一個或多個因素的依賴程度也影響著其戰略選擇過程。對環境的較高的依賴程度通常會減少企業在其戰略選擇過程中的靈活性。例如，美國克萊斯勒汽車公司對聯邦貸款委員會貸款協議的依賴極大地限制了公司20世紀80年代早期的戰略選擇。公司提前歸還貸款的決定在很大程度上是為了減少對外部環境的依賴，提高公司戰略的靈活性。

（4）企業文化和內部權勢關係。任何企業都存在或強或弱的企業文化。企業文化和戰略態勢的選擇是一個動態平衡、相互影響的過程。企業在選擇戰略態勢時不可避免地要考慮企業文化對自身的影響。企業未來戰略的選擇只有充分考慮到與目前的企業文化和未來預期的企業文化相互包容和相互促進的情況下，才能成功地實施。

此外，企業中總存在著一些正式和非正式組織。由於種種原因，某些組織成員會共同支持某些戰略，反對另一些戰略。這些成員的看法有時甚至能左右戰略的選擇，因此在現實企業中，戰略態勢決策不可避免地或多或少要打上這些勢力的烙印。

（5）時期性。時期性首先是指允許進行戰略態勢決策的時間限制。時限壓力不僅減少了能夠考慮的戰略方案的數量，而且也限制了可以用於評價方案的信息的數量。事實表明，在時限壓力下，人們傾向於把否定性因素看得比肯定性因素更重要一些，因而往往做出更有防禦性的決策。

時期性的第二點包括戰略規劃期的長短，即戰略的時期著眼點。戰略規劃期長，則外界環境的預測相對更為複雜，因而在做戰略方案選擇時不確定性因素更多，這會使戰略方案決策的複雜性大大增加。

（6）競爭者的反應。在戰略態勢的選擇中，還必須分析和預計競爭對手對本企業不同戰略方案的反應。例如，企業採用增長型戰略的話，主要競爭者會做出什麼反擊行為，從而對本企業打算採用的戰略有什麼影響。因此，企業必須對競爭對手的反擊能力做出恰當的估計。在寡頭壟斷型市場結構中，或者市場上存在一個極為強大的競爭者時，競爭者的反應對戰略選擇的影響更為重要。例如，IBM公司的競爭行為會強烈地影響計算機行業的所有公司的戰略抉擇。而美國各汽車巨頭也都必須緊盯其他巨頭的競爭反應以確定自己的戰略。

第六節　企業戰略的實施與控制

當一個企業的戰略形成之後，戰略管理的工作重點就開始轉移到戰略的實施上來。戰略實施與戰略設計之間存在著邏輯的、內在的聯繫。有效的戰略實施可以使適當的戰略走向成功，彌補不太恰當的戰略的不足；反之，也會使一個適當的戰略面臨困境。

一、企業戰略的實施

企業戰略的實施包括：建立相應的組織，合理地配置企業的戰略資源，形成有效的戰略規劃、信息支持系統、優秀的企業文化和實施戰略領導等內容。

1. 根據戰略實施的要求建立和調整企業的組織結構

戰略實施很大程度上依賴於一個健全的企業內部組織和高素質的管理人員。設計組織結構的原則是圍繞固有的戰略成功因素和關鍵的活動來進行。美國著名的戰略管理專家錢德勒通過對美國一些大公司的研究，提出了「結構服從戰略」的論點。他指出：公司戰略的改變會導致公司組織結構的改變。企業結構之所以會發生變化是由於舊結構的效率變得明顯低下，已經到了使企業不能繼續經營下去的地步。例如，美國杜邦公司早期曾實行一種集權組織結構，將企業組織分成若干個有一定自主權的事業部。

企業採用和實施的戰略影響著企業的組織形式。隨著企業規模、市場覆蓋率和產品範圍的不斷擴大，其客戶、技術和業務量的戰略組合變得複雜，組織形式也會變得越來越複雜。企業在其成長和壯大過程中，一般要經歷四個發展階段：數量發展階段、地區開拓階段、縱向深入階段、產品多種經營階段。每一個發展階段，企業所實施的戰略是各不相同的。與各種戰略相適應的企業組織形式有職能制組織結構、地區制組織結構、事業部制組織結構、戰略經營單位組織結構和矩陣式組織結構。

2. 發揮領導在戰略實施中的關鍵作用

合理的組織形式為企業實施戰略提供了整體的結構。然而，要使戰略真正落實在行動上，還必須發揮領導在實施戰略中的關鍵作用。在實施戰略過程中，公司高層領導要解決兩方面的問題：

（1）任命關鍵的經理人員。一個企業實施新的戰略和政策需要改變人員的任用。如果實施成長戰略，需要聘用和培訓新的管理人員，或者將富有經驗的具有必要技能的人員晉升到新設置的管理崗位上。為了選拔更多的適於制定和執行企業戰略的管理人才，可以採取建立業績評價系統的方法，以發現具備管理潛力的優秀人才。當然，每一個企業在一定時期所採取的戰略是不盡相同的，即使所選擇的戰略是相似的，由於每個企業所面臨的具體情況存在差異，因而需要不同類型的戰略實施人員。

（2）領導下屬人員正確地執行戰略。企業高層管理者在選拔合適的經理人員、賦予他們相應的權力與責任的同時，還應採用適當的方式和方法領導他們去實現組織的目標。

3. 創造富有活力的企業文化

每一個企業都有自己獨特的文化，這種文化是一種無形的力量，它影響並規定著企業成員思維和行為方式，從而對落實企業戰略產生重大的影響。因此，創造富有活力的企業文化是實施戰略的重要內容。

企業在一定時期所實施的戰略與原有企業文化有時是一致的，有時則可能發生衝突。高層管理人員必須根據不同的情況，採取不同的對策。

（1）當企業實施的戰略引起企業組織結構、管理人員、經營過程等發生重大變化，而企業現有的企業文化能夠適應戰略的變化時，企業戰略的實施就處於非常有利的地位。企業高層管理人員的職責是運用企業文化支持戰略的實施。

（2）當企業實施的戰略需要對組織結構和經營活動做出重大調整，而這種調整所要求的企業文化與企業現行的文化不一致時，企業高層管理人員應首先考慮制定新的戰略，或者對新戰略做出適當的修正，以防止原有文化阻礙新的戰略的實施。如果新戰略制定得不符合環境的變化，企業高層管理人員就要考慮改變原有的企業文化，使之適應企業戰略實施的要求。可選擇的措施有：自覺地改變組織的習慣、思維方式，以適應戰略的需要；採取漸進的改革方式，例如，引進新的戰略實施人員；支持下屬人員對企業文化的積極建議；對實施戰略計劃的有功人員給予必要的獎勵；培養追求成果和高效益的企業精神。為此，在企業內部充分尊重職工的合法權益，為職工創造一個良好的工作環境是實施戰略的最重要手段之一。

4. 合理地配置資源，做好預算和規劃

在戰略的實施過程中，預算和規劃是必不可少的兩項工作。科學的預算有利於保證戰略資源的合理配置。戰略資源的配置是否合理會直接影響到戰略實施的過程是否順暢。資金和人力的短缺會使各戰略經營單位無法完成其戰略任務，同樣，過多的資金和人力會造成資源的浪費，降低戰略實施的成果。同時，戰略資源的配置必須考慮到戰略的變動，要使預算有一定的彈性。

二、企業戰略的控制

評價經營業績，控制戰略實施中的各項活動，是企業戰略管理過程中的最後一個環節。評價與控制的基本目的是要保證公司完成規定的戰略計劃。在控制過程中，一般是將實際執行情況與預期的結果進行比較，通過必要的信息反饋正確地評估戰略的實施成果，或者採取相應的修正措施。

1. 確定衡量的內容

企業高層管理人員和具體負責業務的經理必須在戰略實施的初期確定將要參與評審的戰略實施過程及其成果的詳細內容。衡量的內容是全面、合理、客觀和連貫的，一般要涵蓋企業關鍵的經營業績領域。例如，經營效果方面的、生產方面的、人才開發方面的、企業文化方面的和長期目標方面的內容。

2. 建立預定的業績衡量標準

衡量標準是衡量內容的具體化，是企業戰略目標的具體表述。衡量標準為企業的各項工作成果提供判定的尺度，因此不應當是絕對的，要有一個允許的範圍。

衡量戰略管理工作的業績，對不同的組織單位和不同的目標，應採取不同的標準和尺度。

（1）對公司經營業績的衡量標準。衡量公司經營業績的主要標準是投資收益率，它是反應企業獲利能力的指標。除此之外，常用的標準還有市場地位（市場佔有率）、生產率（勞動生產率、設備利用率）、產品的領先程度、技術開發、人才開發、職工態度、社會責任、短期和長期目標的平衡等。

（2）對戰略經營單位經營業績的衡量標準。如果公司由多個戰略經營單位（或事業部）組成，可以使用多種與評估整個公司工作業績一樣的標準來進行衡量。當然，其衡量的標準可以進一步細分。例如，對獲利能力的評價標準可以進一步劃分為淨資產收益率、銷售利潤率、資產週轉率等。同時，也可以從其他的角度，如事業部對公司的貢獻大小、事業部同其他部門的關係、事業部現行戰略的執行情況等多個方面建立評價標準。

（3）對職能部門經營業績的衡量標準。公司對獨立而特殊的職能單位（部門）可以通過建立責任中心的方式來對其經營業績加以衡量。其中費用預算是常用的一種重要控制手段。

3. 衡量實際的經營業績

業績衡量必須按照預定的標準和時間進行。從現實情況來看，評價的時間可以用戰略經營週期、年、季、月等不同的標準來進行。在具體的操作上，從中國當前的企業現狀出發，除了嚴格按照已確定的業績評價標準來衡量外，還要注意避免對企業整體經營業績和未來發展產生消極作用的問題。例如，由於企業的高層管理人員既不分析現有經營業務對企業戰略的長期影響，也不分析戰略實施對企業使命的影響，僅採用利潤或投資收益率指標作為考核公司及各戰略經營單位（事業部）工作業績的標準，造成企業管理人員單純追求短期效益，而忽視企業形象宣傳、設備的維護保養、產品與技術的開發等，雖然短期內增加了利潤，但喪失了長遠發展的後勁，使企業的長遠目標難以實現。

4. 企業實際經營業績與預期標準的比較

如果實際經營業績在企業預期的範圍內，表明實現了預期的戰略目標，應當總結成功的經驗，必要時上升為企業內部的慣例或行為規範。如果出現偏差，則要進一步分析形成的原因和對策。原因可以從戰略本身、戰略環境、戰略執行等多個方面進行查找。

5. 採取糾正措施

如果戰略評價是在企業戰略的執行過程中進行的，一旦戰略實施的結果出現了偏差，就必須針對存在的問題，採取相應的對策和措施。如果戰略評價是在戰略實施終結做出的，也必須認真分析導致戰略實施出現偏差的原因，提出可行性建議，為新的戰略制定和實施提供借鑒。

復習思考題：

1. 企業經營環境的含義及其特徵是什麼？
2. 經營環境的外部環境分析包括哪些方面？
3. 經營環境的內部環境分析包括哪些方面？
4. 波特的 5 種競爭力量有哪些？應如何分析這 5 種力量？
5. 什麼是經營機會與經營風險？
6. 如何從環境中把握經營機會？
7. 經營風險是如何形成的？
8. 什麼是企業戰略？影響企業戰略的因素有哪些？
9. 企業戰略具有什麼特徵？
10. 企業戰略的類型是如何劃分的？
11. 企業戰略方案的設計過程包括哪些環節？
12. 戰略選擇的影響因素有哪些？
13. 如何實施企業戰略？
14. 如何控制企業戰略？

[本章案例]

中國工商銀行的發展

中國工商銀行是中國政府於 1984 年 1 月 1 日建立的。它的初始資產、負債、資本、營運設備、系統分支網絡及員工均是由中國人民銀行工商信貸管理司劃撥而來的。工商銀行在一開始的角色就被定位為「國有企業和集體企業營運資金貸款的主要來源」，而且被要求在國家政策的基礎上實行眾所周知的政策性貸款。在工商銀行的基礎資產中存在著這種巨額的貸款，這些貸款利率低而且償債情況不良。另一個困難是工商銀行作為國有銀行，有義務用自己存款的一個固定部分去購買政策性銀行債券。

同時，工商銀行還面臨著各種內部和外部的問題。

首先是缺乏受過西方銀行業務訓練的專業管理人才，從而影響了銀行的效率、靈活性以及滿足顧客需要的快速反應能力。

其次是儲戶正在向其他地方分散。一方面是因為幾次政策性的調息，使股市成為難以抵禦的吸引。而作為國有銀行，工商銀行在裁員、培訓員工、選擇更多的貸款、開拓新的金融業務方面的自由度較小。

此外，工商銀行也在面臨越來越激烈的競爭——既有國內的，也有國外的。截至 1997 年 7 月，中國大約有 20 家國內銀行，其中不僅包括一些 100% 的國有銀行，而且包括一些股份制銀行。這些銀行一般比工商銀行更小、更靈活。國外的銀行如花旗銀行、東京三菱銀行等，也給工行等國有銀行造成很大威脅。當然，作為中國國內第二大銀行，工商銀行也有其不可比擬的優勢，即它具有穩定性和與政府聯繫方面的優越

性。正因為如此，很多國外銀行願意和工商銀行聯合經營。這給了工商銀行和西方金融機構許多必要的接觸機會以及與它們交往的經驗。

在1996—1997年，中國政府對金融部門進行了廣泛的改革。這些改革要求中國工商銀行在繼續作為國有企業運作的同時，向以市場為導向的完全商業銀行平穩過渡。尤其需要關注的是允許外國銀行更容易地進入市場，這就意味著工商銀行將要面臨更為激烈的競爭。因此，工商銀行管理高層所面臨的挑戰不僅是如何提高運作，而且當務之急還是如何盡快進行機構改革，如何給顧客更好的服務以使顧客滿意。總之，如果工商銀行要保持其競爭力，就必須進行快速而深刻的改革。

分析：

（1）分析中國工商銀行所處的內外部環境。

（2）提出中國工商銀行未來發展戰略的可行性措施。

第三章　企業決策

　　企業決策管理，是對企業生產經營的決策過程進行管理的活動，即確立決策目標，收集相關信息，謀劃多決策方案、最優方案的選擇與決定，執行決策，反饋控制的活動過程的管理。決策要解決的問題既可以是組織或個人活動的選擇，也可以是對活動的調整；決策選擇或調整的對象，既可以是活動的方向和內容，也可以是在特定方向下從事某種活動的方式。

　　現代企業管理理論認為，管理的重點在經營，經營的中心是決策。由此我們可以認為，整個管理過程都是圍繞著決策的制定和組織的實施而開展的。在任何企業組織中，都存在著若干問題等待解決，而決策貫穿於企業生產經營活動的全過程。所以決策的正確與否，將直接影響到一個企業的生存與發展。

　　本章主要闡述現代決策的基本概念、決策內容與分類、決策程序、常用決策方法以及科學決策的制定與執行要考慮的一些因素、依據和原則等。

第一節　決策概述

一、決策的概念

　　決策是人類社會的一項重要活動，它涉及人類生活的各個領域，諸如軍事上的指揮、企業裡的經營管理等。儘管決策對象在具體工作內容上有著明顯的差別，但就其本質來說則是相同的，即都是一個從思維到做出決定的運籌過程，這個過程集中體現了人們在對客觀事物全面、本質的認識基礎上駕馭事物發展的一種能力。但是古代的決策從本質上講，大多是依靠個人經驗來決斷的，它是一種同小生產方式相聯繫的經驗決策，與現代科學決策不可同日而語。

　　科學決策是現代管理理論的組成部分，它是在20世紀才出現的。20世紀30年代，美國學者巴納德和斯特恩最早將決策的概念引入管理理論。後來，美國的西蒙和馬奇等人發展了巴納德的理論，創立了現代決策理論。決策理論是以社會系統理論為基礎，吸收了行為科學、系統理論、運籌學等學科內容發展起來的一個管理學派。現代決策理論認為，決策是決策者在佔有大量信息和豐富經驗的基礎上，對未來行動確定目標，並借助一定的計算手段、方法和技巧，對影響決策的諸因素進行分析、研究後，從兩個以上可行方案中選取一個滿意方案的運籌過程。這一定義蘊含著以下內容：首先，決策是為了達到組織的某一既定的目標，沒有目標就無從決策；其次，決策是在一定

條件下尋求實現目標的較為滿意的方案；最後，決策必須進行多方案的優選。總之，科學決策並非瞬間的「拍板定案」，而是一個提出問題、分析問題、解決問題的系統分析過程。

二、決策的內容與分類

決策貫穿企業生產經營活動的全過程，這一過程的每個環節亦都離不開決策。對於企業來說，涉及的決策問題主要有企業戰略與目標決策、市場營銷決策、新產品開發與老產品淘汰決策、技術開發與投資決策、成本決策、生產計劃決策、價格決策、經營方式選擇與人事決策等。企業生產經營活動涉及的決策問題範圍十分廣泛，內容較多，且各有特點。為了便於決策者從不同層次和側重上把握各類決策的特點，我們可將企業決策問題作如下分類：

（一）按決策層次劃分

按決策層次劃分，決策可分為戰略決策、管理決策和業務決策。

1. 戰略決策

戰略決策指事關企業未來發展的全局性、長期性的重大決策。這種決策旨在提高企業的經營效能，使企業的經營活動與外部環境的變化保持正常的動態協調。戰略決策一般由企業最高管理層制定，故又稱高層決策。企業經營目標和方針的決策、新產品開發決策、投資決策、市場開發決策等都屬於戰略決策。

2. 管理決策

管理決策指為實施戰略決策，在人、財、物等方面做出的戰術性決策。這種決策旨在提高企業的管理效能，以實現企業內部各環節的高度協調和資源的有效利用。管理決策具有指令化、定量化的特點，其正確與否關係到戰略決策能否順利實施。這種決策一般由企業中間管理層做出，故又稱中層決策。生產計劃決策、設備更新改造決策等均屬此類決策。

3. 業務決策

業務決策指在日常生產管理中旨在提高生產效率和工作效率，合理組織生產過程的決策。這種決策一般由企業基層管理層做出，故又稱基層決策。屬於這種決策的問題有生產作業計劃決策、庫存決策等。

戰略決策、管理決策和業務決策之間有時沒有絕對的界限，尤其管理決策和業務決策在一些小型企業中往往很難截然分開。制定決策的各級管理層次也不是不可逾越的。通常，為了發揮各級管理人員的積極性，提高決策的質量和心理效應，各管理層在重點抓好本層決策的同時，三個層次的決策者都應或多或少地參與相鄰管理層的決策方案的制訂。

（二）按決策事件發生的頻率劃分

按決策事件發生的頻率劃分，決策可分為程序化決策和非程序化決策。

1. 程序化決策

程序化決策指在日常管理工作中以相同或基本相同的形式重複出現的決策。由於

這類決策問題產生的背景、特點及其規律易為決策者所掌握，所以，決策者可根據以往的經驗或慣例來制訂決策方案。決策理論將這種具有常規性、例行性的決策稱為程序化決策。屬於這種決策的有生產方案決策、採購方案決策、庫存決策、設備選擇決策等。

2. 非程序化決策

非程序化決策指受大量隨機因素的影響，很少重複發生，常常無先例可循的決策。這種決策由於缺乏可借鑒的資料和較準確的統計數據，決策者大多對處理這種決策問題經驗不足，所以，在決策時沒有固定的模式和規則可循。這樣，決策者及其智囊機構的洞察力、思維、知識及對類似問題決策的經驗將起重要作用。如經營方向、目標決策、新產品開發決策、新市場的開拓決策等便屬這種決策。

（三）按決策分析的方法劃分

按決策分析的方法劃分，決策可分為確定型決策、風險型決策和非確定型決策。

1. 確定型決策

確定型決策指決策者對每個可行方案未來可能發生的各種情況（自然狀態）及其後果十分清楚，特別是對哪種自然狀態將會發生有較確定的把握，這時可從可行方案中選擇一個最有利的方案作為決策方案的決斷過程。確定型決策一般均可運用數學模型求得最優解，如產量、利潤決策可採用線性規劃、量本利分析模型，庫存決策可用庫存模型，設備的更新改造決策可用技術經濟分析方法等。

2. 風險型決策

風險型決策指決策事件未來各種自然狀態的發生是隨機的，決策者可根據相似事件的歷史統計資料或實驗測試等估計出各種自然狀態的概率，並依其大小進行計算分析後做出的決策。風險型決策可採用決策收益表、決策樹等方法。

3. 非確定型決策

非確定型決策指決策者無法確定決策事件未來各種自然狀態的概率，完全憑藉個人的經驗、感覺和估計做出的決策。目前，這種決策已經有一些決策準則供不同類型和風格的決策者選用。

（四）按決策的時間跨度劃分

按決策的時間跨度劃分，決策可分為長期決策與短期決策。

1. 長期決策

這種類型的決策，基本上是為制定企業長遠目標、中、長期計劃及有關聯合經營、資金投向、市場開發、產品轉換、擴大規模等戰略性的決策。

2. 短期決策

這類決策基本上是指對一年之內要解決及執行的有關問題的決策。

經營決策在企業經營管理中佔有十分重要的地位。「管理的重心在經營，經營的中心在決策。」這是現代決策理論學家對決策重要性的概括。為了使企業在決策中達到預期的目的，科學地劃分決策的類型，合理地採用不同的科學決策方法和手段是十分重要的。以上是對企業經營決策的一般分類。實際上，各種類型的決策常常是相互影響

和交叉的。在經營決策中主要研究的是戰略決策、非程序化決策、風險型決策和非確定型決策。

三、決策的程序

決策是發現問題、分析問題和解決問題的系統分析判斷的過程。管理者必須採用科學的方法，遵循正確的決策程序，如圖3-1所示：

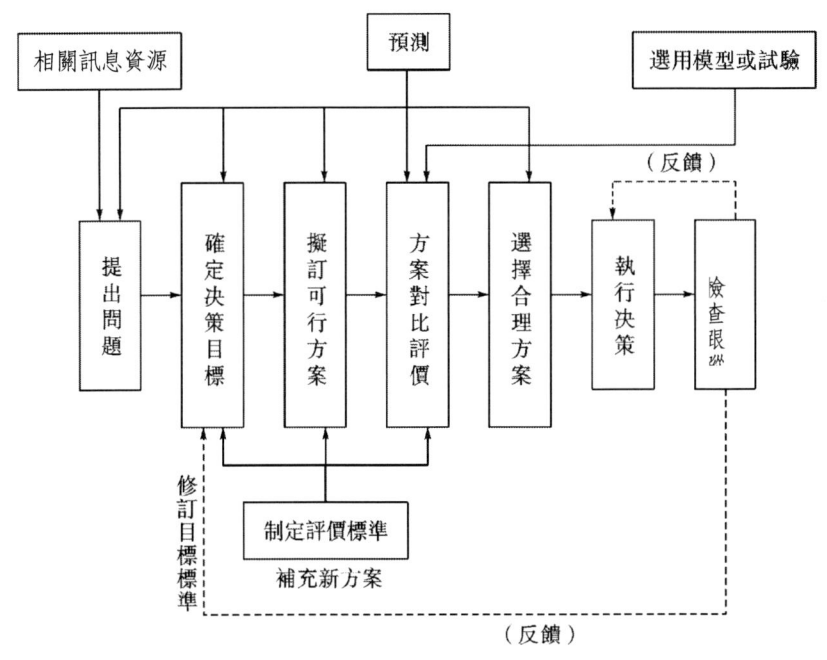

```
相關訊息資源    預測    選用模型或試驗
                                    （反饋）
提出→確定→擬訂→方案→選擇→執行→檢查
問題  決策  可行  對比  合理  決策  很快
      目標  方案  評價  方案
         ↑    ↑    ↑
      修訂目標標準
            制定評價標準
            補充新方案
                （反饋）
```

圖3-1 決策程序圖

1. 提出問題

決策過程始於存在的必須解決的問題。管理者識別問題的基礎是掌握相關信息，而相關信息主要來自於調查與預測的結果。通過調查獲得過去和現在的信息，通過預測瞭解未來的信息。鑒於影響決策的因素中有不少因素處於管理者控制之外，因此這可能會導致管理者對決策信息的獲取存在盲區。

2. 確定決策目標

在決策過程中，除了要找出關鍵的問題外，還需要明確決策所追求的目標。目標通常是多重性的，組織必須區分必須達到的目標與希望達到的目標、緊要目標與次要目標。實踐證明，失敗的決策有時是由決策目標不正確或不明確造成的。

3. 擬訂可行性方案

解決問題的方案應該是在對組織環境和組織目標進行權衡的基礎上提出的，然後通過信息採集對方案進行補充和完善，並預測其執行結果，以印證方案的可行性。

在方案制訂過程中，應廣泛採用民主決策，鼓勵員工獻計獻策。可行性方案彼此之間應該兼容性較小、互相排斥、多樣化，確保每個方案有獨立存在的價值。頭腦風

暴法和群體參與法很適合方案推舉階段，即擬訂可行性方案階段。

4. 分析和選擇方案

此階段主要工作是制定標準，判斷每個方案的可行性和優劣，對方案進行客觀的評價和比較。分析評價的內容包括：方案的技術經濟可行性、方案與預期目標的接近程度、各個方案之間的優劣等級。分析評價的方法包括定性分析法、定量分析法和實驗觀察法。通過綜合比較後，選出相對滿意的方案作為決策結果，再選出一個作為備用方案，以免決策執行過程中出現意外變化。

5. 決策的執行與反饋

方案付諸實施的過程中，要密切關注組織內、外部環境的變化，以使方案執行的結果適應環境變化。必要時，仍需對方案進行修改完善，甚至進行新一輪的決策。

第二節　決策方法

隨著社會生產、科學技術、決策理論和實踐的發展，人們在決策中所採用的方法得到了不斷的完善和充實。目前，企業決策常用的方法有兩大類：一是定性決策法，二是定量決策法。

一、定性決策法

定性決策法是指專家根據所掌握的企業情況，運用社會學、心理學等多學科的知識及自身的經驗和能力，對企業的決策目標、方案和實施提出見解的一類決策方法。常用的定性決策法有以下 5 種。

1. 德爾菲法

這是指採用通信方式將所需解決的問題徵求專家的意見，通過幾輪的信息交換，逐步取得相對一致的方案的方法。它的具體步驟如下：

（1）針對要解決的問題和希望達到的結果製作調查表。

（2）選擇 10~15 位專家和權威人士。

（3）把諮詢表和相關資料寄給每位專家，要求其在規定的時間內反饋，每輪諮詢後對諮詢表進行綜合整理，歸並相同見解，列出不同見解，然後擬成第二份諮詢表並重複諮詢過程，經過幾輪諮詢後專家的意見逐步一致。

（4）決策者以專家的意見為基礎，結合自己的知識和經驗，做出最後的決策。

德爾菲法採用通信的方式比專家集合探討更方便，諮詢專家背對背獨立地表達自己的觀點，每個專家在後續回合裡可以參考其他人的觀點，以完善自己的結論或批駁對方的結論，拓寬了每個專家的思路，提高了決策的準確性。

2. 頭腦風暴法

頭腦風暴法是世界上最著名的創造力改進方法，由英國心理學家奧斯本始創。這種方法集思廣益、互動啟發、思維連鎖碰撞，特別容易產生思維的創意火花。頭腦風暴法對於選擇廣告宣傳方式、產品名稱、外觀設計等方面效果尤其好。它的具體步驟

如下：

(1) 讓 5~8 個參加者圍坐討論 1~2 個小時（亦可以通過互聯網來進行）。

(2) 針對特定問題，讓參與者一個接一個地提出自己的見解。

(3) 書面記錄每個方案但不登記提出方案人的名字。

(4) 進行整理，做出決策。

採用頭腦風暴法，每個參與者可以暢所欲言，但不許評價別人的方案；鼓勵隨心所欲，歡迎奇思妙想，數量越多越好；可以補充和完善別人已有的建議。

3. 名義技術小組法

這種方法和頭腦風暴法相似，區別在於這種方法遵循解決問題和制定決策方法的邏輯性，而不是頭腦風暴法中的異想天開，並且強化了頭腦風暴法中摒棄的紀律和思維的嚴密性。

名義技術小組法適合於針對某個問題，例如，管理者需要瞭解什麼方法可行，以及人們會如何看待這個方法。通過這一方法，參與者把解決問題的方案寫下來，彼此不允許討論，然後每個成員對各自的方案進行說明，最後用打分的方法把最優方案確定下來。

4. SWOT 分析法

組織在做出決策之前，首先要瞭解自身條件和管理環境，據此判斷組織的優勢和劣勢，以及環境變化提供的是機遇還是威脅。SWOT 正是分析組織外部環境與內部資源、能力是否匹配的典型方法。SWOT 是英文 Strengths（優勢）、Weaknesses（劣勢）、Opportunities（機遇）、Threats（威脅）四個單詞的首位字母。SWOT 研究組織內外環境，在組織目標、外部環境和內部環境之間尋求動態平衡（表 3-1）。環境發展趨勢分為兩大類：一類表示環境威脅，另一類表示環境機會。環境威脅指的是環境中一種不利的發展趨勢所形成的挑戰，如果不採取果斷的戰略行為，這種不利趨勢將導致公司的競爭地位受到削弱。環境機會就是對公司行為富有吸引力的領域。在這一領域中，該公司將擁有競爭優勢。

表 3-1　　　　　　　　　　SWOT 分析矩陣

	優勢 S	劣勢 W
機會 O	SO 戰略（增長型戰略）	WO 戰略（扭轉型戰略）
威脅 T	ST 戰略（多角化戰略）	WT 戰略（防禦型戰略）

每個企業都要定期檢查自己的優勢與劣勢，這可通過「企業經營管理檢核表」的方式進行。企業或企業外的諮詢機構都可利用這一格式檢查企業的營銷、財務、製造和組織能力。每一要素都要按照特強、稍強、中等、稍弱或特弱劃分等級。競爭優勢可以指消費者眼中一個企業或它的產品有別於其競爭對手的任何優越的東西，它可以是產品線的寬度、產品的大小、質量、可靠性、適用性、風格和形象以及服務的及時、態度的熱情等。雖然競爭優勢實際上指的是一個企業比其競爭對手有較強的綜合優勢，但是明確企業究竟在哪一個方面具有優勢更有意義，因為只有這樣，才可以揚長避短，或者以實擊虛。

5. 波士頓矩陣法

波士頓矩陣法是確定活動方向的分析方法，由美國波士頓諮詢公司創立。該方法認為一般決定企業業務結構（或者產品結構）的基本因素有兩個：市場引力與企業實力。它以組織業務增長率和市場份額兩個維度構成的矩陣為分析基礎，建立在對組織內部條件、外環境分析的基礎上，幫助組織分析其所有產品或事業單位的特點，選擇組織或事業部的未來發展方向，為組織合理分配組織資源提供依據。

通過業務增長率和市場份額兩個因素相互作用，會出現四種不同性質的業務或產品類型，形成不同的業務或產品發展前景：①銷售增長率和市場佔有率「雙高」的業務或產品群（明星類）；②銷售增長率和市場佔有率「雙低」的業務或產品群（瘦狗類）；③銷售增長率高、市場佔有率低的業務或產品群（幼童類）；④銷售增長率低、市場佔有率高的業務或產品群（金牛類）。通常有四種戰略目標分別適用於不同的業務。①發展。以提高經營單位的相對市場佔有率為目標，甚至不惜放棄短期收益。要使幼童類業務盡快成為「明星」，就要增加資金投入。②保持。投資維持現狀，目標是保持業務單位現有的市場份額，對於較大的「金牛」可以此為目標，以使它們產生更多的收益。③收割。這種戰略主要是為了獲得短期收益，目標是在短期內盡可能地得到最大限度的現金收入。對處境不佳的金牛類業務及沒有發展前途的幼童類業務和瘦狗類業務應視具體情況採取這種策略。④放棄。目標在於清理和撤銷某些業務，減輕負擔，以便將有限的資源用於效益較高的業務。這種目標適用於無利可圖的瘦狗類和幼童類業務。一個公司必須對其業務加以調整，以使其投資組合趨於合理。

二、定量決策法

定量決策法主要是運用數學方法，通過建立數學模型對較複雜的問題進行計算，求得結果，最後經過比較選出滿意方案的方法。定量決策法根據決策問題所具有的條件，可以分為確定型決策、風險型決策和非確定型決策。

（一）確定型決策

確定型決策是指各方案的實施只有一種明確的結果，並且能夠確定計算各方案的損益值，從中選取滿意方案的決策。常用的確定型決策方法有線性規劃法和量本利分析法。

1. 線性規劃法

這是指在一些線性等式或不等式的約束條件下，求解線性目標函數的最大或最小值的方法。運用線性規劃法建立數學模型的步驟如下：

（1）確定影響目標大小的變量。

（2）列出目標函數方程。

（3）找出實現目標的約束條件。

（4）找出使目標函數達到最優的可行解，即為該線性規劃的最優解。

【例3-1】企業生產兩種產品——桌子和椅子，它們都要經過製造和裝配兩道工序。有關資料如表3-2所示。假設市場狀況良好，企業生產出來的產品都能賣出去，

試問何種產品組合能使企業利潤最大？

表 3-2　　　　　　　　　　　某企業的有關資料

項目	桌子	椅子	工作可利用時間/h
在製造工序上的時間（/h）	2	4	48
在裝配工序上的時間（/h）	4	2	60
單位產品利潤（/元）	8	6	—

這是一個典型的線性規劃問題，用線性規劃法解決此問題的步驟如下：

（1）確定影響目標大小的變量。在本例中，目標是利潤 G，影響利潤的變量是桌子數量 T 和椅子數量 C。

（2）列出目標函數方程：$G=8T+6C$。

（3）再者找出約束條件。在本例中，兩種產品在一道工序上的總時間不能超過該道工序的可利用時間，即製造工序：$2T+4C \leqslant 48$；裝配工序：$4T+2C \leqslant 60$。除此之外，還有兩個約束條件，即非負約束條件：$T \geqslant 0$，$C \geqslant 0$。

從而線性規劃問題成為：如何選取 C 和 T，使 G 在上述 4 個約束條件下達到最大。

（4）最後求出最優解——最優產品組合。利用單純形法求得該問題的最優解為 $T=12$ 和 $C=6$，即生產 12 張桌子和 6 把椅子能使企業利潤達到最大。

2. 量本利分析法

量本利分析法又稱保本分析法或盈虧平衡分析法，是通過考察產銷量、生產成本和銷售利潤這三者之間的關係以及盈虧變化的規律，來為決策提供依據的方法。其核心內容是尋找盈虧平衡點。所謂盈虧平衡點，是指產品銷售收入等於產品總成本時的產銷量。其中，產品總成本分為固定成本和可變成本：固定成本是指在一定範圍內不隨產量變動而變動的成本；可變成本是指隨產量變動而變動的成本。尋找盈虧平衡點可以通過量本利分析圖來確定，如圖 3-2 所示：

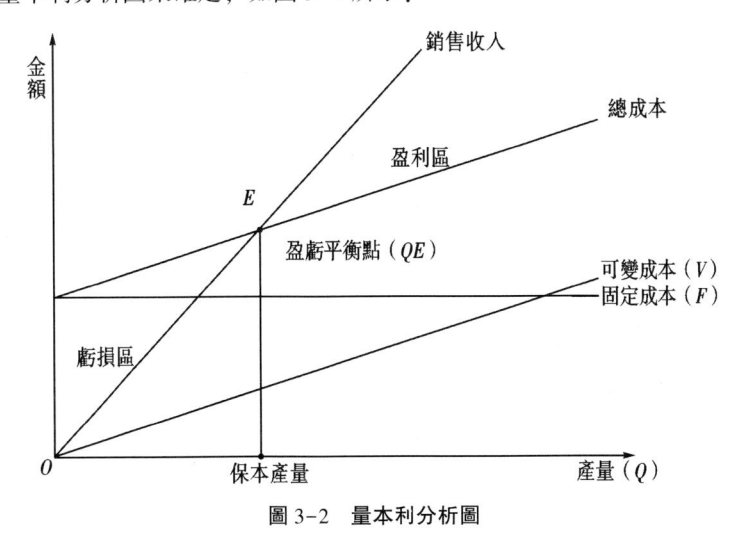

圖 3-2　量本利分析圖

從圖 3-2 可知，當銷售收入與總成本相等時，所對應的 E 點的產銷量就是一個盈虧平衡點。在盈虧平衡點上，企業既不盈利也不虧損。企業的產銷量若低於平衡點的產銷量，則會虧損；而高於平衡點的產銷量，則會獲利。這一原理在生產方案的選擇、目標成本預測、利潤預測、價格制定等決策問題上得到了廣泛的應用。

根據上述分析，在產品的銷售收入、固定成本、可變成本都已知的情況下，就可以找出盈虧平衡點。假如 P 代表單位產品價格，Q 代表產銷量，F 代表固定成本，V 代表單位可變成本，Q 代表盈虧平衡時的銷售量，S_0 代表盈虧平衡時的銷售額。

則當企業不虧不盈時：

$$PQ = F + VQ$$

則保本產量為

$$Q_0 = \frac{F}{P - V}$$

由於盈虧平衡時的銷售額等於盈虧平衡點對應的產量與銷售價格的乘積，所以得出

$$P \times Q_0 = \frac{F}{P - V} \times P$$

整理上式得

$$S_0 = \frac{F}{1 - \frac{V}{P}}$$

確定盈虧平衡點的方法舉例如下。

【例 3-2】某電視機廠銷售電視機 5,000 臺，每臺售價為 2,100 元，單位變動成本為 200 元，固定成本為 570 萬元，求盈虧平衡點。

解：$\because P = 2,100$，$F = 5,700\,000$，$V = 200$

$$\therefore Q_0 = \frac{F}{P - V} = \frac{5,700\,000}{2,100 - 200} = 3,000$$

$$S_0 = \frac{F}{1 - \frac{V}{P}} = \frac{5,700\,000}{1 - \frac{200}{2,100}} = 6,300\,000$$

(二) 風險型決策

風險型決策是一種隨機決策，它是根據方案在各種可能的自然狀態下發生的概率，計算各方案損益值的期望值，並以此判斷方案的優劣。由於客觀概率只代表可能性的大小，與未來的實際還存在著差距，這就使任何方案的實施都要承擔一定的風險，所以稱為風險型決策。

該決策常用的方法是決策樹法。決策樹形圖如圖 3-3 所示。

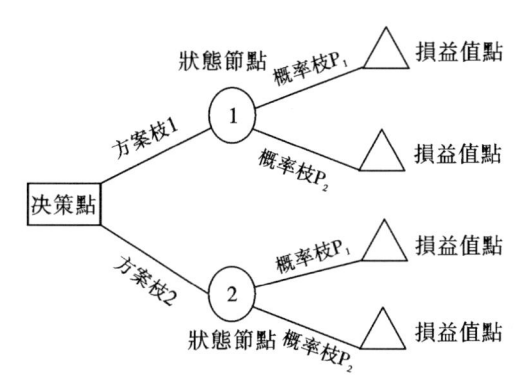

圖 3-3　決策樹形圖

在上圖中：□表示決策點；從決策點引出的分枝稱為方案枝，每一條方案枝代表一個方案，並在該方案枝上標明該方案的內容。○表示自然狀態；從它引出的分枝稱為概率枝，每個概率枝代表一種隨機的自然狀態，並在概率枝的上面標出自然狀態的名稱和概率。每條概率枝的末端的△符號稱為結果點，在該點上標出該自然狀態下的損益值。使用該方法的具體步驟如下：

（1）繪製決策樹形圖。從左至右，首先繪出決策點，引出方案枝，再在方案枝的末端繪出狀態節點，引出概率枝，然後將有關參數（包括概率、不同自然狀態、損益值等）註明在圖上。

（2）計算各方案的期望值。期望值的計算要從右向左依次進行。首先將各種自然狀態的損益值分別乘以各自概率枝上的概率，再乘以計算期限，然後將各概率枝的值相加，標在狀態節點上。

（3）剪枝決策。比較各方案的期望值，如方案實施時有費用發生，應將狀態結點值減去方案的費用後再進行比較，除掉期望值小的方案，最終只剩下一條貫穿始終的方案枝，它的期望值最大，也就是最佳方案。

【例 3-3】某企業準備投產一種新產品，現有新建和改建兩種方案，分別需要投資 140 萬元和 80 萬元。未來五年的銷售情況預測是：暢銷的概率為 0.4，銷售一般的概率為 0.4，滯銷的概率為 0.2。各種自然狀態下的年度銷售利潤如表 3-3 所示。試問企業應選擇哪種方案？請用決策樹法進行決策。

表 3-3　　　　　　　　　決策方案損益值表　　　　　　　　單位：萬元

銷售情況預測 方　案	暢　銷	一　般	滯　銷
新建	120	50	−30
改建	100	30	10

解：
步驟一：先繪製決策樹形圖和計算期望值，如圖 3-4 所示。

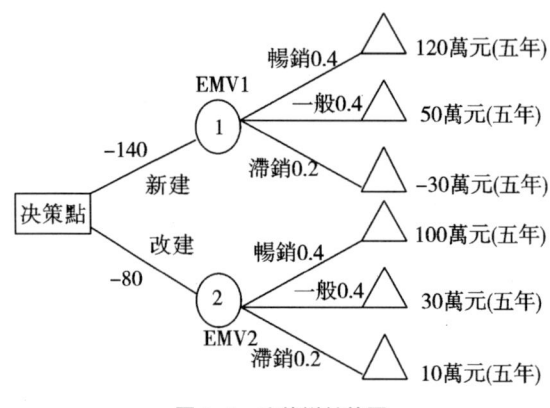

```
                             暢銷0.4
                          ┌──────── △ 120萬元(五年)
                      EMV1│
                       ╱──┤一般0.4
                      ╱ 1 ├──────── △ 50萬元(五年)
               -140  ╱   │
                新建╱    │滯銷0.2
                   ╱      └──────── △ -30萬元(五年)
          ┌────┐╱
          │決策點│
          └────┘╲       暢銷0.4
                 ╲    ┌──────── △ 100萬元(五年)
               改建╲   │
                -80 ╲─┤一般0.4
                    2 ├──────── △ 30萬元(五年)
                  EMV2│
                     │滯銷0.2
                      └──────── △ 10萬元(五年)
```

圖 3-4　決策樹計算圖

節點 1 的期望值＝［120×0.4＋50×0.4＋(-30)×0.2］×5＝310（萬元）

節點 2 的期望值＝［100×0.4＋30×0.4＋10×0.2］×5＝270（萬元）

步驟二：計算兩個方案的淨收益。

新建方案的淨收益＝310-140＝170（萬元）

改建方案的淨收益＝270-80＝190（萬元）

步驟三：比較兩個方案的淨收益。經比較，應選擇改建方案。

（三）非確定型決策

非確定型決策是在決策的結果無法預料和各種自然狀態發生的概率無法預測條件下所做的決策。在進行非確定型決策的過程中，決策者的主觀意志和經驗判斷居於主導地位，同一數據，可以有完全不同的方案選擇。下面通過具體例子來介紹幾種非確定型決策方法。

【例3-4】某廠已決定生產一種新產品，有下列三個方案供選擇：甲，建新車間，大量生產；乙，改造原有車間，達到中等產量；丙，利用原有設備，小批量生產。市場對該產品的需求情況有如下四種可能：①需求量很大，即暢銷；②需求較好；③需求較差；④需求量很小，即滯銷。各個方案在這四種可能需求情況下的損益值如表 3-4 所示。

表 3-4　　　　　　　　　　損益值表　　　　　　　　　單位：萬元

方案	暢銷	較好	較差	滯銷
甲	80	40	-30	-70
乙	55	37	-15	-40
丙	31	21	0	-1

一般可歸納為以下幾種選擇方法。

（1）樂觀準則法（也被稱為大中取大準則法）。它是在每個方案中選取一個最大值，然後將各個方案的最大值進行比較，再選取最大值的方案為最優方案。在表 3-4

中，甲方案的收益最大值最高（88>55>31），故選甲方案為最優方案。這種方案常常為敢冒風險的進取型決策者所採用。

（2）悲觀準則法（也被稱為小中取大準則法）。它是在每個方案中選定一個最小收益值，在所有最小收益值中選其中最大者為最優方案。如果是損失值，則選取損失最大值中最小者的方案為最優方案。採用此種方法的決策者一般對損失比較敏感，屬於怕冒風險不求大利的穩重型。在表 3-4 中，甲、乙、丙方案的收益最小值分別為 -70、-40、-1，其中 -1 最小，故選對應的丙方案為最優方案。

（3）後悔值法。決策者往往都有因情況變化而後悔的經驗，如何使選定方案後可能出現的後悔值達到最小，可以把後悔值作為一個決策標準來進行決策。在本例中，如果出現暢銷的情況而決策者又正好選擇了方案甲，獲得收益值 80 萬元，那當然不會後悔，即後悔值為零。如果選定的是方案丙，則決策者由於沒有選取方案甲而造成的後悔值為 80-31=49（萬元）。

後悔值法的分析步驟如下：

① 找出每種自然狀態下的最大收益值。
② 分別求出每種自然狀態下各方案的後悔值（後悔值=最大收益值-方案收益值）。
③ 編製後悔值矩陣表，找出每個方案的最大後悔值，如表 3-5 所示：

表 3-5　　　　　　　　　　　　後悔值矩陣表　　　　　　　　　　　　單位：萬元

方案	暢銷	較好	較差	滯銷	最大後悔值
方案甲	0	0	39	69	69
方案乙	25	3	24	39	39
方案丙	49	19	0	0	49

④ 比較各個方案的最大後悔值，選取最大後悔值中最小者為最優方案，示例中，39<49<69，因此本例應選最大後悔值 39 所對應的方案乙為最優方案。

（4）折中法。有時決策者在決策時對未來前景既不抱悲觀保守的態度，也不冒風險持過於樂觀的態度，通常採用折中的辦法，即用一個取值介於 0.5~1 的樂觀系數 a（也叫最大值系數，相應地，悲觀系數即最小值系數為 $1-a$），對每一方案的最大收益和最小收益進行加權平均，求得一個折中的收益值。折中決策法步驟為：首先確定最大值系數 a，接下來選出每一方案在所有情況下的最大收益值和最小收益值，然後加權平均求出折中收益值，最後選出折中收益值中的最大值，這個最大收益值所對應的方案即為最優方案。

表 3-6　　　　　　　　　　　　折中值計算表　　　　　　　　　　　　單位：萬元

方案	最大值	最小值	加權平均值（最大值系數 $\alpha=0.7$）
甲	80	-70	80×0.7+(-70)×0.3=35
乙	55	-40	55×0.7+(-40)×0.3=26.5
丙	31	-1	31×0.7+(-1)×0.3=21.4

因為 35>26.5>21.4，所以最優方案為甲方案。

（5）等可能性法。該方法也稱拉普拉斯決策準則。採用這種方法，是假定自然狀態中任何一種發生的可能性是相同的，如果有 n 個自然狀態，那麼每個自然狀態出現的概率即為 $1/n$，然後通過比較每個方案的損益期望值（即平均值）來進行方案的選擇，在利潤最大化目標下，選取平均利潤最大的方案，在成本最小化目標下選擇平均成本最小的方案。表 3-7 所示例子共計有 4 種自然狀態，則 4 種狀態發生的概率 $P_1 = P_2 = P_3 = P_4 = 1/4 = 0.25$，那麼甲方案收益的平均值為（80+40-30-70）×0.25＝5，類似地，乙方案和丙方案收益平均值為 9.25 和 12.75，相比較，收益值 12.75 最大，所以選對應的丙方案為最優方案。

表 3-7　　　　　　　　　等可能性法期望值計算表　　　　　　　　單位：萬元

方案	暢銷	較好	較差	滯銷	各方案期望值
甲	80	40	-30	-70	5
乙	55	37	-15	-40	9.25
丙	31	21	0	-1	12.75

第三節　科學決策的制定與執行

一、決策的影響因素

決策受到多種因素的影響，這些影響因素主要有：

（一）環境因素

環境對決策的影響是顯而易見的。每當組織所處的外部環境發生變化，為適應新的變化，組織往往要做出新的決策。例如 2003 年春夏之交，中國出現「非典」疫情，國內航空受到極大衝擊，各國航空公司因此做出各種決策，採取多種措施，盡可能把損失降到最低程度。可見，環境變化是決策產生的重要原因。至於做出什麼決策，不同的組織會有不同的決策選擇，這與組織的反應模式有關。

（二）組織文化

組織文化是組織成員在組織的發展過程中形成的共同的價值觀、信念和情感。組織文化制約著包括決策制定者在內的所有組織成員的思想和行為。組織文化是構成組織內部環境的主要因素，通過影響人們對變化、變革的態度，對決策產生影響和限製作用。而任何決策的制定，都會在某種程度上否定過去；任何決策的實施，都會在某種程度給組織帶來變化。在習慣於保守、懷舊的組織文化氛圍中，人們總是根據過去的標準來判斷現行的決策，唯恐失去利益，決策的貫徹與執行都有相當的難度；而在具有開拓創新的組織文化氛圍中，組織成員適應組織的變革，決策的制定與執行相對容易。因此，決策受組織文化的影響是不可否認的事實。

(三) 過去的決策

在實際管理工作中，決策問題大多都是建立在過去決策的基礎上的，是追蹤決策，是對初始決策的完善、調整或改革；是非零起點的，過去的決策是目前決策的起點。過去選擇方案的實施，不僅伴隨著人力、物力、財力等資源的消耗，而且伴隨著內部狀況的改變，帶來了對外部環境的影響。因此決策者必須考慮過去的決策對現在的延續影響。即使對於非程序化決策，決策者由於心理因素和經驗慣性的影響，決策時也經常考慮過去的決策，問一問以前是怎樣做的。所以過去的決策總是有形無形地影響著現在的決策。這種影響有利有弊──有利於實現決策的連貫性和維持組織的相對穩定，並使現在的決策建立在較高的起點上；但是不利於創新，不適應巨變環境的需要，不利於實現組織的跨越式發展。過去的決策對現在的決策的制約程度，取決於它們與決策者的關係，這種關係越緊密，現在的決策受到的影響就越大。如果過去的決策是由現在的決策者制定的，而決策者通常要對自己的選擇及其後果負管理上的責任，因此不願意對組織活動進行重大的調整，而傾向於仍把大部分的資源投入到過去方案的執行中，以證明自己的一貫正確，即出現所謂管理者的承諾升級現象。相反，如果現在的主要決策者與組織過去的重要決策沒有很深的淵源關係，則會易於接受重大改變。

(四) 決策者對風險的態度

風險是指失敗的可能性。由於決策是人們確定未來活動的方向、內容和目標的行動，而人們對未來的認識能力是有限的，目前預測的未來狀況與未來的現實狀況不可能完全相符，因此在決策指導下進行的活動，既有成功的可能，也有失敗的危險。任何決策都帶有一定程度的風險性。組織及其決策者對待風險的不同態度會影響決策方案的選擇，願意承擔風險的決策者，通常會未雨綢繆，在被迫對環境做出選擇之前就採取進攻性的行動，並會經常進行新的探索。不願意承擔風險的決策者，通常只會對環境做出被動的反應，事後應變，他們對變革變動表現出謹小慎微，會受到過去決策的限制。

(五) 決策的時間緊迫性

美國學者威廉·R.金和大衛·I.克里蘭把決策劃分為時間敏感型決策和知識敏感型決策。時間敏感型決策要求迅速而盡量準確地做出決策，否則就會錯失機會或者失敗。許多決策受時間的影響很大。當然，並非所有的決策都受時間的影響。

二、決策的依據

(一) 事實依據

西蒙把事實定義為「關於可以觀察到的事物及其運動方式的陳述」。因此，這裡所說的事實是指決策對象客觀存在的情況，包括決策者對這種情況的客觀瞭解和認識。主要強調的是決策對象存在的客觀性。事實是決策的基本依據。在決策中，只有把決策對象的客觀存在情況搞清楚，才能真正找到目標與現狀的差距，才能正確地提出問題和解決問題。否則，如果事實不清楚，或者在對事實的認識和瞭解中摻進了個人偏

見，不管是說得過好還是過壞，都會使決策失去基本依據，造成決策從根本上的失誤。

(二) 價值依據

在這裡所說的價值是決策者的價值觀、倫理道德和某些心理因素。這些因素雖然都有主觀性，但仍然是決策的依據或前提。這是因為對任何事物的認識或判斷都不可避免地要摻進這些主觀因素，否則就不能解釋為什麼對同一事物會有兩種或多種截然不同的看法，為什麼對同一些方案會有截然不同的兩種或多種選擇。應當承認價值觀判斷和倫理、心理因素在決策中的影響和作用，承認這些也並不是唯心主義。但是，也要正確地認識事實依據與價值依據的關係。這裡一個最基本的關係就是價值判斷要以事實為基礎。如果離開了這個基礎，就不是一種正確的價值觀。如果價值觀離開事實的依據，有時可能做出「好」的決策，卻永遠也做不出正確的決策。

(三) 環境、條件依據

所謂環境、條件依據是指決策對象事實因素和決策者價值因素以外的各種因素，如自然條件、資源條件、社會制度條件、科學技術條件以及人們的文化傳統和風俗習慣條件等。在決策中之所以必須考慮這些因素，是因為這些因素對整個決策，包括決策目標的確定、決策方案的選擇以及決策方式方法的採用等都起著制約作用。因此，在決策中，不但要看決策對象在事實上能夠達到的程度、決策者在價值判斷上希望達到的程度，還必須看由各種環境和條件所制約而可能達到的程度。

實際上，決策就是這三個因素的綜合，因而它們是決策中必須考慮的三個基本依據。

三、風險型決策原則

風險型決策者在選擇行為方案時，應遵循如下三個原則：

1. 可行性原則

決策是為實施某個行為目標而採取的行動。決策是手段，實施決策方案並取得預期效果才是目的。因此，決策的首要原則是提供給決策者選擇的每一個方案在技術上和資源條件上都是可行的。對於企業經營管理決策來說，提供決策選擇的方案都要考慮企業在主觀、客觀技術和經濟等方面是否具備實施的條件。如果某一方面尚不具備，就要考慮能否創造條件使之具備，或一時雖不具備，但通過努力確實可行的方案，提供決策選擇才是有意義的。

2. 經濟性原則

經濟性原則也稱最優化原則，即通過多方案的分析比較，所選定的決策方案應比採取其他方案能獲得更好的經濟效益或能免受更大的虧損風險，即具有明顯的經濟性。

3. 合理性原則

確定決策方案通常需要通過多方案的定量與定性分析比較。定量分析有其反應事物本質的可靠性和確定性的一面，但也有其局限性和不足的一面。一方面，當決策變量較多、約束條件變化較大、問題較複雜時，要取得定量分析的最優結果往往需要耗費大量的人力、費用或時間；另一方面，有些因素（如關於社會的、政治的、心理的

和行為的因素）雖不能或較難進行定量分析，但對事物發展具有舉足輕重的影響。因此，在定量分析的同時，也不能忽視定性分析。定量與定性分析相結合，要求人們在選擇方案時，不一定費力尋找經濟性「最優」的方案，而是兼顧定量與定性的要求，選擇使人滿意的方案。即在某些情況下，應該以令人滿意的合理性原則代替經濟上的最優原則。

四、決策制定的步驟

第一步：確定問題——診斷現狀。

第二步：列出可行方案。

第三步：列出重要考慮因素或限制因素。

第四步：評估各種可行方案的優劣後果。在這一步中，應該注意以下四項重點內容：專注於各方案不同的因素；應用會計資料；應用遞增、邊際成本及收益觀念；應用預測方法把無形因素也變為數字，與有形因素一起計算。

第五步：決定選取其中一個之前，必須再確定一下到底我們要解決此問題的目的是什麼。要確定這個問題，應注意五點：

（1）價值應是從目的衍生而出的。

（2）價值應配合社會的價值，不能離開環境而獨存。

（3）價值應是代表公司的價值，不是個人的價值。

（4）要注意價值常隨數量的增加而遞減，即要認識效用遞減原理。

（5）要考慮不確定的因素，以免誤算。

第六步：當把價值比重放在可行方案中各因素的數字上後，可以算出何者最能滿足目的，因而選取該方法來解決面臨的問題。試驗決策可靠性的方法有六種：

（1）聽聽「反面意見」，看看是否能圓滿地回答這些反面意見。

（2）把寬泛的決策制訂成詳細的執行方案，看看會不會遇到「不切實際」的困難。

（3）再考慮當實施這種方案過關時，那個支持其過關的假設因素是否真正健全。

（4）再審查一次在第三步驟中，被首次剔除的可行方案是否有草率行事之嫌。

（5）就本決策請教同仁或專家，看看他們是否有同感。

（6）若能試製或試銷一下，當然最好。

五、決策執行

每個管理者都必須經過「理智」決策過程。若依照這種過程，個人的感情成分就會被壓至最低程度，決策就會較有成效。選擇出方案後，決策過程還沒有結束。決策者還必須將方案付諸實施。這就是方案的執行。方案執行是指將決策方案交給有關人員付諸實施。一個決策者必須具備這兩種能力：既要有能力做出決策，又要有能力使決策方案變為有效的行動。

在決策方案實施過程中，為了保證決策方案的執行取得令人滿意的效果，應做好以下幾個方面的工作：①做好方案實施的宣傳教育工作。通過各種宣傳方式，使組織全體成員都瞭解決策方案的內容、目的和意義。②制訂符合實際的實施計劃，包括：

認真擬訂實施決策方案的具體步驟；制定相應的實施措施與方法，編製實施行動的程序或日程表；結合有關資源編製實施方案的資金預算等。③建立適合的組織機構。要使組織機構的設置和職責分配適應實施決策方案的需要，同時把實施方案所需要的人力、物力、財力都動員和組織起來，使各個要素能夠充分發揮作用，並形成整體功能。④建立信息反饋和控制系統。要通過信息反饋系統及時獲取決策實施過程中的信息，把實際執行的效果同預期目標進行比較，一旦發現差異，就要及時進行有效控制，保證決策目標的實現。

復習思考題：

1. 什麼是經營決策？這包括哪些內容？
2. 決策如何分類？
3. 定性決策的具體方法有哪些？
4. 定量決策的具體方法有哪些？
5. 風險型決策和不確定型決策有什麼聯繫與區別？
6. 決策的影響因素是什麼？
7. 決策的依據有哪些？
8. 如何進行科學決策？
9. 決策執行要注意些什麼問題？

[本章案例]

準確決策與盲目投資

某市建築衛生陶瓷廠是一家國有中型企業，由於種種原因，1995年停產近一年，虧損250萬元，瀕臨倒閉。1996年年初，鄭丙坤出任廠長。面對停水、停電、停工資的嚴重局面，鄭丙坤認真分析了廠情，果斷決策：治廠先從人事制度改革人手，把科室及分廠的管理人員減掉3/4，充實到生產第一線，形成一人多用、一專多能的治廠隊伍。鄭丙坤還在全廠推行了「一廠多制」的經營方式：對生產主導產品的一、二分廠，採取「四統一」（統一計劃、統一採購、統一銷售、統一財務）的管理方法；對牆地磚分廠實行股份制改造；對特種耐火材料廠實行租賃承包。

改制後的企業像開足馬力的列車急速運行，逐漸顯示出規模跟不上市場的劣勢，從而嚴重束縛了企業的發展。有人主張貪大求洋、貸巨款上大項目；有人建議投資上千萬元再建一條大規模的輥道窯生產線，顯示一下新班子的政績。鄭丙坤根據職工代表大會的建議，果斷決定將生產成本高、勞動強度大、產品質量差的86米明焰煤燒隧道窯扒掉，建成98米隔焰煤燒隧道，並對一分廠的兩條老窯進行了技術改造，結果僅花費不足200萬元，便使其生產能力提高了一倍。目前該廠已形成年產80萬件衛生瓷、20萬平方米牆地磚、5,000噸特種耐火材料三大系列200多個品種的生產能力。1996

年，國內生產廠家紛紛上高檔衛生瓷，廠內外也有不少人建議鄭丙坤趕上「潮流」。對此鄭丙坤沒有盲目決策，而是冷靜地分析了行情，經過認真調查論證，認為中低檔瓷的國內市場潛力很大，一味上高檔衛生瓷不符合國情。於是經過市場考察，該廠新上了20多個中低檔衛生瓷產品。這些產品一投入市場便成了緊俏貨。目前新產品產值占總產值的比例已提高到60%以上。

與該廠形成鮮明對比的是省潔達陶瓷公司。20世紀90年代初，該公司曾是全省建材行業三面紅旗之一。然而近年來在市場經濟大潮的衝擊下，由於企業拍板盲目輕率，以致出現重大決策失誤，使這家原本紅紅火火的國有企業債臺高築。

1992年，由國家計委、省計經委批准，為該公司投資1,200萬元建立大斷面窯生產線。但該公司為趕市場潮流，不經論證就將其改建為輥道窯生產線，共投資1,700萬元。由於該生產線建成時市場潮流已過，因此投產後公司一直虧損。在產銷無望的情況下，公司只好重新投入1000多萬元再建大斷面窯，這使公司元氣大傷，債臺高築，僅欠銀行貸款就達3,000多萬元。6年來該公司先後做出失誤的重大經營決策6項，使國有資產損失數百萬元。企業不僅將以前累積的數百萬元自有資金流失得一干二淨，而且成了一個「老大難」企業。某市建築衛生陶瓷廠由衰變強和該省的潔達陶瓷公司由強變衰形成了強烈的反差對比。

討論題：
(1) 決策包括哪些基本過程？其中的關鍵步驟是什麼？
(2) 案例中兩家企業形成鮮明對比的原因是什麼？
(3) 科學決策需要注意哪些問題？

第四章　企業經營計劃

計劃職能一般被認為是企業管理者的首要職能。計劃通過將組織在一定時期內的活動任務分解給組織的每個部門、環節和個人,從而不僅為這些部門、環節和個人在該時期的工作提供具體的依據,而且為決策目標的實現提供保證。計劃與決策所要解決的問題不同。決策是關於組織活動方向、目標的選擇。決策是計劃的前提,計劃是決策的邏輯延伸。本章主要闡述了計劃的基本概念、特點、制訂程序和制訂方法。

第一節　經營計劃概述

計劃是任何一個組織成功的核心,它存在於組織各個層次的管理活動中。管理者的首要職責就是做計劃。有些管理人員認為計劃工作是管理的首要職能,組織、領導和控制是第二位的。無論計劃職能與其他管理職能相對重要程度如何,一個組織要有效地實現目標,都必須做出計劃。一個組織適應未來技術或競爭方面變化能力的大小也與它的計劃息息相關。

一、計劃的概念

計劃就是通過一定的科學方法,制訂實現決策的方案的具體、詳細和周密的行動安排。在管理學中,計劃具有兩重含義:其一是指計劃管理工作。管理學家們一致認為,計劃是最重要的管理職能之一。其二是指以規劃、預算等體現的計劃形式。它們是實施計劃管理職能的書面文件。其實,計劃工作和計劃形式是密切相關的。計劃管理工作的中心內容就是制訂計劃和執行計劃。形式計劃不僅是計劃工作要完成的任務,也是計劃執行的指南。

一般來說,一個完整、健全的計劃應該規定任務的性質和目標,必須使計劃執行者瞭解、接受和支持這項計劃。但是目標的確定並不能保證目標的實現,而且實現一個目標可能有各種各樣不同的方法。因此,必須通過計劃的編製、執行和檢查,同時合理利用組織的人力、物力和財力資源來安排組織的各項管理活動,才能有效地實現組織目標。與其他管理職能相比,計劃有如下特點:

1. 計劃著眼於組織的未來

雖然各項管理職能都必須考慮組織的未來,但都不可能像計劃那樣以謀劃未來為主要任務。無論是規劃、預算還是政策、程序,都是為了未來的組織行動具有明確的目標和具體的方案作指導。當然,對未來的一切謀劃都必須建立在過去和現在的基礎

上，只有這樣，謀劃未來的方案才可能是科學的、合理的和可行的。

2. 計劃的實質是要保證組織行動的有序性

計劃形式是組織行動的標準。如果一個組織沒有計劃，對未來心中無數，走一步算一步，那麼這個組織必然會陷入混亂之中。通過計劃明確組織行為的目標，規定實施目標的措施和步驟，來保證組織活動的有序性。

3. 計劃的本質是要經濟地使用組織內的各種資源

計劃不僅要保證組織未來的行動有條不紊地進行，並且還必須使之在投入產出效益最高的狀態下有序進行。任何一個組織的資源都是有限的，計劃就是要對組織內有限的資源在空間和時間上做出合理組織（配置）和安排，即達到資源配置和使用的最優化。

二、計劃與決策

計劃與決策所要解決的問題不同。決策是關於組織活動方向、目標的選擇。任何組織在任何時期都必須從事某種社會活動。在從事這項活動之前，組織首先必須對活動的方向和方式進行選擇。計劃是對組織內部不同部門和不同成員在一定時期內行動任務的具體安排，它詳細規定了不同部門和成員在該時期內從事活動的具體內容和要求。

計劃與決策互相聯繫。①決策是計劃的前提，計劃是決策的邏輯延續。決策為計劃任務安排提供依據，計劃則為決策所選擇的目標活動的實施提供組織保證。②在實際工作中，決策與計劃相互滲透。決策制定過程中，不論是對內部能力優勢或劣勢的分析，還是在方案選擇時關於各方案執行效果或要求的評價，實際上都已孕育著決策的實施計劃。反過來，計劃的編製過程，既是決策的組織落實過程，也是決策的更為詳細的檢查和修訂過程。

三、計劃的任務

計劃工作的基本任務可以概括為以下幾個方面：

1. 明確組織目標

通過對未來機遇和風險的估量以及自身優勢和劣勢的分析，為整個組織和所屬各部門確定計劃的目標及其輕重緩急，提出要解決的問題，組織內部各單位的任務，以及期望得到的結果。組織目標是多個目標，而不是僅僅一個目標。在多個目標中，有定量的目標，也有定性的目標。

2. 預測環境的變化

研究組織在未來將面臨的環境，分析環境因素將對組織發展產生的有利和不利影響，在計劃中預先做好準備，保持組織對環境的適應性。

3. 制訂實現目標的方案，協調組織的各項活動

尋找和擬訂實現組織目標的各種可行方案，對各個方案進行技術經濟論證和綜合評價，選擇其中最優的一個方案付諸實施。在方案實施過程中，需要協調各部門、各環節的活動，實現供產平衡、產需平衡，以及組織目標、內部條件和外部環境的動態

平衡。

　　4. 合理分配資源

　　根據目標的要求和資源約束條件，按目標的重要程度和先後次序，用現代先進的計劃技術和方法最合理有效地分配和安排組織的現有資源，包括人力、物力、資本和時間資源，在保證重點需要的同時，發揮資源的最大效率，經濟而有效地實現組織的目標。

　　5. 提高經濟效益

　　計劃工作以提高組織的經濟效益為中心，將提高經濟效益貫穿於組織活動的始終。計劃工作在對需求、資源和技術進行預測的基礎上，通過明確目標、協調經營活動、分配資源和綜合平衡，以一定的投入取得最大限度的產出，提高組織的經濟效益和社會效益。

　　為了實現組織的目標，完成計劃任務，計劃工作應符合以下要求：

　　1. 計劃的科學性和先進性

　　計劃的科學性是指計劃要正確反應實際情況、社會需要和客觀規律的要求。所制訂的計劃不能像一座海市蜃樓，讓人可望而不可即。計劃先進性是指，制訂的計劃要有挑戰性，要能充分調動各層管理者及員工的積極性，使組織獲得最佳經濟效益。制訂計劃時，要力求二者的和諧統一。

　　2. 計劃的民主性和群眾性

　　制訂科學、先進的計劃，需要集中群眾的智慧。完成計劃規定的任務，歸根到底也要依靠群眾的力量。要動員組織內全體成員參與計劃管理，這包括計劃的制訂、執行和控制，同時還要正確處理各管理層次以及職工群眾的責、權、利關係。計劃的嚴肅性和靈活性，計劃一經批准就應具有權威性，必須全面正確地貫徹執行。計劃不能隨意更改，若需要修改或調整，應按照組織章程和管理條例規定的程序進行。當環境發生變化或計劃的實施與原定標準出現偏差時，要能及時地調整計劃，以保證目標實現。

四、計劃工作的性質

　　（1）目的性。制訂每一個計劃都是為了實現組織的戰略和目標。

　　（2）主導性。計劃工作處於其他管理職能的首位，並且貫穿於管理工作的全過程，組織、人事、領導和控制等工作都是圍繞著計劃工作展開的。

　　（3）普遍性。計劃是組織內每一位管理者都要做的事情。也就是說，無論是高層還是中層、基層管理人員，都需要做計劃工作。

　　（4）效率性。制訂計劃時，要以高效率為出發點，即以較低的代價來實現計劃目標。

　　（5）靈活性。計劃必須具有靈活性，也就是說，當出現預想不到的情況時，有能力改變原來確定的方向且不必花費太大的代價。

　　（6）創造性。計劃工作總是針對需要解決的新問題和可能發生的新變化、新機會而做出決策。

五、計劃的作用

我們知道，組織是一個人造系統，它與自然系統的本質區別就在於它是一群有意識的人們在一定的目標支配下形成的。有意識、有目的的活動是組織活動的基本特徵。有意識的活動首先表現為在活動之前，人們會自覺地進行規劃、設想、安排。無論這種規劃設想是簡單還是十分複雜，都是計劃職能。可以說計劃是人類組織所特有的管理職能，也是人的社會性的基本特徵之一。正如馬克思在論述人的意識時所說的：「最蹩腳的建築師從一開始就比最靈巧的蜜蜂高明的地方是他在用蜂蠟建築蜂房以前，已經在他自己的頭腦中把它建成了。」建築師在頭腦中建築房屋的過程就是一個計劃過程。計劃作為管理的第一個職能還指任何一個管理者，不論他居於什麼層次，在什麼樣的部門負責，都必須做好計劃工作。否則其工作就無法開展，即使展開了，也將會是一團糟。

組織是為實現一定的目標而建立起來的。要將實現目標的願望變為現實，必須建立起一定的保障。計劃首先從明確目標著手，為實現組織目標提供保障。組織的目標有長遠目標與近期目標、主要目標與次要目標、直接目標與間接目標之分。計劃工作就是要通過對組織內外條件的分析，將組織要實現的總體目標、各部門的目標、各階段性目標明晰化，並制定出實施這些階段性目標的方法、措施，使組織的各項活動為實現總目標服務。其次，計劃還通過優化資源配置保證組織目標的實現。實現組織的目標，需要調動組織內的各種資源，在最經濟的條件下實現目標是市場經濟體制下一切組織都應遵循的原則。換言之，任何組織部必須講究成本核算，厲行節約，使投入產出效益最高。通過計劃管理對組織的資源進行優化配置是最大的節約，也是最重要的節約。不做預算，不進行成本費用分析，即使組織的目標得以實現，也會因成本失控而顯得不合理、不合算。節約是從事現代管理的基本準則之一。任何組織，無論是企業還是非企業，都必須重視投入產出的效益。認為只有企業才講成本核算、講節約的觀點是錯誤的。最後，計劃通過規劃、政策、程序等的制定保證組織目標的實現。計劃還為控制提供標準。實現組織目標的活動會受到多種因素的影響。在一些沒有預見到的因素的影響下，組織行動可能偏離計劃軌道。這些偏差要靠管理控制來糾正。糾正偏差，需要有標準。這個標準只能是組織的計劃。計劃不僅是組織行動的標準，同時又是評定組織效率的標準。沒有計劃顯然是無法實施控制的。沒有控制，組織目標也就難以實現。

第二節　計劃體系與制定流程

一、計劃體系

(一) 計劃的類型

1. 按計劃期限分類

時間是計劃過程中的一個重要因素。按期限，可將計劃分為長期計劃、中期計劃和短期計劃。長期計劃期限一般為5年以上，中期計劃為1~5年，短期計劃為1年左右。長期計劃、中期計劃和短期計劃的區分是相對的。不同的組織計劃活動的期限有很大的差異。比如，有的大公司，可能認為研究和開發某種新產品的5年計劃是公司相對較短的計劃期限；而另外一個生產體育用品的公司可能認為6個月是公司相對較長的計劃期限。

具體來講，長期計劃為組織回答兩個方面的問題。首先是組織的長遠目標和發展方向是什麼，其次就是如何去達到本組織的長遠目標。比如企業長期計劃指企業的長遠經營目標、經營方針、經營策略等，它是企業長期發展的綱領性計劃。長期計劃已經被許多大組織所採用，而且越來越引起普遍的重視。中期計劃來自組織的長期計劃，並按照長期計劃的執行情況和預測到的具體條件變化進行編製。它比長期計劃更詳細、更具體，具有銜接長期計劃和組織整體目標和戰略計劃的基礎。長期、中期和短期計劃之間的關係是：長期計劃起主導作用，中期計劃、短期計劃以長期計劃為基礎，是逐步落實長期計劃的計劃。

2. 按計劃所涉及的內容分類

按所涉及的內容分類，計劃可分為總體計劃、各職能部門計劃和各管理層次計劃。一個組織不可能只有一個計劃，通常需要形成一個計劃體系。在這個體系中，有規劃組織全局發展的總體計劃，也有規劃組織各個方面工作的職能計劃，還有按管理層次分別制訂的各管理層的計劃。在組織的計劃體系中，總體計劃居於主導地位，各職能計劃、管理層的計劃都是圍繞實現總體計劃而制訂的。整體計劃體系應保持總體平衡，有機結合。

3. 按制訂計劃的層次分類

按制訂計劃的層次不同，可將計劃分為戰略計劃、策略計劃和行動計劃。

(1) 戰略計劃。它是確定組織主要目標、採取行動並合理配置實現目標所需資源的一種總體規劃。戰略計劃一般由組織的高層管理者來制訂。從計劃原理上講，戰略計劃是一套關於組織長期利益最大化的有次序決策。具體來講，戰略計劃是組織圍繞它與環境長期關係這一核心問題，從組織內部不同層次上系統地提出有關自身發展的方向和行動方案，用以指導組織整體經營活動，達到資源運用效率和效益的完美統一。

戰略計劃是一種方向性決策，即決定組織發展方向以及實現這一方向的決策。它從根本上回答這樣的問題：未來的組織應該是什麼樣的？其面臨的機會和威脅是什麼？

具有的優勢和劣勢是什麼？如何從經營管理的體制上以及資源的分配和運用上實現組織預定方向。

戰略計劃是一種受環境約束的決策，即組織比以往任何時候都更注重其與環境之間的關係。在現代社會中，組織如何與環境保持恰當的長期平衡關係，直接關係到自身的興衰存亡。戰略計劃，通過使組織內部能力與外部環境不斷相適應，保證了計劃的合理性、現實性、可靠性和一致性。

（2）策略計劃。策略計劃是為實現戰略計劃而採取的手段，比戰略計劃具有更大的靈活性。它是戰略計劃的一部分，服從於戰略計劃，為實現戰略目標服務。策略計劃一般由中層管理者制訂，時間跨度較短，內容也比較具體，是實施總戰略計劃的步驟和方法。

戰略計劃與策略計劃的關係是全局與局部、長遠利益與當前利益辯證統一的關係。戰略計劃就像是對整個戰役的總的佈局的規劃，策略計劃則像一場場戰鬥的計劃。組織的戰略計劃主要針對資源、目標、政策和環境等方面，策略計劃則主要涉及資源和時間等的具體規定和限制以及對人力的合理調配和使用。戰略計劃是通過一個個策略計劃的有效實現而實現的。

（3）行動計劃。行動計劃是根據戰略計劃和策略計劃而制訂的執行性計劃，目的是指導管理者逐步而又系統地實施戰略及策略計劃規定的任務。它一般由下級管理者制訂，時間跨度短且非常具體，涉及每一天工作活動的安排。

4. 按照組織活動的程序化與否劃分

（1）例行活動計劃：一些重複出現的工作，如訂貨、材料入庫等。解決這類問題的計劃也叫程序性計劃。

（2）非例行活動計劃：不重複出現或新出現的問題。解決這類問題沒有一成不變的決策方法和程序，解決這類問題的決策叫「非程序性決策」，相應的計劃也叫非程序性計劃。

另外，根據計劃的具體職能內容，又可將計劃分為生產計劃、銷售計劃、財務計劃、人事計劃等。

（二）計劃的層次體系

計劃多種多樣，哈羅德・孔茨和海因・韋里克從抽象到具體，把計劃分為一種層次體系即宗旨、目標、策略、政策、程序、規則、規劃、預算。

1. 宗旨

宗旨指社會賦予組織的基本職能和基本使命。它要解決的是一個組織是幹什麼的和應該幹什麼的問題。不同的組織有不同的宗旨。宗旨不是目標。它是擬訂、明確目標的最高原則。一個組織必須有明確的宗旨，最高管理層應牢記本組織的宗旨，並將宗旨灌輸到每一個員工的頭腦中去，貫徹到計劃的制訂和執行過程中去。

2. 目標

目標是宗旨的具體化，表現為組織在計劃期內要追求的結果。目標通常由一系列指標來體現。經濟組織的目標常用利潤、產量、產值、利潤率、成本等來表示。在一

個書面計劃中，組織要實現的目標常常有一組，它們構成一個由總目標領導的目標體系。誠如一些管理學家所說的，組織計劃中的目標是分等級層次的，並且還會形成一個網絡。由於目標的層次特性和網絡特性，保證各級目標、各部門目標之間的協調統一是計劃工作要充分注意的。

3. 策略

策略是計劃的指導方針和行動方針。它表現為在計劃中明確重點程序；為計劃提供基本原則；為考慮問題、採取行動指明統一的方向、構築必要的框架。比如企業是以大批量單一品種、低成本為生產原則還是以小批量、多品種、供應齊備為生產原則？它們就是企業生產和銷售中可選擇的兩種不同的策略。策略並不是孤立的，而是為實現組織的宗旨和目標服務的，同時又為重大政策和各種規劃提供原則。

4. 政策

政策是一個組織行動的方針。用管理學的話來說，它是一種用文字表述的計劃，主要作用是保證組織的溝通，規定行動的方向和範圍，明確解決問題的原則。如有管理學家在討論公司的政策所指出的：「政策好比指路牌，它規定必要的並為公司董事會或執行委員會所認可的活動範圍。」一個組織中的政策可能是多種多樣的。例如一個企業，需要制定招聘員工的政策、提級增薪的政策、鼓勵職工提供合理化建議的政策、企業在市場上的價格競爭政策等。之所以將組織制定的政策也歸入計劃職能之中，是因為政策的目的也是著眼於未來的。一個組織需要制定某一項政策的起因是因為當前出現了某種問題，但其作用則是為了應付未來再發生諸如此類的問題。如果不是著眼於未來，那就只是解決當前問題的方案，而不是政策。

5. 程序

程序也是一種計劃。它規定如何處理未來活動的例行方法。程序只是指導人們去如何採取行動，不是指導去怎樣思考問題。它詳細地說明在組織活動中，人們必須準確地按照某種既定的方式去完成某種活動。程序的實質就是對所要進行的活動規定的時間順序。程序在一個組織中是處處存在的，並且一個組織中的程序還是多種多樣的。不同的工作需要不同的程序。如在股份公司中，董事會的決策程序就不同於基層管理人員所遵循的程序。一般來說，越到基層，所規定的工作程序也就越細，數量也就越多。

6. 規則

規則也是計劃。它同其他許多計劃一樣，是從各個抉擇方案中選定的要採取的行動。用孔茨的話來說，規則往往是一種最簡單的計劃。在一般情況下，規則、政策和程序三者很難區分開，因為它們共同構成組織的制度，都隱藏在制度之中。西方管理學家認為，規則與指導行動的程序有關，但它不說明時間順序。實際上，可把程序看作是一系列的規則。然而，有些規則卻是程序所不能包括的，如在防火要求很高的企業中，「禁止吸菸」的規則就與任何程序無關。但企業關於審批購貨單的程序，其中就包含了某些規則，如多大數額的訂貨單需要當天送主管副經理審批的規則。管理程序中所包含的這些規則是不允許隨意違犯的。規則的本質就在於它反應了是否採取某種行動的管理決策權限。也可以說，規則是劃分權力的計劃。規則與政策的區別在於政

策的主要作用是指導人們在決策時如何考慮問題。規則則是在執行決策時起指導作用，人們執行規則一般沒有自由度，而政策則給了人們較大的自由度。

7. 規劃

規劃是最常見、最典型的計劃形式，在一個規劃中，組織的宗旨、計劃期內要實現的目標、實現目標要採取的策略、執行策略需要遵守的政策、程序、規則等都將得到體現。也正因為如此，人們才將規劃與計劃等同起來。從前面的論述可知，規劃不能與計劃等同。它只不過是一種綜合性的計劃形式而已。

規劃的具體形式和內容彈性較大。如有的規劃僅是粗線條的輪廓，或只是定性化的基本原則體系；有的則十分詳盡，許多目標都已數量化、具體化、明確化。所以，人們也常將以粗線條勾畫未來發展輪廓的設想稱為規劃，如通常被稱為戰略規劃的那一種規劃，而將比較詳盡的規劃稱為計劃。從計劃管理工作的角度來看這種區分也有作用。

8. 預算

預算就是對組織活動從經濟角度進行的計劃。預算通常是用數字表示出來的。任何組織活動都需要付出代價。用經濟學語言來說就是需要成本的。經濟性是人們對工作進行計劃的客觀原因之一。盡可能地節約支出，求得最大的投入產出效益是每一個管理者努力的目標。所以說，預算是一切組織中最重要的計劃之一。一個組織不僅需要預算，而且預算還必須做到科學、可行、合理。與其他計劃形式比較起來，對預算的要求更加嚴格一些。每一個組織都必須認真做好預算工作。

管理者接受上述計劃形式的主張，還有一個觀念轉變問題。因為長期以來，我們一直都只將預算式的計劃看作計劃的唯一形式，而將程序、規則、策略等不視作計劃。如果這一觀念不轉變，不利於做好計劃管理工作。如一些企業和其他組織將完不成計劃當作一件重要的事情來對待，但把違反程序、不遵守程序當作很平常的事情。這與現代計劃管理是格格不入的。

二、計劃的制訂流程

計劃制訂的主要流程如圖 4-1 所示：

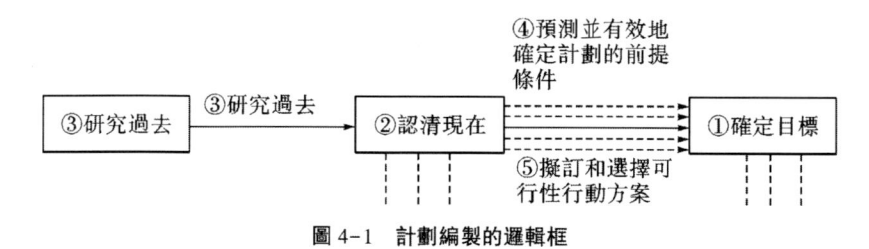

圖 4-1 計劃編製的邏輯框

1. 確定目標

計劃工作的主要任務是將決策所確立的目標進行分解，以便落實到各個部門、各個環節。企業的目標指明主要計劃的方向，而主要計劃又根據企業目標規定各個主要部門的目標。主要部門的目標又依次控制下屬部門的目標，如此等等，形成組織的目

標結構。

2. 認清現在

計劃是連接組織所處的此岸和要去的彼岸的一座橋樑。目標指明了組織要去的彼岸。認清現在就是要認清組織所處的此岸。認清現在的目的在於尋求合理的通向彼岸的路徑，即實現目標的途徑。認清現在要考察環境，分析外部環境給組織帶來的機會和威脅，分析自身的優勢和不足，分析競爭對手的情況。

3. 研究過去

研究過去不僅可以從過去發生的事件中得到啟示和借鑒，更重要的是探討過去通向現在的一些規律。通常有兩種基本方法：①演繹法——將某一大前提應用到個別情況，並從中引出結論；②歸納法——從個別情況發現結論，並推出具有普遍原則意義的大前提。

4. 預測並有效地確定計劃的重要前提條件

前提條件是環境的假設條件。組織成員越徹底地理解和同意使用一致的計劃前提條件，企業計劃工作就越協調。最常見的預測方法是德爾菲法。

5. 擬訂和選擇可行性行動方案

這包括三個內容：擬訂可行的行動計劃、評估計劃和選定計劃。擬訂的可行的行動計劃越多，對選中的計劃的滿意程度就越高，行動就越有效。計劃擬訂階段要充分發揚民主和創新精神。

評價計劃要注意：分析每一計劃的制約因素和隱患；用總體的效益觀點來衡量計劃；考慮每一計劃定量因素和非定量因素；動態考察計劃的效果，考慮利益和損失，考慮潛在的、間接的損失。

6. 制訂主要計劃

將所選擇的計劃用文字形式表示出來，作為管理文件。

7. 制訂派生計劃

選擇了基本計劃，並不意味著計劃工作的完成，因為一個基本計劃總是需要若干個派生計劃來支持，只有在完成派生計劃的基礎上才可能完成基本計劃。

8. 制定預算，用預算使計劃數字化

預算是數字化了的計劃，是企業各種計劃的綜合反應，它實質上是資源的分配計劃。通過編製預算，對組織各類計劃進行匯總和綜合平衡，控制計劃的完成進度，才能保證計劃目標的實現。

第三節　現代計劃方法

一、目標管理

（一）目標管理的由來

目標管理是使管理人員和廣大職工在工作中實行自我控制並達到工作目標的一種

管理技能和管理制度。由經驗主義學派代表人物彼德・德魯克最早提出。1954年，德魯克在《管理實踐》一書中首先提出了「目標管理和自我控制的理論」，並對目標管理的原理做了較全面的概括。他認為：企業的目的和任務必須轉化為目標，各級管理者必須通過目標對下級進行領導並以此來保證企業總目標的實現。如果一個領域沒有特定的目標，這個領域必然會被忽視；如果沒有方向一致的分目標來指導每個人的工作，則企業的規模越大、人員越多，發生衝突和浪費的可能性就越大。每個管理者或員工的分目標就是企業總目標對他的要求，同時也是他對企業總目標的貢獻，也是管理者對下級進行考核和獎勵的依據。他還主張，在目標實施階段，應充分信任下屬人員，實行權力下放和民主協商，使下屬人員發揮其主動性和創造性，進行自我控制，獨立自主地完成各自的任務。德魯克的這些主張在企業界和管理界產生了極大的影響，對形成和推廣目標管理起了巨大的推動作用。

由於目標管理在產生的初期主要用於對管理者的管理，所以它也被稱為「管理中的管理」。後來，目標管理逐漸推廣到企業的所有人員及各項工作上，在強化企業素質、實現有效管理方面，取得了較好的效果。因而到20世紀50年代末，不僅在美國，而且在日本和西歐各國也廣泛流傳起來。現在，目標管理已成為世界上比較流行的一種企業管理體制。

(二) 目標管理的概念及特點

目標管理的概念可以表述為：組織的最高領導層根據組織所面臨的形勢和社會需要，制定出一定時期內組織經營活動所要達到的總目標，然後層層落實，要求下屬各部門管理者以至每個員工根據上級制定的目標制定出自己工作的目標和相應的保證措施，形成一個目標體系，並把目標完成的情況作為各部門或個人工作績效評定的依據。簡單地說，目標管理就是讓組織的管理者和員工親自參加目標的制定，在工作中實行「自我控制」並努力完成工作目標的一種管理制度或方法。

從上面目標管理的概念可以看出，目標管理有如下幾個特點：

(1) 目標管理運用系統論的思想，通過目標體系進行管理。目標管理理論把企業看作一個開放系統進行動態控制。通過目標的制定和分解，在企業內部建立起縱橫交錯的完整目標連鎖體系。企業管理工作主要是協調各個目標之間的關係，並考核監督目標的完成情況。

(2) 目標管理既重視科學管理，又重視人的因素，強調「自我控制」，充分發揮每一個職工的最大能力。在管理方法上，目標管理繼承了科學管理的原理；在指導思想上，吸收了行為科學的理論，實現了二者的完美統一。大力倡導目標管理的德魯克認為，員工是願意負責的，是願意在工作中發揮自己的聰明才智和創造性的。目標管理是一種民主的，強調職工自我管理的管理制度。目標管理的各個階段都非常重視上下級之間的充分協調，讓職工參與管理，實行管理的民主化。激勵員工盡自己最大努力把工作做好，而不是敷衍了事，勉強過關。

(3) 目標管理促使權力下放。推行目標管理，就要在目標制定之後，上級根據目標的需要，授予下級部門或個人以相應的權力。否則，再有能力的下級也難以順利完

成既定的目標,「自我控制」「自主管理」也就成了一句空話。因此,授權是提高目標管理效果的關鍵。推行目標管理,可以促使權力下放。

(4) 目標管理強調成果,實行能力至上。目標管理中,對目標要達到的標準、成果評定的方法都規定得非常具體、明確。按照成果優劣分成等級,反應到人事考核中,作為晉級、升職、加薪的依據。實行目標管理後,由於有了一套完善的目標考核體系,就能夠根據員工實際貢獻的大小如實地評價員工的表現,克服了以往憑印象、主觀判斷等傳統的管理方法的不足。

(三) 目標管理的基本活動過程

目標管理主要由目標體系的建立、目標實施、目標評定與考核三個階段形成一個周而復始的循環,預定目標實現後,又要制定新的目標,進行新一輪循環。

(1) 目標建立。目標管理實施的第一階段,主要指企業的目標制定、分解過程。這一階段是保證目標管理有效實施的前提和保證。整個企業制定一年或一個時期的戰略目標,各級管理部門制定部門要實現的策略目標,每個職工制定自己的目標。這樣便形成了一個目標體系。這一階段十分重要。目標越明確、具體、數量化,實現目標的過程管理和對目標評定與考核也就越容易。在目標設立過程中,應注意以下幾個問題:第一,目標要略高於企業當前的生產經營能力,保證企業經過一定努力能夠實現;第二,目標要保證質與量的有機結合,盡可能量化企業目標,確保目標考核的準確性;第三,目標期限要適中;第四,目標數量要適中。

(2) 目標實施。建立了組織自上而下的目標體系之後,組織中的成員就要緊緊圍繞確立的目標、賦予的責任、授予的權力,運用固有的技術和專業知識,為實現目標尋找最有效的途徑。為保證目標的順利實現,目標管理強調在目標實施過程中權力下放和自我控制,這樣,作為上級的管理者就可以騰出時間和精力,抓重點的綜合性管理;同時,下屬人員也會產生強烈的責任感,在工作中發揮自己的聰明才智和創造性,針對自己的不足,積極尋求自我提高,進而力爭達到自己的目標。當然,在目標實施過程中,上級管理者並不是可以撒手不管,他們的綜合管理工作主要體現在指導、協助、檢查、提供信息以及創造良好的工作環境等方面。由於職工的個人目標和各級管理人員的策略目標是以整個企業的戰略目標為依據的,所以,當職工的個人目標和各級管理人員的策略目標實現時,企業的戰略目標也就實現了。

(3) 目標成果評價。通過評議,肯定成績,發現問題,獎優罰劣,及時總結目標執行過程中的成績與不足,以此完善下一個目標管理過程。對各級目標的完成情況,要按事先規定的期限,定期進行檢查和評價,以確認成果和考核業績,並與個人的利益和待遇結合起來。目標成果評價一般實行自我評價和上級評價相結合,共同協商確認成果。作為自我控制的一種手段,在目標管理中,自我評價非常受重視。通過評價把這一個週期中總結出來的經驗和教訓應用到目標管理的下一個週期中去,以便不斷地提高目標管理工作的質量。目標評定要注意以下幾點:第一,首先進行自我評定;第二,上級評定要全面、公正;第三,目標評定與人事管理相結合;第四,及時反饋信息是提高目標管理水平的重要保證。

（四）目標管理的優點與局限性

1. 目標管理的優點

（1）形成激勵。當目標成為組織的每個層次、每個部門和每個成員自己未來時期內欲達到的一種結果，且實現的可能性相當大時，目標就成為組織成員的內在激勵。特別當這種結果實現且組織還有相應的報酬時，目標的激勵效用就更大。從目標成為激勵因素來看，這種目標最好是組織每個層次、每個部門及組織每個成員自己制定的目標。

（2）有效管理。目標管理方式的實施可以切切實實地提高組織管理的效率。目標管理方式比計劃管理方式在推進組織工作進展、保證組織最終目標完成方面更勝一籌。因為目標管理是一種結果式管理，不僅僅是一種計劃的活動式工作。這種管理迫使組織的每一層次、每個部門及每個成員首先考慮目標的實現，盡力完成目標，因為這些目標是組織總目標的分解，故當組織的每個層次、每個部門及每個成員的目標完成時，也就是組織總目標的實現。在目標管理方式中，一旦分解目標確定，且不規定各個層次、各個部門及各個組織成員完成各自目標的方式、手段，反而給了大家在完成目標方面一個創新的空間，這就有效地提高了組織管理的效率。

（3）明確任務。目標管理的另一個優點就是使組織各級主管及成員都明確了組織的總目標、組織的結構體系、組織的分工與合作及各自的任務。這些方面職責的明確，使得主管人員也知道，為了完成目標必須給予下級相應的權力，而不是大權獨攬，小權也不分散。另一方面，許多著手實施目標管理方式的公司或其他組織，通常在目標管理實施的過程中會發現組織體系存在的缺陷，從而幫助組織對自己的體系進行改造。

（4）自我管理。目標管理實際上也是一種自我管理的方式，或者說是一種引導組織成員自我管理的方式。在實施目標管理過程中，組織成員不再只是做工作，執行指示，等待指導和決策，組織成員此時已成為有明確規定目標的單位或個人。一方面組織成員們已參與了目標的制定，並取得了組織的認可；另一方面，組織成員在努力工作實現自己的目標過程中，除目標已定以外，如何實現目標則是他們自己決定的事。從這個意義上看，目標管理至少可以算作自我管理的方式，是以人為本的管理的一種過渡性試驗。

（5）控制有效。目標管理方式本身也是一種控制方式，即通過目標分解後的實現最終保證組織總目標實現的過程就是一種結果控制的方式。目標管理並不是目標分解下去便沒有事了，事實上組織高層在目標管理過程中要經常檢查、對比目標，進行評比，看誰做得好，如果有偏差就及時糾正。從另一個方面來看，一個組織如果有一套明確的可考核的目標體系，那麼其本身就是進行監督控制的最好依據。

2. 目標管理的不足

哈羅德·孔茨教授認為目標管理儘管有許多優點，但也有許多不足，對這樣的不足如果認識不清楚，那麼可能導致目標管理的不成功。下述幾點可能是目標管理最主要的不足：

（1）強調短期目標。大多數的目標管理中的目標通常是一些短期的目標：年度的、

季度的、月度的等。短期目標比較具體，易於分解；而長期目標比較抽象，難以分解。另一方面，短期目標易迅速見效，長期目標則不然。所以，在目標管理方式的實施中，組織似乎常常強調短期目標的實現而對長期目標不關心。這樣一種理念若深入組織的各個方面、組織所有成員的腦海中和行為中，將對組織發展產生不利影響。

（2）目標設置困難。真正可用於考核的目標很難設定，尤其組織實際上是一處產出聯合體，它的產出是一種聯合的不易分解出誰的貢獻大小的產出，即目標的實現是大家共同合作的成果，這種合作中很難確定你已做多少，他應做多少，因此可度量的目標確定也就十分困難。一個組織的目標有時只能定性地描述，儘管我們希望目標可度量，但實際上定量是困難的，例如組織後勤部門有效服務於組織成員，雖然可以採取一些量化指標來度量，但完成了這些指標，可以肯定地說未必達成了「有效服務於組織成員」這一目標。

（3）無法權變。目標管理執行過程中目標的改變是不可以的，因為這樣做會導致組織的混亂。事實上目標一旦確定就不能輕易改變，也正是如此使得組織運作缺乏彈性，無法通過權變來適應變化多端的外部環境。中國有句古話叫作「以不變應萬變」，許多人認為這是僵化的觀點，非權變的觀點，實際上所謂不變的不是組織本身，而是客觀規律，掌握了客觀規律就能應萬變，這實際上是真正的更高層次的權變。

二、滾動計劃法

1. 滾動計劃法的基本思想

滾動計劃法是一種動態編製計劃的方法。與靜態計劃相比，它不是等計劃全部執行之後再重新編製下一個時期的計劃，而是在每次編製或調整計劃時，均將計劃向前推移，即向前滾動一次。五年計劃改為每年編製一次，滾動計劃適用於計劃期限較長、不確定因素多的場合。這種方法，對於距現在較遠時期的計劃編製得較粗，只是概括性的，以便以後根據計劃因素的變化而調整和修正，而對較近時期的計劃制訂得比較詳細、具體。這種「近細遠粗」計劃的連續滾動，既切合實際，又有利於長遠目標的實現，同時使計劃具有彈性，便於根據新時期、新情況，把握時機，避免風險。

2. 滾動計劃法的評價

滾動計劃方法雖然使得計劃編製和實施工作的任務量加大，但在計算機時代的今天，其優點十分明顯。

（1）計劃更加切合實際，並且使戰略性計劃的實施也更加切合實際。戰略性計劃是指應用於整體組織的，為組織未來較長時期（通常為5年以上）設立總體目標和尋求組織在環境中的地位的計劃。由於人們無法對未來的環境變化做出準確的估計和判斷，所以計劃針對的時期越長，不準確性就越大，其實施難度也越大。滾動計劃相對縮短了計劃時期，加大了計劃的準確性和可操作性，從而是戰略性計劃實施的有效方法。

（2）滾動計劃方法使長期計劃、中期計劃與短期計劃相互銜接，短期計劃內部各階段相互銜接。這就保證了即使由於環境變化出現某些不平衡時也能及時地進行調節，使各期計劃基本保持一致。

（3）滾動計劃方法大大加強了計劃的彈性，這在環境劇烈變化的時代尤為重要，它可以提高組織的應變能力。

三、網絡計劃技術

(一) 網絡計劃技術基本概念

網絡計劃技術，是指用於工程項目的計劃與控制的一項管理技術。它是 20 世紀 50 年代末在美國產生和發展起來的以網絡為基礎制訂計劃的方法，如關鍵路徑法、計劃評審技術、組合網絡法等。1956 年，美國杜邦公司在制定企業不同業務部門的系統規劃時，制訂了第一套網絡計劃。這種計劃借助網絡表示各項工作與所需要的時間，以及各項工作的相互關係。通過網絡分析研究工程費用與工期的相互關係，並找出在編製計劃及計劃執行過程中的關鍵路線。這種方法稱為關鍵路線法（CPM）。1958 年美國海軍武器部，在制訂研製「北極星」導彈計劃時，同樣應用了網絡分析方法與網絡計劃，但它注重對各項工作安排的評價和審查。這種計劃稱為計劃評審法（PERT）。從那時起，網絡計劃技術就開始在組織管理活動中廣泛應用。

(二) 網絡計劃技術的基本內容

網絡計劃技術包括以下基本內容：

1. 網絡圖

網絡圖，是指網絡計劃技術的圖解模型，反應整個工程任務的分解和合成。分解，是指對工程任務的劃分；合成，是指解決各項工作的協作與配合。繪製網絡圖是網絡計劃技術的基礎工作。

2. 時間參數

在實現整個工程任務過程中，涉及人、事、物的運動狀態。這種運動狀態都是通過轉化為時間函數來反應的。反應人、事、物運動狀態的時間參數包括：各項工作的作業時間、開工與完工的時間、工作之間的銜接時間、完成任務的機動時間及工程範圍和總工期等。

3. 關鍵路線

通過計算網絡圖中的時間參數，求出工程工期並找出關鍵路徑。在關鍵路線上的作業稱為關鍵作業，這些作業完成的快慢直接影響著整個計劃的工期。在計劃執行過程中關鍵作業是管理的重點，在時間和費用方面則要嚴格控制。

4. 網絡優化

網絡優化，是指根據關鍵路線法，利用時差不斷改善網絡計劃的初始方案，在滿足一定的約束條件下，尋求管理目標達到最優化的計劃方案。網絡優化是網絡計劃技術的主要內容之一，也是較之其他計劃方法優越的主要方面。

(三) 網絡計劃技術的應用步驟概述

網絡計劃技術的應用主要遵循以下幾個步驟：

1. 確定目標

確定目標，是指決定將網絡計劃技術應用於哪一個工程項目，並提出對工程項目和有關技術經濟指標的具體要求。如在工期方面、成本費用方面要達到什麼要求。依據企業現有的管理基礎，掌握各方面的信息和情況，利用網絡計劃技術為實現工程項目尋求最合適的方案。

2. 分解工程項目，列出作業明細表

一個工程項目是由許多作業組成的，在繪製網絡圖前就要將工程項目分解成各項作業。作業項目劃分的粗細程度視工程內容以及不同單位要求而定，通常情況下，作業所包含的內容多、範圍大可分粗些，反之則細些。作業項目分得細，網絡圖的結點和箭線就多。對於上層領導機關，網絡圖可繪製得粗，主要是通觀全局、分析矛盾、掌握關鍵、協調工作、進行決策；對於基層單位，網絡圖就可繪製得細些，以便具體組織和指導工作。

在工程項目分解成作業的基礎上，還要進行作業分析，以便明確先行作業（緊前作業），平行作業和後續作業（緊後作業）。即在該作業開始前，哪些作業必須先期完成，哪些作業可以同時平行地進行，哪些作業必須後期完成，或者在該作業進行的過程中，哪些作業可以與之平行交叉地進行。

在劃分作業項目後便可計算和確定作業時間。一般採用單點估計或三點估計法，然後一併填入明細表中。明細表的格式如表 4-1 所示：

表 4-1　　　　　　　　　　　　作業時間明細表

作業名稱	作業代號	作業時間	緊前作業	緊後作業

3. 繪製網絡圖，進行結點編號

根據作業時間明細表，可繪製網絡圖。網絡圖的繪製方法有順推法和逆推法。

（1）順推法，即從始點時間開始根據每項作業的直接緊後作業，順序依次繪出各項作業的箭線，直至終點事件為止。

（2）逆推法，即從終點事件開始，根據每項作業的緊前作業逆箭頭前進方向逐一繪出各項作業的箭線，直至始點事件為止。

同一項任務，用上述兩種方法畫出的網絡圖是相同的。機器製造企業一般習慣於按反工藝順序安排計劃，而建築安裝等企業則大多採用順推法。按照各項作業之間的關係繪製網絡圖後，要進行結點的編號。

4. 計算網絡時間，確定關鍵路線

根據網絡圖和各項活動的作業時間，就可以計算出全部網絡時間和時差，並確定關鍵線路。具體計算網絡時間並不太難，但比較煩瑣。在實際工作中影響計劃的因素很多，要耗費很多的人力和時間。因此，只有採用電子計算機才能對計劃進行局部或

全部調整，這也為推廣應用網絡計劃技術提出了新內容和新要求。

5. 進行網絡計劃方案的優化

找出關鍵路徑，也就初步確定了完成整個計劃任務所需要的工期。這個總工期，是否符合合同或計劃規定的時間要求，是否與計劃期的勞動力、物資供應、成本費用等計劃指標相適應，需要進一步綜合平衡，通過優化，選擇最優方案。然後正式繪製網絡圖，編製各種進度表以及工程預算等各種計劃文件。

6. 網絡計劃的貫徹執行

編製網絡計劃僅僅是計劃工作的開始。計劃工作不僅要正確地編製計劃，更重要的是組織計劃的實施。網絡計劃的貫徹執行，要發動員工討論計劃，加強生產管理工作，採取切實有效的措施，保證計劃任務的完成。在應用電子計算機的情況下，可以利用計算機對網絡計劃的執行進行監督、控制和調整，只要將網絡計劃及執行情況輸入計算機，它就能自動運算、調整並輸出結果，以指導生產。

四、線性規劃法

線性規劃（Linear Programming，簡稱 LP）是運籌學中研究較早、發展較快、應用廣泛、方法較成熟的一個重要分支，它是輔助人們進行科學管理的一種數學方法。它研究線性約束條件下線性目標函數的極值問題。它是運籌學的一個重要分支，廣泛應用於軍事作戰、經濟分析、經營管理和工程技術等方面，為合理地利用有限的人力、物力、財力等資源做出最優決策，提供科學的依據。這種方法是研究在有限的資源條件下，對實現目標的多種可行方案進行選擇，以使目標達到最優的方法。也就是說如何將有限的人力、物力和資金等資源合理地分配和使用，以便完成的計劃任務最多。

從實際問題中建立數學模型一般有以下三個步驟：①根據影響所要達到目的的因素找到決策變量；②由決策變量和所要達到目的之間的函數關係確定目標函數；③由決策變量所受的限制條件確定決策變量所要滿足的約束條件。

所建立的數學模型具有以下特點：①每個模型都有若干個決策變量（x_1，x_2，x_3，…，x_n），其中 n 為決策變量個數。決策變量的一組值表示一種方案，同時決策變量一般是非負的。②目標函數是決策變量的線性函數，根據具體問題可以是最大化（max）或最小化（min），二者統稱為最優化（opt）。③約束條件也是決策變量的線性函數。當我們得到的數學模型的目標函數為線性函數、約束條件為線性等式或不等式時稱此數學模型為線性規劃模型。

求解線性規劃問題的基本方法是單純形法，已有單純形法的標準軟件，可在電子計算機上求解約束條件和決策變量數達 10 000 個以上的線性規劃問題。為了提高解題速度，又有改進單純形法、對偶單純形法、原始對偶方法、分解算法和各種多項式時間算法。對於只有兩個變量的簡單線性規劃問題，也可採用圖解法求解。這種方法僅適用於只有兩個變量的線性規劃問題。

復習思考題：

1. 計劃的定義是什麼？如何分類？
2. 計劃體系包括哪些內容？
3. 計劃有哪些流程？
4. 何謂目標管理？
5. 簡述滾動計劃法。
6. 簡述網絡計劃技術、線性規劃法的內容。

[**本章案例**]

宏達實業發展有限公司張總的難題

進入12月份以後，宏達實業發展有限公司（以下簡稱宏達公司）的總經理張軍一直在想著兩件事：一是年終已到，應抽個時間開個會議，好好總結一下一年來的工作，今年外部環境發生了很大的變化，儘管公司想方設法拓展市場，但困難重重，好在公司經營比較靈活，苦苦掙扎，這一年總算搖搖晃晃走過來了，現在是該好好總結一下，看看問題到底在哪兒；二是該好好謀劃一下明年該怎麼辦。更遠的該想想以後5年乃至10年該怎麼幹。上個月張總從事務堆裡抽出身來，到南海大學去聽了兩次關於現代企業管理的講座，教授的精彩演講對他觸動很大。公司成立至今，轉眼已有10多個年頭了。10多年來，公司取得過很大的成就，靠運氣、靠機遇，當然也靠大家的努力。細細想來，公司的管理全靠經驗，特別是靠張總自己的經驗，遇事都由張總拍板，從來沒有通盤的公司目標與計劃，因而常常是幹到哪兒是哪兒。可現在公司已發展到有幾千萬元資產、三百多人，再這樣下去可不行了。張總每想到這些，晚上都睡不著覺，到底該怎樣制定公司的目標與計劃呢？這正是最近張總一直在苦苦思考的問題。

宏達公司是一家民營企業，是改革開放的春風為宏達公司的建立和發展創造了條件。因此，張總常對職工講，公司之所以有今天，一靠他們三兄弟拼命苦幹，但更主要的是靠改革開放帶來的機遇。15年前，張氏三兄弟只身來到了工業重鎮A市，當時他們口袋裡只有父母給的全家的積蓄800元人民幣，但張氏三兄弟決心用這800元錢創一番事業，擺脫祖祖輩輩日出而作、日落而息的面朝黃土、背朝天的農民生活。到了A市，張氏三兄弟借了一處棚戶房落腳，每天分頭出去找營生，在一年時間裡他們收過破爛、販過水果、打過短工，但他們感到這都不是他們要幹的。老大張軍經過觀察和向人請教，發現A市的建築業發展很快，城市要建設，老百姓要造房子，所以建築公司任務不少，但當時由於種種原因，建築材料卻常常短缺，因而建築公司也失去了很多工程。張軍得知，建築材料中水泥、黃沙都很缺。他想到，在老家鎮邊上，他表舅開了家小水泥廠，生產出的水泥在當地還銷不完，因而不得不減少生產。他與老二、老三一商量決定做水泥生意。他們在A市找需要水泥的建築隊，講好價，然後到老家租船借車把水泥運出來，去掉成本每袋水泥能淨得幾塊錢。利雖然不厚，但積少成多，

一年下來他們掙了幾萬元。當時的中國「萬元戶」可是個令人羨慕的名稱。當然這一年中，張氏三兄弟也吃盡了苦，張軍一年裡住了兩次醫院，一次是勞累過度暈在路邊被人送進醫院，一次是肝炎住院，醫生的診斷是營養嚴重不良引起抵抗力差而得肝炎。雖然如此，看到一年下來的收穫，張氏三兄弟感到第一步走對了，決心繼續走下去。他們又干了兩年販運水泥的活，那時他們已有一定的經濟實力了，同時又認識了很多人，有了一張不錯的關係網。張軍在販運水泥中，看到改革開放後，A市角角落落都在大興土木，建築隊的活忙得干不過來，他想家鄉也有木工、泥瓦匠，何不把他們組織起來，建個工程隊，到城裡來闖天下呢？三兄弟一商量說干就干，沒幾個月一個工程隊開進了城，當然水泥照樣販，這也算是兩條腿走路了。

一晃15年過去了，當初販運水泥起家的張氏三兄弟，今天已是擁有幾千萬元資產的宏達公司的老板了。公司現有一家貿易分公司、建築裝飾公司和一家房地產公司，有員工近300人。老大張軍當公司總經理，老二、老三做副總經理，並分兼下屬公司的經理。張軍老婆的叔叔任財務主管，他們表舅的大兒子任公司銷售主管。總之，公司的主要職位都是家族裡面的人擔任，張軍具有絕對權威。

公司總經理張軍是張氏兄弟中的老大，當初到A市時只有24歲，他在老家讀完了小學，接著斷斷續續地花了6年時間才讀完了初中，原因是家裡窮，又遇上了水災，兩度休學，但他讀書的決心很大，一俟條件許可，他就去上學，而且邊讀書邊干農活。15年前，是他帶著兩個弟弟離開農村進城闖天下的。他為人真誠，好交朋友，又能吃苦耐勞，因此深得兩位弟弟的敬重，只要他講如何做，他們都會去拼命干。正是在他的帶領下，宏達公司從無到有、從小到大。現在，在A市張氏三兄弟的宏達公司已是大名鼎鼎了，特別是張軍代表宏達公司一下子拿出50萬元捐給省裡的貧困縣建希望小學後，民營企業家張軍的名聲更是非同凡響了。但張軍心裡明白，公司這幾年日子也不太好過。建築公司任務還可以，但由於成本上升創利已不能與前幾年同日而語了，只能維持，略有盈餘。況且建築市場競爭日益加劇，公司的前景難以預料。貿易公司能勉強維持已是萬幸了，當年做了兩筆大生意，掙了點錢，其餘的生意均沒成功，況且倉庫裡還積壓了不少貨無法出手，貿易公司日子不好過。房地產公司更是一年不如一年，當初剛開辦房地產公司時，由於時機抓準了，兩個樓盤著實賺了一大筆，這為公司的發展立了大功。可是好景不長，房地產市場疲軟，生意越來越難做。好在張總當機立斷，微利或持平把積壓的房屋作為動遷房基本脫手了，要不後果真不堪設想，就是這樣，現在還留著的幾十套房子把公司壓得喘不過氣來。

面對這些困難，張總一直在想如何擺脫現在這種狀況。上個月在南海大學聽講座時，張軍認識了A市的一家國有大公司的老總，交談中張總得知，這家公司正在尋找在非洲銷售他們公司當家產品小型柴油機的代理商，據說這種產品在非洲很有市場。這家公司的老總很想與宏達公司合作，利用民營企業的優勢，去搶占非洲市場。張軍深感這是個機會，但該如何把握呢？10月1日張總與市建委的一位處長在一起吃飯，這位老鄉告訴他，市裡規劃從下年開始江海路拓寬工程，江海路在A市就像上海的南京路，兩邊均是商店。借著這一機會，好多大商店都想擴建商廈，但苦於資金不夠。這位老鄉問張軍，有沒有興趣進軍江海路。如想的話，他可牽線搭橋。宏達公司的貿

易公司早想進駐江海路了，但苦於沒機會，現在機會來了，機會很誘人，但投入也不會少，該怎麼辦？隨著改革開放的深入，住房分配制度將有一個根本的變化，隨著福利分房的結束，張軍想到房地產市場一定會逐步轉暖。宏達公司的房地產公司已有一段時間沒正常運作了，現在是不是該動了？總之，擺在宏達公司老板張軍面前的困難很多，但機會也不少，新的一年到底該幹什麼？怎麼干？以後的 5 年、10 年又該如何干？這些問題一直盤旋在張總的腦海中。

討論題：

(1) 你如何評價宏達公司？如何評價張總？

(2) 宏達公司是否應制訂短、中、長期計劃？為什麼？

(3) 如果你是張總，你該如何編製公司發展計劃？

第五章　企業組織

　　企業組織是由人群組成的「有機體」，是一個「力量協調系統」，並具有共同目標、相關結構和共同規範等特徵。而組織按照其目標和性質不同，又可分為若干類別。大的類別有經濟組織、政治組織、軍事組織、文化組織和宗教組織等。經濟組織可以分為企業組織和非企業組織，企業組織又包含著人的組織和人機組織。建立科學合理的企業組織，對於保證集中統一地領導和指揮企業生產經營活動，對於充分發揮各部門和各級管理人員的積極性，高質量、高效率地完成實現企業目標所必需的各項工作任務，對於增強企業在市場上的競爭能力和應變能力，都具有重要意義。
　　本章將主要闡述企業組織機構設計的必要性、組織機構設置原則、幾種典型的組織形式、組織變革（動因、內容、形式、過程等）、組織文化（含義、功能、塑造途徑等）。

第一節　組織機構設計的必要性

　　組織機構是指組織內部分工協作的基本形式或框架。分工是協作的前提，但又離不開協作，否則，分工就會失去意義，造成組織效率低下，而組織機構的功能就在於為分工協作提供一個基本框架。管理者可以隨時通過發布指示和命令來決定人們之間分工的方式，並予以協調，一個團體也可能利用人與人之間的默契，實施有效的分工協作，對一個較小的組織而言，這可能足以維持其分工協作關係，但是，隨著組織規模的擴大，僅靠個人指令或默契遠遠不夠，它需要組織機構來提供一個基本框架，事先規定管理對象、工作範圍和聯絡路線等事宜。可以說，組織機構是由於各項工作的社會分工、組織溝通與協調、程序化管理的需要而建立的。

一、組織的概念

　　「組織」一詞從不同側面理解包含兩種不同的含義。
　　作為一個實體，組織是為了達到自身的目標而結合在一起的具有正式關係的一群人。
　　作為一個過程，主要指人們為了達到目標而創造組織結構，為適應環境變化而維持和變革組織結構，並使組織結構發揮作用的過程。

二、組織的構成要素

　　「組織」是管理學的研究對象，但這時指的是作為名詞的組織。切斯特·巴納德

(Chester I. Barnard)等人認為組織的構成要素包括人、目標以及行為規範。如圖5-1所示：

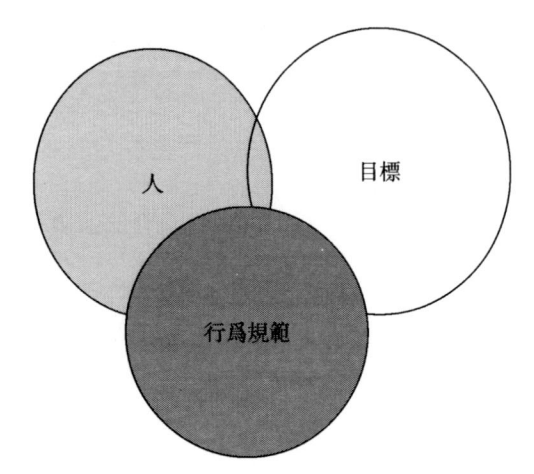

圖5-1　組織的構成要素

1. 人

人是構成社會組織的最基本要素。組織中各種不同的工作崗位，都是由人來擔任的，相應地，所有的工作都是由人來完成。組織目標的實施必須通過內部各部門、各單位和各個成員一系列的分工協作。根據每個成員的知識、經驗、能力、性格和思想品質的因素，分配適當的工作並安排在一定的單位之中。正如前面幾位管理大師所提出的組織的定義一樣，組織目標的實現離不開人的活動，必須通過人的分工協作才能完成。可見，人是組織中最基本的構成要素。

2. 目標

組織必須具有目標，任何組織都是為實現某些特定目標而存在的，不論這種目標是明確的還是隱含的，目標都是組織存在的前提和基礎。從這個意義上來說，組織是目標實現的手段。目標是組織的無形要素中最基本的要素。組織的共同目標的社會意義越大，就越能激發組織成員的積極性和創造性。

組織的共同目標是組織成員相互間進行協作的必要條件。如果組織成員不瞭解組織要求他們應做出什麼樣的努力以及協作的結果能使他們得到什麼樣的滿足，就不可能誘導出協作意願來。對組織成員個人來說，組織的目標不一定是一種「個人」目的，但必須使他們看到這種共同目標對整個組織所具有的意義。組織動機就是他們的個人目標，並獲得相應的滿足。

3. 行為規範

為了達到目標，組織需要進行分工，進而形成許多部門，每個部門都專門從事一種或幾種特定的工作，各個部門之間又要相互配合。為了保證組織中不同部門、不同成員能夠共同為實現目標而努力，需要一定的規章制度來約束其行為。

從這個角度來看，個人加入某一組織需要付出一定的代價，至少必須自我克制，部分交出個人行為的控制權，即個人行為的非個人化。

三、組織結構設計的必要性

1. 社會分工的需要

為實現預定目標和履行社會責任，組織必須完成一系列的工作任務，而任何一項工作都由無數的分工構成。

（1）分工使工作簡單化。這在現場作業中表現得尤為明顯。汽車組裝應該說是一項極為複雜的工作，包括引擎裝配、車身組裝和各種部件的安裝等。若將這些工作不加以分工就交給某個人或集體去完成的話，那確實是極為複雜的，但若將其細分成若干比較簡單的工作，就可以讓許多工人甚至非熟練工人從事這些工作。分工使各項工作變得簡單化，並且能使非熟練工人經過簡單的訓練就可以上崗。

（2）分工使工作專業化。分工限制了工人的實踐範圍，使其精力變得更加專注，因而有助於其提高操作熟練程度並獲得更高層次的專業知識。對那些需要較高層次的專業知識和操作技能的工作來說，這具有非常重要的意義。此外，分工帶來工作的高度專業化，也有助於從組織外部聘請受過良好訓練的專家，使現代組織得以適應高度專業化的工作。因此，組織機構需要解決的第一個問題就是全面權衡分工的利弊，決定組織分工的程度，並在此基礎上確定每個人的職務。分工離不開協作，缺乏協作的分工是危險的。如果我們不能協調零部件與成品之間的生產數量關係，不能協調前後工序之間的銜接關係，就會影響組織活動的效率。協調分工的方法很多，市場協調是其重要手段之一。市場協調借助的是看不見的手，而組織中的協調則以看得見的組織系統為依託。市場協調不是萬能的，組織機構就是為了協調大規模的、複雜的分工而產生的。

2. 組織溝通與協調的需要

組成部門是組織協調的首選方法。通常給每一個團體安排一個管理者，由其全權負責，統一協調團體內的所有工作。這種團體就叫部門或組織單位。把組織的全體成員分別歸屬到若干部門，將使協調工作變得相對簡單。借助全體人員的交往關係協調組織是一種最原始的方法。要借助這種方法去達到協調大型組織的目的，顯然是不現實的，它只適合於小型組織。但是一旦改為由管理者來協調，就可以減少相互交往的人數，進而減輕協調的工作量。進一步講，管理者如能專事協調工作，就會很快掌握協調所必需的技能。設立組織機構有助於簡化人們之間的交往關係，使協調工作更容易、更有效。

組成部門也是組織溝通的有效方法。部門間的溝通和協調在現代組織中變得極其複雜，不僅信息傳遞容易失真、費時間，而且會使管理者的信息傳遞負荷過重，影響其對重大問題的決策。為此，大型化組織通常採用橫向的多維式部門結構。首先，由幾個人組成一個小團體，而這個小團體又歸屬於另外一個更大的部門，如此不斷遞進，便形成組織層次。同時必須設計橫向溝通和協商路線，其方法很多，如在每一個部門配備承擔橫向溝通和協商任務的聯絡員，設立由各部門代表組成的會議或委員會，任命專事橫向協調的管理人員等。

3. 程序化管理的需要

事前指定行動方案，以便在某些事件發生時及時處理，是組織機構設計的必要性之一。在某些情況下，當事者只要按既定規章程序辦事，即可保持日常工作的正常運轉。如在事件 X 發生時採取 A 方案，在事件 Y 發生時採取 B 方案，這就是組織工作的程序化。提高組織工作的程序化程度，會降低協商和管理者在協調工作中的作用，在某些情況下甚至可以不需要協商，也不需要由管理人員來協調。如上班鈴聲響，即使沒有管理人員現場指揮，各部門的工作照樣可以有條不紊地進行。因此，程序化管理有利於加快工作進度，減輕日常協調的工作量。設置了組織機構，就形成了程序化的管理。

程序化是針對經常發生、週期性重複出現的工作而言的，它不可能提供一切行動的方案，因為現實中還會有許多偶發性事件，這些事件不經常發生，沒有週期性規律可循，但又存在發生的可能性，甚至必然性。但是，程序化同樣適用於偶發性事件中常規部分的處理。這樣，要借助於非程序化方法解決的問題就只剩下例外部分了，協調工作也就會因此變得十分簡單。非程序化方法包括向上級請示、協商和管理者協調等，這就是所謂例外原理。這種方法有助於減輕管理人員的壓力，使其有時間處理新的和重大的事件。

第二節　企業組織機構設置的原則

關於企業組織機構設置的原則，西方的古典管理學派曾做過深入、系統的研究，現代管理學派對這個問題的認識有了進一步的豐富和發展。現代管理理論認為，企業的組織原則應該是有助於設計和建立科學的、合理的、先進的企業組織的原則，現歸納如下：

一、統一指揮原則

根據這個原則，企業組織系統的每個人只對一個上級領導負責，不能「一僕二主」。在指揮與命令上，嚴格實行「一元化」。每個人只接受一個上級的命令，上下級之間，上報下達，要按層次進行，不得越級，這樣就形成了一個「指揮鏈」。從組織的最上層總經理到最下層的管理人員形成的鏈條就像一座金字塔。

跨越層次傳遞命令，則認為是違反統一指揮的原則。實行這個原則的優點是可以避免「多頭指揮」「政出多門」、大家負責又無人負責的混亂現象。其缺點是缺乏橫向聯繫，若中間一個環節出現問題，就會使「上傳下達」陷於停頓，影響工作。

二、有效管理幅度原則

所謂管理幅度，是指一名上級領導者直接領導的下級人員的人數。如總經理直接領導多少名副總經理，車間主任領導多少名班長等。由於任何一個領導者或主管人員其知識、經驗和精力總是有限的，因而能夠有效地直接領導下級的人數也是有限度的，

超過合理限度，就不可能進行具體的、有效的領導，很容易出現不明下情的主觀主義的瞎指揮。這樣，就提出了有效的管理幅度的原則。

管理幅度多大才叫有效呢？管理幅度的有效性取決於如下因素：①管理層次。高層面對的是決策性的工作，管理幅度要小一些；基層面對的是日常的、重複性的工作，所以管理幅度要大一些。②管理人員的思想水平和工作能力。在相同層次的條件下，能力強的管理者，管理幅度可以大一些；反之，能力差一些的管理者，管理幅度可以小一些。③管理工作的內容、繁簡程度和技術性的高低。一般說來，工作繁重，技術性強的工作，管理幅度要小一些；反之，工作簡單，技術性差一些的工作，管理幅度要大一些。④職能機構。如果職能機構健全，管理幅度可以略大一些；反之，管理幅度要小一些。⑤信息反饋情況。如果信息反饋快、消息靈通，管理幅度也可以適當大一些。

總的說來，要盡可能地在擴大有效管理幅度的基礎上，減少管理層次。否則，層次多了，既要增加管理人員和管理費用，又要影響工作效率。

三、專業化原則

現代企業的組織機構，必須按專業化的原則建立，這就是將企業的生產經營活動適當地分類與分配，以確定各個部門和成員的業務活動種類、範圍和職責。這樣，企業內各部門和各個成員都盡量按專業化的原則設置安排，可以大大地提高工作效率。由於各種企業生產經營的性質與範圍不同，實行專業化劃分的方法也不同，大致可以分為以下幾種：

（1）按職能劃分：如企業中劃分生產、技術、供銷等職能部門或計劃、業務、財會等部門。

（2）按工藝過程劃分：如將整個企業生產活動按加工工藝劃分為電鍍、泊漆、焊接、衝壓、切削加工等部門。

（3）按產品劃分：如商業企業按照經營商品種類的不同，可以分為日用品、食品、服裝、耐用消費品、裝飾品等部門。

（4）按地區劃分：如商業企業設置面向各個地區的部門——東北地區銷售部門、西北地區銷售部門、華南地區銷售部門、華中地區銷售部門等。

（5）按顧客劃分：商品銷售一般按不同的銷售對象分為兩個銷售部——一是針對一般消費者的部門，二是針對機關購買者的部門。

四、責權對等原則

企業組織管理的一項任務就是明確規定每一個管理者應負的職責，同時，又相應地賦予一定的權力。職責與權力必須統一，做到有職有權。

所謂權力是在規定的職位下具有指揮和行事的權力。它包括指揮、命令等各種必須具有的權力。一般來說，上級對下級人員不僅派給工作任務，還要授予一定的權力。

所謂責任，就是在接受一定職位、職務下所應盡的義務。這是說有職必有責，但責任與權力不同，它是不能授予別人的。一個領導人對自己所承擔的工作要負全部責任，即使他的下屬擔負他的一部分工作任務，承擔一部分責任，該領導人也要承擔該

工作的最後責任。例如，一個工廠的車間，不能按期完成生產任務，該車間主任應負責任，但廠長同樣承擔延期交貨的責任，如罰款、賠款等責任。

我們所說的企業和職工的責任，不僅包括經濟責任，而且也包括政治責任；不僅包括可以用指標考核的有形責任，而且也包括不能用指標考核的無形責任。世上沒有無義務的權力，也沒有無權力的義務，這就是有責必有相應的權力，有責無權，負責只是一句空話，責大權小，也難負責。

五、精簡、效率原則

精簡與效率是組織管理的重要原則。精簡就是精兵簡政，隊伍要精幹，機構要精簡，工作效率要高。精簡與效率是互相制約的，只有精兵簡政，才能提高效率。

當然，精簡並不是越少越好，更不是管理人員越少越好，過去一提精簡機構，就是要減少管理人員，這是不對的。目前，國外企業管理人員的比例不斷地增長，而生產第一線的工人的比例卻有所下降，精簡的真正含義應該是不多不少，是一個頂一個，工作效率高。

六、集權與分權相結合的原則

集權與分權，在企業管理體制上主要表現為企業上下級之間的權力分配問題，這是企業管理上的一個重大問題。集權形式就是將企業經營管理權集中在企業的最高管理層，而分權形式，則將企業經營管理權適當分散在企業的中下層。集權與分權是相對的，它是隨著社會經濟發展而產生的。當企業生產經營有了發展，規模有了擴大，各項業務繁多複雜，領導者感到完全集中管理困難時，便有必要實行「授權」，即上級將一定的組織管理權授予下屬。當授權擴大到企業組織的整個管理部門或管理階層時，即稱為「分權」。現代企業規模越來越大，授權與分權也是客觀發展的必然趨勢和必然要求。英國管理學家歐偉克說：「缺乏恰當授權的勇氣，以及不知道授權，是組織失敗的最普遍的原因之一。」現代企業之所以要實行授權和分權，其主要原因是，沒有一個企業領導人，具有能夠把現代企業各項事情全包下來的本事，也不可能懂得現代企業生產經營的各種專業知識。所以，管理現代企業，不僅要懂得集權的重要性，而且還要懂得分權的重要性、必要性和科學性。

分權的形式，一般有兩種：一種是按管理的主要進程或職能來劃分。例如，企業最高管理層成立財務、生產、銷售等職能部門，並將這三個部門的業務權力交給各部門的負責人。部門之間的關係，仍需要最高管理層來協調，最高的經營管理權仍在企業的最高層。另一種分權，就是按產品性質、種類或按生產和銷售的地區劃分為各部門。這些部門獨立性較強，各部門之間可以不發生多大聯繫，而且它們都獨立核算、自負盈虧。企業的最高層給予他們以較大的權力，僅保留最重要的少量權力。這種分權形式即叫作「分權事業部」或「事業部」。大型企業實行這種組織形式的較多。

在中國企業管理中，處理集權與分權的關係是實行「統一領導，分級管理」的原則。這是民主集中制在企業管理中的具體體現。凡是關係全企業的大問題、關係全局的一些重要權力應集中在最高管理層。如企業的經營方針的制定，計劃的安排，主要

規章制度的執行與修改，人、財、物的主要支配權等。同時，要適當下放一部分權力給下屬，如商業企業的門市部、商品部，工業企業的車間、班組等，並規定其相應的責任，但各企業的權限集中與分散的程度，應從本企業實際情況出發，不能強求統一。

第三節　企業的組織形式

現代企業的組織形式，從它的發展過程來看，到目前為止，主要有以下幾種：

一、直線制組織形式

直線制又稱軍隊組織，是最簡單的組織形式。這種組織沒有職能機構，從最高管理層到最低管理層，上下垂直領導，如圖 5-2 所示：

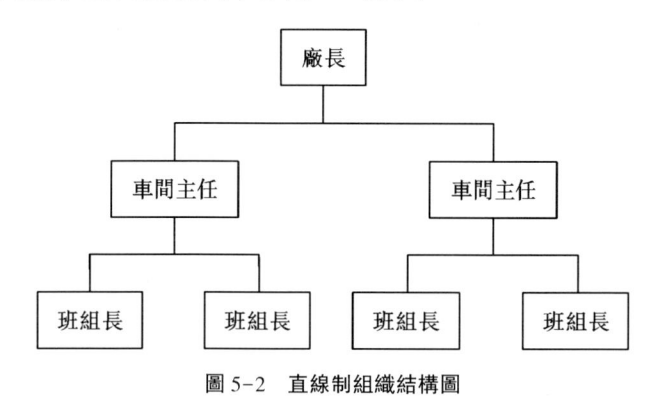

圖 5-2　直線制組織結構圖

這種組織形式的優點是：機構簡單，指揮統一；上傳下達迅速，工作效率高，解決問題快；單一領導，責任明確。

這種組織形式的缺點是：一般只適用於規模較小、業務量較少的中小型企業，在規模較大的企業或管理工作比較複雜的情況下，就不宜採用了。

二、職能制組織形式

職能制在 19 世紀 80 年代初期，由美國人泰羅首先提出，否定了企業領導人的個人集權制，這種組織形式見圖 5-3 所示。

職能制的特點是在企業內部設立職能部門，各職能部門在自己的業務範圍內，都有權向下級下達命令和指標，即各級負責人除了要服從上級行政領導的指揮以外，還要服從上級各職能部門的指揮。

這種組織形式的優點是管理分工較細，管理深入，能充分發揮職能部門的專業管理作用。職能制的最大缺點是多頭領導，政出多門，妨礙了企業的統一集中指揮，一個下級單位往往要接受幾個上級的命令，有時這些命令還相互矛盾，弄得下級無所適從，它破壞了統一指揮的原則，削弱了責任制，容易產生無人負責的現象。

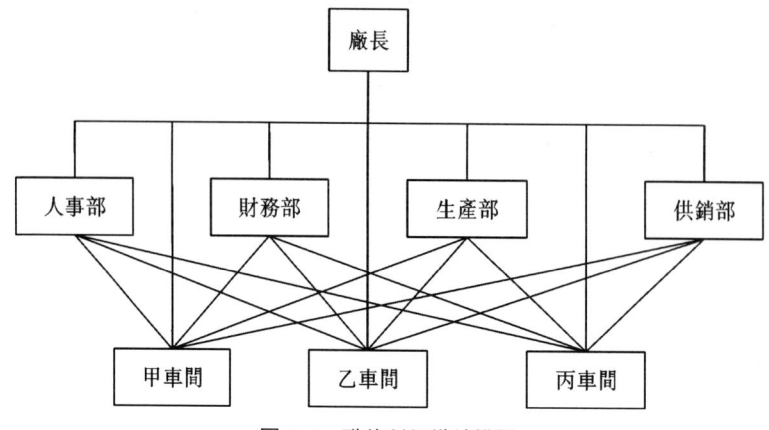

圖 5-3　職能制組織結構圖

三、直線—職能制組織形式

　　直線—職能制，又稱直線—參謀制，或稱生產區域制，它是以直線制為基礎，在各級領導之下設置相應的職能部門，分別從事專業管理，作為該級領導者的參謀部。這是在總結直線制和職能制經驗的基礎上形成的，取兩者之長，舍兩者之短。

　　直線—職能制的特點是以直線制為主體，發揮職能部門的參謀作用。職能部門在各自範圍內所做的計劃、方案以及有關指示，必須經各級領導者批准下達，職能部門對下級領導和下屬職能部門無權直接下達命令或進行直接指揮，只起業務指導作用。如圖 5-4 所示：

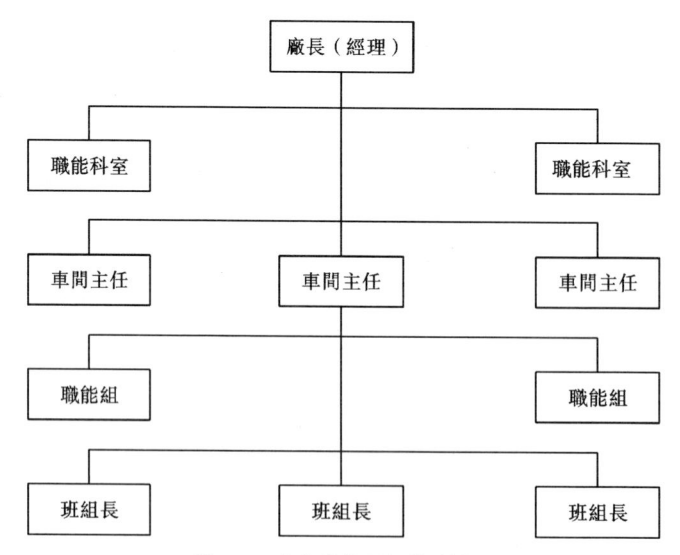

圖 5-4　直線職能制組織結構圖

這種組織形式的優點是：它既具有指揮統一化的好處，又具有職能分工專業化的長處。所以，各國的企業採用這種組織形式的較為普遍，而且採用的時間也較長。

這種組織形式的缺點主要是：下級缺乏必要的自主權；各個專業職能部門之間的橫向聯繫較差，容易產生脫節與矛盾；企業上下信息傳遞路線較長，反饋較慢，適應環境變化較難。

四、事業部制組織形式

事業部制是一種分權制的企業組織形式。它首先創立於美國。美國通用汽車公司和杜邦公司分別於 1920 年和 1921 年在公司本部集權的基礎上進行重大改革，從集權化管理體制走向分權化管理體制，實行「分權的事業部制」。

分權的事業部制的管理特點是「集中政策、分散經營」，也就是在集中指導下進行分權管理，這種組織形式在美、日等國大企業中普遍採用。它一般適用於經營多樣化、品種多、產量大、各種產品有獨立的穩定市場的大公司。

事業部的主要優點是：經營單一的產品系列，對產品的生產和銷售實行統一管理、獨立經營、獨立核算，可以發揮其主動性和積極性；有利於最高管理層擺脫日常事務，可以集中精力考慮有關全公司的大政方針和長期規劃；有利於提高部門管理人員的專業知識和領導能力，培養企業高級的管理人才。

但事業部也有其不足之處，主要是職權下放過大，指揮不靈，容易產生本位主義，職能部門重複設置，造成管理人員的浪費。事業部制的組織形式，是當今世界各國的大型企業廣泛採用的一種典型的「分權式」組織形式。隨著社會化生產的不斷發展，企業規模的日益擴大，中國企業也正在由「集權式」向「分權式」過渡。事業部制組織形式如圖 5-5 所示：

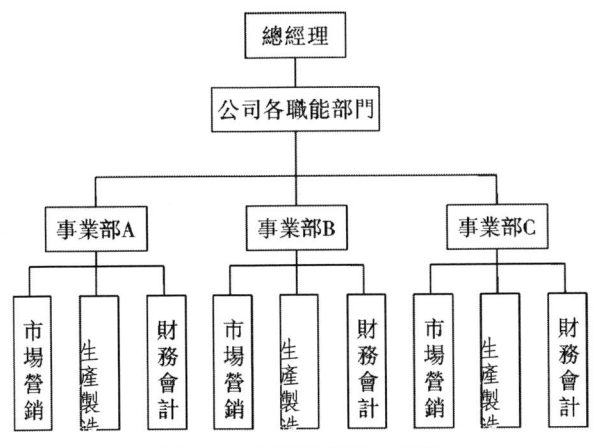

圖 5-5　事業部制組織結構圖

五、矩陣制組織形式

在企業管理中，矩陣組織是在原有縱向的垂直領導系統的基礎上，又建立了一種橫向的領導系統，兩者結合起來組成一個矩陣，如圖 5-6 所示：

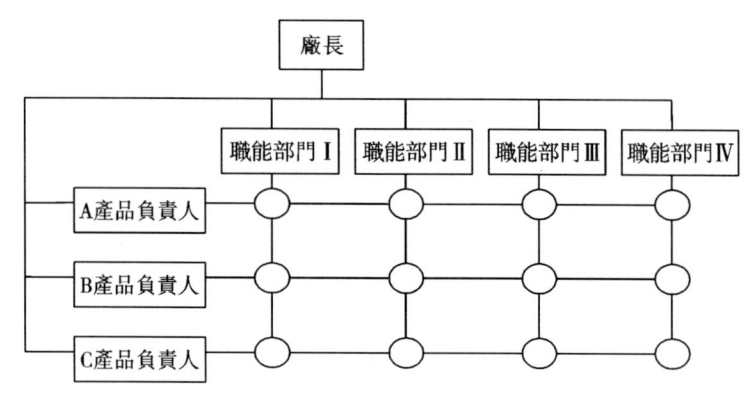

圖 5-6　矩陣制組織結構圖

其特點是一名管理人員，既同原職能部門保持組織上與業務上的聯繫，又參加產品或項目小組的工作，為了保證完成既定的管理目標，每個項目小組都設有負責人，在經理領導下進行工作。參加項目小組的成員受雙重領導：一方面受項目小組的領導；另一方面又受原屬職能部門的領導。

這種組織的優點是：將企業橫向聯繫和縱向聯繫較好地結合起來，有利於加強各職能部門之間的協作與配合，及時溝通情況，解決問題；能在不增加人員編製的前提下，把不同部門的專業人員集中在一起，組建方便；能較好地解決組織機構相對穩定和管理任務多變之間的矛盾，使一些臨時性、跨部門工作的執行變得不再困難；為企業綜合管理和專業管理的結合提供了條件。

矩陣制結構的缺點是：組織關係比較複雜，一旦小組與部門發生矛盾，小組成員就會在工作上感到左右為難。此外，有些小組成員可能會被原有的工作分散精力，所以易抱臨時工作的觀念。

總之，企業組織形式的演變發展，是企業生產經營發展的結果。當代企業組織管理的基本問題是，既要使集權與分權得到相對的平衡，又要使企業組織的穩定性與適應性得到相對的平衡。

六、網絡制組織結構

網絡制組織結構只有很小的中心組織，依靠其他組織以合同為基礎，進行製造、分銷、營銷或其他關鍵業務的經營活動。它使管理當局對於新技術、時尚或者來自海外的低成本競爭，能具有更大的適應性和應變能力。從圖 5-7 可以看出，網絡制組織結構以市場的橫向網狀組合方式替代了傳統的縱向層級組織方式，實現了組織內在核心優勢與市場外部資源優勢的動態有機組合，符合組織結構扁平化趨勢。

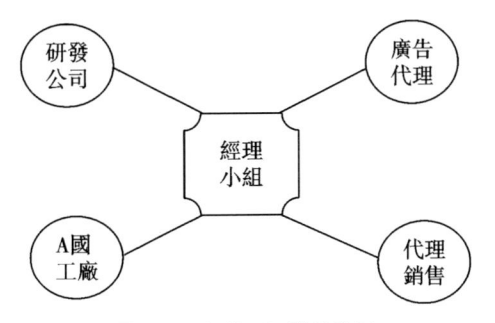

图 5-7　網絡制組織結構圖

網絡制組織是小型組織的一個可行選擇，比較適合於玩具、服裝製造企業和製造活動需要低廉勞動力的公司，還有一些大型組織發展了網絡結構的變種，將這些職能活動外包出去。例如，美國電話電報公司（G&G）將信用卡處理包出；美孚石油公司將其煉油廠的維修交給了另一家公司。

網絡制組織的優點是：結構簡單精練、靈活性強；組織中的大多數活動都實現了外包，組織結構扁平化程度高，效率也更高。缺點是：組織忠誠度比較低，單個合作單位的意外退出，可能導致組織面臨解體的危險；另外網絡制組織所取得的設計上的創新很容易被竊取，因為創新產品一般都交由其他組織領導生產。

以上各種組織結構類型沒有一種是完美的，企業應該結合自身的實際，在科學理論的指導下選擇合適的組織結構。在同一企業中，也可以將幾種不同的組織形式結合起來應用，形成適合於自身特點的組織結構形式。

第四節　組織變革

組織所面臨的外部環境和內部條件總是在不斷變化的。任何組織結構，經過合理的設計並實施後，都不是一成不變的。它們如同生物的機體一樣，必須隨著環境和條件的變化而不斷地進行調整和變革，才能順利地成長、發展，避免老化。

組織文化是一個組織在長期的生存與發展過程中形成的一種具有特色的、為全體員工所認同的，並且對員工的行為產生約束力和激勵力的價值系統。

一、組織變革的動因

無論設計得多麼完美的組織，在運行了一段時間以後都必須進行變革，這樣才能更好地適應組織內外條件變化的要求。組織變革實際上是而且也應該成為組織發展過程中的一項經常性的活動。組織變革是任何組織都不可回避的問題，而能否抓住時機順利推進組織變革則成為衡量管理工作有效性的重要標誌。

（一）組織變革的現實意義

哈默和錢皮曾在《公司再造》一書中把三「C」，即顧客（customers）、競爭

（competition）、變革（change）看成是影響市場競爭最重要的三種力量，而在這三種力量中以變革最為重要，「變革無處不在，這已成了常態」。

組織變革就是組織根據內外環境的變化，及時對組織中的要素進行結構性變革，以適應未來組織發展的要求。組織變革的根本目的就是為了提高組織的效能，特別是在動盪不定的環境條件下，要想使組織順利地成長和發展，就必須自覺地研究組織的內容、阻力及其一般規律，研究有效管理變革的具體措施和方法。

（二）組織變革的動因

推動組織變革的因素可以分為外部環境因素和內部環境因素兩個部分。

1. 外部環境因素

（1）整個宏觀社會經濟環境的變化。諸如政治、經濟政策的調整、經濟體制的改變以及市場需求的變化等，都會引起組織內部深層次的調整和變革。

（2）科技進步的影響。在知識經濟的社會，科技的發展日新月異，新產品、新工藝、新技術、新方法層出不窮，對組織的固有運行機制構成了強有力的挑戰。

（3）資源變化的影響。組織發展所依賴的環境資源對組織具有重要的支持作用，如原材料、資金、能源、人力資源、專利使用權等。組織必須克服對環境資源的過度依賴，同時要及時根據資源的變化順勢變革組織。

（4）競爭觀念的改變。基於全球化的市場競爭將會越來越激烈，競爭的方式也將會多種多樣，組織若要想適應未來競爭的要求，就必須在競爭觀念上順勢調整，爭得主動，才能在競爭中立於不敗之地。

2. 內部環境因素

（1）組織機構適時調整的要求。組織機構的設置必須與組織的階段性戰略目標相一致，組織一旦需要根據環境的變化調整機構，新的組織職能必須得以充分地保障和體現。

（2）保障信息暢通的要求。隨著外部不確定性因素的增多，組織決策對信息的依賴性增強，為了提高決策的效率，必須通過變革保障信息溝通渠道的暢通。

（3）克服組織低效率的要求。組織長期一貫運行極可能會出現 X—非效率現象，其原因既可能是由於機構重疊、權責不明，也可能是人浮於事、目標分歧。組織只有及時變革才能進一步制止組織效率的下降。

（4）快速決策的要求。決策的形成如果過於緩慢，組織常常會因決策的滯後或執行中的偏差而坐失良機。為了提高決策效率，組織必須通過變革對決策過程中的各個環節進行梳理，以保證決策信息的真實、完整和迅速。

（5）提高組織整體管理水平的要求。組織整體管理水平的高低是競爭力的重要體現。組織在成長的每一個階段都會出現新的發展矛盾，為了達到新的戰略目標，組織必須在人員的素質、技術水平、價值觀念、人際關係等各個方面都做出進一步的改善和提高。

二、組織變革的類型和目標

(一) 組織變革的類型

依據不同的劃分標準，組織變革可以有不同的類型。如按照變革的程度與速度不同，可以分為漸進式變革和激進式變革；按照工作的對象不同，可以分為以組織為重點的變革、以人為重點的變革和以技術為重點的變革；按照組織所處的經營環境狀況不同，可以分為主動性變革和被動性變革。本章按照組織變革的不同側重，將其分為以下四種類型：

1. 戰略性變革

戰略性變革是指組織對其長期發展戰略或使命所做的變革。如果組織決定進行業務收縮，就必須考慮如何剝離非關聯業務；如果組織決定進行戰略擴張，就必須考慮購並的對象和方式，以及組織文化重構等問題。

2. 結構性變革

結構性變革是指組織需要根據環境的變化適時對組織的結構進行變革，並重新在組織中進行權力和責任的分配，使組織變得更為柔性靈活、易於合作。

3. 流程主導性變革

流程主導性變革是指組織緊緊圍繞其關鍵目標和核心能力，充分應用現代信息技術對業務流程進行重新構造。這種變革會對組織結構、組織文化、用戶服務、質量、成本等各個方面帶來重大的改變。

4. 以人為中心的變革

組織中人的因素最為重要，組織如若不能改變人的觀念和態度，組織變革就無從談起。以人為中心的變革是指組織必須通過對員工的培訓、教育等引導，使他們能夠在觀念、態度和行為方面與組織保持一致。

(二) 組織變革的目標

組織變革應該有其基本的目標，總的來看，應包括以下三個方面：

1. 使組織更具環境適應性

環境因素具有不可控性，組織要想阻止或控制環境的變化可能只是自己的一廂情願。組織要想在動盪的環境中生存並得以發展，就必須順勢變革自己的任務目標、組織結構、決策程序、人員配備、管理制度等，唯有如此，組織才能有效地把握各種機會，識別並應對各種威脅，使組織更具環境適應性。

2. 使管理者更具環境適應性

一個組織中，管理者是決策的制定者和組織資源的分配人。在組織變革中，管理者必須清醒地認識到自己是否具備足夠的決策、組織和領導能力來應對未來的挑戰。因此，管理者一方面需要調整過去的領導風格和決策程序，使組織更具靈活性和柔性，另一方面，管理者要能根據環境的變化要求重構層級之間、工作團隊之間的各種關係，使組織變革的實施更具針對性和可操作性。

3. 使員工更具環境適應性

組織變革的最直接感受者就是組織的員工。組織如若不能使員工充分認識到變革的重要性，順勢改變員工對變革的觀念、態度、行為方式等，就可能無法使組織變革措施得到員工的認同、支持和貫徹執行。要進一步認識到，改變員工的固有觀念、態度和行為是一件非常困難的事，組織要使人員更具環境適應性，就必須不斷地進行再教育和再培訓，決策中要更多地重視員工的參與和授權，要能根據環境的變化改造和更新整個組織文化。

三、組織變革的內容

組織變革具有互動性和系統性，組織中的任何一個因素改變，都會帶來其他因素的變化。然而，就某一階段而言，由於環境情況各不相同，變革的內容和側重點也有所不同。綜合而言，組織變革過程的主要變量因素包括人員、結構、技術和任務，具體內容如下：

1. 對人員的變革

人員的變革是指員工在態度、技能、期望、認知和行為上的改變。組織發展雖然包括各種變革，但是人是最主要的因素，人既可能是推動變革的力量也可能是反對變革的力量。變革的主要任務是組織成員之間在權力和利益等資源方面的重新分配。要想順利實現這種分配，組織必須注重員工的參與，注重改善人際關係並提高實際溝通的質量。

2. 對結構的變革

結構的變革包括權力關係、協調機制、集權程度、職務與工作再設計等其他結構參數的變化。管理者的任務就是要對如何選擇組織設計模式、如何制訂工作計劃、如何授予權力以及授權程度等一系列行動做出決策。現實中，固化式的結構設計往往不具有可操作性，需要隨著環境條件的變化而改變，管理者應該根據實際情況靈活改變其中的某些要素組成。

3. 對技術與任務的變革

技術與任務的改變包括對作業流程與方法的重新設計、修正和組合，包括更換機器設備，採用新工藝、新技術和新方法等。由於產業競爭的加劇和科技的不斷創新，管理者應能與當今的信息革命相聯繫，注重在流程再造中利用最先進的計算機技術進行一系列的技術改造，同時，組織還需要對組織中各個部門或各個層級的工作任務進行重新組合，如工作任務的豐富化、工作範圍的擴大化等。

四、組織變革的過程與程序

（一）組織變革的過程

為使組織變革順利進行，並能達到預期效果，必須先對組織變革的過程有個全面的認識，然後按照科學的程序組織實施。成功而有效的組織變革過程通常包括解凍、變革、再凍結三個有機聯繫的階段。

1. 解凍階段

這是改革前的心理準備階段。由於任何一項組織變革都或多或少地會面臨來自組織自身及其成員的一定程度的抵制力，因此，組織變革過程需要有一個解凍階段作為實施變革的前奏。組織在解凍期間的中心任務是發現組織變革的動力，營造危機感，塑造出改革乃是大勢所趨的氣氛，並在採取措施克服變革阻力的同時具體描繪組織變革的藍圖，明確組織變革的目標和方向，以形成待實施的比較完善的組織變革方案。具體來說就是要改變員工原有的觀念和態度，通過積極的引導，激勵員工更新觀念、接受改革並參與其中。

2. 變革階段

這是變革過程中的行為轉換階段。這一階段的任務就是按照所擬訂變革方案的要求開展具體的組織變革運動或行動，以使組織從現有結構模式向目標模式轉變。進入這一階段，組織上下已對變革做好了充分的準備，變革措施就此開始。組織要把激發起來的改革熱情轉化為改革的行為，關鍵是要能運用一些策略和技巧減少對變革的抵制，進一步調動員工參與變革的積極性，使變革成為全體員工的共同事業。

變革階段通常可以分為試驗與推廣兩個步驟。這是因為組織變革的涉及面較為廣泛，組織中的聯繫相當錯綜複雜，往往「牽一髮而動全身」，這種狀況使得組織變革方案在全面付諸實施之前一般要先進行一定範圍的典型試驗，以便總結經驗，修正進一步的變革方案。在試驗取得初步成效後再進入大規模的全面實施階段。還有另一個好處，那就是可以使一部分對變革尚有疑慮的人能在試驗階段便及早地看到或感覺到組織變革的潛在效益，從而有利於爭取更多組織成員在思想和行動上支持所要進行的組織變革，並踴躍躋身於變革的行列，由此實現從變革觀望者、反對者向變革的積極支持者和參加者轉變。

3. 再凍結階段

組織變革過程並不是在實施了變革行動後就宣告結束。作為變革後的行為強化階段，其目的是要能通過對變革驅動力和約束力的平衡，使新的組織狀態保持相對的穩定。由於人們的傳統習慣、價值觀念、行為模式、心理特徵等都是在長期的社會生活中逐漸形成的，並非一次變革所能徹底改變的，因此，改革措施順利實施後，還應採取種種手段對員工的心理狀態、行為規範和行為方式等進行不斷鞏固和強化。否則，稍遇挫折，便會反覆，使改革的成果無法鞏固。為了避免出現這種情況，變革的管理者就必須採取措施保證新的行為方式和組織形態能夠不斷地得到強化和鞏固。這一強化和鞏固的階段可以視為一個凍結或者重新凍結的過程。缺乏這一凍結階段，變革的成果就有可能退化消失，而且對組織及其成員也將只有短暫的影響。

(二) 組織變革的程序

組織變革程序可以分為以下幾個步驟：

1. 通過組織診斷，發現變革徵兆

組織變革的第一步就是要對現有的組織進行全面的診斷。這種診斷必須有針對性，要通過搜集資料的方式，對組織的職能系統、工作流程系統、決策系統以及內在關係

等進行全面的診斷。組織除了要從外部信息中發現對自己有利或不利的因素之外，更主要的是還要能夠從各種內在徵兆中找出導致組織或部門績效差的具體原因，並確立需要進行整改的具體部門和人員。

2. 分析變革因素，制訂改革方案

組織診斷任務完成之後，就要對組織變革的具體因素進行分析，如職能設置是否合理、決策中的分權程度如何、員工參與改革的積極性怎樣、流程中的業務銜接是否緊密、各管理層級間或職能機構間的關係是否易於協調等等。在此基礎上制訂幾個可行的改革方案，以供選擇。

3. 選擇正確方案，實施變革計劃

制訂改革方案的任務完成之後，組織需要選擇正確的實施方案，然後制訂具體的改革計劃並貫徹實施。推進改革的方式有多種，組織在選擇具體方案時要充分考慮到改革的深度和難度、改革的影響程度、變革速度以及員工的可接受和參與程度等，做到有計劃、有步驟、有控制地進行。當改革出現某些偏差時，要有備用的糾偏措施及時糾正。

4. 評價變革效果，及時進行反饋

組織變革是一個包括眾多複雜變量的轉換過程，再好的改革計劃也不能保證完全取得理想的效果。因此變革結束之後，管理者必須對改革的結果進行總結和評價，及時反饋新的信息。對於沒有取得理想效果的改革措施，要給予必要的分析和評價，然後再做取舍。

五、組織變革的阻力及其管理

（一）組織變革的阻力

組織變革是一種對現有狀況進行改變的努力，任何變革都會遇到來自各種變革對象的阻力和反抗。組織變革中的阻力是指人們反對變革、阻撓變革甚至對抗變革的制約力。

組織變革阻力的存在，意味著組織變革不可能一帆風順，這就給變革管理者提出了更嚴峻的變革管理的任務。成功的組織變革管理者，應該既注意到所面臨的變革阻力可能會對變革成敗和進程產生消極的、不利的影響，為此要採取措施減弱和轉化這種阻力；同時變革管理者還應當看到，人們對待某項變革的阻力並不完全是破壞性的，而是可以在妥善的管理或處理下轉化為積極的、建設性的。比如，阻力的存在至少能引起變革管理者對所擬訂變革方案和思路予以更理智、更全面的思考，並在必要時做出修正，以使組織變革方案獲得不斷完善和優化，從而取得更好的組織變革效果。

變革產生這種阻力的原因可能是傳統的價值觀念和組織慣性，也有一部分來自於對變革不確定後果的擔憂，這集中表現為來自個人的阻力和來自團體的阻力兩種。

1. 個人阻力

（1）利益上的影響。變革從結果上看可能會威脅到某些人的利益，如機構的撤並、管理層級的扁平等都會給組織成員造成壓力和緊張感。過去熟悉的職業環境已經形成，

而變革要求人們調整不合理的或落後的知識結構，更新過去的管理觀念、工作方式等，這些新要求都可能會使員工面臨失去權力的威脅。

（2）心理上的影響。變革意味著原有的平衡系統被打破，要求成員調整已經習慣了的工作方式，而且變革意味著要承擔一定的風險。對未來不確定性的擔憂、對失敗風險的懼怕、對績效差距拉大的恐慌以及對公平競爭環境的擔憂，都可能造成人們心理上的傾斜，進而產生心理上的變革阻力。另外，平均主義思想、厭惡風險的保守心理、因循守舊的習慣心理等也會阻礙或抵制變革。

2. 團體阻力

（1）組織結構變動的影響。組織結構變革可能會打破過去固有的管理層級和職能機構，並採取新的措施對責權利重新做出調整和安排，這就必然要觸及某些團體的利益和權力。如果變革與這些團體的目標不一致，團體就會採取抵制和不合作的態度，以維持原狀。

（2）人際關係調整的影響。組織變革意味著組織固有的關係結構的改變，組織成員之間的關係也隨之需要調整。非正式團體的存在使得這種新舊關係的調整需要有一個較長過程。在這種新的關係結構未被確立之前，組織成員之間很難磨合一致，一旦發生利益衝突就會對變革的目標和結果產生懷疑和動搖，特別是一部分能力有限的員工將在變革中處於相對不利的地位。隨著利益差距的拉大，這些人必然會對組織的變革產生抵觸情緒。

（二）消除組織變革阻力的管理對策

為了確保組織變革的順利進行，必須事先針對變革中的種種阻力進行充分的研究，並要採取一些具體的管理對策。組織變革過程是一個破舊立新的過程，自然會面臨推動力與制約力相互交錯和混合的狀態。組織變革管理者的任務，就是要採取措施改變這兩種力量的對比，促進變革更順利地進行。

在克服阻力的過程中，要注意做好以下幾個方面的工作：

（1）做好變革的輿論準備工作。一些人對變革的抵觸、觀望，在相當程度上是對組織變革的不瞭解或者是誤會所產生的。因此，對於組織的管理者來說，做好變革的輿論宣傳工作與準備工作就非常必要。組織的管理者應當運用多種途徑、多種形式宣傳變革，提高員工對組織變革必要性的認識，消除人們的疑慮、恐懼或是不安。

（2）為組織成員提供參與變革的機會。在變革的過程中，管理者應在最廣泛的範圍內動員員工積極地參與組織變革的工作，這有利於提高他們支持變革的積極性。同時，組織變革的方案和所採取的措施應當有廣大員工參與確定。總之，要通過廣大員工的參與，變阻力為動力。

（3）平衡利益，注意特殊情況特殊處理。變革不可避免地會使一些人的利益受到損失。管理者除了要做好這些利益受損的成員的思想工作之外，還應當注意利益的均衡，使改革中利益受損的人員數及遭受的利益損失減少到最低的程度。

（4）變革過程要做到公平、公正和公開。變革的過程是一個權益格局再調整的過程，因此，在這個過程中所有工作環節都應該公平、公正和公開地進行。唯有如此，

變革才會獲得人們的理解和支持。

(5) 鞏固變革的成果。變革是否得到人們最終的支持,最為重要的是看在變革之後,組織是否能獲得最快的發展,員工能否獲得更大的滿足。因此,一項方向正確的改革,必須做好變革後的鞏固工作。盡可能縮短變革不穩定階段,使組織活動能夠盡快走上正軌。

組織變革是一項長期而艱鉅的工作,無論是個人還是組織都有可能對變革形成阻力,變革成功的關鍵在於盡可能地消除阻礙變革的各種因素,縮小反對變革的力量,使變革的阻力盡可能地降到最低。

六、組織變革中的壓力及其管理

(一) 壓力的定義

所謂壓力,是指在動態的環境條件下,個人面對種種機遇、規定以及追求的不確定性所形成的一種心理負擔。壓力既可以帶來正面激勵效果,也可以造成負面影響。顯然,變革就是要能夠把個人內在的潛能充分地發揮出來,起到正面的效果。一般而言,壓力往往與各種規定、對目標的追求相關聯。例如,組織中的各項規定使每個人都不能隨心所欲、為所欲為,而對工作業績、獎勵和提升的追求又使每個人產生極大的工作壓力。組織中只有當目標結果具有不確定性和重要性時,潛在的壓力才會變為真實的壓力。

(二) 壓力的起因及其特徵

產生壓力的因素可能會有多種,變革中的主要壓力因素有組織因素和個人因素兩種。

1. 組織因素

組織中的結構變動和員工的工作變動是產生壓力的主要因素。如矩陣結構要求員工具有兩個上級,從而打破了組織的統一指揮原則,並要求員工具有更強的組織協調能力。同樣,工作負擔過於沉重或過於枯燥也會產生很大的壓力,雖然從事具有挑戰性工作的人可能更富有工作的激情,然而,一旦權責不統一或預期不明確,馬上就會形成工作壓力。另外,過於嚴厲的管制和規章制度、不負責任的上級、模糊不清的溝通渠道、不愉快的工作環境等都會產生很大的工作壓力。

2. 個人因素

組織中的個人因素如家庭成員的去世、個人經濟狀況的困難、離異、傷病、配偶下崗、借債、法律糾紛等都是產生壓力的主要因素。經驗表明,員工的人格類型劃分有助於組織對個人壓力進行識別和調節。組織中往往將人區分為 A 型和 B 型兩種人格。A 型人總覺得時間緊迫,富有競爭性,沒有耐心,做事非常快,很難有空閒時間,因此承受的壓力就比較大,也容易通過各種形式表現出來,身體也更容易得病。B 型人則剛好相反,輕鬆、悠閒、與世無爭,性格比較開朗,因此壓力也就較輕。

3. 壓力的特徵

(1) 生理上的反應。醫學界認為,壓力會造成一系列的生理反應,如新陳代謝的

改變、心跳和呼吸頻率加快、血壓升高、頭痛、心臟病、胃潰瘍等。

（2）心理上的反應。壓力產生不滿意，產生對工作的不滿足，這可以說是最簡單、最明顯的心理現象。除此之外還有其他心理現象，如緊張、焦慮、易怒、枯燥、拖延等。

（3）行為上的反應。受到壓力時，在行為上的表現有工作效率降低、飲食習慣改變、吸菸和酗酒增多、說話速度加快、不安、睡眠不規律等。

(三) 壓力的釋放

並非所有的壓力都是不良的。對於員工而言，如何對待因工作要求和組織結構的變革而產生壓力是重要的，如何減輕和消除不適的壓力則更為重要。

對於組織因素而言，必須從錄用員工時就確定員工的潛力大小，看其能否適應工作的要求。顯然，當員工能力不足時，就會產生很大的壓力。另外，改善組織溝通也會使溝通不暢所產生的壓力減至最小。組織應當建立規範的績效考核方案，如採取目標管理方法，清楚地劃分工作責任並提供清晰的考核標準和反饋路徑，以減少各種不確定性。如果壓力來自於枯燥的工作或過重的工作負荷，可以考慮重新設計工作內容或降低工作量。

對於個人因素而言，減輕個人的壓力存在兩個問題：一是管理者很難直接控制和把握某些因素，如團隊建設往往需要人們有更多的自覺意識，而這種意識又很難取得觀念上的一致；二是必須考慮到組織文化和道德倫理等因素，員工如若是因缺乏計劃和組織觀念而產生壓力，組織可以提供幫助予以合理安排，如若是涉及個人隱私方面的問題，則一般很難插手。組織可以通過建構強勢文化使員工的目標和組織的目標盡可能趨於一致，同時也可以採用一些比較適宜的、能夠有效減輕壓力的放鬆技術，如深呼吸、改善營養平衡等方法，引導員工減少壓力。

隨著外部不確定性因素的加大，變革中的壓力成本有上升的趨勢，如生產效率的不穩定、員工流動率的增加、大量的醫療保健支出等。所以，如何幫助員工克服壓力、適應環境，仍然是管理者和組織應當深入探討的一個重要問題。

七、組織衝突及其管理

任何一個組織都不同程度地存在各種各樣的衝突。所謂衝突，是指組織內部成員之間、不同部門之間、個人與組織之間由於在工作方式、利益、性格、文化價值觀等方面的不一致性而產生的彼此抵觸、爭執甚至攻擊等行為。

組織中的衝突是常見的，特別是在變革中更是不可避免的，對此不能一概排斥和反對，重要的是要研究導致這種衝突的原因，區分衝突的性質，並有效地加以管理。

(一) 組織衝突的影響

組織衝突會對組織造成很大的影響。研究表明，競爭是導致團體內部或團體之間發生衝突的最直接因素，組織變革的一個主要目標就是要在效率目標的前提下通過有效的競爭來降低組織的交易成本，因此，團體內部或團體之間的競爭是不可避免的，組織衝突可以說是這種競爭的一種表現形式。

1. 競爭勝利對組織的影響

（1）組織內部更加團結，成員對團體更加忠誠，這有利於加強和保持團體的凝聚力。

（2）組織內部氣氛更為輕鬆，緊張的情緒有所消除，同時也容易失去繼續奮鬥的意志，容易滋生驕傲和得意忘形的情緒。

（3）強化了組織內部的協作，組織更為關心成員的心理需求，但對於完成工作及任務的關心則有減少的趨勢。

（4）組織成員容易感到滿足和舒暢，認為競爭勝利證實了自己的長處和對方的弱點，因此，反而不願對其自身的不足作估計和彌補，也不想重新反思團體是否還需要根據環境的變化作進一步的改善。

2. 競爭失敗對組織的影響

（1）如果勝敗的界限不是很分明，團體就會以種種借口和理由來掩飾自己的失敗，團體之間也容易產生偏見，每個團體總是只看到對方的弱處，而非長處。

（2）當一個團體發現失敗是無可置疑的事實時，依據團體的基本狀況，例如成員平時的團結程度、失敗的程度、對挫折的忍受程度等，可分為兩種情況：一種情況是團體內部可能發生混亂與鬥爭，攻擊現象頻頻發生，團體最終將趨於瓦解；另一種情況是全體成員可能會知恥而奮起，通過努力探尋失敗的原因，大膽改進，勤奮工作，以求走出失敗。

（3）競爭失敗後的團體往往不太關心成員的心理需求，而只集中精力於自己的本職工作，組織中的組織性和紀律性明顯增強，組織有集權化的傾向。

（4）成員以往的自信心會受到極大的打擊，過去的固執和偏見經過失敗考驗之後不得不重新進行檢討和反思，實際上，這正給了組織一個檢討、改革的機會。

無論是競爭勝利還是競爭失敗，組織衝突都存在兩種截然不同的結果，即建設性衝突和破壞性衝突。

所謂建設性衝突，是指組織成員從組織利益角度出發，對組織中存在的不合理之處提出意見等。它可以使組織中存在的不良問題充分暴露出來，防止事態的進一步擴大，同時，可以促進不同意見的交流和對自身弱點的檢討，有利於促進良性競爭。

所謂破壞性衝突，是指由於認識上的不一致、組織資源和利益分配方面的矛盾，員工發生相互抵觸、爭執甚至攻擊等行為，從而導致組織效率下降，並最終影響到組織發展的衝突。它造成了組織資源的極大浪費和破壞，種種內耗影響了員工的工作熱情，導致組織凝聚力的嚴重降低，從根本上妨礙了對組織任務的順利完成。

(二) 組織衝突的類型

每一種環境都可以對應一種衝突類型。常見的組織衝突來源於組織目標的不相容、資源的相對稀缺、層級結構關係的差異以及信息溝通上的失真等。

組織衝突會在不同的層次水平上發生，如個體內部的心理衝突、組織內個人之間的衝突、各種不同部門之間的衝突等。而組織內的非正式組織與正式組織之間、直線與參謀之間以及委員會內部之間的衝突最為典型。

1. 正式組織與非正式組織之間的衝突

由於正式組織與非正式組織之間成員是交叉混合的，更由於人們心理上存在的感性、非理性因素的作用，非正式組織的存在必然對正式組織的活動產生影響。正面的影響可以是滿足員工在友誼、興趣、歸屬、自我表現等心理上的需要，使員工之間的關係更加和諧融洽，易於產生和加強成員之間的合作精神，自覺地幫助維持正常的工作和生活秩序。

但是，一旦非正式組織的目標與正式組織相衝突，則可能對正式組織的工作產生負面影響，特別是在強調競爭的情況下，非正式組織可能會認為這種競爭會導致成員間的不合，從而抵制這些競爭。非正式組織還要求成員行動保持一致，這往往會束縛成員的個人發展，使個人才智受到壓抑，從而影響組織工作的效率。由於非正式組織中大多數成員害怕變革會改變其非正式組織性，這種組織極有可能會演化為組織變革的一種反對勢力。

2. 直線與參謀之間的衝突

組織中的管理人員是以直線主管或參謀兩類不同身分出現的，現實中這兩類人員之間的矛盾往往是組織缺乏效率的重要原因。直線關係是一種指揮和命令的關係，具有決策和行動的權力，而參謀關係則應當是一種服務和協調的關係，具有思考、籌劃和建議的權力。實踐中，保證命令的統一性往往會忽視參謀作用的發揮，參謀作用發揮失當，又會破壞統一指揮的原則。這將使直線和參謀有可能相互指責、推諉。

3. 委員會成員之間的衝突

委員會是集體工作的一種形式，它起到了匯聚各種信息、加強人員交流、協調部門關係等重要作用。委員會是一個講壇，每個成員都有發言的權力，而這些成員既代表了不同的利益集團、利益部門，也代表了個人的行為目標。在資源一定的條件下，成員之間的利益很難取得一致。而一旦某個利益代表未能得到支持，他將會被動執行或拒絕執行委員會的統一行動，導致組織效率的下降。委員會必須充分考慮各方利益，其協調的結果必然是各方勢力妥協、折中的結果，這勢必會影響決策的質量和效率。

(三) 組織衝突的避免

避免組織衝突有許多方法，首先需要強調組織整體目標的一致性，同時需要制定更高的行動目標並加強團體之間的溝通聯繫，特別是要注意信息的反饋。

對於非正式組織來講，首先要認識到非正式組織存在的必要性和客觀性，積極引導非正式組織的積極貢獻，使其目標與正式組織目標一致，同時要建立良好的組織文化，規範非正式組織的行為。

對於直線與參謀，應該首先明確必要的職權關係，既要充分認識到參謀的積極作用，也要認識到協作和改善直線工作的重要性，在工作中不越權、不爭權、不居功自傲。其次，為了確保參謀人員的作用，應當授予他們必要的職能權力，這種權力更多地應當是一種監督權，同時，給予參謀人員必要的工作條件，使其能夠及時瞭解直線部門的活動進展情況，並提出更具有實際價值的建議。

對於委員會，一方面應該選擇勇於承擔責任的合格的成員加入委員會，並注意委

員會人選的理論和實踐背景，力爭使之成為一個有效的決策機構和專家智囊團，同時，要對委員會的規模提出限制。顯然，信息溝通的質量與成員的多少具有關聯性，在追求溝通效果和代表性這兩者之間要盡可能取得平衡。為了提高委員會的工作效率，要發揮委員會主席的積極作用，避免漫無邊際的爭論和時間的浪費，要做好會議的準備工作，討論中主席應善於引導和把握每一種意見，去粗取精，從總體把握組織利益的方向。

需要注意的是，要把建設性衝突和破壞性衝突區分開來。過去，人們常把組織衝突視為組織中的一種病態，是組織管理失敗或組織崩潰的前兆。事實顯然並非如此。適度的組織衝突是組織進步的表現，它會使組織保持一定的活力和創造力。為了促進和保護這種有益的建設性衝突，首先，應當創造一種組織氣氛，使成員敢於發表不同意見。其次，要保持信息的完整性和暢通性，把組織衝突控制在一定的範圍之內，同時要避免和改正組織中壓制民主、束縛成員創新的機械式的規章制度，以保持組織旺盛的活力。

復習思考題：

1. 組織機構及組織機構設計的必要性是什麼？
2. 企業組織機構設置應遵循哪些基本原則？
3. 什麼是管理幅度？管理幅度的有效性取決於哪些因素？
4. 企業有哪些組織形式？各有什麼優缺點？
5. 組織變革的動因有哪些？
6. 組織變革的內容是什麼？
7. 組織在變革過程中會遇到哪些阻力？如何克服？

[**本章案例**]

通用公司的組織結構變革

當杜邦公司剛取得對通用汽車公司的控制權的時候，通用公司只不過是一個由生產小轎車、卡車、零部件和附件的眾多廠商組成的「大雜燴」。這時的通用汽車公司由於不能達到投資人的期望而瀕臨困境，為了使這一處於上升時期的產業為它的投資人帶來應有的利益，公司在當時的董事長和總經理皮埃爾·杜邦以及他的繼任者艾爾弗雷德·斯隆的主持下進行了組織結構的重組，形成了後來為大多數美國公司和世界上著名的跨國公司所採用的多部門結構（multidivisional structure）。

在通用公司新形成的組織結構中，原來獨自經營的各工廠，依然保持著各自獨立的地位，總公司根據它們服務的市場來確定其各自的活動。這些部門均由企業的領導，即中層經理們來管理，它們通過下設的職能部門來協調商品從供應者到生產者的流動，即繼續擔負著生產和分配產品的任務。這些公司的中低管理層執行總公司的經營方針、

價格政策和命令，遵守統一的會計制度和統計制度，並且掌握這個生產部門的生產經營管理權。

最主要的變化表現在公司高層上。公司設立了執行委員會，並把高層管理的決策權集中在公司總裁一個人身上。執行委員會的時間完全用於研究公司的總方針和制定公司的總政策，而把管理和執行命令的負擔留給生產部門、職能部門和財務部門。同時總裁和執行委員會之下設立了財務部和諮詢部兩大職能部門，分別由一位副總裁負責。財務部擔負著統計、會計、成本分析、審計、稅務等與公司財務有關的各項職能；諮詢部負責管理和安排除生產和銷售之外的公司其他事務，如技術、開發、廣告、人事、法律、公共關係等。職能部門根據各生產部門提供的旬報表、月報表、季報表和年報表等，與下屬各企業的中層經理一起，為該生產部門制定出「部門指標」，並負責協調和評估各部門的日常生產和經營活動。同時，根據國民經濟和市場需求的變化，不時地對全公司的投入─產出做出預測，並及時調整公司的各項資源分配。

公司高層管理職能部門的設立，不僅使高層決策機構──執行委員會的成員們擺脫了日常經營管理工作的沉重負擔，而且也使得執行委員會可以通過這些職能部門對整個公司及其下屬各工廠的生產和經營活動進行有效的控制，保證公司戰略得到徹底的和正確的實施。這些龐大的高層管理職能機構構成了總公司的辦事機構，也成為現代大公司的基本特徵。

另外，在實踐過程中，為了協調職能機構、生產部門及高級主管三者之間的關係和聯繫，艾爾弗雷德·斯隆在生產部門間建立了一些由三者中的有關人員組成的關係委員會，加強了高層管理機構與負責經營的生產部門之間廣泛而有效的接觸。實際上這些措施進一步加強了公司高層管理人員對企業整體活動的控制。

討論題：
(1) 通用公司的這次組織結構重組有哪些特點？在重組過程中可能有哪些風險？
(2) 請根據有關組織變革的理論分析為什麼重組取得了成功。

第六章　領導與激勵

企業主管人員的中心任務是設計和維持一種良好環境。要維持這種良好的環境，即在實現組織目標的同時也有助於個人目標實現的環境，領導工作是必要而且是重要的。領導是指導和影響群體或組織成員為實現所期望的目標而做出努力和貢獻的行為。領導工作的實質是影響他人，是人和人之間相互交往的過程，通過這個過程來影響、激勵和引導部下為實現組織的目標而努力工作。激勵是領導工作的核心。領導工作要取得較好成效，必須運用合理的領導方法，懂得領導藝術。本章主要闡述領導的含義、領導權力、領導工作原理、領導理論和方法、激勵理論和方法。

第一節　領導的含義與領導原理

一、領導的概念

領導就是指指揮、帶領、引導和鼓勵組織內每個成員（個體）和全體成員（群體）為實現既定的目標而努力的過程，其目的在於使個體和群體能夠自覺自願而有信心地為實現組織既定目標而努力。這個定義包括以下三個要素：

（一）領導者必須有下屬或追隨者

沒有下屬追隨的領導者談不上是領導，領導在一個組織裡面起著核心的作用，是整個組織的樞紐。

（二）領導者擁有影響下屬的能力

這些能力包括組織賦予領導者的職位和權力，也包括領導者個人所具有的影響力，領導者要扮演好自己的角色，將組織賦予權力和個人的優秀品質結合起來，真正發揮影響下屬的作用。

（三）領導工作的目的是通過影響部下的行為達到組織的目標

領導工作通過影響下屬的行為使其能夠自覺自願而有信心地為實現組織目標而努力。過去人們往往把領導與擁有某種職務聯繫在一起，認為領導就是指揮和統治別人。現代領導觀念發生變化，認為領導工作的實質是影響他人，是人和人之間相互交往的過程，通過這個過程來影響、激勵和引導部下為實現組織的目標而努力工作。作為一名領導者，他不是站在一個群體的後面推動、監督，而主要是站在前面引導和激勵每位成員去實現組織的目標。

二、領導工作的作用

領導工作在實現組織目標過程中起著非常重要的作用，具體表現在以下幾個方面：

（一）指揮作用

在一個組織內部，員工為實現組織目標而努力的過程中，需要有頭腦清晰、反應敏捷、高瞻遠矚、運籌帷幄的領導幫助人們認清所處的環境和形勢，指明組織的目標和實現目標的途徑。領導者只有站在廣大群眾的前面，用自己的行動帶領人們為實現企業目標而努力，才能真正起到指揮作用。

（二）協調作用

組織的目標靠人來制定，實現目標同樣靠的是人。在許多人協同工作的集體活動中，即使有了具體的目標，但因個人的才能、理解能力、工作態度、進取精神、性格、作用、地位等不同，加上外部各種因素的干擾，人們之間在思想上發生各種分歧、行動上出現偏離目標的情況是不可避免的。因此，通過領導工作，協調組織中各個部門、各級人員的各項活動，把大家團結起來，步調一致地加速組織目標的實現。

（三）激勵作用

在一個組織中，儘管大多數人都具有積極工作的願望和熱情，但這種願望並不能自然地變成現實的行動，這種熱情也未必能長久保持下去。這是因為人首先是經濟人，勞動仍是謀生的手段，人們的需求還不能得到全部滿足。如果一個人的學習、工作和生活遇到了困難、挫折，某種物質的或精神的需要得不到滿足，就必然會影響工作的熱情。在社會生活中，企業的每個職工都有不同的經歷，怎樣才能使每個職工都保持旺盛的工作熱情，最大限度地調動他們的工作積極性呢？這就需要有通情達理、關心群眾的領導者來為他們排憂解難，激發和鼓勵他們的鬥志，充實和加強他們積極進取的動力。

三、領導權力

領導權力是領導者影響他人的力量。根據影響力的來源，權力可分為五類：

（1）法定性權力：指組織內各領導所固有的法定的權力。法定性權利取決於個人在組織中的職位。它可以被看作是一個人的正式或官方明確規定的權威地位。

（2）獎賞性權力：指領導者提供獎金、提薪、晉級、表揚、理想的工作安排和其他任何會令人愉悅的東西的權力。獎賞性權力是指某人由於控制著對方所重視的資源而對其施加影響。

（3）強制性權力：指領導者對其下屬具有的強制其服從的力量。與獎賞性權力相反，強制性權力是指通過負面處罰或剝奪積極事項來影響他人的權力。換句話說，它是利用人們對懲罰或失去其重視的成果的恐懼來控制他人。

（4）專家性權力：指領導者由個人的特殊技能或某些專業知識而形成的權力。專家性權力是知識的權力。有些人能夠通過他們在特殊領域的專長來影響他人。

（5）參照性權力：指因領導者個人的品質、魅力、資歷、背景等而形成的權力。為消除因缺乏專長而產生的問題，一種方法是構建與下屬牢固的個人紐帶。參照性權力是指由於領導者與追隨者之間的關係強度而產生的潛在影響。當人們欽佩一位領導者，將他視為楷模時，我們就說他擁有參照性權力。

四、領導工作的原理

（一）明確目標原理

明確目標原理，是指領導工作越是能使下屬明白和理解組織的目標，下屬為實現組織目標所做的貢獻就越大。

儘管明確目標不是光靠領導工作所能完成的，但這個原理表明：在實際工作中，領導者最大限度地讓員工充分理解組織目標，是領導工作的重要組成部分。這一工作是否有效直接關係到組織目標能否實現，因此，作為一名優秀的領導者，必須讓部下充分理解組織目標，只有這樣才能使組織中全體人員知道怎麼更好地完成和實現組織的目標。

（二）目標協調原理

目標協調原理，是指個人目標與組織目標能取得協調一致，人們的行為就會趨向統一，從而為實現組織目標所取得的效率會越高，效果就會越好。

在一個組織內部每一個人的目標都是不一樣的，大家都有自己的利益趨向。目標協調原理表明：組織目標越是與個人目標相一致，那麼實現組織目標的效果就越好。從根本上說，對下級的領導就是要促使他們盡其所能地為組織做出貢獻。如果個人和組織的目標相輔相成，大家都能信心十足地、滿腔熱情地、團結一致地去工作，就能夠最有效地實現這些目標。人們參加工作是為了滿足某些需要，這些需要並不一定和組織目標完全一致，但是，完全可以並能夠使個人與組織目標的利益協調一致和相互補充。所以主管人員領導下級時，必須注意利用個人的需要動機去實現集體的目標，在闡明計劃與委派任務時，協調個人與集體（組織）的目標，使人們能夠發揮出忘我獻身精神，這將會使管理工作更加順利。

（三）命令一致原理

命令一致原理，是指各級主管人員在實現目標過程中下達的各種命令越是一致，那麼個人在執行命令中發生矛盾的可能性就越小，實現組織目標取得的效果就越好。

在工作時，員工可能受到多位領導的指示，由於各個領導看待問題的角度或對結果的預料不一樣，從而會下達不相一致的命令。上級之間相互抵觸的指示會讓員工無所適從，嚴重影響目標的實現。在一個組織內部，如果個人只接受一個上級的領導，那麼個人的工作目標就比較明確，責任感就強。也就是說，人們只有在同一上級的指導下，才能更好地按照領導的指示辦事。然而在現實生活中確實有時為了提高一個組織（或部門）的全面工作效率而需要多頭指揮，這就必須強調命令的一致性。各級主管在針對不同的下級部門或個人進行指導時，必須始終表現出所做的各項工作都是為

了實現組織目標。不允許因為下級部門或個人的不同，所發布的命令、指示相互矛盾或抵觸，更不能朝令夕改，使下級部門或人員無所適從，造成工作秩序的混亂，從而影響目標的實現和給下屬造成心理上的不愉快與不滿。

（四）直接管理原理

直接管理原理，是指主管人員同下級的直接接觸越多，所掌握的各種信息資料就會越準確，從而領導工作就會越有效。

儘管一個主管人員有可能使用一些客觀的方法來評價和糾正下級的活動以保證計劃的完成，但這不能代替面對面的接觸。人們喜歡和願意親身體驗上級對他們本人及其工作的關心。這種關心會激發他們對工作的熱情，樹立他們對組織長期發展的信心，客觀地說，作為主管者若不經過親身體驗則永遠不能充分掌握所需的全部情況。通過面對面的接觸，主管者往往能夠用更好的方法對下級進行指導、同下級交換意見，特別是能夠聽取下級的建議，以及體會存在的各種問題，從而更有效地採用適宜的工作方法。因此，作發一名優秀的主管，要經常深入到基層，瞭解員工的生活、工作狀況。

（五）溝通聯絡原理

溝通聯絡原理，是指主管人員與下屬之間越是有效地、準確地、及時地溝通聯絡，整個組織就越會成為一個真正的整體。

從某種意義上說，整個管理工作都與溝通有關。主管人員通過溝通將自己的意圖和想法告訴下屬，並廣泛聽取下屬的意見和建議，從中還可以收集大量的信息、情報，包括組織外的信息情報，主管人員必須自己或組織他人進行分析整理，從而瞭解組織內外的動態和變化。進行溝通聯絡就是為了適應變化和保持組織的穩定，這是領導工作所採用的重要手段。

（六）激勵原理

激勵原理，是指主管人員越是能夠瞭解下屬的需求和願望並給予滿足，他就越是能夠調動下屬的積極性，使其能為實理組織的目標做出更大的貢獻。

激勵通過影響下屬需要的實現來提高他們的工作積極性，引導他們在組織中的行為。因此，主管人員要經常深入基層，瞭解下屬的需要和願望，並最大限度地給予滿足，從而激發他們為實現組織目標做出更大的貢獻。人們對受到的刺激所做出的反應取決於他們的個性、他們對報酬和任務的看法與期望，以及他們所處的組織環境，只籠統地去確定人們的需求，並以此建立對下屬的激勵方法，這往往是不能奏效的，必須考慮在一定時間、一定條件下的多種因素，不可能把激勵看作是一種與其他因素不相干的獨立現象。

第二節　領導理論與領導方式

一、領導特質理論

　　領導特質理論是研究領導者的心理特質與影響力、領導效能關係的理論。按其對領導特性來源所做的不同解釋，可把領導理論分為傳統的領導特質理論和現代的領導特質理論。前者認為領導者所具有的特質是天生的，是由遺傳決定的；而後者則認為領導者的特質和特性是在實踐中形成的，是可以通過教育、訓練培養的。

　　長期以來，人們一直就特質理論進行爭議。例如，有研究者認為，只要測定好的領導者和差的領導者的特質，比較其差別就可找到問題的答案。1940 年，曾有人列出了 20 份不同性格表，認為表上所列的性格就是領導者的特徵，爾後又有不少人提出了個人才智、工作能力、自信心、決斷能力、客觀性、主動性、可靠性、干勁、善於理解人、體貼人、感情的穩定性、追求成功的強烈慾望、同他人合作的能力、個人品德的高度完善性，甚至身高、體格、外貌等，都能決定領導的成敗。還有人認為領導特質是與生俱來的，先天不具備這些特質者就無法當領導。

　　研究者在現實生活中也找到了一些依據。例如，一般領導者在社交性、堅持性、創造性、協調性、處理問題的能力等方面都超過普通人。此外，其性格特徵也有別於普通人，如一般性格較為外向，智力較高，愛好群聚，責任心強，積極地參與相應的社會活動，在工作中有堅韌性，能細緻周到地考慮和解決問題等。但是，持反對意見的人認為，很多領導者並無上述天賦的人性特質，並且很多有上述特質的人也並未成為領導者。不同的研究所得出的結論往往不一致，而且常常出現相互矛盾的情況，究其原因，不外乎以下兩方面：

　　（1）領導是一種動態進程，任何人都不可能生而具有領導者的特質，領導者的特性和品質是後天的，是在實踐中形成的，可以通過培養訓練而獲得。

　　（2）各種組織的工作性質不同，為達到組織目標所需的功能也不同，因此，不同組織對領導者品質的要求大不相同。即使在同一組織中，工作和任務也是多質性的，工作崗位的性質不同，對領導者的品質的要求也不一樣。有適合做這種工作的領導，但不一定適合做另一種工作的領導。領導的人格品質都是具體的、特定的。企圖找到一種普遍使用的領導人格品質，顯然不符合實際。

　　總之，大量的研究表明：具有某些特質確實能提高領導者成功的可能性，但沒有一種特質是成功的保證。

二、領導行為理論

（一）勒溫理論

　　關於領導方式的研究最早是由心理學家勒溫進行的。他通過實驗發現，根據領導者如何利用職權，可以把領導方式劃分為專制方式、民主方式和放任自流方式三種。

其中，專制方式主要是靠權力和強制命令來進行領導；民主方式則對將要採取的行動先同下屬商量，並鼓勵下屬參與決策；採用放任自流方式的領導則極少運用其權力，而是給下屬以高度的獨立性。

根據實驗結果，勒溫認為放任自流的領導方式工作效率最低，只能達到組織成員的社交目標，但完不成工作目標；採取專制領導方式的領導者雖然通過嚴格管理能夠達到目標，但組織成員沒有責任感，且情緒消極，士氣低落；民主領導方式下的工作效率最高，不但能夠完成工作目標，而且組織成員之間關係融洽、工作積極主動、富有創造性。

(二) 領導行為連續統一體理論

美國學者坦南鮑姆和施米特認為，領導方式是多種多樣的，從專制型到放任型存在著多種過渡形式。根據這種認識，他們提出了「領導行為連續統一體理論」，描述了從主要以領導人員為中心到以下屬人員為中心的一系列領導方式（領導連續流），這些領導方式依領導者把權力授予下屬的大小程度而不同。在這一系列的領導方式中，孰優孰劣沒有絕對的標準，需視具體情況而定。

(三) 利克特的四種管理方式

美國管理學家利克特及密執安大學社會研究所的有關人員將領導連續統一體理論做了進一步的推演，他們以數百個組織機構為研究對象，發現各種領導方式可大致歸納為四種基本類型：專制—權威式；開明—權威式；協商式；群眾參與式。

利克特發現，那些用第四種領導方式（群體參與式）去從事管理活動的管理人員，一般都是極有成就的領導者。以這種方式來管理組織，在制定目標和實現目標方面是最有成績的。他把這些主要歸因於職工參與管理的程度，以及在實踐中堅持相互支持的程度。據此，利克特特別倡議職工參與管理。

(四) 四分圖理論

1945 年，美國俄亥俄州立大學商業研究所掀起了對領導行為研究的熱潮。研究人員一開始設計了一個領導行為調查表，列出了 1,000 多項描述領導行為的因素，經過不斷的概括總結，最終將領導行為的內容歸結為兩個方面：以人為重和以工作為重。以這兩個標準為劃分依據，可將領導方式分為四種，如圖 6-1 所示：

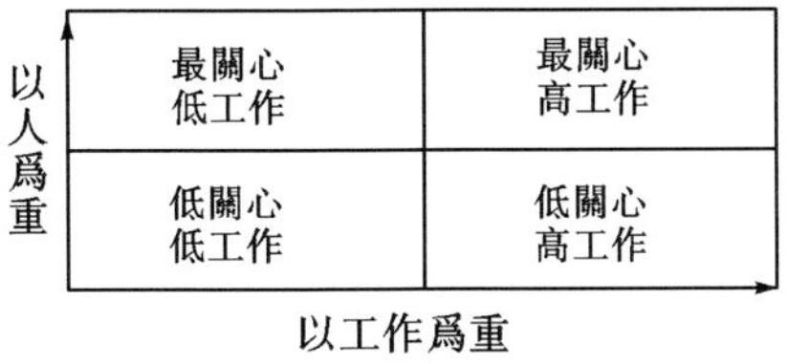

以人為重	最關心 低工作	最關心 高工作
	低關心 低工作	低關心 高工作

以工作為重

圖 6-1　領導行為四分圖

該項研究的研究者認為，以人為重和以工作為重不應是相互矛盾、相互排斥的，而應是相互聯繫的。一個領導者只有把這兩個方面相互結合起來，才能進行有效的管理。

（五）管理方格圖理論

在俄亥俄州立大學提出的四分圖論理論的基礎上，美國心理學家布萊克和穆頓提出了管理方格理論。他們將四分圖中以人為重改為對人的關心度，將以工作為重改為對生產的關心度，並分別把它們劃分為9個等份，形成81個方格，從而將領導者的領導方式劃分為許多不同的類型。如圖6-2 所示：

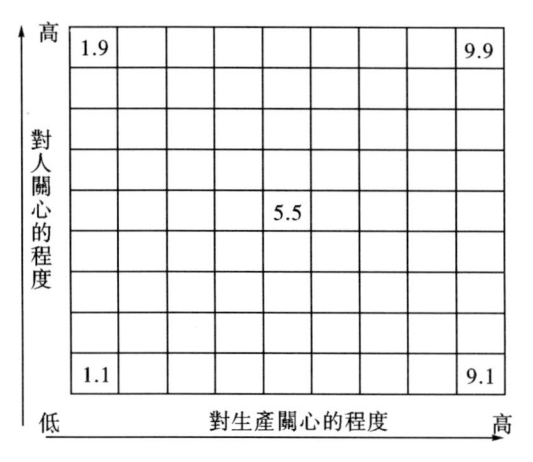

圖 6-2　管理方格圖

在圖6-2 中，橫軸表示對生產的關心，數值越高，表示他越重視生產；縱軸表示對人的關心，數值越高，表示他越重視人的因素。圖中列出了5種典型的領導方式：(1.1) 為貧乏型，採取這種領導方式的領導者希望以最低限度的努力來完成必須做的工作，對職工和生產均漠不關心，是一種不稱職的領導；(1.9) 為俱樂部型，領導者只注意搞好人際關係，創造一個舒適、友好的工作環境，不太注重工作效率，這是一種輕鬆的領導方式；(9.1) 為任務型，領導者全神貫注於生產任務的完成，很少關心下屬的成長和士氣，是一個只關心生產不關心人的領導者；(9.9) 為團隊式管理型（或戰鬥集體型），領導者對人和生產都極為關心，努力協調好各項活動，是一種協調配合的領導方式；(5.5) 為中間型，領導者對人和生產的關心度能夠保持平衡，追求正常的效率和令人滿意的士氣。

到底哪一種管理方式最好呢？布萊克和穆頓組織了很多研討會。絕大多數參加者認為 (9.9) 型最佳，也有不少人認為 (9.1) 型最好，其次是 (5.5) 型。

三、領導權變理論

領導的權變理論是在近年來國外管理學界重點研究的領導理論。從時間上來說，這種領導理論要比領導品質理論和領導行為理論晚；從內容上來說，它是在前兩種理論的基礎上發展起來的。

領導權變理論關注的是領導者與被領導者及環境之間的相互影響。正因為該理論認為領導行為的有效性並不單純取決於領導者的個人行為，而主要取決於具體的環境

(情景) 和場合，故又稱為「情景理論」。該理論認為，某一具體的領導方式並不是到處都適用的，領導行為若想有效就必須隨著被領導者的特點和環境的變化而變化，而不能是一成不變的。這是因為任何領導者總是在一定的環境條件下，通過與被領導者的相互作用去完成某個特定目標，因此，領導的有效行為就要隨著自身條件、被領導者的情況和環境的變化而變化。這方面比較有代表性的理論主要有以下幾個：

(一) 菲德勒模型 (隨機制宜的領導理論)

從 1951 年開始，伊利諾伊大學的菲德勒經過長達 15 年的調查實驗，提出了「有效領導的權變模型」，簡稱菲德勒模型。他認為，任何領導方式均有可能有效，其有效性完全取決於是否與所處的環境相適應。

經過實驗，菲德勒把影響領導有效性的環境因素歸結為以下三個方面：①領導者與下屬的相互關係，即領導者得到被領導者擁護和支持的程度；②職位權力，指組織賦予領導者正式地位所擁有的權力，以及權力是否明確、充分；③任務結構，指下屬所從事的工作或任務的明確性。

根據這三種因素，菲德勒把領導者所處的環境從最有利到最不利分為 8 種類型，並指出領導者究竟採取哪種領導方式，應該與環境類型相適應，才能實現有效領導。

(二) 路徑—目標理論

羅伯特・豪斯教授的「路徑—目標理論」把領導者的影響視為介於行為和目標之間的路徑。因此，領導者主要職能就是為下屬設置目標、清除障礙，幫助他們尋找實現目標的最佳途徑。根據這一點，可把領導行為分為四類：①支持型；②參與型；③指令型；④成就型。

四、領導方式的類型

(一) 集權型

集權型領導方式下的決策完全由領導做出，下屬不參與。領導者發布詳細指令，明確規定下屬做什麼、怎麼做。這種領導方式又分為命令型和說服型兩種。

命令型領導方式下領導者與被領導者之間純粹是命令與服從、指揮與執行的關係。領導者只採取單向溝通的形式向下屬規定任務和工作規程，下屬無法瞭解組織的整體目標，下屬對工作只能知其然，不知其所以然。命令型領導方式完全依靠運用權力來達到組織目標，適用於文化水平低、民主意識弱的被領導者和簡單的、規範化的工作。隨著生產、科技和文化的發展，這種領導方式的活動範圍漸趨縮小，但在某些特定的條件下，仍然是有效的。即使在某種特定條件下運用命令型領導方式，也要看到其局限性，只要有可能，應盡可能採取其他領導方式。

說服型領導方式下領導者做出決策後，不是滿足於向下屬發布行政命令，而是輔之以思想工作。通過雙向溝通進行說服教育，使下屬瞭解組織目標，對工作不僅知其然，而且知其所以然，以獲得下屬的支持，這也有利於調動下屬的積極性。說服型領導方式適用於文化水平、民主意識都處於中等程度的被領導者和對創造性要求不高的

工作。

(二) 參與型

參與型領導方式下領導者在決策時，讓下屬以各種形式參與，廣泛爭取下屬意見，並認真考慮和接受下屬的建議。參與型與說服型兩類領導方式的共同點是與下屬進行雙向溝通；其不同點在於，後者只是讓下屬瞭解領導的決策，前者則讓下屬參與領導的決策。在參與型的領導方式下，下屬的民主權利受到尊重，有利於增強他們的主人翁意識，從而大大提高責任感和積極性。參與型領導方式適用於文化水平較高，民主意識較強的被領導者和具有中等程度創造性的工作。

參與型領導方式又可分為部分參與和全部參與兩種。部分參與只是補充、完善領導的決策；全部參與則是可以參與制定決策，以至修正領導的決策。

(三) 寬容型

寬容型領導方式下領導者向下屬高度授權，讓他們自行決定工作中何時、何處和怎麼辦的問題。它又可具體分為放手型和放任型兩種。

放手型領導方式是指領導在向下屬授權時，同時規定他們的目標方向、完成任務的要求和期限，並在工作過程中進行適當的監督。它適用於文化水平高，事業心、責任心強的被領導者和任務彈性較大、創造性較大的工作。

放任型領導方式是指領導在向下屬授權時，對工作的目標方向及完成任務的要求與期限都不作具體規定，也不進行經常性的監督，而是由下屬自行其是。它適用於獨立工作，事業心、責任心和自我控制能力都很強的被領導者，並且難以具體規定任務、創造性很大的工作。

(四) 權變型

權變型領導方式不是單一的領導方式，而是領導者根據被領導者的具體情況和所處環境的客觀條件，靈活運用適當的領導方式。

權變型領導方式如運用得當，會優於其他單一的領導方式，但它對領導者的素質有更高的要求。

如果領導者缺乏較高的素質，運用不當的話，就不一定比其他領導方式優越。

領導者精通領導藝術，如知人善任、善於授權、友誼團結、平易近人、信任對方、關心他人、一視同仁等。只有充分瞭解、嫻熟運用上述領導藝術，領導者才可充分利用自身的良好素質，取得比較理想的領導效果。

第三節　激勵理論與方法

一、激勵的概念

激勵，通常認為是和動機連在一起的，主要指人類活動的一種內心狀態。美國管理學家羅賓斯把動機定義為個體通過高水平的努力而實現組織目標的願望，而這種努

力又能滿足個體的某些需要。因此，無論是激勵還是動機，都包含三個關鍵要素：努力、組織目標和需要。一般而言，動機指的是為實現任何目標而付出的努力。可以說，激勵是由動機推動的一種精神狀態。它對人的行動起激發、推動和加強的作用。

二、激勵的內容理論

(一) 需要層次理論

著名的人本主義心理學家馬斯洛認為，人的行為是由動機驅使的，而動機又是由需要引起的。然而人的主觀因素和客觀條件不同，其需要千差萬別，多種多樣。任何人在一定的時期內，想要滿足自身的全部需要是不可能的，只能按照對其個體的重要程度，排列出滿足需要的先後次序，於是馬斯洛提出了著名的需求層次理論。他認為人類有五類最基本的需要，它們分別為生理需要、安全需要、歸屬需要、尊重需要和自我實現的需要。人類因需要的未滿足而被激發動機和影響行為，當個人較低層次的需要被相對滿足後，其激發動機的作用隨之減弱或消失，而更高級的需要就成為新的激勵因素。

生理需要是指人類維持和延續個體生命所必需的一種最基本的需要。這種需要是第一位的，是人類賴以生存所必不可少的。人冷了要穿衣，餓了要吃飯，渴了要喝水，等等。生理需要中金錢起到極其重要的作用，在商品交換的社會，金錢作為一般等價物，可以換取任何需要的物質，一定數量的金錢是滿足物質需要所必要的。

安全需要是指人類在社會生活中，希望自己的肉體和精神沒有危險，不受威脅，確保其平安的需要。人對安全的需要是多方面的，例如，人身安全與疾病、災禍、社會治安、環境污染等等相關；職業安全指不失業、經濟來源有保障；心理安全指解脫嚴密監督的威脅、希望避免不公正待遇；勞動安全則是指工作環境舒適無害、不發生事故等。

社交需要又稱歸屬需要，是指人們希望給予和接受愛和感情，得到某些社會團體的重視和容納的需要。職工希望在組織中得到人們的理解和支持，希望有朋友，夥伴之間、同事之間關係融洽，保持友誼和忠誠，希望得到信任和互愛。人還有一種歸屬感，歸屬於家庭或某個集體，成為其中一員而得到相互關心、相互照顧，不感到孤獨。

尊重需要是指自尊和受人尊重，以及對名譽、地位的慾望。它包括兩個方面：一方面希望有實力、有成就、有自信心，勝任本職工作，要求獨立和自由；另一方面要求有名譽，有威望，受人賞識、關心、重視和高度評價，管理人員可以通過給予其外在的成就象徵，如職稱、晉級、加薪等，也可用提供挑戰性的工作滿足職工這方面的需要。

自我實現需要是指人們希望充分發揮自己的才能，干一番事業，獲得相應成就，實現理想目標，成為自己所期望的人的需要。它是需要的最高層次。它們涉及個人的不斷發展，充分發揮自己的潛質，對現實有透澈的瞭解，管理人員可以幫助創造一種氛圍，使個人能實現自我。

由於人在不同的心理發展水平上其需要結構可能不同，如某一階段生理需要占主

導地位，另一階段安全需要又占主導地位。在不同的需要結構中，幾種需要的相對強度是不同的，但其中必然有一種需要占主導地位，從而形成優勢動機，激勵人們的行為。

綜上所述，管理工作中需要重視員工需要的研究，處於不同層次需要的人，其追求的目標不一樣，產生的行為不同，應運用不同的激勵方法和採用不同的管理策略，以便充分調動員工的工作積極性。

(二) 期望理論

期望理論是美國心理學家弗魯姆於1964年提出的。這一理論是通過對人們的努力行為與預期的獎酬之間的因果關係來研究激勵的過程。

期望理論的基本觀點是：人們對某項工作積極性的高低，取決於他們對這項工作能滿足其需要的程度及實現可能性大小的評價。例如某員工認為實現某項工作目標將會給他帶來巨大的利益（如獲得提升），而且只要通過努力達到目標的可能性很大，他就會以極高的積極性努力完成這項工作。反之，假若其對達到目標不感興趣，或者即使感興趣但根本沒有希望達到目標，那他就不會努力做好這項工作，換言之，弗魯姆認為激勵是一個人某一行動的期望價值和那個人認為將達到的目標的概率的乘積。其公式表示為：

$$激勵力量 = 期望值 \times 效價$$

這裡激勵力量是指激勵水平的高低，它表明動機的強烈程度；效價是指一個人對某一目標的重視程度與評價高低，即主觀認為所要達到的目標對他來說的效用價值；期望值是一個人對自己的行為能否導致所想得到的工作績效和目標的主觀概率，即主觀上估計達到目標的可能性、得到獎酬的可能性大小。從公式上可以看出，當一個人對達到某一目標漠不關心時，那效價便是零。而當一個人寧可不要達到這一目標時，那就是負的效價，結果當然毫無動力。同樣期望值如果是零或負值時，一個人也就無任何動力去達到某一目標。因此為了激勵職工，管理人員應當一方面提高職工對某一成果的偏好程度，另一方面幫助職工實現期望值，即提高期望值的概率。

(三) 雙因素理論

雙因素論是由美國心理學家赫茨伯格提出的。在20世紀50年代，他通過對200名工程師和會計師進行的訪談調查，深入研究人們希望從工作中得到些什麼，要求每位受訪者詳細描述哪些因素使他們在工作中特別感到滿意及受到高度激勵，又有哪些因素使他們感到不滿意和消沉。他通過調查，發現人們對諸如本組織的政策和管理、監督、工作條件、人際關係、薪金、地位、職業安定以及個人生活所需等，得到後則滿意，得不到則產生不滿意。他把這一類的因素統稱為「保健因素」。此外，他還發現人們對諸如成就、賞識、艱鉅的工作、晉升和工作中的成長、責任感等，得到則感到滿意，得不到則滿意，他把這一類因素統稱為「激勵因素」。

赫茨伯格認為激勵一個職工的過程分兩個步驟。首先，管理人員要確保保健因素是適當的，要保障職工的工資、工作環境安全、技術監督為職工所接受。通過提供保健因素能消除職工的不滿，但保健因素並不能激勵他們。其次，管理人員應進行第二

步，就是創造機會為職工提供激勵因素，諸如晉升、豐富工作內容等。

保健因素不能直接起激勵職工的作用，但能防止職工產生不滿的情緒。保健因素改善後，職工的不滿情緒會消除，但並不會導致積極成果，職工只是處於一種既非滿意又非不滿意的中間狀態。只有激勵因素才能產生使職工滿意的積極效果。

（四）X 理論和 Y 理論

這是關於人性的問題，由美國管理心理學家道格拉斯·麥格雷戈總結提出。管理者關於人性的觀點是建立在一些假設基礎上的，管理者正是根據這些假設來塑造激勵下屬的行為方式。管理者對人性的假設有兩種對立的基本觀點：一種是消極的 X 理論；另一種是積極的 Y 理論。

1. X 理論
（1）員工天性好逸惡勞，只要可能，就會躲避工作；
（2）以自我為中心，漠視組織要求；
（3）員工只要有可能就會逃避責任，安於現狀，缺乏創造性；
（4）不喜歡工作，需要對他們採取強制措施或懲罰辦法，迫使他們實現組織目標。

2. Y 理論
（1）員工並非好逸惡勞，而是自覺勤奮，喜歡工作；
（2）員工有很強的自我控制能力，在工作中兌現完成任務的承諾；
（3）一般而言，每個人不僅能夠承擔責任，而且還主動尋求承擔責任；
（4）絕大多數人都具備做出正確決策的能力。

麥格雷戈本人認為，Y 理論的假設比 X 理論更實際有效，因此他建議讓員工參與決策，為員工提供富有挑戰性和責任感的工作，建立良好的群體關係，有助於調動員工的工作積極性。

總體來說，激勵的內容理論突出了人們根本上的心理需要，並認為正是這些需要激勵人們採取行動。需要層次論、雙因素理論，都有助於管理人員理解是什麼在激勵人們。所以，管理人員可以設計工作去滿足需要，並輔之以適當的和成功的工作行為。

（五）工作特性理論

工作特性理論認為工作中的一些特性能夠有效地激勵員工，並使員工感到滿意。

這一理論認為，三個重要的心理狀態對工作動機的激勵是至關重要的：員工必須感受到對工作成果（如質量和數量）負有的責任；員工必須感受到工作是有意義的；員工必須能夠清晰地知道個體努力工作能獲得實際成果。

工作特性理論認為有五個工作特性影響著上述三種心理狀態。它們是：技能多樣性（工作或任務的完成利用了員工的多種技能而不是單一重複技能）、任務完整性（員工自始至終地負責一項任務而不是某一個小環節）、任務重要性（員工認識到自己執行的某項任務對企業整體發展具有比較重要的價值）、工作自主性（對於某項任務員工能按照自己的意願來計劃和執行）、工作的反饋程度（員工能及時從上級領導或同事那裡得到反饋）。其中，工作自主性有助於產生上面第一個心理狀態。技能多樣性、任務完整性和任務重要性有助於產生第二個心理狀態。工作的反饋程度有助於產生第三個心

理狀態。

三、激勵的過程理論

激勵的過程理論試圖說明員工面對激勵措施如何選擇行為方式去滿足他們的需要，以及確定其行為方式的選擇是否成功。過程理論有兩種基本類型：公平理論和期望理論。

(一) 公平理論

公平理論也稱為社會比較理論，是美國心理學家亞當斯在 1965 年首先提出來的。這種理論的基礎在於：員工不是在真空中工作的，他們總是在進行比較，比較的結果對於他們在工作中的努力程度有影響。大量事實表明，員工經常將自己的付出與所得和他人進行比較，而由此產生的不公平感將影響到他們以後付出的努力程度。這種理論主要討論報酬的公平性對人們工作積極性的影響。它指出，人們將通過橫向和縱向兩個方面的比較來判斷其所獲報酬的公平性。

員工選擇的與自己進行比較的參照類型有三種，分別是「其他人」「制度」和「自我」。「其他人」，包括在本組織中從事相似工作的其他人以及別的組織中與自己能力相當的同類人，如朋友、同事、學生甚至自己的配偶等。「制度」是指組織中的工資政策與程序以及這種制度的運作。「自我」是指自己在工作中付出與所得的比率。

對某項工作的付出，包括教育、經驗、努力水平和能力。通過工作獲得的所得或報酬，包括工資、表彰、信念和升職等。

亞當斯提出「貢獻率」的公式，描述員工在橫向和縱向兩方面對所獲報酬的比較以及對工作態度的影響。

$$Q_p/I_p = Q_x/I_x$$

1. 橫向比較

所謂橫向比較，就是將「自我」與「他人」相比較來判斷自己所獲報酬的公平性，從而對此做出相對應的反應。

在上式中：

Q_p：自己對自己所獲報酬的感覺；

Q_x：自己對他人所獲報酬的感覺；

I_p：自己對付出的感覺；

I_x：自己對他人的付出的感覺。

(1) $Q_p/I_p = Q_x/I_x$，進行比較的員工覺得報酬是公平的，他可能會為此而保持工作的積極性和努力程度。

(2) $Q_p/I_p > Q_x/I_x$，則說明此員工得到了過高的報酬或付出的努力較少。在這種情況下，一般來說，他不會要求減少報酬，而有可能會自覺地增加自我的付出。但過一段時間他就會重新因過高估計自己的付出而對高報酬心安理得，於是又會回到原先的水平。

(3) $Q_p/I_p < Q_x/I_x$，則說明員工對組織的激勵措施感到不公平。此時他可能會要求

增加報酬，或者自動地減少付出以便達到心理上的平衡，也可能離職。

2. 縱向比較

除了進行橫向比較，還存在著在縱向上把自己目前的狀況與過去的狀況進行比較。結果仍然有三種情況。

如以 Q_{pp} 代表自己目前所獲報酬，Q_{pl} 代表自己過去所獲報酬，I_{pp} 代表目前的投入量，I_{pl} 代表自己過去的投入量，則：

（1）$Q_{pp}/I_{pp} = Q_{pl}/I_{pl}$，此員工認為激勵措施基本公平，積極性和努力程度可能會保持不變。

（2）$Q_{pp}/I_{pp} > Q_{pl}/I_{pl}$，一般來講他不會覺得所獲報酬過高，因為他可能會認為自己的能力和經驗有了進一步的提高，其工作積極性不會因此而提高多少。

（3）$Q_{pp}/I_{pp} < Q_{pl}/I_{pl}$，此人覺得很不公平，工作積極性會下降，除非管理者給他增加報酬。

上述分析表明，公平理論認為組織中員工不僅關心從自己的工作努力中所得的絕對報酬，而且還關心自己的報酬與他人報酬之間的關係。他們對自己的付出與所得和別人的付出與所得之間的關係進行比較，做出判斷。如果覺得這種比率和其他人相比不平衡，就會感到緊張，這樣的心理進一步驅使員工追求公平和平等。

公平理論對企業管理的啟示是非常重要的，它告訴管理人員，員工對工作任務以及公司的管理制度，都有可能產生某種關於公平性的影響作用。而這種作用對僅僅起維持組織穩定性的管理人員來說，是不容易覺察到的。員工對工資提出增加的要求，說明組織對他至少還有一定的吸引力；但當員工的離職率普遍上升時，說明企業組織已經使員工產生了強烈的不公平感，這需要管理人員高度重視，因為它意味著除了組織的激勵措施不當以外，更重要的是，企業的現行管理制度有缺陷。

如美國航空公司一度大面積出現員工的離職和曠工，公司對此百思不得其解。在激勵方面，公司為突出員工對航空公司的貢獻率，貫徹了一種旨在降低工資率的顯性雙軌制度，主要表現在拉開新老員工的工資差距。但對員工的抱怨進行分析後，公司高級管理層發現，原來是這種顯性的雙軌制工資制度讓員工普遍感到惱火，員工認為這是工資待遇不公平的制度形式。在同一工作崗位上的新老員工工資差距很大，新員工難以忍受他們的低工資成為公開制度化的管理內容。結果是，在公司內部，各個職能和團隊的工作都面臨巨大的協調困難。員工之間抵觸情緒明顯，消極怠工嚴重。找到這一原因後，公司果斷取消了這種顯性工資差距，結果員工的抵觸行為趨於緩和，離職率明顯降低。

公平理論的不足之處在於員工本身對公平的判斷是極其主觀的，這種行為對管理者施加了比較大的壓力。因為人們總是傾向於過高估計自我的付出，而過低估計自己所得到的報酬，對他人的估計則剛好相反。因此管理者在應用該理論時，應當注意實際工作績效與報酬之間的合理性，並注意使對組織的知識吸收和累積有特別貢獻的個別員工保持心理平衡。

（二）期望理論

相比較而言，對激勵問題進行比較全面的研究的是激勵過程的期望理論。這一理

論主要由美國心理學家 V. 弗魯姆在 20 世紀 60 年代中期提出並形成。期望理論認為只有當人們預期到某一行為能給個人帶來有吸引力的結果時，個人才會採取特定的行動。他對於組織通常出現的這樣一種情況給予瞭解釋，即面對同一種需要以及滿足同一種需要的活動，為什麼有的人情緒高昂，而另一些人卻無動於衷呢？有效的激勵取決於個體對完成工作任務以及接受預期獎賞的能力的期望。

根據這一理論，員工對待工作的態度依賴於對下列三種聯繫的判斷：

（1）努力——績效的聯繫。員工感覺到通過一定程度的努力而達到工作績效的可能性。如需要付出多大努力才能達到某一績效水平，自己是否真能達到這一績效水平，概率有多大。

（2）績效——獎賞的聯繫。員工對於達到一定工作績效後即可獲得理想的獎賞結果的信任程度。如當自己達到這一績效水平後，會得到什麼獎賞。

（3）獎賞——個人目標的聯繫。如果工作完成，員工所獲得的潛在結果或獎賞對他的重要性程度。如這一獎賞能否滿足個人的目標，吸引力有多大。

在這三種關係的基礎上，員工在工作中的積極性或努力程度（激勵力）是效價和期望值的乘積，即：

$$M = V \times E$$

式中：M 表示激勵力，V 表示效價，E 表示期望值。

如第一節所述，所謂期望值是指人們對自己能夠順利完成某項工作的可能性估計，即對工作目標能夠實現的概率的估計；效價，是指一個人對這項工作及其結果（可實現的目標）能夠給自己帶來滿足程度的評價，即對工作目標有用性（價值）的評價。

效價和期望值的不同結合，會產生不同的激發力量，一般存在以下幾種情況：

高 E×高 V＝高 M

中 E×中 V＝中 M

低 E×低 V＝低 M

高 E×低 V＝低 M

低 E×高 V＝低 M

這表明，組織管理要收到預期的激勵效果，要以激勵手段的效價（能使激勵對象帶來的滿足）和激勵對象獲得這種滿足的期望值都同時足夠高為前提。只要效價和期望值中有一項的值較低，都難以使激勵對象在工作崗位上表現出足夠的積極性。

期望理論的基礎是自我利益，它認為每一員工都在尋求獲得最大的自我滿足。期望理論的核心是雙向期望，管理者期望員工的行為，員工期望管理者的獎賞。期望理論的假說是管理者知道什麼對員工最有吸引力。期望理論的員工判斷依據是員工個人的知覺，而與實際情況關係不大。不管實際情況如何，只要員工以自己的知覺確認自己經過努力工作就能達到所要求的績效，達到績效後就能得到具有吸引力的獎賞，他就會努力工作。

因此，期望理論的關鍵是，正確識別個人目標和判斷三種聯繫，即努力與績效的聯繫、績效與獎勵的聯繫、獎勵與個人目標的聯繫。

激勵過程的期望理論對管理者的啟示是，管理人員的責任是幫助員工滿足需要，

同時實現組織目標。管理者必須盡力發現員工在技能和能力方面與工作需求之間的對稱性。為了提高激勵，管理者可以明確員工個體的需要，界定組織提供的結果，並確保每個員工有能力和條件（時間和設備）得到這些結果。企業管理實踐中不時有公司在組織內部設置提高員工積極性的激勵性條款或舉措，如為員工提供擔任多種任務角色的機會，激發他們完成工作和提高所得的主觀能動性。通常，要達到使工作的分配出現所希望的激勵效果，根據期望理論，應使工作的能力要求略高於執行者的實際能力，即執行者的實際能力略低於（既不太低、又不太高）工作的要求。

（三）激勵的強化理論

這種理論觀點主張對激勵進行針對性的刺激，只看員工的行為及其結果之間的關係，而不是突出激勵的內容和過程。強化理論是由美國心理學家斯金納首先提出的。該理論認為人的行為是其所獲刺激的函數。如果這種刺激對他有利，則這種行為就會重複出現；若對他不利，這種行為就會減弱直至消失。因此管理要採取各種強化方式，以使人們的行為符合組織的目標。

根據強化的性質和目的，強化可以分為兩大類型。

1. 正強化

所謂正強化，就是獎勵那些符合組織目標的行為，以便使這些行為得到進一步加強，從而有利於組織目標的實現。正強化的刺激物不僅包含獎金等物質獎勵，還包含表揚、提升、改善工作關係等精神獎勵。為了使強化達到預期的效果，還必須注意實施不同的強化方式。有的正強化是連續的、固定的正強化，譬如對每一次符合組織目標的行為都給予強化，或每隔一個固定的時間都給予一定數量的強化。儘管這種強化有及時刺激、立竿見影的效果，但久而久之，人們就會對這種正強化有越來越高的期望，或者認為這種正強化是理所應當的。管理者只有不斷加強這種正強化，否則其作用會減弱甚至不再起到刺激行為的作用。

另一種正強化的方式是間斷的、時間和數量都不固定的正強化，管理者根據組織的需要和個人行為在工作中的反應，不定期、不定量地實施強化，使每次強化都能起到較大的效果。實踐證明，後一種正強化更有利於組織目標的實現。

2. 負強化

所謂負強化，就是懲罰那些不符合組織目標的行為，以使這些行為削弱甚至消失，從而保證組織目標的實現不受干擾。實際上，不進行正強化也是一種負強化，譬如，過去對某種行為進行正強化，現在組織不再需要這種行為，但這種行為並不妨礙組織目標的實現，這時就可以取消正強化，使行為減少或者不再重複出現。同樣，負強化也包含減少獎勵或者罰款、批評、降級等。實施負強化的方式與正強化有區別，應以連續負強化為主，即對每一次不符合組織的行為都及時予以負強化，消除人們的僥幸心理，減少這種行為重複出現的可能性。

總之，強化理論強調行為是其結果的函數，通過適當運用及時的獎懲手段，集中改變或修正員工的工作行為。強化理論的不足之處在於它忽視了諸如目標、期望、需要等個體要素，而僅僅注重當人們採取某種行動時會帶來什麼樣的後果。但強化並不

是員工工作積極性存在差異的唯一解釋。

四、激勵方法

結合上述的各種激勵理論，主要有四種常用的激勵方式：工作激勵、成果激勵、批評激勵以及培訓教育激勵。工作激勵是指通過分配適當的工作來激發員工內在的工作熱情；成果激勵是指在正確評估工作成果的基礎上給員工以合理的獎懲，以保證員工行為的良性循環；批評激勵是指通過批評來激發員工改正錯誤行為的信心和決心；培訓教育激勵則是通過灌輸組織文化和開展技術知識培訓，提高員工的素質，增強其更新知識、共同完成組織目標的熱情。

進入20世紀90年代以來，西方企業在多種激勵理論的基礎上，提出了一些形式新穎的激勵計劃，竭力改善企業員工的滿意度和績效。這些計劃主要包括全面薪酬管理（績效工資、分紅、總獎金、知識工資、員工持股）、靈活的工作日程、榮譽激勵等。

（一）全面薪酬管理

獲得薪酬是許多員工參與企業活動的基本目的。薪酬制度的建立和完善是管理激勵的基本工作內容之一。除與基本工作相應的基本工資外，員工的薪酬管理還應注意以下幾個方面：

（1）績效工資。企業突出績效工資意味著員工是根據他的績效貢獻而得到獎勵的，因此這種工資一般又稱為獎勵工資。它實際上是激勵的期望理論和強化理論的邏輯結果，因為增加工資是和工作行為掛勾的。通用汽車公司就曾大力推行這種激勵計劃。公司管理層在取消員工的年度生活補貼後，建立了一種績效工資制度，通過漲工資刺激員工努力工作。公司管理層分別對員工人數的上限10%、上中部25%、中部55%和下限10%強化工資差別。

（2）分紅。這是員工和管理人員在特定的單位中，當單位績效打破預先確定的績效目標時，接受獎金的一項激勵計劃。這些績效目標可以是細化了的勞動生產率、成本、質量、顧客服務或者利潤。和績效工資不同的是，分紅鼓勵協調和團隊工作，因為全體員工都對經營單位的利益在做貢獻。絕大多數公司都採用了某種精確指定的績效目標和獎金的核算方法。

（3）總獎金。這是以績效為基礎的一次性現金支付計劃。單獨的現金支付旨在提高激勵的效價。這種計劃在員工感到他們的獎金真正反應了公司的繁榮時才有效，不然效果適得其反。

（4）知識工資。這是指一個員工的工資隨著他能夠完成的任務的數量增加而增加。知識工資增加了公司的靈活性和效率，因為公司需要做工作的人會越來越少。但要貫徹這項計劃，公司必須有一套高度發達的員工評估程序，必須明確工作崗位，這樣工資才可能隨著新工作的增加而增加。

（5）員工持股計劃。實施員工持股計劃是指給予員工部分企業的股權，允許他們分享改進的利潤績效。相對而言，員工持股計劃在小企業的管理中比較流行，但也有像寶潔公司這樣的大企業在採用這種激勵計劃。員工持股計劃實際上是公司以放棄股

權的代價來提高生產率水平，絕大多數企業主管發現這種激勵形式的效果很不錯。員工持股計劃使得員工更加努力工作，因為他們是所有者，要分擔企業的盈虧。但要使這種激勵計劃有效進行，管理人員必須向員工提供全面的公司財務資料，賦予他們參加主要決策的權力，以及給予他們包括選舉董事會成員在內的投票權。

（二）靈活的工作日程

靈活的工作日程主要指取消對員工固定的五日上班8小時工作制的限制。修改的內容包括四日工作制、靈活的時間以及輪流工作。

執行四日工作制，員工就是工作4天。每天10小時，而不是五日工作制中的每天從上午8點到下午5點的8個小時。這一激勵目的，是滿足員工想得到更多閒暇時間的需要。靈活的時間就是讓員工自己選擇工作日程。輪流工作是讓兩個或兩個以上的人共同覆蓋某一項目工作周40小時的工作。這一激勵計劃意味著公司同意使用兼職員工，在很大程度上是為了滿足帶小孩的母親的需要，同時又消除了員工因長期從事某種工作而導致的枯燥和單調。

（三）榮譽激勵

榮譽激勵是指對有突出表現或貢獻的員工，授予一些頭銜和榮譽，換來員工的認同感，滿足其內心的需求，從而激勵員工的積極性。榮譽激勵成本低，效果卻非常顯著。榮譽可以證明員工的存在價值，在員工的精神生活中占據著重要的位置。任何人都希望自己受到重視。把握員工內心深處的這種渴望，並給予他們一些頭銜和榮譽稱號，來滿足其內心的需求，可以幫助員工建立自信、激發其努力工作的能動性。

復習思考題：

1. 簡述領導工作的原理。
2. 簡述領導權力的來源。
3. 敘述領導行為理論的類型及各方面的特點。
4. 何謂需求層次論？該理論對管理者有何啟示？
5. 何謂激勵因素？何謂保健因素？雙因素理論對我們可提供哪些啟示？
6. 何謂工作特性理論？
7. 試介紹並評價期望理論的主要觀點。
8. 試對企業管理實踐中的不同激勵方式進行比較和分析。

［本章案例1］

青島雙星汪海的領導方式

青島雙星人至今仍記憶猶新的一段往事：5年前，一個對大陸企業抱有很深成見的老臺商氣衝衝地來找雙星總經理汪海，他要看看汪海用什麼絕招，把一個和他做了20

多年生意的美國大客戶搶走了。他在雙星一個車間一個車間地連轉了三天，怒氣慢慢變成了服氣，最後，他抓住汪海的手，發自內心地說道：「真沒想到雙星規模這麼大，真沒想到你將雙星領導得這麼好！」

不光老臺商沒想到，就是美國的大鞋商到雙星看後也感到驚訝，但驚訝過後，則把他們在韓國、菲律賓的訂貨單拿到了雙星。

紐約《世界鞋報》記者從美國鞋商口中知道了雙星的情況，在雙星舉辦的新聞發布會上，他問總經理汪海：「請問您是怎樣領導這樣大規模的企業的？採取了什麼先進的管理辦法？」

對美國人的疑問，汪海的回答簡單明瞭：「我們針對製鞋業勞動密集型、手工操作的特點，提出『人是興廠之本，管理以人為主』，堅持管理以人為本，採取了『超微機的管理』，並且形成了一整套自己的管理理論和管理哲學，創造了具有鮮明特色的『雙星九九管理法』。」

對「管理」一詞，汪海曾在字面上作過這樣的詮釋：「管」，就是對人和事物的管，「理」就是在管的基礎上去建立新的章法，理順各種關係；一句話，就是要人去管，要人去理。

雙星公司總經理專門研究了日本松下公司的管理，他發現，松下公司取得成功，除了得力於組織機構、管理技巧、科學技術外，更重要的是得力於其經營理念，一種「繁榮、幸福、和平」的企業文化功能。他把人的歷史傳統、價值標準、道德規範、生活觀念等統一於企業內部的共同目標之下，使企業如大家庭般上下忠誠和諧。他更發現松下的這套東西不過是脈承中國的「誠意正心、修身齊家、治國平天下」的儒家思想。

汪海開始琢磨：徒尚如此，況師乎？社會主義市場經濟，必然要受傳統文化的影響，而傳統文化又必然要接受現代市場經濟的洗禮。

經過認真思考和分析，汪海緊緊抓住了「人」這個決定因素，以對人的九項管理為縱軸，以對生產經營的九項管理為橫軸，為雙星的管理勾畫出一個直角坐標，提煉出物質文明與精神文化互相促進的「雙星九九管理法」。在人的管理上，雙星人要達到「三環」「三輪」原則。他們繼承傳統的，借鑒國外的以創造自己的，以此三環來刻意求新；他們把思想教育當前輪，經濟手段、行政手段作後輪，同步運行，共同提高效能。

在生產經營上，雙星人要實行三分、三聯、三開發。他們分級管理、分層承包、分開算帳，以此增加企業的活力；他們搞加工聯產、銷售聯營、股份聯合，進一步擴大企業的實力；他們進行人才、技術產品和市場的全方位開發，使雙星在市場上提高了競爭力。汪海在實施九九管理法的縱橫交叉中，終於找到了把人與物管理相結合的最佳組合點。

現在，雙星公司總經理汪海又在積極探索新的領導方式，力爭把雙星公司帶入國際大公司行列，實現「世界的鞋業在中國，中國的鞋業在雙星」的宏偉戰略目標。

討論題：

分析雙星公司總經理汪海領導方式有何特點。

[本章案例2]

施科長沒有解決的難題

施迪聞是富強油漆廠的供應科科長，廠裡同事乃至外廠的同行們都知道他心直口快，為人熱情，尤其對新主意、新發明、新理論感興趣，自己也常在工作中搞點新名堂。

前一階段，常聽施科長對人嚷嚷說：「咱廠科室工作人員的那套獎金制度，是徹底的『大鍋飯』平均主義，我看到了非改不可的地步了。獎金總額不跟利潤掛勾，每月按工資總額拿出5%當獎金，這5%是固定死了的，一共才那麼一點錢。說是每人具體分多少，由各單位領導按每人每月工作表現去確定，要體現『多勞多得』原則，還要求搞什麼『重賞重罰，承認差距』哩，可是談何容易，『巧婦難為無米之炊』呀！總共就那麼一點點，還玩得出什麼花樣？理論上是說要獎勤罰懶，幹得好的多給，一般的少給，差的不給。可是你真的不給試試看，不給不造反才怪呢！結果實際上是大伙基本上拉平，皆大歡喜；要說有那麼一點差距，分成三等，不過這差距也只是象徵性的。照說這獎金也不多，有啥好計較的？可要是一個錢不給，他就認為這簡直是侮辱，存心丟他的臉。唉，難辦！一個是咱廠窮，獎金撥得就少；二是咱中國人對平均主義習慣了，愛犯『紅眼病』。」

最近，施科長卻跟人們談起了他的一段有趣經歷。他說：

「改革科室獎金制度，我琢磨好久了，可就是想不出啥好點子來。直到上個月，廠裡派我去市管理幹部學院參加一期中層幹部管理培訓班。有一天，他們不知從哪裡請來一位美國教授，聽說還挺有名，來給我們做一次講演。

「那教授說美國有位學者，叫什麼來著？……對，叫什麼伯格，他提出一個新見解，說是企業對職工的管理，不能太依靠高工資和獎金。又說：錢並不能真正調動人的積極性。你說怪不？什麼都講金錢萬能的美國人，這回到說起錢不那麼靈來了。這倒要留心聽聽。

「那教授繼續說，能影響人的積極性的因素很多，按其重要性，他列出了一長串單子。我記不太準了，好像最要緊的是『工作的挑戰性』。這是個洋名詞，照他解釋，就是指工作不能太簡單，不能輕而易舉就完成了；要艱鉅點，讓人得動點腦筋，花點力氣，那活才有幹頭。再就是工作要有趣，要有些變化，多點花樣，別老一套。他說還要給咱自主權；要讓人家感到自己有成就感，有所提高。還有什麼表揚啦，跟同事們關係友好融洽，勞動條件要舒服安全，我也記不準，記不全了。可有一條我記準了：工資獎金是放在最後一位的，也就是說，最無關緊要。

「你想想，錢是無關緊要的！聞所未聞，乍一聽都不敢相信。可是我細想想，覺得這話有道理，所有那些因素對人說來，可不都是挺重要的嗎？我於是對那些獎金制度不那麼擔心，還有別的更有效的法寶。

「那位學者研究的對象全是工程師、會計師、醫生這類高級知識分子，對其他類型的人未見得合適。他還講了一大堆新鮮事。總之我這回可是大開眼界了。

「短訓班完後回到科裡，正趕上年末工作總結講評，要發年終獎金了。這回我有了新主意，我那科裡，論工作就數小李子最突出——大學生，大小也是個知識分子，聰明能幹，工作積極能吃苦，還能動腦筋。於是我把他找來談話。

「別忘了我現在學了一點現代管理理論。我於是先強調了他這一年的貢獻，特別表揚了他的成就，還細緻討論了怎麼能使他的工作更有趣，責任更重，也更有挑戰性……瞧，學來的新詞兒，馬上用上啦。我們甚至還確定了考核他明年的具體指標。最後才談這最不要緊的事——獎金。我說，這回年終獎，你跟大伙一樣，都是那麼多。我心裡挺得意學的新理論，我馬上就用到實際裡來了。

「可是，小李子竟發起火來了，真的火了。他跳起來說：『什麼？就給我那一點？說了那一大堆好話，到頭來我就值那麼一點？得啦，您那套好聽的請收回去送給別人吧，我不稀罕。表揚又不能當飯吃！』

「這是怎麼一回事：美國教授和學者的理論聽來那麼有道理，小李也是個知識分子，怎麼就不管用了呢？這可把我搞糊塗了。」

討論題：

案例中所提到的激勵理論，是管理學中的哪個激勵理論？按照這個理論，工資和獎金屬於什麼因素？能夠起到什麼作用？

第七章　管理控制

　　管理控制是指根據組織內外環境的變化和組織發展的需要，在計劃的執行過程中，對原計劃進行修訂或制訂新的計劃，並調整整個管理工作的過程。在現代管理活動中，管理控制工作的目標主要有兩個：①限制偏差的累積；②適應環境的變化。控制的基本過程包括三個步驟：一是確定標準；二是衡量績效；三是糾正偏差。控制方法有預算控制、庫存控制、質量控制、審計控制、損益平衡分析、財務報表分析、網絡計劃法、目標管理法等。本章主要闡述了控制的概念、意義、類型、過程、方法及原則。

第一節　控制概述

一、控制的概念

（一）什麼是控制

　　在控制論中，「控制」的定義是：為了改善某個或某些受控對象的功能或發展，需要獲得並使用信息，以這種信息為基礎而選出的、施加於該對象上的作用，就叫作控制。在管理工作中，作為管理職能之一的控制是指：為了確保組織的目標以及計劃能夠實現，各級管理者根據事先確定的標準或因發展需要而重新擬訂的標準，對下級的工作進行衡量、測量和評價，並在出現偏差時進行糾正，使組織活動符合既定要求的過程，或者，根據組織內外環境的變化和組織發展的需要，在計劃的執行過程中，對原計劃進行修訂或制訂新的計劃，並調整整個管理工作的過程。也就是說，控制的結果可能有兩種：一種是糾正實際工作與原有計劃及標準的偏差；另一種是糾正組織已經確定的目標及計劃與變化了的內外環境的偏差。

　　由此可見，控制是監視各項活動，保證組織計劃與實際運行狀況動態適應的管理職能。控制工作就是按照計劃標準衡量計劃的完成情況和糾正計劃執行的偏差，以確保計劃目標的實現，或適當修改計劃，使計劃更加適合於實際情況。在現代管理活動中，管理控制工作的目標主要有兩個：限制偏差的累積；適應環境的變化。

　　1. 限制偏差的累積

　　一般來說，工作中出現偏差是不可避免的。但小的偏差失誤在較長時間裡會累積放大並最終對計劃的正常實施造成威脅。因此管理控制應當能夠及時地獲取偏差信息。

　　2. 適應環境的變化

　　制定出目標到目標實現前，總是需要相當一段時間。在這段時間，組織內部的條

件和外部環境可能會發生一些變化，需要構建有效的控制系統幫助管理人員預測和把握這些變化，並對由此帶來的機會和威脅做出反應。

（二）控制的必要性

控制是管理工作的最重要職能之一，是保證組織計劃與實際運作動態相適應的管理職能。管理控制的必要性是由以下原因決定的：

1. 環境的變化

企業外部環境、內部環境時刻都在發生變化。如外部市場供求、產業結構等的變化，內部技術水平、產品種類等的變化，必然要求企業對原先指定的計劃進行調整和修改，從而對企業經營管理作相應的調整。

2. 管理權力的分散

企業達到一定的規模，企業主管就不可能直接管理到基層每一個員工，受時間與精力的限制，他需要或多或少地委託一些助手來代替自己處理一些管理事務。由於同樣的原因，這些助手也會再委託其他人幫助自己工作。這便是企業管理層次形成的原因。為了使助手們有效地完成受託的部分管理事務，高一級的主管必然要授予他們相應的權限。因此，任何企業的管理權限都制度化或非制度化分散在各個管理部門和層次。企業分權程度越高，控制就越有必要。控制系統通過制度約束和信息反饋，以保證授予他們的權力得到正確的利用，促使下一級的業務活動符合計劃與企業目的的要求。如果沒有控制，沒有為此而建立的相應的控制系統，管理人員就不能檢查下級的工作情況，即使出現權力不負責任地濫用或活動不符合計劃要求等其他情況，管理人員也無法發現，更無法採取及時的糾正舉措。

3. 工作能力的差異

即使企業制訂了全面完善的計劃，經營環境在一定時期也相對穩定，對經營活動的控制也仍然是必要的。這是由不同組織成員的認識能力和工作能力的差異所造成的。完善計劃的實現需要每個部門的工作嚴格按計劃的要求來協調進行。然而，由於組織成員在不同的時空進行工作，他們的認識能力不同，對計劃要求的理解可能發生差異，他們的實際工作結果就有可能在質和量上與計劃要求不符。某個環節可能產生的這種偏離計劃的現象，會對整個企業活動造成衝擊。因此，加強對這些成員的工作控制是非常必要的。

二、控制的意義

控制的重要性可以從以下兩個方面來理解：

一是控制的普遍性。控制職能普遍存在於任何組織、任何活動當中。因為在現代管理系統中，人、財、物等要素的組合關係是多種多樣的，時空變化及環境的影響很大，內部運行和結構有時變化也很大，加上組織關係錯綜複雜，隨機因素很多，預測不可能完全準確，制訂出的計劃在執行過程中可能會出現偏差，還會發生未曾預料到的情況。這時，控制工作就起到了執行和完成計劃的保障作用以及在管理控制中產生

新的計劃、新的目標和新的控制標準的作用。所以說，控制是一項普遍而廣泛的管理職能。

二是控制的全程性。控制職能作為實現目標及改進工作的有效手段存在於管理活動的全過程中。儘管計劃可以制訂出來，組織結構可以調整得非常有效，員工的積極性也可以調動起來，但是這些仍然不能保證所有的行動都按計劃執行，不能保證管理者追求的目標一定能達到，必須依靠控制工作在計劃實施的各個階段通過糾正偏差的行動來實現。因此控制職能存在於管理活動的全過程中，它不僅可以維持其他職能的正常活動，而且在必要的時候可以改變其他管理職能的活動。這種改變有時可能很簡單，只在指導中稍做些變動即可；但在許多情況下，正確的控制工作可能導致確立新的目標，提出新的計劃，改變組織結構，改變人員配備以及在指導和領導方法上做出重大改革，使組織的工作得以創新和提高。

三、控制的作用

(一) 控制是完成計劃的重要保障

計劃是對未來的設想，是組織要執行的行動規劃。由於受各種因素的制約，制訂一項行動計劃，無論花費多大的代價，也難以達到十全十美的境界。一些意想不到的因素往往會出現在計劃的執行過程中，影響計劃目標的實現。此外，計劃能否得以實現，除了計劃本身要科學、可行之外，還有賴於計劃執行人員的努力。計劃執行者在執行過程中偏離既定的路線或目標是常見的現象。這些缺陷和偏差，都要靠控制來彌補和糾正。

控制對計劃的保證作用主要表現在這樣兩個方面：其一，通過控制糾正計劃執行過程中出現的各種偏差，督促計劃執行者按計劃辦事；其二，對計劃中不符合實際情況的內容，根據執行過程中的實際情況，進行必要的修正、調整，使計劃更加符合實際。

(二) 控制是提高組織效率的有效手段

控制能提高組織的效率。其主要表現是：其一，控制過程是一個糾正偏差的過程，這一過程不僅能夠使計劃執行者回到計劃確定的路線和目標上來，而且還有助於提高人們的工作責任心，防止再出現類似的偏差，這就有助於提高人們執行計劃的效率；其二，控制對計劃的調整和修正，既可使執行中的計劃更加符合實際情況，又可發現和分析制訂的計劃所存在的缺陷以及產生缺陷的原因，發現計劃制訂工作中的不足，從而使計劃工作得以不斷改進；其三，控制過程中，施控者通過反饋所瞭解的不僅僅是受控者執行決策的水平和效率，同時他也可瞭解到自己的決策能力和水平、管理控制的能力和水平，這都有助於決策者不斷提高自己的決策、控制等管理活動的水平。

(三) 控制是管理創新的催化劑

控制不等於管、卡、壓。控制不僅要保證計劃完成，並且要促進管理創新。施控過程要通過控制活動調動受控者的積極性。這是現代控制的特點。如在預算控制中實

行彈性預算就是這種控制思想的體現。特別是在具有良好反饋機制的控制系統中，施控者通過接受受控者的反饋，不僅可及時瞭解計劃執行的狀況，糾正計劃執行中出現的偏差，而且還可以從反饋中受到啓發，激發創新。

四、控制的類型

無論在自然界還是在人類社會中，控制無處不在，其方式多種多樣。社會組織中常見的控制類型有：

(一) 按控制的時效劃分

1. 前饋控制

在活動開展之前就認真分析研究、進行預測並採取防範措施，使可能出現的偏差在事先就可以籌劃和解決的控制方法，叫作前饋控制。前饋控制系統比較複雜，影響因素也很多，輸入因素常常混雜在一起，這就要求前饋控制建立系統模式，對計劃和控制系統進行仔細分析，確定重要的輸出變量，並定期估計實際輸入的數據與計劃輸入的數據之間的偏差，評價其對預期成果的影響，保證採取措施解決這些問題。

例如，預期公司未來現金流入與流出的現金預算也是一種預先控制。通過制定現金預算，管理人員可以知道是否發生資金短缺或資金過剩的情況。如果預期在某個月份將發生資金短缺，則可事先安排好銀行貸款，或利用其他方式加以解決，以免到時捉襟見肘。前饋控制比反饋控制更為理想，但由於計劃必須面對許多不肯定因素和無法估計的意外情況，即使進行了前饋控制，也不能保證結果一定符合計劃要求，因此，對計劃執行結果仍然要進行檢驗和評價。

前饋控制的最大優點是克服了時滯現象。防患於未然，在實際問題發生之前就採取管理行動，可以減小系統的損失，避免事後控制對已鑄成的差錯無能為力的弊端。由於是在工作開始之前針對某項計劃行動所依賴的條件進行控制，不是針對具體人員，因而不易造成對立面的衝突，易於被職工接受並付諸實施，而且可以大大改善控制系統的性能，因此在現實中得到廣泛的應用。例如，提前雇用員工可以防止潛在的工期延誤；司機在駕駛汽車上坡時提前加速可以保持行駛速度的穩定；在工程設計的過程中，常常將前饋控制與反饋控制結合在一起，構成複合控制系統，以改善控制效果。前饋控制的困難在於：需要及時和準確的信息，並要求管理人員充分瞭解前饋控制因素與計劃工作的影響關係。

2. 現場控制

現場控制是一種發生在計劃執行的過程之中的控制，管理者可以在發生重大損失之前及時糾正問題。它是一種主要為基層管理者所採用的控制方法，一般都在現場進行，做到偏差即時發現、即時瞭解、即時解決。現場控制主要包括這樣一些內容：向下級指示恰當的工作方法和工作過程；監督下級的工作以保證計劃目標的實現；發現不符合標準的偏差時，立即採取措施糾正。現場控制的關鍵就是做到控制的及時性，因此必須依賴信息的及時獲得、多種控制方案的事前儲備以及事發後的鎮靜和果斷，

因而也顯示出現場控制的難度。但是，在計劃的實施過程中，大量的管理控制工作，尤其是基層的管理控制工作都屬於這種類型。因此，它是控制工作的基礎。一個管理者的管理水平和領導能力的高低常常會通過這種工作表現出來。

在現場控制中，控制的標準應遵循計劃工作中所確定的組織方針與政策、規範和制度，採用統一的測量和評價標準，要避免單憑主觀意志進行控制工作。控制的內容應該和被控制對象的工作特點相適應。例如，對簡單的體力勞動採取嚴厲的監督可能會帶來好的效果；而對於創造性的勞動，控制的內容應轉向如何創造出良好的工作環境，並使之維持下去。控制工作的重點應是正在進行的計劃實施過程。雖然在產生偏差與管理者做出反應之間肯定會有一段延遲時間，但這種延遲是非常小的。控制工作的效果取決於管理者的個人素質、個人作風、指導的方式方法以及下屬對這些指導的理解程度。其中，管理者的言傳身教具有很大的作用。例如，工人的操作發生錯誤時，工段長有責任向其指出並做出正確的示範動作幫助其改正。

3. 反饋控制

主要是分析工作的執行結果，將它與控制標準相比較，發現已經發生和即將出現的偏差，分析其原因和對未來的可能影響，及時擬定糾正措施並予實施，以防止偏差繼續發展或再度發生。

反饋控制具有許多優點。首先它為管理者提供了關於計劃執行的效果究竟如何的真實信息。如果反饋顯示標準與現實之間只有很小的偏差，說明計劃的目的達到了；如果偏差很大，管理者就應該利用這一信息及時採取糾正措施，也可以參考這一信息使新計劃制訂得更有效。此外，反饋控制可以增強員工的積極性。因為人們希望獲得評價他們績效的信息，而反饋正好提供了這樣的信息。

反饋控制的主要缺點是時滯問題，即從發現偏差到採取更正措施之間可能有時間延遲現象，在進行更正的時候，實際情況可能已經有了很大變化，而且往往是損失已經造成了。時滯現象對系統的危害極大，它可以使系統的輸出劇烈波動和不穩定，導致系統的狀況繼續惡化甚至崩潰。因此反饋控制與亡羊補牢類似。但是在許多情況下，反饋控制是唯一可用的控制手段。

(二) 按控制的內容劃分

1. 預算控制

預算控制就是對組織活動所需的費用、成本、支出等進行的事前安排，以及對支出過程的控制。在預算控制中，最為重要的又是財務預算控制。預算控制對每一種組織都是重要的。因為每一個組織在開展活動、實現目標的過程中，都要產生費用和成本。對企業來說，要求通過預算控制使成本最低、利潤最大，對非企業型的其他組織來說，同樣要求節省費用，效果最佳，達到效用最大化。

2. 信息控制

信息控制是指對組織的信息流動進行的控制，信息是控制的前提，同時又是控制的對象。現代組織研究表明，信息是一個組織生存、發展不可缺少的要素。正確、全

面、及時的信息既是決策的前提,也是保證組織協調一致、構成一個有機整體的紐帶。組織不僅要與外界進行物質能量交換,而且要進行信息交換。譬如一個企業,只有從外部獲得有關市場需求、競爭對手、原材料供給等方面的信息,才能正確地做出經營決策,有準備地進入市場;同時還要向外部發布必要的信息,讓社會、消費者瞭解企業以及企業所生產的產品;另外還要控制一些信息外泄,如企業的技術資料、發展戰略等。在內部,信息的流量是否合理,傳遞的信息是否全面、真實、及時,是決定上下能否溝通、決策能否被接受並貫徹執行、是否能協調行動的重要因素,所以說,信息控制是組織控制活動的重要內容。

3. 質量控制

質量控制包括產品質量控制和工作質量控制。質量控制是保證企業所生產的產品達到質量標準、工作水平達到工作質量標準的重要管理活動。質量控制不僅在企業裡十分重要和必要,而且就是在非企業類的組織中同樣十分重要和必要。人們對此還缺乏足夠的認識。因為每個組織,無論是企業還是其他非經濟組織,都要以不同的形式向社會提供自己的產出,只不過企業提供的是產品,政府提供的是服務,學校提供的是畢業生,文藝團體提供的是滿足人民精神生活所需要的精神產品。每一種產品的消費者對該產品都有一定的質量要求,這是不言而喻的,提供高質量的產出是每一個向社會提供產出的組織的責任。能否提供滿足社會需求的高質量的產品,關係到組織的生死存亡。質量就是生命的口號適用於一切參加社會交換的組織。怎樣才能提供滿足社會所需要的合格的產品呢?從管理的角度來看,就是要做好質量控制工作。正因為如此,我們才說每一個組織都有質量控制的任務。

(三) 按照所採用的手段劃分

1. 間接控制

間接控制是基於這樣一些事實為依據的:人們常常會犯錯誤,或常常沒有覺察到那些將要出現的問題,因而未能及時採取適當的糾正措施或預防措施。因此間接控制著眼於發現工作中出現的偏差,分析其產生的原因,並追究管理者個人的責任,使之改進未來的工作。

在實際工作中,管理人員往往是根據計劃和標準,對比或考核實際的結果,研究造成偏差的原因和責任,然後才去糾正。實際上,在工作中產生偏差的原因是很多的。比如,有時是制定的標準不正確,可對標準做合理的修訂;或者存在未知的不可控的因素,如未來社會的發展狀況、自然災害等,因此而造成的失誤是難免的;但還有一種原因,就是管理人員缺乏知識、經驗和判斷力等,在這種情況下可運用間接控制來糾正。同時,間接控制還可以幫助管理人員總結並吸取經驗教訓,豐富他們的知識、經驗,提高其管理水平。但是,間接控制存在許多缺點。最明顯的是,間接控制是在出現了偏差、造成損失之後才採取措施,因此其花費的代價比較大。另外,間接控制是建立在以下五個假設的基礎之上的:工作績效是可以計量的;人們對工作有責任感;追查偏差原因所需要的時間是有保證的;出現的偏差可以及時發現;有關部門和人員

將會採取糾正措施。然而這些假設在實際中有時卻不能成立。比如，工作績效的大小和責任感的高低有時是難以精確計量或準確評價的，而且二者之間可能關係不大或根本無關；有時管理人員可能不願意花費時間去調查分析偏差的原因；有的偏差並不能預先估計或及時發現；有時發現了偏差並查明了原因，可管理者有時候或推卸責任或固執己見，而不及時採取措施；等等。因此，間接控制尚存在一些局限性，還不是普遍有效的控制方法。

2. 直接控制

直接控制理論認為，計劃實施的結果取決於執行計劃的人，管理者及其下屬的素質越高，就越不需要間接控制。因此，直接控制著眼於培養更好的管理人員，提高他們的素質，使他們能熟練地應用管理的概念、技術和原理，能以系統的觀點來看待管理問題，從而防止出現因管理不善而出現的不良後果。進行直接控制有許多優點：首先，由於直接控制比較重視人的素質，因而能對管理人員的優缺點有比較全面的瞭解，在對個人委派任務時能有較大的準確性；同時，為使管理人員合格，對他們經常進行評價，並進行專門的培訓，能消除他們在工作中暴露出的缺點及不足。其次，直接控制可以及時採取糾正措施並使其更加有效。它鼓勵用自我控制的方法進行控制。由於在對人員評價過程中會暴露出工作中存在的缺點，因此會促使管理人員更加努力地擔負起職責並自覺地糾正錯誤。再次，由於提高了管理人員的素質，減少了偏差的發生，可以減輕損失，節約開支。最後，直接控制可以獲得較好的心理效果。管理者的素質提高後，其自信心和威信也會得到提高，下級也會更加支持他們的工作，這有利於整體目標的順利實現。

第二節　控制過程

控制是根據計劃的要求，設立衡量績效的標準，然後把實際工作結果與預定標準相比較，以確定組織活動中出現的偏差及其嚴重程度，在此基礎上，有針對性地採取必要的糾正措施，以確保組織資源的有效利用和組織目標的圓滿實現。控制的對象一般都是針對人員、財務、作業、信息及組織的總體績效，無論哪種控制對象其所採用的控制技術和控制系統實質上都是相同的。控制的基本過程包括三個步驟：一是確定標準；二是衡量績效；三是糾正偏差。

在現代管理活動中，控制既是一次管理循環的終點，是保證計劃得以實現和組織按既定的路線發展的管理職能，又是新一輪管理循環的起點。控制過程如圖 7-1 所示。

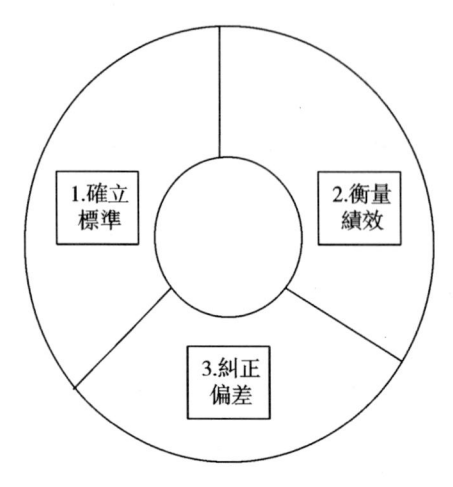

圖 7-1　控制過程

一、確定標準

控制必須有標準，否則就不可能確定組織活動中是否存在著偏差。員工的績效如何、組織的效率應當如何改進、要求達到什麼樣的水準，都離不開標準。標準必須從計劃中產生，計劃必須先於控制。換言之，計劃是管理工作和進行控制工作的準繩，但僅有計劃是不夠的，計劃的詳盡程度和複雜程度各不相同，而且管理者也不可能事事都親自過問。計劃往往只是一個概略的、總括性的標準。管理者還必須在計劃的指導下，建立起明確的、具體的控制標準。所謂標準，就是衡量實際工作績效的尺度。它們是從整個計劃方案中選出的，可以給管理者一個信號，使其不必過問計劃執行過程中的每一個具體步驟，就可以瞭解工作的進展情況。然而，由於不同的企業和不同的部門的特殊性，有待衡量的產品與服務種類繁多，有待執行的計劃方案也數不勝數，所以不存在可供所有管理者使用的統一的控制標準。但是，所有的管理者必須使他們的控制和控制標準與其控制工作的需要相一致。

(一) 確立控制對象

標準的具體內容涉及需要控制的對象。那麼，企業經營與管理中哪些事或物需要加以控制呢？

無疑，經營活動的成果是需要控制的重點對象。控制工作的最初始動機就是促進企業有效地取得預期的活動結果。因此，要分析企業需要什麼樣的結果。這種分析可以從盈利性、市場佔有率等多個角度來進行。確定了企業活動需要的結果類型後，要對它們加以明確的、盡可能定量的描述，也就是說，要規定需要的結果在正常情況下希望達到的狀況和水平。要保證企業取得預期的結果，必須在成果最終形成以前進行控制，糾正與預期成果要求不相符的活動。因此，需要分析影響企業經營結果的各種因素，並把它們列為需要控制的對象。影響企業在一定時期經營成果的主要因素有以下幾個方面。

1. 關於環境特點及其發展趨勢的假設

企業在特定時期的經營活動是根據決策者對經營環境的認識和預測來計劃和安排的。如果預期的市場環境沒有出現，或者企業外部發生了某種無法預料和抗拒的結果。那麼，制訂計劃時所依據的對經營環境的認識應作為控制對象，列出「正常環境」的具體標誌或標準。

2. 資源投入

企業經營成果是通過對一定資源的加工轉換得到的，沒有或缺乏這些資源，企業經營就會成為無源之水、無本之木。投入的資源不僅會在數量和質量上影響經營活動按期、按量、按要求進行，而且最終影響經營的盈利程度。因此，必須對資源投入進行控制，使之在數量、質量以及價格等方面符合預期經營成果的要求。

3. 組織活動

輸入到生產經營中的各種資源不可能自然形成產品，企業經營成果是通過全體員工在不同時間和空間上利用一定技術和設備對不同資源進行不同內容的加工勞動才最終得到的。企業員工的工作質量和數量是決定經營成果的重要原因。因此，必須使企業員工的活動符合計劃和預期結果的要求。為此，必須建立員工的工作規範、各部門和各員工在各個時期的階段成果的標準，以便對他們的活動進行控制。

（二）選擇控制重點

企業無力也沒必要對所有成員的所有活動進行控制，只能在影響經營成果的眾多因素中選擇若干關鍵環節作為重點控制對象。美國通用電器公司關於關鍵績效領域的選擇或許能對我們提供某種啟示。通用電器公司在分析影響和反應企業績效的眾多因素的基礎上，選擇了對企業經營成敗起作用的八個方面，並為它們建立了相應的控制標準。這八個方面如下：

1. 獲利能力

通過提供某種商品或服務取得一定的利潤，這是任何企業從事經營的直接動因之一，也是衡量企業經營成敗的綜合標誌，通常可用與銷售額或資金占用量相比較的利潤率來表示。它們反應了企業對某段時期內投資應獲利潤的要求，利潤率實現情況與計劃的偏離，可能反應了生產成本的變動或資源利用率的變化，從而為企業採取改進方法指出了方向。

2. 市場地位

市場地位是指對企業產品在市場上佔有份額的要求。這是反應企業相對於其他廠家的經營實力和競爭能力的一個重要標誌。如果企業占領的市場份額下降，那麼就意味著價格、質量或服務等某個方面存在問題，企業產品相對於競爭產品來說其吸引力降低了，因此，應該採取相應的措施。

3. 生產率

生產率標準可用來衡量企業各種資源的利用效果，通常用單位資源所能生產或提供的產品數量來表示。其中，最重要的是勞動生產率標準。企業其他資源的充分利用在很大程度上取決於勞動生產率的提高。

4. 產品領導地位

產品領導地位通常是指產品的技術先進水平和功能完善程度。通用電器公司是這樣定義產品領導地位的：它表明企業在工程、製造和市場方面領導一個行業的新產品和改良現有產品的能力。為了維持企業產品的領導地位，必須定期評估企業產品在質量、成本方面的狀況及其在市場上受歡迎的程度。如果達不到標準，就要採取相應的改善措施。

5. 人員發展

企業的長期發展在很大程度上依賴於人員素質的提高。為此，需要測定企業目前的活動以及未來的發展對職工的技術、文化素質的要求，並與他們目前的實際能力相比較，確定如何為提高人員素質採取必要的教育和培訓措施，要通過人員發展規劃的制定和實施，為企業及時供應足夠的經過培訓的人員，為員工提供成長和發展的機會。

6. 員工態度

員工的工作態度對企業目前和未來的經營成就有著非常重要的影響。測定員工態度的標準是多方面的，比如，可以通過分析離職率、缺勤率來判斷員工對企業的忠誠度，也可通過統計改進作業方法或管理方法的合理化建議的數量來瞭解員工對企業的關心程度，還可通過對定期調查的評價分析來測定員工態度的變化。如果發現員工態度不符合企業的預期，那麼任其惡化是非常危險的，企業應採取有效的措施來提高他們在工作或生活上的滿足程度，以改變他們的態度。

7. 公共責任

企業的存在和延續是以社會的承認為前提的。而要爭取社會的承認，企業必須履行必要的社會責任，包括提供穩定的就業機會、參加公益事業等多個方面。公共責任能否很好地履行關係到企業的社會形象。企業應根據有關部門對公共態度的調查，瞭解企業的實際社會形象同預期的差異，改善對外政策，提高公眾對企業的滿意程度。

8. 短期目標與長期目標的平衡

企業目前的生存和未來的發展是相互依存、不可分割的。因此，在制訂和實施經營活動計劃時，應能統籌長期與短期的關係，檢查各時期的經營成果，分析目前的高利潤是否會影響未來的收益，以確保目前的利益不是以犧牲未來的收益和經營的穩定性為代價的。

(三) 確定控制水平

確定標準的第三項內容是決定控制的水平，即所選擇的標準要求控制到什麼程度或要做到什麼地步。例如，以銷售收入作為控制標準的話，就是要達到1,000萬元還是1,200萬元。確定控制的水平要全面考慮企業的任務，即企業的生產、技術、銷售、財務、人力管理等方面的能力，經過綜合平衡之後確定。

表7-1給出了一個假設企業在生產、銷售、財務、人力資源四個領域的控制標準。控制的領域在一個相當長的時期裡是穩定不變的，只要組織的關鍵戰果領域不改變，控制的領域也就不會改變；控制的項目與控制的領域相關聯，因此也是比較穩定的。所以，我們在確定控制標準時，需要考慮的主要是控制的水平。如果與組織的總目標

相關聯的成果領域發生改變，那就要及時調整控制的領域和項目，以免控制標準和控制對象脫節。

表 7-1　　　　　　　　　　　　　控制標準舉例

控制領域	控制項目	控制水平
銷售	銷售收入 顧客滿意程度	每月 80 000 元 沒有投訴
生產	產量定額 不合格品率 採購折扣	每工時至少生產 6 個單位 不合格率低於 3% 爭取各種可能的折扣
人事	缺勤率 意外事故 人員流動率	每週缺勤率低於 3% 不得有嚴重的意外事故 流動率不高於 5%
財務	利潤率 資金週轉率 應收帳款	22%的營業利潤 不得低於 10% 月銷售額的 90%

（四）制定標準的方法

控制標準還必須隨事物的發展進行必要的調整，它需要控制標準保持一定的穩定性，但這種穩定不是絕對的。一般來說，隨著組織效率的提高和組織的發展，控制標準應不斷提高，可也不排除對過高的標準做出降低的調整。

因此，控制的對象不同，為它們建立標誌正常水平的標準的方法也不一樣。一般來說，企業可以使用的建立標準的方法有下列三種：利用統計方法確定預期結果；根據經驗和判斷來估計預期結果；在客觀的定量分析的基礎上建立工程（工作）標準。

1. 統計性標準

統計性標準也叫歷史性標準，是以分析反應企業經營在歷史上各個時期狀況的數據為基礎來為未來活動建立的標準。這些數據可能來自本企業的歷史統計，也可能來自其他企業的經驗；據此建立的標準，可能是歷史數據的平均數，也可能是高於或低於中位數的某個數，比如上四分位值或下四分位值。利用企業的歷史性統計資料為某項工作確定標準，具有簡便易行的好處。但是，據此制定的工作標準可能低於同行業的卓越水平，甚至低於平均水平。這種條件下，即使企業的各項工作都達到了標準的要求，也可能造成勞動生產率的相對低下，製造成本的相對昂貴，從而造成成果和競爭能力劣於競爭對手。為了克服這種局限性，在根據歷史性統計數據制定未來工作標準時，充分考慮行業的平均水平並研究競爭企業的經驗是非常必要的。

2. 根據評估建立標準

實際上，並不是所有工作的質量和成果都能用統計數據來表示，也不是所有的企業活動都保存著歷史統計數據。對於新從事的工作，或對於統計資料缺乏的工作，可以根據管理人員的經驗來進行判斷和評估，從而為之建立標準。利用這種方法來建立工作標準時，要注意利用各方面的管理人員的知識和經驗，綜合大家的判斷，給出一

個相對先進合理的標準。

3. 工程標準

嚴格地說，工程標準也是一種用統計方法制定的控制標準，不過它不是對歷史性統計資料的分析，而是通過對工作情況進行客觀的定量分析來進行的。比如，機器的產出標準是其設計者計算的正常情況下被使用的最大產出量；工人操作標準是勞動研究人員在對構成作業的各項動作和要素的客觀描述與分析的基礎上，經過消除、改進和合併而確定的標準作業方法；勞動時間額是利用秒表測定的受過訓練的普通工人以正常速度按照標準操作方法對產品或零部件進行某個（些）工序的加工所需的平均必要時間。

二、衡量績效

衡量績效其實也是控制當中信息反饋的過程。在確定了標準以後，為了確定實際工作的績效究竟如何，管理者首先需要收集必要的信息，考慮如何衡量和衡量什麼。這樣，一方面可以反應出計劃的執行過程，使管理者瞭解到哪些部門哪些員工的績效顯著，以便對其獎勵；另一方面，還可使管理者及時發現那些已經發生或預期將要發生的偏差。

（一）衡量的方法

管理者可通過如下四種方法來獲得實際工作績效方面的資料和信息：個人觀察、統計報告、口頭匯報和書面報告。這些信息分別有其長處和缺點，但是，將它們結合起來，可以大大豐富信息的來源並提高信息的準確程度。

個人觀察提供了關於實際工作的最直接和最深入的第一手資料，是一種最簡單、最普遍的測度方法。觀察的目標可以是作業方法、工作的質與量，也可以是組織成員的工作態度及一般工作情況。這種觀察可以包括非常廣泛的內容，因為任何實際工作的過程總是可以觀察到的。個人觀察的顯著優勢是可以獲得面部表情、聲音語調以及急慢情緒等，它是常被其他來源忽略的信息。例如，銷售經理每年由推銷員陪同拜訪一兩次客戶，以觀察推銷員的成績。又如，財務部門的經理以個人觀察的方式，瞭解出納員實習的表現。有人認為，這種實地觀察直接目睹到的資料是其他測度方法無可替代的，只有親臨工作現場才能獲得翔實的工作進展情況。

統計報告是書面報告的一種主要形式。計算機的廣泛應用使統計報告的製作日益方便。這種報告不僅有計算機輸出的文字，還包括許多圖形、圖表，並且能按管理者的要求列出各種數據，形象直觀。儘管統計數據可以清楚有效地顯示各種數據之間的關係，但它們對實際工作提供的信息是有限的。統計報告只能提供一些關鍵的數據，它忽略了其他許多重要因素。

信息也可以通過口頭匯報的形式來獲得，口頭匯報的內容主要是說明工作的現狀或成果，使上級瞭解真實情況。如會議、一對一的談話或電話交談等。例如，推銷員在終日工作完畢之後向上級的報告、由各部門經理在會議上匯報各自部門的工作進展情況及所遇到的困難等。這種方式的優缺點與個人觀察法相似。口頭報告具有實地觀

察和口頭傳遞信息的雙重性質，比實地觀察能夠獲得更廣泛、更完整的信息，儘管這種信息可能是經過過濾的，但是它快捷、有反饋，同時可以通過語言詞彙和身體語言來擴大信息，還可以錄制下來，像書面文字一樣能夠永久保存。

　　書面報告是一種正規的文字報告。對具體問題的控制很有用。統計報表能夠提供大量的必要信息，但它只能提供一般的面上的情況，無法提供特定業務的信息。因此，還需要針對某些關鍵的或重要的問題進行調研分析，提出專題分析報告。專題報告可以隨管理人員高度重視而揭示出對改善效率有重大意義的關鍵問題。書面報告與統計報告相比要顯得慢一些，與口頭報告相比要顯得正式一些。這種形式比較精確和全面，且易於分類存檔和查找。這四種形式各有其優缺點，管理者在控制活動中必須綜合使用方能獲得較好效果。

(二) 衡量的項目

　　衡量什麼是衡量工作中最為關鍵的一個問題。管理者應該針對決定實際成效好壞的重要特徵項目進行衡量。如果錯誤地選擇了標準，將會導致嚴重的不良後果。衡量什麼還將會在很大程度上決定組織中的員工追求什麼。有一些控制準則是在任何管理環境中都通用的。比如，營業額或出勤率可以考核員工的基本情況；費用預算可以將管理者的辦公支出控制在一定的範圍之內。但是必須承認內容廣泛的控制系統中管理者之間的多樣性，所以控制的標準也各有不同。例如，一個製造業工廠的經理可以用每日的產量、單位產品所消耗的工時及資源、顧客退貨率等進行衡量；一個政府管理部門的負責人可用每天起草的文件數、每天發布的命令數、電話處理一件事務的平均時間等來衡量；銷售經理常常可用市場佔有率、每筆合同的銷售額、屬下的每位銷售員拜訪的顧客數等進行衡量。

　　如果有了恰如其分的標準以及準確測定下屬工作績效的手段，那麼對實際或預期的工作進行評價就比較容易。但是有些工作和活動的結果是難以用數量標準來衡量的。如對大批量生產的產品制定工時標準和質量標準是簡單的，但對顧客訂制的單件產品評價其執行情況就比較困難了。此外，對管理人員的工作評價要比對普通員工的工作評價困難得多，因為他們的業績很難用有形的標準來衡量，而他們本身和他們的工作又恰恰非常重要。他們既是計劃的制訂者，又是計劃的執行者和監督者，他們的工作績效不僅決定著他們個人的前途，而且關係到整個組織的未來，因此不能由於標準難以量化而放鬆或放棄對其的衡量。有時可以把他們的工作分解成能夠用目標去衡量的活動；或者採取一些定性的標準，儘管會帶有一些主觀局限性，但這總比沒有控制標準、沒有控制機制要好。

(三) 確定適宜的衡量頻度

　　管理者要考慮需間隔多長時間衡量一次工作績效——是每時、每日、每週，還是每月、每季度或者每年？是定期地衡量，還是不定期地衡量？因為，控制過多或不足都會影響控制的有效性。這種「過多」或「不足」，不僅體現在控制對象和標準的選擇上，而且表現在對同一標準的衡量次數或頻度上。對影響某種結果的要素或活動過於頻繁地衡量，不僅會增加控制的費用，而且可能引起有關人員的不滿，從而影響他

們的工作態度；而檢查和衡量的次數過少，則可能使許多重大的偏差不能及時發現，從而不能及時採取措施。以什麼樣的頻度、在什麼時候對某種活動的績效進行衡量，取決於被控制活動的性質。例如，對產品的質量控制常常需要以小時或以日為單位進行，而對新產品開發的控制則可能只需要以月為單位進行就可以了。需要控制的對象可能發生重大變化的時間間隔是確定適宜的衡量頻度所需考慮的主要因素。

三、糾正偏差

利用科學的方法，依據客觀的標準，通過對工作績效的衡量，可以發現計劃執行中出現的偏差。糾正偏差就是在此基礎上，分析偏差產生的原因，制定並實施必要的糾正措施。這項工作使得控制過程得以完整，並將控制與管理的其他職能相互聯結；通過糾偏，使組織計劃得以遵循，使組織機構和認識安排得到調整，使領導活動更加完善。為了保證糾偏措施的針對性和有效性，必須在制定和實施糾偏措施的過程中注意以下問題：對偏差原因作了徹底的分析後，管理者要確定該採取什麼樣的糾偏行動。具體措施有兩種：一是立即執行的臨時性應急措施，一是永久性的根治措施。對於那些迅速、直接地影響組織正常活動的急性問題，多數應立即採取補救措施。

（一）找出偏差產生的原因

解決問題首先需要找出產生差距的原因，然後再採取措施糾正偏差。每一種可能的原因與假設都不易通過簡單的判斷確定下來。而對造成偏差的原因判斷得不準確，糾正措施就會無的放矢，不可能奏效。因此，首先要探尋導致偏差的主要原因。糾正措施的制定是以對偏差原因的分析為依據的。而同一偏差則可能由不同的原因造成：銷售利潤的下降既可能是因為銷售量的降低，也可能是因為生產成本的提高。前者既可能是因為市場上出現技術更加先進的新產品，也可能是由於競爭對手採取了某種競爭策略，或是企業產品質量下降；後者既可能是原材料、勞動力消耗和占用數量的增加，也可能是由於購買價格的提高。不同的原因要求採取不同的糾正措施。要通過評估反應偏差的信息，分析影響因素，透過表面現象找出造成偏差的深層原因，在眾多的深層原因中找出最主要原因，為糾偏措施的制定指明方向。

（二）糾正偏差

如果偏差是由績效不足造成的，管理者就應該採取糾正措施。這種措施的具體方式可以是：管理策略的調整、組織結構的完善、及時的補救、人員培訓加強以及人事調整等。管理者在採取糾正行動之前，首先要決定是應該採取立即糾正行動，還是徹底糾正行動。所謂立即糾正行動是指立即將出現問題的工作矯正到正確的軌道上來；而徹底糾正行動首先要弄清工作中的偏差是如何產生的，為什麼會產生，然後再從產生偏差的地方開始進行糾正行動。在日常管理工作中，許多管理者常以沒有時間為藉口而不採取徹底糾正行動，或者因為採取徹底糾正行動會遇到思想觀念、組織結構調整以及人事安排等方面的阻力，而滿足於不斷的救火式的應急控制。然而事實證明，作為一個有效的管理者，對偏差進行認真的分析並花一些時間永久性地糾正這些偏差是非常有益的。

(三) 修訂標準

　　工作中的偏差也可能來自不合理的標準，也就是說指標定得太高或太低，或者是原有的標準隨著時間的推移已不再適應新的情況。這種情況下需要調整的是標準而不是工作績效。但是應當注意的是，在現實生活中，當某個員工或某個部門的實際工作與目標之間的差距非常大時，他們往往首先想到的是質疑標準本身。比如，學生會抱怨扣分太嚴而導致他們得低分；銷售人員可能會抱怨定額太高致使他們沒有完成銷售計劃。人們不大願意承認績效不足是自己努力不夠的結果，作為一個管理者對此應保持清醒的認識。如果你認為標準是現實的，就應該堅持，並向下屬講明你的觀點，否則就應做出適當的修改。

　　圖 7-2 總結了控制的過程：

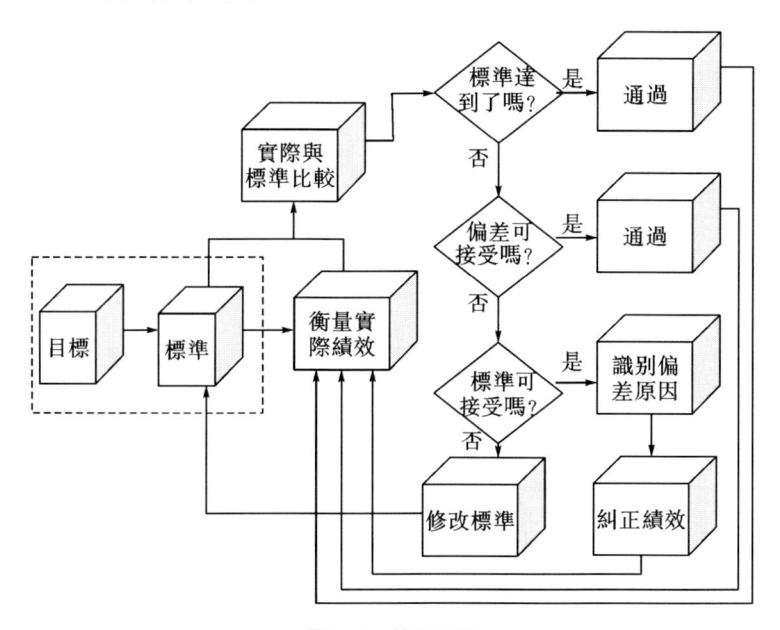

圖 7-2　控制過程

　　控制過程其實可以看作是整個管理系統的一個組成部分，並且是和其他管理職能緊密相聯的。管理者可以運用改變航道的原理重新制訂計劃或調整目標來糾偏，可以運用組織職能重新委派職務或進一步明確職責來糾偏，可以採用妥善地選拔和培訓下屬人員或重新配備人員來糾偏，也可以通過改善領導方式方法或運用激勵政策來糾偏。控制活動與其他管理職能交錯重疊，說明了在管理者的職務中各項工作是統一的，也說明管理過程是一個完整的系統。糾正偏差是控制的最後一個環節，也是控制的目的之所在，管理者應予以充分重視。在這一環節主要應注意如下幾個方面的問題：

　　(1) 糾正偏差一定要及時，發現問題馬上解決，不能拖拖拉拉，等問題成了堆才去解決。

　　(2) 糾正偏差的措施一定要貫徹落實，切忌將措施束之高閣。

第三節　控制方法與原則

一、預算控制

(一) 預算的概念與作用

預算是用財務數字或非財務數字來表示預期的結果，以此為標準控制執行工作中的偏差的一種計劃和控制手段。預算可以稱作是「數字化」或「貨幣化」的計劃，它通過財務形式把計劃分解落實到組織的各層次和各部門中去，使主管人員能清楚地瞭解哪些資金由誰來使用，計劃將涉及哪些部門和人員、多少費用、多少收入，以及實物的投入量和產出量等。管理者以此為基礎進行人員的委派和任務的分配，協調和指揮組織的活動，並在適當的時間將組織的活動結果和預算進行比較，若發生偏差及時採取糾正措施，以保證組織能在預算的限度內去完成計劃。同時，預算可使組織的成員明確自己及本部門的任務和權責，更好地發揮作用。因此，預算從戰略和全局的角度保障組織計劃順利地執行。

(二) 預算的種類

預算的種類很多，概括起來可以分為以下幾種：

1. 收支預算

這是以貨幣來表示組織的收入和經營費用支出的計劃。由於公司主要是依靠產品銷售或提供服務所獲得的收入來支付經營管理費用並獲取利潤的，因此銷售預測是計劃工作的基石，銷售預算是預算控制的基礎，是銷售預測的詳細的和正式的說明。表7-2 是一個簡單的銷售預算的例子。

表 7-2　　　　某企業的銷售預算（2000年12月31日截止）

產品與地區	銷售量（件）	單位銷售價（元）	總銷售額（元）
產品 A：			
東北	3,500	100	350 000
華北	2,500	100	250 000
其他	2,000	100	200 000
總計	8,000		800 000
產品 B：			
東北	3,000	120	360 000
華北	4,000	120	480 000
其他	2,500	120	300 000
總計	9,500		1,140 000
總銷售營業收入			1,940 000

2. 時間、空間、原材料和產品產量預算

這是一種以實物單位來表示的預算。在計劃和控制的一定階段採用實物數量單位比採用貨幣單位更有意義。常用的實物預算單位有：直接工時數、臺時數、原材料的數量、佔用的平方米面積和生產量等。此外，用工時或工作日來編製所需要的勞動力預算也是很普遍的。

3. 資本支出預算

這概括了專門用於廠房、機器、設備、庫存和其他一些類目的資本支出。由於資本通常是企業最有限制性的因素之一，而且一個企業要花費很長的時間才能收回廠房、機器設備等方面的投資，因此，對這部分資金的投入一定要慎重地進行預算，並且應盡量與長期計劃工作結合在一起。

4. 現金預算

這實際上是對現金收支的一種預測，可用它來衡量實際的現金使用情況。它還可以顯示可用的超額現金量，因而可以用來編製剩餘資金的贏利性投資計劃。從某種意義上來說，這種預算是組織中最重要的一種控制。

5. 資產負債表預算

這可用來預測將來某一特定時期的資產、負債和資本等帳戶的情況。由於其他各種預算都是資產負債表項目變化的資料依據，所以，此表也就驗證了所有其他預算的準確性。

6. 總預算

預算匯總表，可以用於公司的全面業績控制。它把各部門的預算集中起來，反應了公司的各項計劃，從中可以看到銷售額、成本、利潤、資本的運用、投資利潤率及其相互關係。總預算可以向最高管理層反應出各個部門為了實現公司總的奮鬥目標而運行的具體情況。

(三) 預算的不足與改進

儘管預算是一種普遍使用的、行之有效的計劃和控制方法，但它也存在著一些不足之處：

1. 容易導致控制過細

某些預算控制計劃過於煩瑣，詳細地列出細枝末節，以致限制了管理者在管理本部門時所必需的自主權，出現了預算工作過細過死的傾向。

2. 容易導致本位主義

有些管理者只把注意力集中在盡量使自己部門的經營費用不超過預算，而忘記了自己的首要職責是實現組織的目標。因而，部門的預算目標有時會取代組織目標。

3. 容易導致效能低下

預算通常是在上年度成果的基礎上按比例增減來編製，所以許多管理者也常常以過去所花的費用作為現在預算的依據；同時他們知道他們的申請多半要被削減，因此預算的申請數總要大於它的實際需要數。

4. 缺乏靈活性

這也許是預算最大的缺陷。因為實際情況常常會不同於預算，情況的發展變化可以使一個剛編出來的預算很快過時。若這時管理者還受預算約束的話，那麼預算的有效性就會減弱或者消失，甚至會有礙於組織目標的實現。

為了克服預算存在的不足，使預算在控制中更加有效，有必要採用可變的或靈活的預算方案。

這類預算通常是隨著業務量（生產量或銷售量）的變化而做出不同的安排，其編製依據是對費用項目進行分析，以此來確定各個費用項目應怎樣隨著業務量的變化而變化。這種預算主要適合於在費用預算中的應用。

編製可變預算的另一種方法是編製可選擇的和補充的預算。這種預算是按預測的各種不同情況，編製上、中、下三種不同經營水平的預算，使管理者可根據本部門的經營情況，靈活選擇使用其中的一種。

人們還可以通過追加預算的辦法來增加預算的彈性，即在中期或長期計劃的基礎上，通過預測該月業務量來編製每月的補充計劃，這樣可使每個管理者有權在基本預算的基礎上，安排生產進程和所要使用的資金。

另外還有一種以零為基礎的「零基預算」，同樣可以克服不靈活的缺陷。這種方法的基本思想是：把組織的計劃分為由目標、業務和所需要的資源等所組成的幾個分計劃，然後從零開始計算每個分計劃的費用。由於每個分計劃的預期費用都是以零為基礎開始重新計劃的，因而避免了預算控制中只注意前段時間變化的傾向。這種方法的優點在於：它迫使管理者重新安排每個分計劃，這樣可以從整體出發，連同新計劃及其費用一起來考察現有的計劃及其費用。但是，這種方法一般僅應用於一些輔助性業務領域而不適用於實際生產性企業。這是因為在實際生產性企業裡，例如，銷售、人事、計劃、財務和研究與開發等方面的大多數計劃，對各項費用的安排都擁有一定的自主權。

（四）預算的編製

在編製預算之前，應首先建立一套預算制度。通過規章制度的建立，為預算的制定和執行提供保障；同時，選擇預算的類型、確定預算的期限、分類等。在此基礎上，可以參考下述步驟來編製預算：

（1）上層管理者將可能列入預算或影響預算的計劃和決策提交預算委員會。預算委員會在綜合考慮各種因素後，估計或確定未來某一時期內的業務量。根據預測的業務量、價格與成本，又可預測該時期的利潤。

（2）預算負責人向各部門管理者提出有關預算的建議並提供必要的資料。

（3）各部門管理者根據企業的計劃和擁有的資料，編製出本部門的預算，並由他們相互協調可能發生的矛盾。

（4）企業預算負責人將各部門的預算匯總整理成總預算，並預擬資產負債表及損益表計算書，以表示組織未來預算期限中的財務狀況。最後將預算草案交預算委員會和上層管理者核查批准。

預算批准後，在實施過程中，必須經常檢查和分析執行情況，必要時可修改預算，使之能適應組織發展的需要。

(五) 有效預算控制的要求

如果要使預算控制很好地發揮作用，那麼，管理者必須明確：預算僅僅是管理的手段，而不能代替管理的工作；預算具有局限性，而且必須切合每項工作。另外，預算不僅是財務人員和總會計師的管理手段，而且也是所有管理者的管理手段。有效的預算控制必須注意以下幾個方面：

一是高層管理部門的支持。要使預算的編製和管理最有效果，就必須得到高層管理部門的大力支持。首先要給下屬編製預算的工作提供在時間、空間、信息及資料等方面的方便條件。另一方面，如果公司的高層管理部門積極地支持預算的編製工作，並將預算建立在牢固的計劃基礎之上，要求各分公司和各部門編製和維護他們各自的預算，並積極地參與預算審查，那麼，預算就會促使整個公司的管理工作完善起來。

二是管理者的參與。要使預算發揮作用的另一種方法就是高層部門的直接參與，也就是希望那些按預算從事經營管理的所有管理者都置身於預算編製工作。多數預算負責人和總會計師都有這樣的感覺，即真正地參與預算編製工作是保證預算成功的必要條件。不過在實際中，參與往往變成了迫使管理者僅僅去接受預算而已，這是不足取的。

三是確定各種標準。提出和制定各種可用的標準，並且能夠按照這種標準把各項計劃和工作轉換為對人工、經營費用、資本支出、廠房場地和其他資源的需要量，這是預算編製的關鍵。許多預算就是因為缺乏這類標準而失效的。一些管理者在審批下屬的預算計劃時之所以猶豫不決，就是因為擔心下屬供審查的預算申請額度缺乏合理的依據。如果管理者有了合理的標準和適用的換算系數就能審查這些預算申請，並提出是否批准這些預算申請的依據，而不至於沒有把握地盲目削減預算。

四是及時掌握信息。如果要使預算控制發揮作用，管理者需要獲得按照預算所完成的實際業績和預測業績的信息。這種信息必須及時向管理者表明工作的進展情況，應當盡可能地避免信息遲緩導致偏離預算的情況發生。

二、庫存控制

對庫存進行控制主要是為了減少庫存，降低各種費用，提高經濟效益。管理人員使用經濟訂貨批量模型（Economic Order Quantity，簡稱 EOQ）計算最優訂貨批量，使所有費用達到最小。這個模型考慮三種成本：一是訂貨成本，即每次訂貨所需的費用（包括通信、文件處理、差旅、行政管理費用等）；二是儲存成本，即儲存原材料或零部件所需的費用（包括庫存、利息、保險、折舊等費用）；三是總成本，即訂貨成本和儲存成本之和。

當企業在一定期間內的總需求量或訂貨量一定時，每次訂貨的量越大，則所需訂貨的次數越少；每次訂貨的量越小，則所需訂貨的次數越多。對第一種情況而言，訂貨成本較低，但儲存成本較高；對第二種情況而言，訂貨成本較高，但儲存成本較低。

通過經濟訂貨批量模型，可以計算出訂貨量多大時，總成本（訂貨成本和儲存成本之和）為最小。圖 7-3 為經濟訂貨批量示意圖：

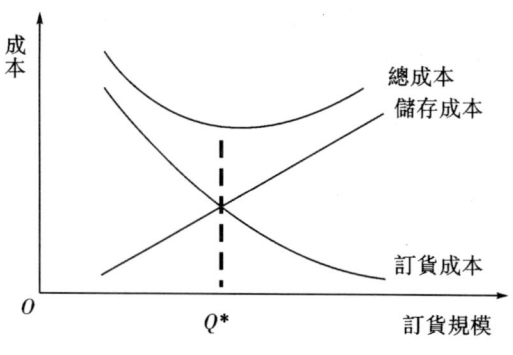

圖 7-3　經濟訂貨批量示意圖

上圖中的 Q^* 點就是最佳訂貨批量 Q^*，又稱為經濟訂購量 Q^*。訂貨處理成本與存貨占用成本隨著訂購量的不同而改變。單位訂購成本隨著訂購量的增加而降低，單位儲存成本隨著訂購量的增加而提高。這兩項相加，即得單位總成本曲線。從總成本曲線的最低點作垂直於橫軸的直線，即得最佳訂購量 Q^*。計算公式為：

$$最佳訂購批量 = \sqrt{\frac{2KD}{PI}}$$

式中：

K——每次訂購費用

D——全年訂購量

P——訂購貨物單價

I——年保管費用率

例如，某企業計劃全年銷售電視機 20 000 臺，平均每次的訂購費用為 10 元，貨物單價為 4,000 元，保管費用率為 1%，則最佳訂購批量為：

$$最佳訂購批量 = \sqrt{\frac{2KD}{PI}} = \sqrt{\frac{2 \times 10 \times 20\,000}{4,000 \times 1\%}} = \sqrt{10\,000} = 100 （臺）$$

一般來說，企業除了最優訂購批量外，庫存控制還有兩種控制措施：一是降低庫存水平，二是「零庫存」。降低庫存水平是根據庫存類型，採取相應策略和具體措施。如表 7-3 所示：

表 7-3　　　　　　　　　　　降低庫存水平的策略

庫存類型	採取的策略	具體措施
安全庫存	預測與控制庫存產生的原因	改進需求預測工作 準確分析需求量與需求時間 加強過程控制 增加設備與人員的柔性 採取供應鏈管理模式

表7-3(續)

庫存類型	採取的策略	具體措施
週轉庫存	在需要的時候供應與生產	與供應商和客戶建立合作夥伴關係 採取供應鏈管理模式 降低訂貨費用 生產採取 JIT 方式
在途庫存	縮短運輸時間	加強運輸過程控制 加大運輸能力
相關需求庫存	用物料需求計劃理論解決相關需求庫存問題	運行 MRP 提高 BOM 的準確率 提高庫存記錄的準確率

「零庫存」是一種特殊的庫存概念，零庫存的含義是以倉庫儲存形式的某種或某些種物品的儲存數量很低的一個概念，甚至可以為「零」，即不保持庫存。零庫存是對某個具體企業而言，是在有充分社會儲備保障前提下的一種特殊形式。它的基本思路是企業不儲備原材料庫存，一旦需要，立即向供應商提出，由供應商保質保量按時送到，生產繼續進行下去。零庫存不是一個宏觀的概念，而是一個微觀的概念。在整個社會再生產的全過程中，零庫存只能是一種理想，而不可能成為現實。

三、質量控制

隨著市場經濟的發展，「質量是企業的生命」這句話已經成為現代企業的共識。因此，企業對質量的控制已經完全深入到採購供應、車間生產、銷售發貨、售後服務的各個環節，對企業的業務影響深遠。企業的質量控制由質量方針、質量目標、質量策劃、質量保證等內容組成。

迄今為止，質量管理和控制已經歷了三個階段，即質量檢驗階段、統計質量管理階段和全面質量管理階段。質量檢驗階段大約發生在 20 世紀 20~40 年代，工作重點在產品生產出來之後的質量檢驗。統計質量管理階段發生在 20 世紀 40~50 年代，管理人員主要採用統計方法作為工具，對生產過程加以控制，其目的是為了提高產品的質量。全面質量管理產生於 20 世紀 50 年代，它以保證產品質量和工作質量為中心，以控制的全過程、全方位和全員參與為特徵，已形成一整套管理理念，風靡全球。

四、審計控制

審計是一種常用的控制方法，財務審計與管理審計是審計控制的主要內容，近來推行以保護環境為目的的清潔生產審計。所謂財務審計是以財務活動為中心內容，以檢查並核實帳目、憑證、財物、債務以及結算關係等客觀事物為手段，以判斷財務報表中所列出的綜合的會計事項是否正確無誤，報表本身是否可以信賴為目的的控制方法。通過這種審計還可以判明財務活動是否符合財經政策和法令。所謂管理審計是檢查一個單位或部門管理工作的好壞，評價人力、物力和財力的組織及利用的有效性。其目的在於通過改進管理工作來提高經濟效益。此外，審計還有外部審計和內部審計之分，外部審計是指由組織外部的人員對組織的活動進行審計；內部審計是組織自身

專門設有審計部門，以便隨時審計本組織的各項活動。

五、損益平衡分析

損益平衡分析是通過對業務量（產量、銷售量、銷售額）、成本、利潤三者相互制約關係的綜合分析，以預測利潤、控制成本的一種分析方法。它是利用成本特性即成本總額與產量之間的依存關係來指明企業獲利經營的業務量界限，從而達到控制的作用。

企業中任何產品的成本都是由兩部分組成的：一部分為固定成本，一部分為變動成本。固定成本包括生產該產品所需要的管理費用、基本工資、設備的折舊費用等，這些費用基本上是恒定的，不隨產量的變化而變化。變動成本包括原材料費、能源費等，這些費用的增長與產品的產量成正比。在激烈競爭的市場上，產品的價格由不得一個企業自己決定，只能根據市場的價格來銷售產品。由此就產生一個問題，即當產量很少時，該企業單個產品的成本就很高。這是因為固定成本不隨產量變化，產量少則固定成本占總成本的比重就大。這時成本可能高於市場價格，企業發生虧損。只有當產量達到一定水平時，才能收支相抵，超過這個水平企業方可獲利。產量和成本及收益的這種關係用平面坐標圖表示就稱為損益平衡圖。如圖 7-4 所示：

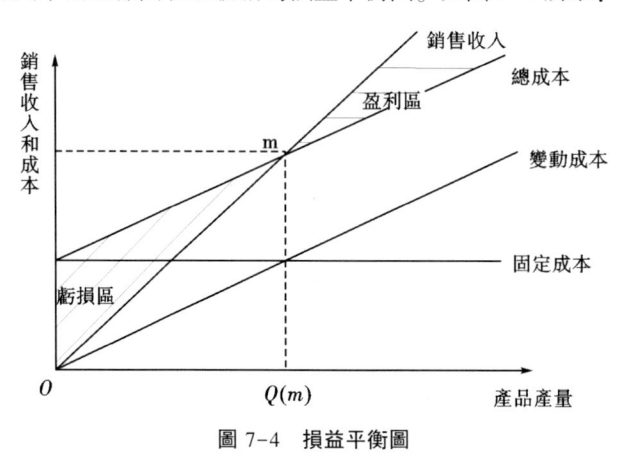

圖 7-4　損益平衡圖

損益平衡分析在管理中有許多應用：①指導決策。確定企業的臨界產量，使管理者針對實際情況對擴大產品的生產還是收縮生產的規模進行決策。②預測實現目標利潤的銷售量。根據損益平衡分析，可以確定在不同的產量水平時企業的盈虧情況如何，要實現預定的利潤目標企業需要達到怎樣的產量和銷售量。③進行成本控制。通過分析固定成本和變動成本中某些因素的變化對盈虧平衡點的影響，達到控制成本的目的。④判斷企業經營的安全率。經營安全率是指企業的經營規模（通常指銷售量）超過盈虧平衡點的程度，以此可以粗略判斷企業的經營狀況。經營安全率越高越安全；若在10%以下則比較危險。但需要注意的是，這種損益平衡分析的方法具有一定的局限性，它假定各種費用、產量和收入之間存在一種線性關係，而實際上只有在產量變動範圍很小時此假定才成立。此外，它假定固定成本不變，是一個靜態模型，因此僅在相對

穩定的情況下才有價值。

六、財務報表分析

財務報表是用以反應企業經營的期末財務狀況和計劃期內的經營成果的數字表。財務報表分析，也稱經營分析，就是以財務報表為依據來判斷企業經營的好壞，並分析企業經營的長處和短處。它主要包括三種分析：①利潤率分析，指分析企業收益狀況的好壞；②流動性分析，指分析企業負債與支付能力是否相適應，資金的週轉狀況和收支狀況是否良好等；③生產率分析，指分析企業在計劃期間內生產出多少新的價值，又是如何進行分配將其變為人工成本、應付利息和淨利潤的。

財務報表分析法主要有實際數字法和比率法兩種。實際數字法是用財務報表分析中的實際數字來分析，但有時這種絕對的數字不能準確地反應企業的不同時期或不同企業間的實際水平，因為企業在不同的時期以及在不同的企業之間條件不同，規模大小不同，行業標準不同。比率法是求出實際數字的各種比率後再進行分析，比率不同，規模大小不同，行業標準不同，更好地體現了相對性，所以比較常用。

七、網絡分析

網絡分析法就是應用網絡圖來反應出一項計劃中的任務、活動過程、工序、工期及費用的先後順序或相互關係，通過計算確定出關鍵路徑作為控制的重點，尋求最佳的控制方案。網絡分析法可以有效地對項目中使用的人力、物力、財力等進行平衡，能夠合理而經濟地控制項目的進度和成本，能夠在實施過程中出現偏差時找出原因和關鍵性的因素，並從總體上進行調整，以保證項目如期完成。從某種意義上說，網絡分析法是一種前饋控制，它可以及時彌補由前面項目延期而造成的時間短缺，而不致影響整個工期；另外，網絡分析法體現了關鍵點控制的原理，通過把握關鍵路徑，可以使控制工作更加簡化、經濟、高效。

八、目標管理

目標管理是由美國管理學家德魯克在 1954 年正式提出的。目標管理是指把經營的目的和根本任務轉化為企業的方針和目標，實現各層次的目標的管理。這樣，一方面可以激發有關人員的責任心和創造力，另一方面可以把總的目標層層分解，最終化為個人的目標。目標管理在本質上是一種控制。通過目標的分解使控制的標準清晰、明確，各級管理者容易做出判斷；而且，目標管理強調讓管理人員和工人參與制定工作目標，員工的態度和行為與組織目標更為貼近。員工在工作中注重推行自我管理，這使得對人員行為的控制變得容易許多。因此，一些研究者稱目標管理為「管理中的管理」。

九、管理控制的基本原則

1. 原則性與靈活性相結合的原則

控制是按一定標準進行的管理活動，目的是為了保證計劃完成。受控者在控制過

程中必須嚴格執行施控者的命令和決策，施控者對要完成的計劃、要達到的標準不能有絲毫動搖。控制是一項十分嚴肅的管理工作。控制需堅持原則，必須嚴格按計劃、按標準辦事。對計劃中存在的問題，必須及時反饋；對計劃執行中存在的重大消極因素，必須堅決排除。但是，控制又是針對未來進行的管理，為了保護員工的積極性，對一些非原則性的缺點和錯誤，以及一些不影響大局的失誤，應從正面給予處理，積極引導，爭取受控者自覺、主動地去糾正偏差。

在控制中做到原則性與靈活性的結合，需要較高的管理控制藝術水平。它首先要求管理者對哪些屬於原則性問題、哪些屬於非原則性問題有一個正確的判斷；其次要求有與問題大小程度相適應的處理措施。做到這一點，施控者必須努力提高自己的政策水平、思想水平、工作水平，不斷地總結管理中的經驗教訓，提高自己的管理調控能力。

2. 控制應該同計劃與組織相適應原則

控制系統和控制方法應當與計劃和組織的特點相適應。控制工作越多地考慮到各種計劃的特點，就越能充分地發揮作用。計劃是控制的標準，沒有計劃，就談不上控制。實現計劃是控制的最終目的。計劃制訂得越詳細、越明確、越可行，控制也就越容易。控制本身也需要有計劃。對於施控者來說，不僅要建立控制標準、控制程序，而且必須明確控制工作的重點、方法和目標，這都說明控制工作本身也需要計劃。與控制關係最為密切的管理職能是計劃，有些管理學家認為，計劃和控制只不過是同一個問題的兩個方面而已。計劃不僅是控制的標準，而且計劃本身就是為了對組織未來的活動加以控制，使組織的一切活動井然有序，能夠經濟、合理、順利地實現組織的目標。正是從這個意義上說，計劃也是一種控制，計劃越全面、越明確，控制的作用和效果也就越大、越明顯。另一方面，控制的目的也就是為了實現組織的計劃，按計劃規定的路線、方法來實現組織的目標。不然的話，眉毛胡子一把抓，全面撒網，控制就會打亂仗，施控者就會像消防隊員一樣，哪裡出問題就急急忙忙地奔向哪裡，這樣的話，控制是很難取得成效的。控制還應當能夠反應一個組織的結構狀況並通過健全的組織結構予以保證，否則，控制就只是空談。

3. 控制也應當強調例外原則

例外原則，是指管理者的控制應當顧及例外情況的發生，不至於面臨重大的偏差而不知所措。也就是說，管理者應把主要注意力集中在那些出現了特別好或特別壞的情況上。這一點常常容易同關鍵點控制原則混淆。其實，關鍵點控制原則是強調控制應當重視一些關鍵的點，而例外原則是強調必須留意在這些關鍵點上偏差的規模。如果把兩者很好地結合起來就可以使控制工作既有好的效果，又有高的效率。

4. 控制應該具有及時性和經濟性

靈活控制是指控制系統能適應主客觀條件的變化，持續地發揮作用。控制工作本是動態變化的，控制所依據的標準、衡量工作所用的方法等都可能隨著情況變化而調整、變化。控制時機的選擇十分重要。較好的控制必須能及時發現偏差，及時提供信息，使管理者能迅速採取措施加以更正。再好的信息，如果過時了，也將是毫無用處的，而且往往會造成不可彌補的損失。時滯現象是反饋控制的一個難以克服的困難。

雖然檢查實施結果，將結果同標準比較找出偏差，可能不會花費很長的時間，但分析偏差產生的原因，並提出糾正偏差的具體辦法也許曠日持久，當真正採取這些辦法去糾正偏差時，實際情況可能有了很大變化。解決這一問題的最好辦法是採取預防性控制措施。一個真正有效的控制系統應該能預測未來，及時發現可能出現的偏差，預先採取措施，調整計劃，而不是等問題實際出現了再去解決。控制是一項需要投入人力、物力、財力的事情，從經濟角度看必須是合理的，如果控制所付出的代價比它得到的好處要大，那麼就失去了意義。任何控制系統產生的效益都必須與其投入的成本進行比較。為了使成本最少，管理者應該嘗試使用能產生期望結果的最少量的控制。這個要求看起來簡單，但做起來卻比較複雜。因為一個管理者有時很難確定某個控制系統究竟能帶來多少效益，也難以計算其費用到底是多少。是否經濟也是相對的，因為控制的效益隨業務活動的重要性和規模的大小而不同。在實際工作中，我們應盡可能有選擇地進行控制，精心選擇控制點。另外，盡可能改進控制方法和手段以降低消耗、提高效益。

復習思考題：

1. 控制的含義和必要性是什麼？
2. 控制如何分類？
3. 簡述控制過程。
4. 控制有哪些原則？
5. 簡述控制方法的內容。

[**本章案例**]

客戶服務質量控制

美國某信用卡公司的卡片分部認識到高質量客戶服務是多麼重要。客戶服務不僅影響公司信譽，也和公司利潤息息相關。比如，一張信用卡每早到客戶手中一天，公司便可獲得35美分的額外銷售收入，這樣一年下來，公司將有150萬美元的淨利潤。及時地將新辦理的和更換的信用卡送到客戶手中是客戶服務質量的一個重要方面，但這遠遠不夠。決定對客戶服務質量進行控制來反應其重要性的想法，最初是由卡片分部的一個地區副總裁凱西帕克提出來的。她說：「一段時間以來，我們對傳統的評價客戶服務的方法不太滿意。向管理部門提交的報告有偏差，因為它們很少包括有問題但沒有抱怨的客戶，或那些只是勉強滿意公司服務的客戶。」她相信，真正衡量客戶服務的標準必須基於和反應持卡人的見解。這就意味著要對公司控制程序進行徹底檢查。第一項工作就是確定用戶對公司的期望。對抱怨信件的分析指出了客戶服務的三個重要特點：及時性、準確性和反應靈敏性。持卡者希望準時收到帳單、快速處理地址變動、採取行動解決抱怨。

瞭解了客戶期望，公司質量保證人員開始建立控制客戶服務質量的標準。所建立的多個標準反應了諸如申請處理、信用卡發行、帳單查詢反應及帳戶服務費代理等服務項目的可接受的服務質量。這些標準都基於用戶所期望的服務的及時性、準確性和反應靈敏性上。同時也考慮了其他一些因素。

除了客戶見解，服務質量標準還反應了公司競爭性、能力和一些經濟因素。比如：一些標準因競爭引入，一些標準受組織現行處理能力影響，另一些標準決定於公司的經濟能力。考慮了每一個因素後，適當的標準就成型了，所以開始實施控制服務質量的計劃。計劃實施效果很好，比如處理信用卡申請的時間由 35 天降到 15 天，更換信用卡的時間從 15 天降到 2 天，回答用戶查詢時間從 16 天降到 10 天。這些改進給公司帶來的潛在利潤是巨大的。例如，辦理新卡和更換舊卡節省的時間會給公司帶來 1,850 萬美元的額外收入。另外，如果用戶能及時收到信用卡，他們就不會使用競爭者的卡片了。

該質量控制計劃潛在的收入和利潤對公司還有其他的益處，該計劃使整個公司都注重客戶期望。各部門都以自己的客戶服務記錄為驕傲。而且每個雇員都對改進客戶服務做出了貢獻，使員工士氣大增。每個雇員在為客戶服務時，都認為自己是公司的一部分，是公司的代表。

信用卡部客戶服務質量控制計劃的成功，使公司其他部門紛紛效仿。無疑，它對該公司的貢獻將是非常巨大的。

討論題：

(1) 該公司控制客戶服務質量的計劃是前饋控制、反饋控制還是現場控制？
(2) 找出該公司對計劃進行有效控制的三個因素。
(3) 為什麼該公司將標準設立在經濟可行的水平上而不是最高可能的水平上？

第八章 生產管理

　　生產是人類最基本的活動，是大多數人都瞭解的概念，人們通過生產活動創造財富、創造人類所需要的一切。就基本形式而言，生產是將輸入（生產要素）轉化為輸出（產品或服務）的過程，或創造產品或服務的過程。生產管理就是對這一過程進行計劃、組織、領導和控制。生產管理是企業管理中基本的也是重要的組成部分。然而，隨著服務業的興起，生產的概念已經擴展。生產不再只是工廠裡從事的活動了，而是一切社會組織將其最主要的資源投入進去而進行的最基本的活動。沒有生產活動，社會組織就不能存在。

　　為完成生產經營計劃，企業必須合理配置生產資源，即通過對各種生產要素和生產過程的不同階段、環節、工序的合理安排，使其在時間上、空間上平衡銜接，緊密配合，構成一個協調的系統，使產品在行程最短、時間最省、耗費最小的條件下，按計劃確定品種、質量、數量、交貨期等，生產出市場需要的產品。簡而言之，生產管理的目的就在於高效、低耗、靈活、準時地生產合格產品或提供令顧客滿意的服務。本章主要闡述生產過程的含義、構成與分類，生產過程的時間組織和空間組織方式，生產組織的新技術（如 ERP、JIT、AM），生產作業計劃（批量、生產間隔期、生產週期、在產品定額、生產提前期）及網絡圖技術。

第一節　生產管理概述

一、生產過程

（一）生產過程的定義

　　企業中任何產品的生產，都必須經過一定的生產過程，它是指從原材料投入生產開始到產品製造出來為止的全部過程。它的基本內容是人的勞動過程，即勞動者利用勞動工具作用在勞動對象上，使其按照預定的目的改變產品的形狀、結構、性質或位置的過程。準確地說，生產過程是勞動過程和自然過程的有機結合，因為在某些情況下，生產過程還需要借助於自然力的作用，使勞動對象發生物理的或化學的變化，如自然冷卻、自然干燥、自然發酵等。在自然過程中，勞動過程部分或全部停止。

（二）生產過程的組成

　　由於產品結構和工藝特點的不同，工業企業生產過程的性質和構成也不完全相同。

就其對產品形成所起作用來看，主要分為生產技術準備過程、基本生產過程、輔助生產過程、生產服務過程等。

（1）生產技術準備過程：是指在產品投入生產前所進行的一系列技術準備過程，主要包括產品設計、工藝設計、工藝裝備設計和製造、材料消耗定額和工時消耗定額的制定與修訂、調整勞動組織和設備布置等。

（2）基本生產過程：是指直接改變勞動對象的物理性質和化學性質，使之成為企業主要產品的過程。如機械製造企業的鑄造、鍛壓、切削加工、裝配產品；冶金企業的煉鐵、煉鋼、軋鋼；汽車企業的零件加工、裝配過程等。

（3）輔助生產過程：是指為保證基本生產正常進行所從事的各種輔助性生產活動和過程。如動力生產、工具製造、設備維修等。

（4）生產服務過程：是指為保證基本生產過程和輔助生產過程所從事的各種生產服務活動。如原材料、半成品、工具的保管與發放、廠內運輸等。

此外，有的企業還有附屬生產過程，它是指為基本生產提供附屬材料的生產過程。如提供產品包裝用的包裝箱的生產過程。

工業企業產品生產過程的組成中，最核心的組成部分是基本生產過程。基本生產過程按照工藝性質特點和使用設備的不同，可以劃分為若干工藝階段，而每個工藝階段又可分為若干工序。工序是指一個工人或一組工人在一個工作地上，對同一勞動對象連續進行的生產活動。工序是生產過程中的基本環節。工作地是工人進行勞動的場所，每個工作地都有一定的生產面積，配備有一定的機器設備和工具。工序按作用不同分為：工藝工序、檢驗工序、運輸工序。工藝工序是在工作地直接改變勞動對象的形式、尺寸、性質等，即發生物理、化學或幾何形狀的變化；檢驗工序是對原材料、半成品和成品的質量進行檢查的工序；運輸工序是在工藝工序之間、工藝工序與檢驗工序之間運送原材料、半成品和成品的工序。正確劃分工藝階段和工序，便於按照工種和工人的技術水平進行合理的分工，有利於提高勞動生產率和設備利用率。

二、生產類型

（一）生產類型的劃分

生產類型是影響生產過程的組織的主要因素。生產類型就是根據企業生產產品的性質、結構和工藝特點，產品品種多少、生產穩定程度、同種產品產量的大小和工作地專業化程度等因素對企業所進行的分類。劃分依據不同，類型也不一樣。例如，按產品結構特點，可劃分為單體型生產企業和裝配型生產企業；按產品實物流動特點，可劃分為連續型生產企業和間斷型生產企業；按用戶訂單性質或生產程序特點，可劃分為訂貨型生產企業和存貨型生產企業；按產品專業化程度和工作地專業化程度，可劃分為大量生產企業、成批生產企業和單件生產企業。最後這種分類是目前中國加工裝配式企業廣泛採用的劃分方法，也是所有分類中與生產過程組織密切相關的一種。

1. 大量生產類型

生產同一種產品的產量大，產品品種少，生產條件穩定，經常重複生產同種產品，

工作地固定加工一道或幾道工序，專業化程度高。

2. 成批生產類型

產品品種較多，各種產品的數量不等，生產條件比較穩定，每個工作地要負擔較多的工序，各種產品成批輪番生產，工作地專業化程度比大量生產要低。成批生產按批量大小，又可分為大批生產、中批生產和小批生產。大批生產接近大量生產，因而一般稱為大量大批生產；小批生產接近於單件生產，因而一般稱為單件小批生產。只有中批生產才具有典型的成批生產的特點。

3. 單件生產類型

產品品種很多，每種產品只生產單件或少數幾件之後不再重複，或雖有重複但不定期，生產條件很不穩定，工作地專業化程度很低。

(二) 生產類型的特點

生產類型不同會帶來生產組織形式的不同、計劃編製的不同、經濟效益的不同。在大量生產條件下，工作地專業化程度高，可採用高效率的專用設備和工藝裝備，便於組織流水生產線和自動生產線，工人操作簡單，技術熟練，計劃管理工作容易，具有較高的勞動生產率和較低的產品成本，經濟效益好；單件生產條件下，工作地專業化程度低，一般採用通用設備和工藝裝備，設備利用率和勞動生產率低，對工人的技術水平要求高，計劃管理工作複雜，產品成本高，經濟效益差；成批生產的經濟效益介於大量生產和單件生產之間。它們之間的具體不同點如表8-1所示：

表 8-1　　　　　　　　　　三種生產類型的特點比較

經濟技術指標＼生產類型	大量大批生產	成批生產	單件小批生產
工作地擔負的工序數目	很少，一般為1～2道工序	較多，一般為11～20道工序	很多，一般為21～40道工序
生產設備	多用高效專用設備	使用部分專用設備及通用設備	大多採用通用設備
生產設備布置	按對象原則排列，組成不變流水線或自動線	既按對象原則又按工藝原則，組成可變流水線或生產線	按工藝原則排列，一般不能組成流水生產線
技術工作的精確程度	產品「三化」程度高，零件互換性強	產品「三化」程度較低，零件在一定範圍內互換	產品「三化」程度低，零件互換性差
工藝設備	採用高效專用的工藝裝備	專用和通用的工藝裝備並存	主要採用通用工藝裝備
工藝裝備系數	大	較大	小
工人的技術水平	高級的調整工，低級的操作工	較高	高
勞動生產率	高	較高	較低
產品生產週期	短	較長	長

表8-1(續)

經濟技術指標 \ 生產類型	大量大批生產	成批生產	單件小批生產
計劃管理工作	比較簡單	比較複雜	複雜多變
設備利用率	高	較高	低
產品成本	低	中	高
管理重點	日常管理	計劃協調	準備階段及計劃銜接
設備投資	大	較大	較小
適應性	差	較強	強
風險性	一般大	較小	一般小

(三)生產方式的發展趨勢

20世紀60年代以前，大量生產管理模式一直占據著主導地位，其作用在美國和二戰後的日本經濟發展中發揮得淋灕盡致。但是伴隨著20世紀60年代前後西方發達國家工業化進程的完成，物質極大豐富，消費者的需求結構普遍向高層次發展，人們認識到生產管理還應追求多品種、適應性、對消費者需求迅速反應等更高的目標。顯然，大量生產模式的剛性與此目標是相背離的，或者說是大量生產模式的弊端在新的形勢下暴露無遺。因此，以多品種、靈活性、適應性為目標的生產管理技術和模式的發展與創新也就成為企業增強競爭力、尋求生存和發展的必然之舉。

從20世紀50年代中期蘇聯最早提出成組技術（GT）以後，世界各國針對大量生產模式的不足對生產管理技術和模式進行了眾多的創新，具體包括準時生產（JIT）、製造資源計劃（MRP II）、柔性生產系統（FM）、敏捷製造（AM）、供應鏈管理（SCM）和企業資源計劃（ERP）等。

與大量生產方式相對應的是精益生產方式，這種生產方式旨在突破「批量小、效率低、成本高」的生產管理邏輯，廢棄了大量生產的「提高質量則成本升高」的慣例，使得成本更低，品種更多，適應性更強。下面對手工生產方式、大量生產方式和精益生產方式的特點進行比較，如表8-2所示：

表 8-2　　　　　　　　　三種生產方式的比較

項目 \ 生產方式	手工生產方式	大量生產方式	精益生產方式
產品特點	完全按顧客要求	標準化，品種單一	品種規格多樣化、系列化
加工設備和工藝裝備	通用，靈活，便宜	專用，高效，昂貴	柔性高，效率高
分工與工作內容	粗略，豐富多樣	細緻，簡單，重複	較粗，多技能，豐富
操作工人	懂設計製造，具有高操作技藝	不需專門技能	多技能
庫存水平	高	高	低

表8-2(續)

生產方式 項目	手工生產方式	大量生產方式	精益生產方式
製造成本	高	低	更低
產品質量	低	高	更高
權利與責任分配	分散	集中	分散

第二節　生產組織

　　工業企業的生產過程，既要占用一定的空間，又要經歷一定的時間。因此，合理組織生產過程，就需要將生產過程的空間組織與時間組織有機地結合起來，充分發揮它們的綜合效率。

一、空間組織和時間組織

(一) 生產過程的空間組織

　　生產過程的空間組織主要是研究企業內部各生產階段和各生產單位的設置和運輸路線的佈局問題，即廠房、車間和設備的佈局設置。佈局的結果將會影響企業生產過程的物流、生產週期、生產成本等相關方面。企業的生產過程是在一定的空間場所，通過許多互相聯繫的生產單位進行的。所以，必須進行總體規劃和工廠設計，配置一定的空間場所，建立相應的生產單位（車間、工段、班組）和其他設施（倉庫、運輸路線、管道和辦公室等），並在各個生產單位配備相應工種的工人和機器設備，採用一定的生產專業化形式。企業內部基本生產單位的設備布置，通常有工藝專業化設備布置、對象專業化設備布置和混合式設備布置三種基本形式。

　　1. 工藝專業化

　　工藝專業化也叫工藝原則。它是按照生產過程的工藝特點建立生產單位的形式。在工藝專業的生產單位內，配置同種類型的生產設備和同工種的工人，對企業生產的各種產品零件，進行相同工藝方法的加工。每一個生產單位只完成產品生產過程中部分的工藝階段或部分工序的加工任務，而不是獨立地生產產品。它的優點是對產品品種適應性強，有利於充分利用機械設備，便於進行專業化的技術管理等。缺點是：半成品運輸路線長，運輸勞動量較大；產品生產過程中停頓等待時間較多，生產週期較長；占用流動資金較多；生產單位之間的協作關係和相應的組織計劃工作較複雜。這種組織形式比較適用於單件小批生產類型。

　　2. 對象專業化

　　對象專業化也叫對象原則。它是按照產品零件、部件的不同來設置生產單位的形式。在對象專業化的生產單位裡，配置了為製造某種產品所需的各種不同類型的生產設備和不同工種的工人，對其所負責的產品進行不同工藝方法的加工。其工藝過程基

本上是封閉的，能獨立地生產產品、零件、部件。它的優點是：可以縮短運輸路線，節約運輸設備和人力；便於採用流水線、生產線、成組加工等先進生產組織形式組織生產；縮短生產週期，減少流動資金佔有；可以簡化生產單位之間的協作關係和相應的管理工作，加強責任制度。它的缺點是：設備專業性強，設備的生產能力難以被充分利用；不便於對工藝進行專業化的管理和指導；對產品變化的適應能力差。這種方法適用於產品品種較穩定的大量大批生產類型。

3. 混合形式

混合形式也叫混合原則、綜合原則。它是把工藝專業化和對象專業化形式結合起來設置生產單位的形式。它有兩種組織方法：一種是在對象專業化的基礎上，適當採用工藝專業化形式；另一種是在工藝專業化的基礎上，適當採用對象專業化形式。這種形式靈活機動，綜合了工藝專業化和對象專業化的優點。因此，許多生產單位採用這種形式來設置。

企業應採用哪一種形式來設置生產單位，必須從企業的生產特點和本身的生產條件出發，全面分析不同形式的技術經濟效果，考慮自己單位的長遠發展目標和目前的生產需要。

(二) 生產過程的時間組織

合理組織生產過程，不僅要求企業各生產單位、各工序之間，在空間上密切配合，而且要求勞動對象在生產過程的時間上緊密銜接，使人、機、料有效組合和運行，實現有節奏的連續生產，以達到提高設備利用率、縮短產品生產週期、加速流動資金週轉、提高勞動生產率和降低產品成本的目的。生產過程組織在時間上要求生產單位之間、各工序之間能互相配合、緊密銜接，保證充分利用設備和工時，盡量提高生產過程的連續性，縮短產品生產週期。

在這裡著重介紹勞動對象在各工序之間、在時間上的銜接方式，即產品（零件）從一個工作地到另一個工作地之間的移動方式。它與製造的產品數量有關，如果製造的產品只有一件，那麼就只能在加工完一道工序後，再送到下一個工作地加工下一道工序，這時在工序之間的時間銜接方式沒有選擇的餘地。如果同時製造一批相同的產品，則各工序之間在時間上的銜接方式主要有以下三種：

1. 順序移動方式

這是指一批零件在前工序全部加工完成以後，才整批地運送到下道工序加工。如果把工序之間的運輸、停放、等待時間忽略不計，則該批零件的加工生產週期，等於該批零件在全部工序上加工時間的總和。用公式表示如下：

$$T_{順} = n \sum_{i=1}^{m} t_i$$

式中：

$T_{順}$——順序移動方式下一批零件的生產週期；

n——零件批量；

m——工序總數；

t_i——零件在第i道工序上的單件作業時間。

採用這種方式有利於減少設備的調整時間,並可簡化管理工作。但是產品都有等待加工運輸的時間,因而生產週期長,資金週轉慢。這種方式多在批量不大和工序時間短的情況下採用。

2. 平行移動方式

這是在一批在製品中,每一個零件在上一道工序加工完畢後,立即轉移到後道工序繼續加工,使得各個零件在各道工序上平行地進行加工作業。這種移動方式的加工週期的計算公式如下:

$$T_{平} = \sum_{i=1}^{m} t_i + (n-1) \sum t_{長}$$

式中:

$t_{順}$——平行移動方式下一批零件的生產週期;

$t_{長}$——單件作業時間最長的工序。

在平行移動方式下,零件在各道工序之間逐個運送,很少有停歇時間,因而整批零件生產週期最短。但是,運輸工作頻繁,特別在前、後兩道工序的單件加工時間不相等時,會出現等待加工或停歇的現象。如果前道工序的單件作業時間比後道工序長,則在後道工序上會出現間斷性的設備停歇時間,這些時間短而分散,不便於利用。如果前道工序的單件作業時間比後道工序短,則在後道工序上會出現零件等待加工的現象。

3. 平行順序移動方式

這是將前兩種移動方式結合起來,取其優點、避其缺點的方式。零件在工序之間移動時有兩種情況:一是當前工序的單件作業時間大於後道工序的單件作業時間時,前道工序完工的零件,並不立即轉移到後道工序,而是積存到一定的數量,足以保證後道工序能連續加工時,才將完工零件轉移到後道工序;二是當前工序的單件作業時間比後道工序的單件作業時間短或相等時,則在前道工序上完工的每一個零件應立即轉移到後道工序去加工。平行順序移動方式的生產週期可用下面的公式表示:

$$T_{平順} = n \sum_{i=1}^{m} t_i - (n-1) \sum t_{i較小}$$

式中:

$T_{平順}$——平行順序移動方式的週期;

$t_{i較小}$——從第一道工序起,前後兩道工序兩兩相比,其中最短的工序加工時間。

上述三種移動方式各有優缺點,在具體運用時,應結合企業的特點和生產條件,綜合考慮以下各種因素來確定。一般來說,單件小批生產適宜採用順序移動方式,大量大批生產則適宜採用平行或平行順序移動方式。按對象專業化形式設置的生產單位,可以採用平行或平行順序移動方式;按工藝專業化形式設置的生產單位,則採用順序移動方式為宜。零件重量輕、體積不大、工序勞動量小,除有傳送帶等連續運輸裝置外,採用順序移動方式有利於組織運輸和節省運輸費用;反之,如零件重、體積大、工藝勞動量也較大,則適宜採用平行移動方式。設備調整難度大的,可以採用平行順序或平行移動方式;反之,採用順序移動方式為宜。

總之，在實際工作中選擇移動方式時，不能只考慮生產週期的長短，應結合企業的生產特點，綜合考慮上述諸因素來加以選擇，以達到合理組織生產的目的。

二、流水線生產組織

流水線生產是對象專業化形式的進一步發展。流水線就是勞動對象在各個不同加工階段，都按照規定的順序和速度，從一臺設備到另一臺設備，從一個工作地到另一個工作地，流水般地進行移動。流水線的主要特徵如下：

（1）組成流水線的各種工作地都固定地做一道或幾道工序，工作地的專業化程度很高。

（2）各工作地按照勞動對象加工的順序排列。

（3）線上各工序（工作地）的加工時間之間，規定著相等的關係或倍數的關係。

（4）按照規定的時間間隔或節拍出產產品。

採用流水線，可以使用專用的設備和工具，提高工作效率，改進產品質量，減少在製品，縮短生產週期，取得較好的經濟效果。因此，這是一種先進的生產組織形式。

（一）流水線的分類

由於具體的生產條件不同，組織流水線可以採用多種多樣的形式。流水線的分類如圖 8-1 所示：

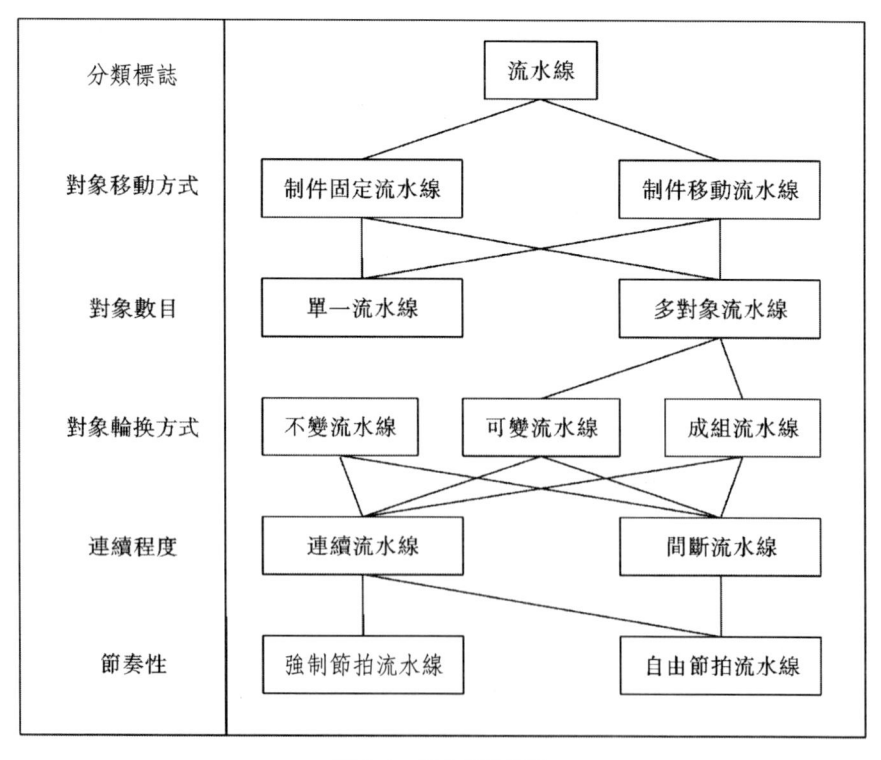

分類標誌	流水線	
對象移動方式	製件固定流水線	製件移動流水線
對象數目	單一流水線	多對象流水線
對象輪換方式	不變流水線 / 可變流水線 / 成組流水線	
連續程度	連續流水線	間斷流水線
節奏性	強制節拍流水線	自由節拍流水線

圖 8-1　流水線分類圖

(二) 組織流水線生產的條件

1. 零件、部件和產品的產量相當大，足以保證工作地正常負荷

流水線是和專業化、標準化密切聯繫的一種生產組織形式。同種零件（或產品）的生產規模，是決定能否採用流水線的重要條件。

2. 產品結構和工藝過程相對穩定不變，並且產品的設計能夠達到「結構的工藝性」

所謂「結構的工藝性」，就是產品和零件的結構能使在流水線上採用最有效和最經濟的工藝程序成為可能。如果原有的產品結構和工藝過程不適合採用流水線，那麼在生產規模擴大以後，還必須對原有的結構和工藝過程加以改變，才有可能採用流水線。在單件小批生產的企業，一般不宜採用流水線，但如果在零件和部件的結構方面實行標準化、通用化，以減少不必要的品種，提高零件的互換性，在工藝過程方面採用典型工藝，以減少工藝方法的不統一和不必要的多樣性，那麼，也就能夠在相當大的程度上創造在某些小組、工段採用流水線的有利條件。

(三) 流水線設計的一般原理

1. 設計流水線的節拍和節奏

節拍是流水線上連續出產前後兩件產品的時間間隔。它是流水線其他一切設計計算的出發點。

$$節拍 = \frac{計劃期有效工作時間}{計劃期產量}$$

計劃期有效工作時間是從制度工作時間裡扣除修理機器設備的停工時間和工人休息時間以後的全部時間。計劃期產量是按生產計劃規定的出產量並考慮廢品數量而確定的。如果計算出來的節拍很小，同時零件的體積也很小，不便於一件一件地運輸，需要按運送批量來運輸，那麼還要計算流水線的節奏。

$$節奏 = 節拍 \times 運送批量$$

2. 進行工序的同期化

工序的同期化就是使流水線各工序的單件加工時間等於節拍或節拍的倍數，這是保證各工作地按節拍進行工作的最重要因素。

在手工操作中，工序的同期化是比較容易實現的。一般採用的方法是：把工序分成更小的組成部分，然後再按照同期化的原則把各個相鄰的組成部分重新組織成幾道工序，使這些工序的時間接近於節拍或節拍的倍數。這種方法叫作粗略同期化。經過粗略同期化以後，可能還有一些工序大於節拍或節拍的倍數，就應進一步採取措施，如採用機械化的方法，採用更完善的工具，進一步改進勞動組織等，使這些工序的時間減少到等於節拍或節拍的倍數，這就是精確同期化。

在機械化生產中，工序同期化的方法主要是採用更完善的設備和工具，改進工藝方法，改變零件結構以及改進勞動組織等。

3. 計算流水線所需工作地（設備）的數量

計算工作地需要數是按每道工序分別計算的。

$$某工序工作地需要數 = \frac{工序單件時間}{節拍}$$

計算出的需要數可能不是整數，但實際採用的工作地數必須是整數。

4. 計算工作地的負荷率和流水線的總負荷率

在確定了各工序實際採用的工作地數以後，就應計算它們的負荷率。

$$工作地的負荷率 = \frac{計算的工作地需要數}{實際採用的工作地數}$$

流水線的總負荷率可用下式計算：

$$流水線總的負荷率 = \frac{流水線各工序計算的工作地需要數總和}{流水線各工序實際採用的工作地數總和}$$

在流水線中，機床的平均負荷率不應低於 0.75～0.80。如果負荷率太低，則表明不適於採用流水線。

5. 確定流水線的工人人數

在機械化生產中，在某些情況下，流水線所需的工人人數可以少於機器（如機床）的數目。如果機床的自動化程度較高，可以實行多機床管理，由一個工人同時看管幾臺機床。或者由於流水線的一部分工作地負荷率較低，為了不使工人停工，實行工人兼管工作地，流水線就成為間斷的流水線。這時工人人數也少於機床數，而工人的負荷率也和機床的負荷率不一致，即機床有停工時間，而工人並不停工。

6. 計算傳送帶的速度和長度

當傳送帶採用連續移動方式時，傳送帶的速度可按下列公式計算：

$$傳送帶的速度 = \frac{流水線上兩件產品間的中心距離}{節拍（分）}$$

如傳送帶採用脈動移動方式，即每隔一個節拍（或節奏）就往前移動一次，傳送帶每次移動的距離就等於傳送帶上兩件產品間的中心距離。

傳送帶的長度一般可用下列公式計算：

$$傳送帶的長度 = 2 \times (工作地長度之和 + 技術上需要的長度)$$

工作地長度之和包括工作地本身所需長度和工作地之間的距離。

7. 進行流水線的平面布置

流水線的平面布置應使產品的運輸路線最短，最有效地利用車間的生產面積，便於生產工人操作和服務部門開展工作。流水線的平面布置有許多形式，如直線形、直角形、山字形、S形、O形、N形等。當工序少、每道工序的工作地又較少時，可用直線形。山字形一般適用於零件加工與部件裝配相結合的情況。O形適用於工序循環的情況，如鑄造流水線。

布置流水線時，應使同類工作盡量地排在一起；應考慮原材料、毛坯的存放以及中間半成品和成品的存放；應盡量使零件加工完之後，即開始部件裝配，部件裝配完了，即開始總裝，從而把各條流水線銜接起來，使其符合產品總的工藝流程。

自動線是流水線的進一步發展。在自動線上，加工、檢驗、運輸等工序全由自動裝置來完成，工人只是調整、監督和管理自動線。它的優點是：生產週期最短，生產

效率最高，流動資金週轉最快，產品質量穩定得到提高，勞動條件被徹底改善。採用自動線的條件是：產品產量要有相當大的規模，產品結構和工藝要相對穩定和比較先進。

三、生產組織新技術和新方法

20世紀50年代中期蘇聯最早提出成組技術（GT）以後，世界各國針對大量生產模式的不足對生產管理技術和模式進行了眾多的創新，具體包括準時生產（JIT）、製造資源計劃（MRP II）、柔性生產系統（FM）、敏捷製造（AM）、供應鏈管理（SCM）和企業資源計劃（ERP）等。先進的生產運作管理方法有許多，我們這裡側重介紹其中的四種。

（一）準時生產（JIT）

1. JIT生產方式的誕生

JIT（Just In Time）生產方式是豐田汽車公司在逐步擴大其生產規模、確立規模生產體制的過程中誕生和發展起來的。以豐田汽車公司的大野耐一等人為代表的JIT生產方式的創造者較早就意識到需要採取一種能更靈活適應市場需求、盡快提高競爭力的生產方式。

JIT生產方式作為一種在多品種小批量混合生產條件下，高質量、低消耗地進行生產的方式，是在實踐中摸索、創造出來的。在20世紀70年代發生石油危機以後，市場環境發生巨大變化，許多傳統生產方式的弱點日漸顯現。從此，採用JIT生產方式的豐田汽車公司的經營績效與其他汽車製造企業的經營績效開始拉開距離，JIT生產方式的優勢開始引起人們的關注和研究。

2. JIT生產方式的含義與特點

（1）JIT生產方式的含義。JIT生產方式的基本思想可用現在已經廣為流傳的一句話來概括，即「只在需要時，按需要的量生產所需的產品」。這也就是Just In Time一詞所要表達的本來含義。這種生產方式的核心是追求一種零庫存、零浪費、零不良、零故障、零災害、零停滯的較為完美的生產系統，並為此開發了包括看板在內的一系列具體方法，逐漸形成了一套獨具特色的生產經營體系。

（2）JIT生產方式的特點。JIT生產方式的特點是零庫存，並能夠快速應對市場的變化。JIT生產方式要做到用一半的人員和生產週期、一半的場地和產品開發時間、一半的投資和少得多的庫存，生產出品質更高、品種更為豐富的產品。

3. JIT生產對生產製造的影響

（1）生產流程化——按生產汽車所需的工序從最後一個工序開始往前推，確定前面一個工序的類別，並依次恰當安排生產流程，根據流程與每個環節所需庫存數量和時間先後來安排庫存和組織物流。盡量減少物資在生產現場的停滯與搬運，讓物資在生產流程上毫無阻礙地流動。

（2）生產均衡化——將一週或一日的生產量按分秒時間進行平均，所有生產流程都按此來組織生產，這樣一條流水線上每個作業環節上單位時間必須完成多少何種作

業就有了標準定額，所在環節都按標準定額組織生產，因此要按此生產定額均衡地組織物質的供應、安排物品的流動。因為 JIT 生產方式的生產是按周或按日平均了的，所以與傳統的大生產、按批量生產的方式不同，JIT 的均衡化生產中無批次生產的概念。

（3）看板管理——把工廠中潛在的問題或需要做的工作顯示或寫在一塊顯示板上，讓任何人一看顯示板就知道出現了何種問題或應採取何種措施。看板管理需借助一系列手段來進行，比如告示板、帶顏色的燈、帶顏色的標記等，不同的表示方法具有不同的含義，以下就看板管理中有助於使庫存降低為零的表示方法加以說明。

① 紅條。在物品上貼上紅條表示該種物品在日常生產活動中不需要。

② 看板。為了讓每個人容易看出物品旋轉地點而制成的顯示板，該板標明什麼物品在什麼地方、庫存數量是多少。

③ 警示燈。讓現場管理者隨時瞭解生產過程中何處出現異常情況、某個環節的作業進度、何處請示供應零件等的工具。

④ 標準作業表。將人、機械有效地組合起來，以決定工作方法的表。

⑤ 錯誤的示範。為了讓工人瞭解何謂不良品，而把不良品陳列出來的方法。

⑥ 錯誤防止板。為了減少錯誤而做的自我管理的防止板。

⑦ 紅線。表示倉庫及儲存場所貨物堆放的最大值標記，以這種簡便方法來控制物品的最大庫存數量。

在實際生產過程中還有其他不同的手段和方式來對作業進行提示或警示。

（二）製造資源計劃（MRP Ⅱ）

在製造資源計劃中，製造資源是企業的物料、人員、設備、資金、信息、技術、能源、市場、空間、時間等用於生產的資源的統稱。其中物料是為了產品出廠需要列入計劃的一切不可缺少的物品的統稱。

MRP Ⅱ 的基本思想就是把企業作為一個有機整體，通過運用科學方法對企業各種製造資源和產、供、銷、財各個環節進行有效的計劃、組織和控制，使它們得以協調並發揮作用。製造資源計劃中的資源，不僅包括通常所說的人、財、物，而且還包括時間等，這些資源都是以信息的形式表現。通過信息集成，對企業的各種資源進行有效的計劃和利用，提高企業競爭力，這是製造資源計劃的要旨。

一般認為，MRP Ⅱ 管理模式具有以下幾個方面的特點，每項特點都含有相輔相成的管理模式的變革和人員素質或行為變革。

（1）計劃的一貫性與可行性；

（2）管理的系統性；

（3）數據的共享性；

（4）動態的應變性；

（5）模擬的預見性；

（6）物流、資金流的統一性；

（7）質量保證的功能性。

(三) 企業資源計劃（ERP）

ERP 是由美國 Gartner Group 公司於 20 世紀 90 年代初首先提出的，它實質上仍然以 MRP Ⅱ 為核心，但 ERP 至少在兩方面實現了拓展：一是將資源的概念擴大，不再局限於企業內部的資源，而是擴展到整個供應鏈條的資源，將供應鏈內的供應商等外部資源也作為可控對象集成起來；二是把時間也作為資源計劃的最關鍵的一部分納入控制範疇，這使得決策支持系統（DSS）被看作 ERP 不可缺少的一部分，將 ERP 的功能擴展到企業經營管理中的半結構化和非結構化決策問題。因此，ERP 被認為是顧客驅動的、基於時間的、面向整個供應鏈管理的製造資源計劃。

ERP 管理系統主要由下列 6 大功能目標組成：

（1）支持企業整體發展戰略的戰略經營系統，該系統的目標是在多變的市場環境中建立與企業整體發展戰略相適應的戰略經營系統。

（2）實現全球大市場營銷戰略與集成化市場營銷，也就是實現在預測、市場規模、廣告策略、價格策略、服務、分銷等各方面進行信息集成和管理集成。

（3）完善企業成本管理機制，建立全面成本管理系統，形成和保持企業的成本優勢。

（4）研究開發管理系統，保證能夠迅速開發適應市場要求的新產品，構築企業的核心技術體系，保持企業的競爭優勢。

（5）建立便捷的後勤管理系統，強調通過動態聯盟模式把優勢互補的企業聯合在一起，用最有效和最經濟的方式參加競爭，迅速響應市場瞬息萬變的需求。這種便捷的後勤管理系統具有縮短生產準備週期，增加與外部協作單位技術和生產信息的及時交換，改進現場管理方法，縮短關鍵物料供應週期等功能。

（6）實施準時生產方式，把客戶納入產品開發過程，把銷售代理商和供應商、協作單位納入生產體系，按照客戶不斷變化的需求同步組織生產，時刻保持產品的高質量、多樣性和靈活性。

ERP 對於企業提高管理水平具有重要意義。ERP 首先為企業提供了先進的信息平臺。ERP 系統軟件不僅功能齊全、集成性強、穩定性好，能提供及時準確的信息，而且具備可擴展性。其次，ERP 具有規範基礎管理、促進企業管理水平提高的功能。ERP 的實質就是一套規範的由現代信息技術保證的管理制度。最後，ERP 能夠整合企業各種資源，提高資源運作效率。ERP 系統是面向整個供應鏈的資源管理，它把企業與供應商、客戶有機聯繫起來，並將企業內部的採購、開發設計、生產、銷售整合起來，使得企業能對人、財、物、信息等資源進行有效的管理與調控，以提高資源運作效率。

(四) 敏捷製造（AM）

敏捷製造是一種以先進生產製造技術和動態組織結構為特點，以高素質與協同良好的工作人員為核心，採用企業間網絡技術，從而形成的快速適應市場的社會化製造體系，它被稱為是 21 世紀的生產管理模式。敏捷製造與 MRP Ⅱ、ERP 等 20 世紀末的先進生產管理模式相比，更具有靈敏、快捷的反應能力。具體而言，敏捷製造這種未來生產模式在以下幾方面具有較大的創新。

1. 市場方面

對市場需求反應快速靈敏，變一般的市場導向為消費者參與的市場導向。敏捷製造能靈活快速地提供豐富的品種、任意的批量、高性能、高質量、顧客十分滿意的產品和服務。

2. 生產方面

以具有集成化、智能化、柔性化特徵的先進製造技術為支撐，建立完全以市場導向、按市場需求任意批量而快速靈活製造產品、實行並行工程、能支持顧客參與生產的靈敏生產系統。該系統既能實行多品種大批量，又能實現無損耗的精益生產和綠色無污染製造。

3. 產品設計和開發方面

積極開發、利用計算機過程模擬技術和並行工程的組織形式，既可實現產品、服務和信息的任意組合，從而極大地豐富品種，又能極大地縮短產品設計、生產準備、加工製造和進入市場的時間，從而保證對消費者需求的快速靈敏的反應。

4. 企業組織方面

以企業內部組織的柔性化和企業間組織的動態聯盟為其組織特徵，虛擬企業是其理想形式，但不一定是必需形式。敏捷製造企業的組織既能保證企業內部信息達到瞬時溝通，又能保證迅速抓住企業外部的市場做出靈敏反應。

5. 企業管理方面

以靈活的管理方式達到組織、人員與技術的有效集成，尤其強調人的作用，充分發揮各級人員的積極性和創造性，在管理理念上具有創新和合作的突出意識，在管理方法上重視全過程的管理。

敏捷製造作為一種 21 世紀生產管理的創新模式，能系統全面地滿足高效、低成本、高質量、多品種、及時迅速、動態適應、極高柔性等現在看來難以由一個統一生產系統來實現的生產管理目標要求，無疑是未來企業生產管理技術發展和模式創新的方向。

第三節　生產作業計劃

生產作業計劃是企業生產計劃的具體執行計劃，即把企業的年度、季度生產計劃中規定的月度生產計劃以及臨時性生產任務，具體分配到各車間、工段、班組以至每個工作地和個人。生產作業計劃，對協調企業各個部門、各個生產環節的活動，保證均衡地完成國家計劃和訂貨合同規定的任務具有重要作用。

一、生產作業計劃

（一）期量標準

期量標準是對生產作業計劃中的生產期限和生產數量，經過科學分析和計算而規定的一套標準數據。期量標準實質上反應了各個生產環節在數量上和時間上的互相聯

繫。有了期量標準就可以準確地確定各種產品在各個生產環節的投入、出產的具體時間和數量，有利於均衡地、經濟地完成計劃任務。

由於企業的生產類型、產量大小和生產組織形式不同，採用的期量標準也不相同。大量生產一般採用節拍、節奏、流水線工作指示圖表、在製品定額等；成批生產一般採用批量和生產間隔期、生產週期、在製品定額、生產提前期等；單件小批生產一般採用生產週期、生產提前期、產品裝配指示圖表等。

1. 批量和生產間隔期

批量就是一次投入（或出產）同種製品的數量。生產間隔期也叫生產重複期，是指前後兩批同種製品投入（或出產）的間隔時間。批量和生產間隔期之間的關係，可以用下面的公式表示：

$$批量 = 生產間隔期 \times 平均日產量$$

$$生產間隔期 = \frac{批量}{平均日產量}$$

從上式可以看出，當生產任務確定以後，批量加大，生產間隔期就會相應延長；相反，批量減少，生產間隔期就會縮短。它們之間的變化成正比例關係。

鑒於批量和生產間隔期的這種關係，確定批量和生產間隔期可以用以下三種方法：

（1）經濟批量法。這是一種根據費用來確定合理批量的方法。這種方法不僅注重效率，而且更注重經濟效益。生產批量的大小主要與兩種費用有關：一是設備調整費用。批量越大，設備調整次數越少，分攤到單位產品中的調整費用就越小；反之，批量越小，設備調整次數就多，分攤到單位產品中的費用就越大。二是庫存保管費用。它隨著批量的增大而增多，隨著批量的減少而減少。合理的批量應該是上述兩種費用之和最小的批量。其計算公式為：

$$Q = \sqrt{\frac{2AN}{C}}$$

式中：

Q——經濟批量；

A——設備調整一次所需的費用；

N——年計劃產量；

C——單位製品的年平均保管費用。

（2）最小批量法。這是以保證設備被充分利用為主要目標的一種批量計算方法。這種方法著眼於充分利用設備和提高勞動生產率兩個因素綜合考慮，通過計算求出最小批量。其計算公式如下：

$$最小批量 = \frac{設備調整時間}{單件工藝工序時間定額 \times 設備調整允許損失係數}$$

一般規定設備調整允許係數為 0.02~0.12，係數可以按大、中、小批生產類型的不同，並考慮零件價值對流動資金的影響進行選擇。

（3）以期定量法。這是先確定生產間隔期，然後再確定批量的一種方法。採用這種方法，當產量變動時，只需調整批量，不必調整生產間隔期。企業常採用的生產間

隔期有季、月、旬、日等，這樣既能考慮經濟效益，又簡化了生產管理。

2. 生產週期

生產週期是指某種產品從原材料被投入生產開始，到製成品出產為止的整個生產過程所需要的全部時間。以機械工業產品為例，生產週期包括毛坯準備、零件加工、部件裝配，一直到成品裝配、油漆、包裝入庫為止的全部時間。生產週期是編製生產作業計劃的重要期量標準之一，是確定產品在各工藝階段的投入期和出產期的主要依據。生產週期的長短，反應企業的工藝技術水平和生產管理水平，對勞動生產率、流動資金、產品成本等都有影響。

在成批生產中，生產週期的制定比較複雜，通常要計算一批製品的工序週期、各工序階段週期和一批成品的總週期。

（1）工序週期。它是指一批製品在某道工序上加工製造的時間。

$$\frac{\text{工序週期}}{\text{（天）}} = \frac{\text{工序單件工時定額} \times \text{批量}}{\text{一個工作日平均有效工作時間} \times \text{執行該工序的工作地數} \times \text{定額完成系數}}$$

（2）工藝階段週期。它是指一批製品在某一個工藝階段（如毛坯製造、零件加工、部件裝配、成品裝配等）的週期，它除了各工序週期以外，還要考慮工序之間的中斷時間、設備調整時間、跨車間協作工序的時間、自然時效時間和各工序之間的平行系數等。

$$\begin{aligned}\text{一批製品加工的生產週期} =& \left(\begin{array}{c}\text{車間內部各道}\\\text{工序週期之和}\end{array} \times \begin{array}{c}\text{工序之間的}\\\text{平行系數}\end{array}\right) + \begin{array}{c}\text{各道工序設備}\\\text{調整時間之和}\end{array} \\&+ \left(\begin{array}{c}\text{車間內部製品}\\\text{加工的工序數}\end{array} \times \begin{array}{c}\text{平均各道工序}\\\text{的中斷時間}\end{array}\right) + \begin{array}{c}\text{跨車間協作}\\\text{工序時間}\end{array} + \begin{array}{c}\text{工藝規定的}\\\text{自然有效時間}\end{array}\end{aligned}$$

式中，工序之間的平行系數，根據製品在工序間的移動方式而定，順序移動方式為1，平行移動和平行順序移動方式為0.6~0.8。

工序間的中斷時間，是指轉移運輸、檢驗和等待加工時間，可根據統計資料分析確定。

（3）產品生產週期。它是各工序階段生產週期及保險期之和。為了能夠清楚、準確地反應產品生產過程各個工藝階段以及各道工序在時間上的銜接，便於有效地組織生產活動，單個產品生產週期一般用圖表法，即在分別按車間計算的各種製品生產週期的基礎上，根據裝配系統圖及各工藝階段生產週期平衡銜接關係來繪製。

3. 在製品定額

在製品是指從原材料投入到成品入庫前，處於生產過程尚未製造完畢的產品。在製品定額是指在一定的組織技術條件下，為保證生產正常進行，生產過程各環節所需占用的最低限度的製品數量。在製品定額是協調和控制在製品流轉交接，組織均衡生產活動的依據。合理的在製品定額，既能保證生產的正常需要，又能使在製品的占用量保持適當的水平。在製品定額按在製品存放地點和加工狀況，可分為車間在製品定額和庫存半成品定額。

車間在製品定額＝車間平均每日生產量×車間的生產週期（日）

庫存半成品定額＝平均每日需用量×庫存定額日數＋保險儲備量

式中，車間平均每日生產量，可根據產品（零件）的月產量和一個月的工作日數

來確定，平均每日需用量是指需用這種半成品的車間平均每日領用量，大量生產可按需用車間投入批量和投入間隔期來確定；庫存定額日數，可根據經驗或用統計資料來分析確定；保險儲備量，一般根據經驗或統計來分析判斷確定。

4. 生產提前期

生產提前期是指產品（毛坯、零件）在各工藝階段（車間）投入或出產的時間，比成品出產的時間所要提前的時間。生產提前期是以產品最後完工的時間為起點，根據各工藝階段的生產週期、保險期和生產間隔期，按工藝階段的逆順序進行計算的。正確制定生產提前期，對於保證各工藝階段的生產活動，使時間緊密銜接，縮短生產週期，減少在製品占用量，保證按期交貨等有重要意義。每一種在製品在每一個生產環節都有投入和出產之分，因此，提前期也分為投入提前期和出產提前期。制定生產提前期有兩種不同的情況。

（1）在前後工序車間的生產批量相等的情況下，提前期的確定。最後工序車間的投入提前期等於該車間的生產週期。任何一個車間的投入提前期都比該車間出產提前期提早一個該車間的生產週期。因此，出產提前期還要考慮保險期。提前期可按下列公式計算：

$$某車間投入提前期 = 本車間出產提前期 + 本車間生產週期$$
$$某車間出產提前期 = 後車間投入提前期 + 本車間保險期$$

式中，保險期，指為防止可能發生出產誤期而預留的時間，以及辦理交庫、領用、運輸等所需的時間。

（2）當前後兩車間生產批量不等時，提前期的確定。當前後車間批量不相等時（前工序車間的批量為後工序車間的批量的若干倍），各車間的投入提前期的計算與上述公式相同。但是出產提前期的計算則有所不同。由於前後兩車間生產批量不等，以致前後兩個車間生產間隔期不等，前車間出產一批可供後車間幾批之用。因此，出產提前期計算公式為：

$$\frac{某車間出}{產提前期} = \frac{後車間投}{入提前期} + \frac{本車間}{保險期} + \left(\frac{本車間生}{產間隔期} - \frac{後車間生}{產間隔期}\right)$$

（二）生產作業計劃的編製方法

這裡主要介紹廠部分配車間生產任務的方法。廠部分配車間生產任務的方法，主要取決於車間生產組織形式和生產類型。如果是對象專業化的車間，可將生產任務直接分配給各車間；如果是工藝專業化的車間，應根據生產類型的不同，採取以下幾種方法：

1. 在製品定額法

它是運用在製品定額，結合在製品實際結存量的變化，按產品反工藝順序，從產品出產的最後一個車間開始，逐個往前推算各車間的投入、出產任務。它適合於大量大批生產企業。其計算公式如下：

$$\frac{某車間}{出產量} = \frac{後車間}{投入量} + \frac{本車間半成}{品外銷量} + \left(\frac{庫存半成}{品定額} - \frac{期初預計半}{成品庫存量}\right)$$

$$\frac{某車間}{投入量} = \frac{本車間}{出產量} + \frac{本車間計劃}{品外銷量} + \left(\frac{本車間在}{製品定額} - \frac{期初本車間在}{製品預計結存量}\right)$$

最後車間出產量和車間半成品計劃外銷量,是根據市場需要確定的。車間計劃允許廢品量按預先規定的廢品率計算,最後車間出產量等於計劃期任務量。

2. 累計編號法

它是根據預先制定的提前期標準,規定各車間出產和投入應達到累計號數的方法。累計號數可以從年初或從開始生產這種產品起,按生產的先後順序累計確定。它適用於成批輪番生產企業。其計算公式如下:

$$\frac{某車間出產}{累計號數} = \frac{最後車間成品}{出產累計號數} + \frac{本車間出產提前期}{} \times \frac{最後車間}{平均日產量}$$

$$\frac{某車間投入}{累計號數} = \frac{最後車間成品}{投入累計號數} + \frac{本車間投入提前期}{} \times \frac{最後車間}{平均日產量}$$

各車間在計劃期應完成的當月出產量和投入量可按下式計算:

$$\frac{計劃期某車間}{出產(或投入)量} = \frac{計劃期末本車間出產}{(或投入)累計號數} - \frac{計劃期初本車間已出產}{(或投入)累計號數}$$

按上式計算各車間出產(或投入)量以後,還應按零件的批量進行修正,使車間的投入或出產任務與批量成整倍數關係。

3. 生產週期法

它是根據預先制定每類產品中代表產品的生產週期標準和合同交貨期限要求,用反工藝順序依次確定產品在各車間投入和出產時間的方法。它適合於單件小批生產企業。應用這種方法確定各車間生產任務的步驟是:首先,根據各項訂貨合同規定的交貨日期,以及事先編好的生產週期標準,制定各種產品的生產週期圖表;其次,根據各種產品的生產週期圖表,編製全廠各種產品投入和出產綜合進度計劃表,以協調各種產品的生產進度和平衡車間的生產能力。在安排車間任務時,只要在綜合進度計劃中摘錄屬於該車間當月應當投入和出產的任務,再加上上月結轉的任務和臨時承擔的任務,即得出當月各車間的生產任務。

4. 訂貨點法

它適用於規定標準件、通用件車間的生產任務。使用這種方法通常要為每種標準件、通用件規定合理的批量,一次集中生產一批,等到它的庫存儲備量減少到「訂貨點」時,再提出製造下一批的任務。訂貨點是提出訂貨時的庫存量,其計算公式如下:

訂貨點＝平均每日需要量×訂貨週期＋保險儲備量

二、網絡計劃技術的應用

(一) 網絡圖的構成要素和繪製方法

1. 網絡圖的構成要素

網絡圖是網絡法的基礎。它是為完成某個預期目標,而按照這一目標的各項活動(各道工序)及其所需時間的先後次序和銜接關係建立起來的整個計劃圖。網絡圖由活動、事件、線路三個部分組成。這三個組成部分便是構成網絡圖的三要素。

(1) 活動。它是指一項工作或一道工序。活動需要消耗一定的資源和時間,而有

些工作不需要消耗資源，但要占用時間，這在網絡圖中也應作為一項活動。活動一般用箭線表示，箭線的上部標明工作的名稱，箭線的下部標明所需的時間（以小時、天、周等表示），箭頭表示活動前進的方向，如圖 8-2 所示：

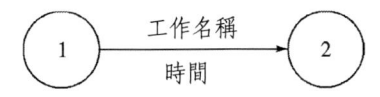

圖 8-2　活動要素示意圖

在實際工作中，有些活動不需要消耗資源和時間，只表明一道工序和另一工序之間的相互依存和制約的關係，這種活動叫作虛活動，以虛箭線表示，即②……>③。

（2）事件。網絡圖中兩個或兩個以上的箭線的交點（節點）標誌著前項活動的結束和後項活動的開始，這些節點就被稱為事件。事件和活動不同，它是工作完成的瞬間，它不需要消耗時間和資源。事件用圓圈表示，並編以號碼，任何活動可以用前後兩個事件的編碼來表示，如圖 8-3 所示：

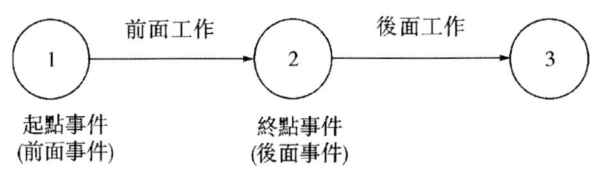

圖 8-3　事件要素示意圖

（3）線路。它是指從起點事件開始，順著箭頭方向，連續不斷地到達終點事件為止的一條通道。一條線路上各工序的作業時間之和稱為路長。在一個網絡圖中，有很多條線路，每條線路的路長不一，其中最長的一條線路，叫作關鍵線路，或稱主要矛盾線。網絡分析主要是找出生產（工程）中的關鍵路線，它對整個生產週期有著直接影響。

2. 網絡圖的繪製方法

要繪製一個網絡圖，必須對預定項目的三件事情調查清楚，即：一項產品包括的所有作業；各個作業之間的銜接關係；完成每個作業所需的時間。根據這個要求，可以總結出繪製網絡圖的步驟：

（1）劃分作業項目。製造任何一個產品，都是由若干個作業項目所組成的。畫網絡圖，首先要把這些項目劃分開來，把一個產品分解為若干個作業。

（2）分析和確定作業之間的相互關係。對劃分的全部作業，分析和確定各個作業之間的工藝和組織的相互聯繫及相互制約的關係，以確定作業之間的先後順序。

（3）開列作業明細表。根據各個作業的銜接順序，由小到大編排節點的號碼，確定作業的代號，列出工作週期的銜接關係。

（4）繪製網絡圖。根據作業明細表資料，就可以繪製初步的計劃網絡圖。繪製網絡圖的規則如下：①不允許出現循環線路。網絡圖是有向圖，從左到右排列，不應有回路。②事件號不能重複。網絡圖中的每一項活動都應有自己的節點編號，號碼不能重複使用。③箭頭必須從一個節點開始，到另一個節點結束。前一箭線的活動（工序）必須完成，後一箭線的活動（工序）才能開始。箭線中間不能列出箭線。如圖 8-4 所

示，工序 C 必須在工序 A、B 完成之後才能開始，A、B 為緊前工序，C 為緊後工序。④遇到有幾道工序平行作業和交叉作業時必須引進虛工序。虛工序是指作業時間為零的一項虛任務。⑤兩個節點之間只能畫出一條線，但進入某一節點的線可以有很多條。⑥每個網絡圖至少有一個網絡始點事件，不能出現沒有先行作業或沒有後續作業的中間事件。如在實際工作中發生了這種情況，應將沒有先行（或後續）作業的節點同網絡始點（或終點）事件連接起來。

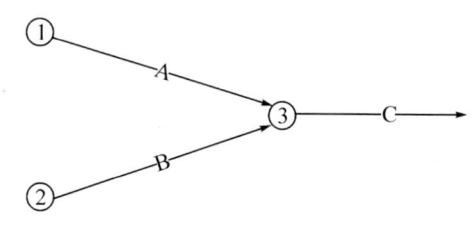

圖 8-4　網絡圖

（5）作業時間的計算。作業時間是編製網絡計劃的主要依據。主要由兩種方法來制定作業時間：①工時定額法。按肯定可靠的工時編製作業時間。②三點估計法。在沒有肯定可靠的工時定額時，只能用估計時間來確定，一般採用三點估計法，即先估計三種時間，然後求其平均值。可以用下列公式求得：

$$t_e = \frac{a + 4m + b}{6}$$

式中：

a—— 最小的估計工時，稱為最樂觀或最先進時間；

b—— 最長的估計工時，稱為最保守的時間；

m—— a、b 二者之間的估計工時，稱為最可能的時間；

t_e—— 作業時間。

這實際上還是一個估計值。用概率的觀點來衡量估計，偏差是不可避免的，但這種方法還是有參考價值的。

（6）網絡圖的計算與關鍵路線分析。網絡計劃時間的計算，包括工作最早開始的可能和最遲開始的時間計算、時差計算以及關鍵線路時間的計算。

① 節點最早開始時間，用符號 ES 表示，指從該點開始的各工序最早開始工作的可能時間。一個工序的最早開始時間等於該作業緊前那個工序的最早結束時間。若節點前面有幾條箭線，選其中最早開始時間與工序時間之和的最大值。計算節點的最早開始時間應從網絡始點開始，自左向右，順著箭線方向逐一計算，計算公式如下：

$$T_{ES}^{j} = \max_{i<j} \{T_{ES}^{i} + T_{E}^{ij}\}$$

式中：

T_{ES}^{j}——箭頭節點 j 的最早開始時間；

T_{ES}^{i}——箭尾結節 i 的最早開始時間；

T_{E}^{ij}——工序 i–j 的作業時間；

max——取大括號中各和數的最大值。

例如，某項活動有七個節點、九道工序，各工序作業時間和相互關係如圖 8-5 所示：

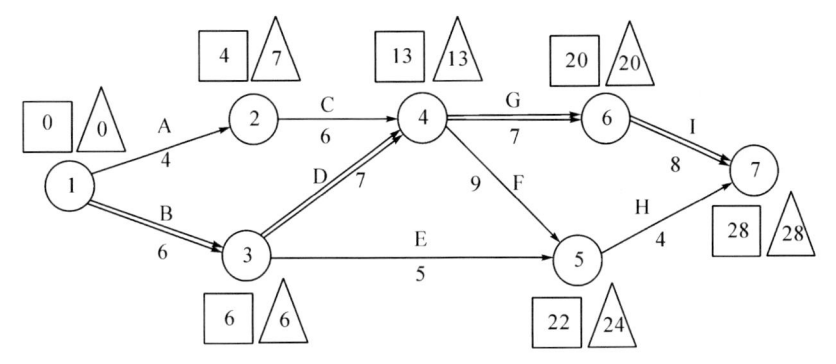

圖 8-5 作業時間和相互關係圖

各節點的最早開始時間可按上列公式計算如下：

$ES_1 = 0$；

$ES_2 = \max(0+4) = 4$；

$ES_3 = \max(0+6) = 6$；

$ES_4 = \max[(4+6);(6+7)] = \max(10;13) = 13$；

$ES_5 = \max[(13+9);(6+5)] = \max(22;11) = 22$；

$ES_6 = \max(13+7) = 20$；

$ES_7 = \max[(20+8);(22+4)] = \max(28;26) = 28$。

將上列最早開始時間填入□內，寫在上圖圓圈處左邊。

② 結點最遲開始時間，用符號 LS 表示，指以該結點為結束的各工序最遲開始工作的可能時間。箭尾終點（i）的最遲開始時間，亦是其緊前各工序最遲結束時間（用符號 LF 表示）。一個工序的最遲開始時間，即等於該工序最遲結束時間減去該工序的作業時間。當節點後面有幾條線時，選其中最遲開始時間的最小值。計算公式是：

$$T_{LS}^{i} = \min_{i<j} \{T_{LF}^{j} + T_{E}^{ij}\}$$

$$T_{LS}^{n} = T_{ES}^{n} \qquad (i = n-1, n-2, n-3, \cdots, 1)$$

式中：

T_{LS}^{i}——箭尾節點 i 的最遲開始時間；

T_{LF}^{j}——箭頭節點 j 的最遲結束時間；

T_{E}^{ij}——工序 i–j 的作業時間；

min——取括號中各差數的最小值。

現以上圖為例，各節點的最遲開始時間可計算如下：

$LS_7 = ES_7 = 28$

$LS_6 = \min(28-8) = 20$

$LS_5 = \min(28-4) = 24$

$LS_4 = \min[(20-7);(24-9)] = \min(13;15) = 13$

$LS_3 = \min[(24-5);(13-7)] = \min(19;6) = 6$

$LS_2 = \min(13-6) = 7$

$LS_1 = \min[(7-4);(6-6)] = \min(3;0) = 0$

將上列最遲結束時間填入△內，寫在上圖圓圈處右邊。

③ 時差的計算。時差就是每項活動（工序）的最遲開始時間與最早開始時間的差數，也叫作機動時間或鬆動時間。時差計算公式如下：

$$S_{(ij)} = LS - ES = LF - ES - TE$$

式中：

S_{ij}——工序 $i-j$ 的時差；

LS——工序 $i-j$ 的最遲開始時間；

LF——工序 $i-j$ 的最遲結束時間；

ES——工序 $i-j$ 的最早開始時間；

TE——工序 $i-j$ 的作業時間。

④ 關鍵路線的確定。確定關鍵路線的方法有兩種：一是最長路線方法。從開始點順箭頭方向到終點，有許多可行路線，其中需要時間最長的路線為關鍵路線。如圖 8-5 中有四條路線，其中第三條路線為 6+7+7+8 = 28，這條路線為關鍵路線。二是時差法。計算每個作業的總時差，在網絡圖中，總時差等於零的作為關鍵作業，這些關鍵作業連接起來的可行路線，就是關鍵路線。如圖 8-5 中①→③→④→⑥→⑦為關鍵路線。

（二）網絡圖的應用

在此，結合實例來說明網絡圖在生產計劃中的具體應用。例如，某礦山機械廠生產的液化支架中的關鍵部件液壓筒，主要零件有缸體、活塞杆、導向套。每月要求完成液壓筒 600 只。由於液壓筒是常規生產，而且定額管理已經基本健全，所以，在運用網絡圖時，屬於肯定型。安排液壓筒生產作業計劃過程有排出工序表和繪製網絡圖兩部分。

（1）排出液壓筒工序明細表。先把液壓筒分解為 16 道工序，列出工序流程圖。根據工藝流程確定各工序作業時間，排出工序明細表，如表 8-3 所示：

表 8-3　　　　　　　　　　　　工序明細表

工序代號	工序名稱	作業時間（分）	工序代號	工序名稱	作業時間（分）
A	絲口倒角	30	I	小圓螺母去毛	10
B	活塞杆拋光	30	J	缸蓋焊接缸筒	45
C	導向套去毛	25	K	試壓泵水	40
D	缸筒鑽孔	20	L	擋圈割開	2
E	缸蓋清洗	10	M	活塞杆組裝	20
F	活塞頭組裝	15	N	缸筒清洗	30
G	缸筒外殼泵水	30	O	活塞杆去毛	20
H	筒孔口去毛	10	P	總裝	30

（2）繪製液壓筒生產網絡計劃圖（如圖8-6所示）。① 根據工序明細表提供的資料，計算出各結點的最早開始時間和最遲開始時間。② 根據所得的時間值計算總時差，如表8-4所示。

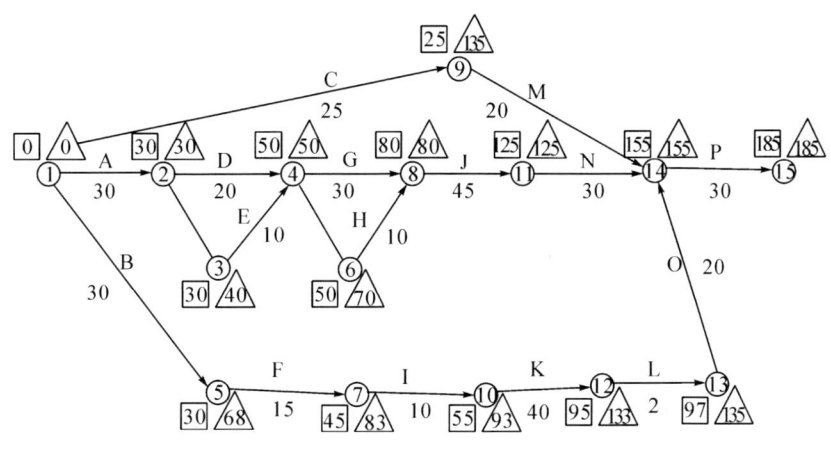

圖8-6 液壓筒生產網絡圖

表8-4　　　　　　　　　　　　　　　總時差表

工序代號	總時差	工序代號	總時差	工序代號	總時差
A	0	F	38	K	38
B	38	G	0	L	38
C	110	H	20	M	110
D	0	I	38	N	0
E	10	J	0	O	38

（3）把總時差表中等於零的工序連接起來，就可定為關鍵路線，即：①→②→④→⑧→⑪→⑭→⑮。這條關鍵路線的總工時為：30+20+30+45+30+30＝185（分）

（4）分析運用網絡圖後的效果。從網絡圖來看，關鍵路線是缸體①→②→④→⑧→⑪→⑭→⑮，非關鍵路線是活塞桿①→⑤→⑦→⑩→⑫→⑬→⑭→⑮，導向套①→⑨→⑭→⑮。生產活塞桿、導向套的加工工序有潛力可挖，可在保證滿足缸體總裝需要的前提下，把多餘的人力支援生產缸體的各道工序，保證計劃完成。在排網絡圖前，液壓筒每只需工時367分，每月要完成600只，就需要457.8個工，而根據現有人員可提供390個工，這就是說一個月內完不成任務。安排網絡圖後，每只液壓筒的總工時185分，600只液壓筒只要231.2個工，每月可節省282個工。採用網絡計劃圖安排生產，對完成生產任務、節約勞動力、降低成本，都起到了明顯的效果。

復習思考題：

1. 比較分析工藝專業化和對象專業化的優缺點，並說明它們在企業中的應用條件。
2. 什麼是期量標準？企業一般應制定哪些期量標準？如何制定？
3. 試比較先進的生產運作管理方法與傳統的生產管理方法的區別。
4. 某流水線，計劃日產量500件，每天兩班生產，每班工作8小時，每班有20分鐘的休息時間，計劃廢品率為3%，試計算流水線的節拍。
5. 流水線計劃年產A零件40 000件，該流水線每天工作兩班，每班8小時，工作時間有效利用系數為0.95。試計算流水線的平均節拍。如果把廢品率定為1.0%，那麼流水線的實際節拍應該是多少？

練習題：

根據表8-5所列某工程各項作業間的關係和相關數據進行網絡計劃分析。

表8-5　　　　　　　　　　作業間的關係及數據

作業名稱	A	B	C	D	E	F	G	H	I	J	K	L
後續作業	C	D	E	F	G、H	G、H	I	J	K	K	L	—
作業時間	6	3	4	1	1	1	12	6	6	6	4	8

要求：
(1) 繪製網絡圖；
(2) 確定關鍵路線；
(3) 計算總工期。

[本章案例]

電池廠的生產管理問題

某沿海地區電池廠，現有職工1,000多人，主要為18～22歲之間的女工。生產組織分為20個班組，日均產能為40萬PCS（鋰電池），基本上純手工，關鍵工序計件，其他工序計時。目前該工廠在生產管理中存在如下問題：

(1) 基層管理素質參差不齊，大多數處於指示執行型，深層次的管理方式無法有效執行。

(2) 中層管理為3個車間主管，主管A由最底層員工做起，操作和專業上很熟練，但是在管理思維上只是停留在上級指示執行型，或者就是現場指揮型；主管B大專學歷，公司元老，工作能力一般，但是患得患失，在公司管理圈內名聲不太好；主管C是一名工商管理專業本科畢業生，3年工作經驗，工作積極，但管理能力有限。

（3）車間員工流失率大，每月至少有 25 名以上員工自離。原因主要集中在工作時間長，計時員工工資低。

（4）基礎數據管理薄弱，組長以下有專門處理數據的多能工。但每個班組每個班次涉及的數據種類、物料種類繁多，而執行者的素質不高。

（5）整個公司的管理比較薄弱，特別是紀律方面比較鬆散。

（6）操作的標準化。目前各工序有工藝制定的作業指導書，但執行起來純手工難度不小。

（資料來源：http://cache.tianya.cn/publicforum/content/no100/1/31325.shtml）

分析題：

請就上述生產管理中存在的問題給出一個解決方案。

知識拓展

標杆管理

1. 標杆管理的起源

標杆管理又稱基準管理，英文為 Benchmarking，是在 20 世紀 70 年代末由施樂公司首創，後經美國生產力與質量中心系統化和規範化。1976 年以後，一直保持著世界複印機市場實際壟斷地位的施樂遇到了來自國內外特別是日本競爭者的全方位挑戰；佳能、NEC 等公司以施樂的成本價銷售產品且能夠獲利，並且產品開發週期比施樂短 50%，開發人員比施樂少 50%，一時間施樂的市場份額從 82% 直線下降到 35%。施樂公司面對競爭者的威脅，開始向日本企業學習，開展了廣泛而深入的標杆管理。施樂通過對比分析、尋找差距、調整戰略、改變策略、重組流程，取得了非常好的成效，把失去的市場份額重新奪了回來。成功之後，施樂公司開始大範圍地推廣標杆管理，並選擇 14 個經營同類產品的公司逐一考察，找出了問題的癥結並採取措施。隨後，摩托羅拉、IBM、杜邦、通用等公司紛紛仿效，實施標杆管理，在全球範圍內尋找業內經營實踐最好的公司進行標杆比較和超越，成功地獲取了競爭優勢。就此，西方企業開始把標杆管理作為獲得競爭優勢的重要思想和工具，通過標杆管理來優化企業實踐，提高企業經營管理水平和市場競爭力。

2. 標杆管理的含義

美國生產力與質量中心對標杆管理的定義是：標杆管理是一個系統的、持續性的評估過程，通過不斷地將企業流程與世界上居領先地位的企業相比較，以獲得幫助企業改善經營績效的信息。具體地說，標杆管理是企業將自己的產品、服務、生產流程、管理模式等同行業內或行業外的領袖企業作比較，借鑒、學習他人的先進經驗，改進自身不足，從而提高競爭力，追趕或超越標杆企業的一種良性循環的管理方法。通過學習，企業重新思考和改進經營實踐，創造自己的最佳實踐，這實際上是模仿、學習和創新的過程。

標杆管理本質是一種面向實踐、面向過程的以方法為主的管理方式，它與 TQC 流程再造的思路類似，基本思想是系統優化、不斷完善和持續改進。而且標杆管理可以

突破企業的職能分工界限和企業性質與行業局限，它重視實際經驗、強調具體的環節、界面和流程，因而更具有特色。同時，標杆管理也是一種直接的、中斷式的漸進的管理方法，其思想是企業的業務、流程、環節都可以解剖、分解和細化。企業可以根據需要，或者尋找整體最佳實踐，或者發掘優秀「片斷」進行標杆比較，或者先學習「片斷」再學習「整體」，或者先從「整體」把握方向，再從「片斷」具體分步實施。標杆管理是一種有目的、有目標的學習過程。通過學習，企業重新思考和設計經營模式，借鑒先進的模式和理念，再進行本土化改造，創造出適合自己的全新最佳經營模式。這實際上就是一個模仿和創新的過程。通過標杆管理，企業能夠明確產品、服務或流程方面的最高標準，然後作必要的改進來達到這些標準。標杆管理是市場經濟發展的產物，是一種擺脫傳統的封閉式管理方法的有效工具。

標杆管理的對象主要包括3個方面：

（1）產品或服務。運用標杆管理識別顧客所期望的產品或服務的特徵和功能，而這些信息可以以產品目標和技術設計實踐的方式應用於產品規劃、設計和開發之中。

（2）業務流程。標杆管理是業務流程的改進和再造的基礎，而這些變革又可以成為持續質量改進創新實踐的一個有機組成部分。

（3）績效衡量。對產品、服務以及流程進行標杆管理的最終目的是為那些對企業成功至關重要的關鍵績效衡量指標建立一系列有效的目標基礎。

3. 標杆管理的類型

根據標杆管理應用的層次和範圍，可以將其分為3類：其一是企業內部標杆管理。企業通過識別內部最好的業務部門或業務人員，將其推廣到其他部門和其他員工，形成一種共同向上的文化。其二是行業內部標杆管理。企業將學習的範圍擴大至同行業，在同行業中（包括競爭對手和合作夥伴）尋找最優秀的企業，然後確定自己與「第一」的差距，制定追趕策略，甚至在時機成熟時超越對方。其三是全球流程標杆管理。此種類型的標杆管理是層次最高的，因為學習的範圍推廣到全球，企業在全球尋求相似工作流程中做得最好的企業作為學習的對象，不過學習的內容比較具體，直接涉及某項工作流程。

4. 標杆管理的實施步驟

施樂公司的羅伯特·開普是標杆管理的先驅和最著名的倡導者，他將標杆管理活動劃分為以下五個階段：

（1）計劃——確認對哪個流程進行標杆管理；確定用於作比較的公司；決定收集資料的方法並收集資料。

（2）分析——確定自己目前的做法與最好的做法之間的績效差異；擬定未來的績效水準。

（3）整合——就標杆管理過程中的發現進行交流並獲得認同；確立部門目標。

（4）行動——制訂行動計劃；實施明確的行動並監測進展情況。

（5）完成——處於領先地位；全面整合各種活動；重新調整標杆。

第九章　質量管理

隨著經濟的進一步發展，同行業企業之間的競爭越來越激烈。產品在市場上的競爭，逐步由價格競爭轉為質量競爭。產品質量能否滿足顧客的需要，直接影響著企業的效益。質量是產品的生命，也是企業的生命。整個世界經濟的發展趨勢由數量型經濟向質量型經濟轉變。質量管理是對確定和達到質量要求所必需的職能和活動的管理。質量管理與控制是企業全部管理職能的一個方面。其工作目的是保證產品的質量，在滿足消費者需求的同時實現企業價值的最大化。關於質量與成本的關係的最新認識是，整體而言，零缺陷的質量管理是成本最低的管理方法，即所謂六西格瑪質量管理。本章主要闡述了質量的內涵、質量成本分類、全面質量管理的概念與發展、PDCA 循環及其特點、質量管理體系、統計質量控制工具及其運用。

第一節　質量管理概述

質量管理作為一門獨立的學科，能夠發展到今天這個水平，包含了不可計數的獻身於質量管理的前輩們的努力。從研究質量規律的專家到致力於質量改進的實踐者，每個人都做出了自己應有的貢獻。成功的質量管理有賴於企業管理人員對質量以及質量管理的全面深刻認識。

一、質量的基本概念

質量是質量管理的對象，正確、全面地理解質量的概念，對開展質量管理工作是十分重要的。在生產發展的不同歷史時期，人們對質量的理解隨著科學技術的發展和社會經濟的變化而有所變化。

ISO 9000（2000 版）標準對質量的定義是「一組固有特性滿足要求的程度」。該定義中，固有特性是指滿足顧客和其他相關方的要求的特性。應注意的是：滿足要求的程度。

滿足要求就是應滿足明示的（如明確規定的）、隱含的（如組織的慣例、一般習慣）或必須履行的（如法律法規、行業規則）的需要和期望。只有全面滿足這些要求才能評定為好的質量。顧客和其他相關方對產品、體系或過程的質量要求是動態的、發展的和相對的，是隨著時間、地點、環境的變化而變化的。所以應定期對質量進行評審，按照變化的需要和期望，相應地改進產品體系或過程的質量，才能確保持續地滿足顧客和其他相關方的要求。

二、提高產品質量的意義

產品質量是各家企業賴以生存的基礎。提高產品質量對於提高企業競爭力、促進企業的發展有著直接而重要的意義。

（1）質量是企業的生命線，是實現企業興旺發達的槓桿。一家企業有沒有生命力，在經營上有沒有活力，首先是看它能否生產和及時向市場提供所需的質量優良的產品。生產質量低劣的產品，必然要被淘汰，企業也就不能興旺發達。

（2）質量是提高企業競爭能力的重要支柱。無論在國際市場還是國內市場，競爭都是一條普遍的規律。市場的競爭首先是質量的競爭，質量低劣的產品是無法進入市場的。可以說，質量是產品進入市場的通行證。企業只能以質量開拓市場，以質量鞏固市場。提高產品質量是企業管理中一項重要戰略。

（3）質量是提高企業經濟效益的重要條件。提高產品質量大多可以在不增加消耗的條件下，向用戶提供使用價值更高的產品，以優質獲得優價，走質量效益型道路，使企業經濟效益提高。如果粗制濫造，質量低劣，就必然導致產品滯銷，無人購買，這就從根本上失去了提高經濟效益的條件。經驗也表明，只有高的質量才可能有高的效益。

（4）產品質量是保持國家競爭優勢和促進人們生活水平提高的基石。優質產品能給人們生活帶來方便與安樂，能給企業帶來效益和發展，最終能使社會繁榮，國家富強；劣質產品則會給人們生活帶來無限的煩惱乃至災難，造成企業的虧損以致倒閉，並由此給社會帶來各種不良影響，直接妨礙社會的進步，乃至造成國家的衰敗。

美國著名質量管理專家朱蘭博士曾形象地把「質量」比喻為人們在現代社會中賴以生存的大堤，要保證質量大堤的安全，就必須對質量問題常抓不懈。

三、質量管理發展的歷程

質量管理這一概念產生於 20 世紀初，伴隨著企業管理與實踐的發展而不斷完善，隨著市場競爭的變化而發展。在不同時期，質量管理的理論、技術和方法都在不斷地發展和變化著，並有不同的發展特點。從工業發達國家經過的歷程來看，質量管理的發展大致經歷了三個階段。

（一）產品質量的檢驗階段（20 世紀二三十年代）

20 世紀初，美國企業出現了流水作業等先進生產方式，提高了對質量檢驗的要求。隨之，在企業管理隊伍中出現了專職檢驗人員，組成了專職檢驗部門。從 20 世紀初到 40 年代，美國的工業企業普遍設置了集中管理的技術檢驗機構。

質量檢驗對於工業生產來說，無疑是一個很大的進步，因為它有利於提高生產率，有利於分工的發展。但從質量管理的角度看，質量檢驗的效能較差，因為這一階段的特點就是按照標準規定，對產品進行檢驗，即從產品中挑出不合格品。這種質量管理的任務只是「把關」，即嚴禁不合格品出廠或流入下一道工序，而不能預防廢品產生。也就是說，質量檢驗可以防止廢品流入下一道工序，但是由廢品造成的損失已經存在

了,是無法消除的。

1924年,美國貝爾電話研究所的統計學家休哈特博士提出了「預防缺陷」的概念。他認為,質量管理除了檢驗外,還應預防。解決的辦法就是採用他所提出的統計質量控制方法。

20世紀30年代前後,資本主義國家發生嚴重的經濟危機,在當時生產力發展水平不高的情況下,對產品質量的要求也不可能高。所以,用數理統計法進行質量管理未被普遍接受。因此第一階段,即質量檢驗階段一直延續到40年代。

(二) 統計質量管理階段 (20世紀四五十年代)

第二次世界大戰中,特別是軍需品大量生產,顯示出質量檢驗工作的弱點,檢驗部門成了生產中最薄弱的環節。由於無法事先控制質量,以及檢驗工作量大,軍火生產常常延誤到貨期,影響了前線軍需供應。這時,休哈特防患於未然的產品質量控制方法及道奇、羅米格的抽樣檢查方法重新得到重視。

這一階段的手段是利用數理統計原理,檢驗產品的質量並預防產生廢品。這一任務是由從專職檢驗人員轉過來的專職質量控制工程師和技術人員承擔。這標誌著將事後檢驗的觀念轉變為這樣的概念:為了預防質量事故的發生,必須事先加以預防,使質量管理工作前進了一大步。

但是,這個階段曾出現了一種偏見,就是過分強調數理統計方法,忽視了組織管理工作者和生產者的能動作用,使人誤認為「質量管理就是數理統計方法」「質量管理是少數數學家和學者的事情」,因而使人對統計的質量管理產生了一種高不可攀、望而生畏的感覺。這種傾向阻礙了數量統計方法的推廣。

(三) 全面質量管理階段 (20世紀60年代至今)

從20世紀60年代開始,進入了全面質量管理階段 (Total Quality Management, TQM)。50年代以來,由於科學技術的迅速發展,工業生產技術手段越來越現代化,工業產品更新換代也越來越頻繁,特別是出現了許多大型產品和複雜的系統工程,對質量要求大大提高了。

特別是對產品安全性、可靠性的要求越來越高,此外,單純靠統計質量控制已無法滿足要求。因為整個系統工程與試驗研究、產品設計、試驗鑒定、生產準備、輔助過程、使用過程等每個環節都有著密切的關係,僅僅靠控制過程是無法保證質量的。這樣就要求從系統的觀點出發全面控制產品質量形成的各個環節、各個階段。

其次,行為科學在質量管理得到應用。其中主要內容就是重視人的作用,認為人受心理因素、生理因素和社會環境等方面的影響,因而必須從社會學、心理學的角度去研究社會環境、人的相互關係以及個人利益對提高工效和產品質量的影響,發揮人的能動作用,調動人的積極性,去加強企業管理。同時還認識到,不重視人的因素,質量管理是搞不好的。因而在質量管理中,也相應地出現了「依靠員工」「自我控制」「運動」和「QC小組活動」等。

此外,「保護消費者利益」運動的發生和發展,迫使政府制定法律,制止企業生產和銷售質量低劣、影響安全、危害健康的劣質品,要求企業對提供產品的質量承擔法

律責任和經濟責任，要求製造者提供的產品不僅性能符合質量標準規定，而且要保證產品在售後的正常使用過程中，使用效果良好、安全、可靠、經濟。於是，在質量管理上提出了質量保證和質量責任問題，這就要求在企業建立全過程的質量保證系統，對企業的產品質量實行全面的管理。

基於上述理由，美國通用電氣公司的費根堡姆（A. V. Feigenbaum）首先提出了全面質量管理的思想，或稱「綜合質量管理」，並且在1961年出版《全面質量管理》一書。他指出，要真正搞好質量管理，除了利用統計方法控制製造過程外，還需要組織管理工作對所有的全部生產過程進行質量管理。他還指出執行質量職能是企業全體人員的責任，應該使全體人員都具有質量意識和承擔質量的責任。費根堡姆還同朱蘭等一些著名質量管理專家一起建議用全面質量管理代替統計質量管理。全面質量管理的提出符合生產發展和質量管理發展的客觀要求。所以，全面質量管理很快被人們普遍接受，並在世界各地逐漸普及和推行。經過多年實踐，TQC已比較完善，在實踐上也取得了較大的成功。

四、質量管理體系的含義

ISO 9000：2000標準對質量管理體系的定義是「在質量方面指揮和控制組織的管理體系」。

體系是指相互關聯或相互作用的一組要素。管理體系是指建立方針和目標，並實現這些目標的體系。質量管理體系包括四大過程，即「管理職責」「資源管理」「產品實現」和「測量分析改進」。

建立質量管理體系是為了有效地實現組織規定的質量方針和質量目標，所以組織應根據生產和提供產品的特點，識別構成質量管理體系的各個過程。識別並及時提供實現質量目標所需的資源，對質量管理體系運行的過程和結果進行測量、分析和改進，確保顧客和其他相關方滿意。為了評價顧客和其他相關方的滿意程度，質量管理體系還應確定測量和監控各個方面的滿意與否的信息，採取改進措施，努力消除不滿意因素，提高質量管理體系的有效性和效率。組織建立質量管理體系不僅要滿足在經營上顧客對組織質量管理體系的要求，預防不合格產品和提供使顧客和其他相關方滿意的產品，而且應該站在更高層次，追求優秀的業績，保持和不斷改進，完善質量管理體系。所以，組織除了應定期評價質量管理體系、開展內部質量管理體系審核和管理評審之外，還應該按質量管理體系（或優秀的管理模式）進行自我評定，以評價組織的業績，識別需要改進的領域，努力實施持續改進，使質量管理體系提高到一個新的水平。

五、質量職能

（一）質量形成過程

產品質量有一個產生、形成、實現、使用和衰亡的過程。對於質量形成過程，質量專家朱蘭稱之為「質量螺旋」，意思是指產品質量從市場調查研究開始，到形成、實

現後交付使用，在使用中又產生新的想法，構成動力再開始新的質量過程，產品質量水平呈現「螺旋」式上升趨勢。

質量形成過程的另一種表達方式是「質量環」，國際標準《質量管理和質量體系要素第一部分指南》中就採用這種表述。質量環包括了 12 個環節，這種質量循環不是簡單的重複的循環，它與「質量螺旋」有相同的意義。

(二) 質量職能

為了對質量形成過程進行有效的控制和管理，不僅要對產品的質量環列出它所包含的階段，而且要落實各個階段的質量職能。所謂質量職能是指為了使產品或服務具有滿足顧客需要的質量而需要進行的全部活動的總和。質量有一個產生、形成和實現的過程，這一過程是由一系列的彼此聯繫、相互制約的活動構成的。這些活動大部分是由企業內部的各個部門來承擔的，但還有許多活動涉及企業外部的供應商、批發商、零售商、顧客等，所有這些活動都是保證和提高產品質量不可少的。因此，我們可以說，質量並非只是質量部門的事情，它取決於企業內外的許多組織和部門的共同努力。質量職能便是對在產品質量產生、形成和實現過程中各個環節的活動所發揮的作用或承擔的任務的一種概括。從某種意義上來說，質量管理就是要將這些廣泛分散的活動有機地結合起來，從而確保質量目標的實現。

企業內的質量職能由各職能部門分別承擔，但質量職能不等於部門職能。根據不同企業的規模大小和機構設置情況的不同，質量職能及其活動的分配就不相同。有些職能部門和產品質量雖無直接關係，但有間接關係，同樣承擔著一定的質量職能。企業內部的主要質量職能活動一般包括市場調研、產品設計、規範的編製和產品研製、採購、工藝準備、生產製造、檢驗和試驗、包裝和儲存、銷售和發運、安裝和運行、技術服務和維護、用後處置等環節。

為了使這些活動互相配合、協調一致，必須做到：

(1) 明確實現質量目標必須進行的各項活動，將這些活動委派給企業的相應部門；

(2) 向這些部門提供完成任務所必需的技術上和管理上的工具和設施；

(3) 確保這些活動在各部門、各環節的實施；

(4) 協調各部門之間的活動使之相互配合，指向共同的目標，以綜合、系統的方式來解決質量問題，使企業的活動以及活動的成果達到最佳的水平。

總之，質量管理是一門學問。從根本上說，這是一門如何發現質量問題、定義質量問題、尋找問題原因和制訂整改方案的方法論。質量管理還是一種思想，它實際上是對企業的宗旨的一種深刻的理解和不斷昇華的認識，即企業是幹什麼的、應該是幹什麼。質量管理更是一種實踐，一種從企業最高領導到每位員工主動參與的永無止境的改進活動。

第二節　質量成本

根據朱蘭模型，我們把質量成本分成三個主要部分：
（1）預防成本。
（2）鑒定成本。
（3）故障成本。故障成本又可以進一步分成內部故障成本和外部故障成本。

質量總成本是這三部分成本的總和。每種成本一般在總成本中所占的百分比見表 9-1：

表 9-1　　　　　　　　　　典型的質量成本比率

種類	費根堡姆	朱蘭和戴明
預防成本	5%～10%	0.5%～5%
鑒定成本	20%～25%	10%～50%
故障成本	65%～70% 外部：20%～40%	內部：20%～40%
質量總成本	100%	

缺陷產品的成本包括鑒定成本和內部及外部故障成本，這占到一件產品總成本的 15%～35%。低質量引起的成本包括更多常規的、可見的部分，諸如浪費、返工、檢查及回收和常被看作「不可見」的部分，諸如顧客補償、抱怨處理、損失或浪費能力及過多的加班費用。

一、預防成本

根據定義，預防成本（cost of prevention）是一個組織努力預防出現缺陷產品和服務而產生的成本。這部分包括在機器、技術以及教育和培訓計劃上的投資，這些都是用來減少加工中產品缺陷的數量的。這部分還包括實施公司質量計劃，收集、分析數據和賣方保證的成本。由於回報很高，所有的質量大師都很支持在這個部分的投資，這些回報包括增加的顧客滿意度和減少廢料損失及運工費用從而獲得的利益。

二、檢驗/鑒定成本

檢驗/鑒定成本（cost of detection/appraisal）是指評估產品的質量而產生的成本。這部分成本包括來料檢查、工序改造的檢查和測試、設備維修測試和破壞性測試中損壞的產品。

三、故障成本

故障成本（cost of failure）與不符合要求和達不到要求的產品相關，也稱損失或失敗成本。這部分還包括了顧客抱怨的評估和處理所產生的成本。如前所述，我們進一

步把故障成本分為內部故障成本和外部故障成本。

內部故障成本（internal failure cost）是那些在系統內產出缺陷時發生的成本。它們僅包括在產品到達顧客手中之前所發現的缺陷所造成的成本。內部故障成本包括廢料，返工/返修，重新測試返工/返修產品，停工、工作變化帶來的生產損失，對缺陷產品的處理等。

外部故障成本（external failure cost）是那些在產品到達顧客手中之後所產生的成本。它包括回收成本、擔保費用、場地調研費用、訴訟的法律費用、顧客不滿意、降為次等品而造成的收益損失、顧客補貼/特許形成的成本。

現在一般認為，在預防上增加的開支明顯減少了鑒定成本和故障成本，從而減少了質量總成本。「防患於未然」這句中國格言當然也適用於質量管理。

與此同時，戴明認為改進過程本身可以降低質量總成本。一個改善過的過程既能減少生成缺陷的數量，又能減少預防和鑒定的成本。戴明模型和質量管理傳統觀點的比較列於圖9-1中：

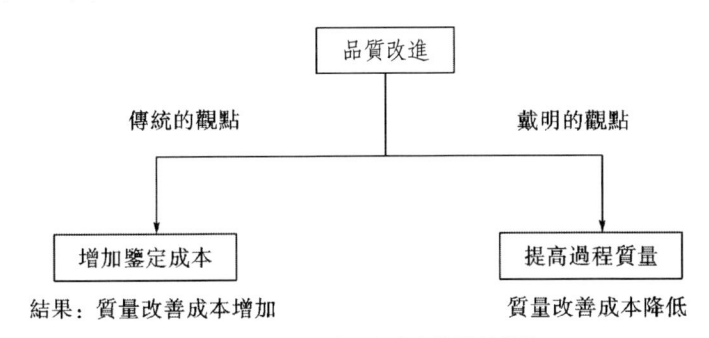

圖9-1　有關質量改善成本的兩種觀點

當缺陷產品或服務被消滅後，同時會產生兩種直接效果：首先，產出更多的優質產品（因而生產能力增大了）。其次，單位生產成本減少了，因為故障成本減少並生產了大量的無缺陷產品或服務。比如，如果一個塑料注射器塑造工序每生產100個筒身有15個報廢，因而只有85個可以銷售，生產這15個廢品的成本就必須分攤到這85個產品上。如果工序質量得到改善，每生產100個筒身僅報廢5個，則有95個可供銷售，那麼現在僅有5單位的成本要分攤到95個合格品上，而不是先前的85個合格品上。

又比如，一家嘗試著改善質量和降低成本的銀行會發現這樣推進了其生產力。該銀行這樣來衡量貸款操作方面提高的生產力：貸款筆數除以所需資源（勞動力成本、計算機時數、借貸表格等）。在質量改善計劃之前產能為0.266,1〔2,080÷(11.23美元×640小時+0.05美元×2,600張表格+500美元系統成本)〕。在質量改善計劃完成後，勞動時間降至546小時，程序所需表格2,100張，產能變為0.308,8，或者說增加了16%。

四、服務保證

通常被保證的是諸如汽車、洗衣機和電視機之類的產品，這使得這些產品能夠在

規定的時間內正常運行，要不然就要免費修理或者更換。不太常見的是對服務的保證。然而，克里斯多夫・哈特提出，服務保證是從顧客那裡獲得服務績效反饋的有力工具。

要使一個服務保證有效，它必須包含以下要素：

（1）無限制條件；

（2）易於理解和溝通；

（3）有意義；

（4）能方便、不困難地行使；

（5）能方便快捷地收回貨款。

比如，在聯邦快遞，服務保證是：如果你的包裹沒有被準時送到就不收錢。位於美國緬因州自由港的著名郵購公司比恩承諾：「全方位100%滿意。」如果你購買了一件比恩公司的產品卻不滿意，你可以更換一件或者得到退款，且不管你買了多久。

從質量的角度出發，無限制服務保證為管理提供了持續的顧客反饋。如果它易於行使和收回貨款，顧客就會使用該服務承諾來傾訴他們的不滿而不是到別處去購買。

第三節　全面質量管理

一、全面質量管理的含義

（一）全面質量管理的概念

目前對全面質量管理的理解，是指在全社會的推動下，企業的所有組織、所有部門和全體人員都以產品質量為核心，把專業技術、管理技術和數理統計結合起來，建立起一套科學、嚴密、高效的質量保證體系，控制生產全過程影響質量的因素，以優質的工作、最經濟的辦法，提供滿足用戶需要的產品（服務）的全部活動。簡言之，就是全社會推動下的、企業全體人員參加的、用全面質量去保證生產全過程的質量活動，其核心就在「全面」二字上。

（二）全面質量管理的特點

全面質量管理的特點就在「全面」二字上。所謂「全面」有以下四方面的含義：

1. TQC 是全面質量的管理

所謂全面質量就是指產品質量、過程質量和工作質量。全面質量管理不同於以前質量管理的一個特徵，就是其工作對象是全面質量，而不局限於產品質量。全面質量管理認為應從抓好產品質量的保證入手，用優質的工作質量來保證產品質量，這樣能有效地改善影響產品質量的因素，達到事半功倍的效果。

2. TQC 是全過程質量的管理

所謂全過程是相對製造過程而言的，就是要求把質量管理活動貫穿於產品質量產生、形成和實現的全過程，全面落實預防為主的方針。逐步形成一個包括市場調研、開發設計直至銷售服務全過程所有環節的質量保證體系，把不合格品消滅在質量形成

過程之中，做到防患於未然。

3. TQC 是全員參加的質量管理

產品質量的優劣，取決於企業全體人員的工作質量水平，提高產品質量必須依靠企業全體人員的努力。企業中任何人的工作都會在一定範圍和一定程度上影響產品的質量。顯然，過去那種依靠少數人進行質量管理是很不得力的。因此，全面質量管理要求不論是哪個部門的人員，也不論是廠長還是普通職工，都要具備質量意識，都要承擔具體的質量職能，積極關心產品質量。

4. TQC 是全社會推動的質量管理

所謂全社會推動的質量管理指的是要使全面質量管理深入持久地開展下去，並取得好的效果，就不能把工作局限於企業內部，而需要獲得全社會的重視。需要質量立法、認證、監督等工作，進行宏觀上的控制引導，即需要全社會推動。全面質量管理的開展要求全社會推動。這一點之所以必要，一方面是因為一個完整的產品，往往是由許多企業共同協作來完成的。例如，機器產品的製造企業要從其他企業獲得原材料、各種專業化工廠生產的零部件等。因此，僅靠企業內部的質量管理無法完全保證產品質量。另一方面，全社會宏觀質量活動所創造的社會環境可以激發企業提高產品質量的積極性和認識到它的必要性。例如，通過優質優價等質量政策的制定和貫徹，以及開展質量認證、質量立法、質量監督等活動以取締低劣產品的生產，使企業認識到，生產優質產品無論對社會還是對企業都有利，而質量不過關則企業無法生存和發展，從而認真對待產品質量和質量管理問題，使全面質量管理得以深入持久地開展下去。

二、全面質量管理的內容

全面質量管理是指生產經營活動全過程的質量管理要將影響產品質量的一切因素都控制起來，其中主要抓好以下幾個環節的工作：

1. 市場調查

市場調查過程中要瞭解用戶對產品質量的要求以及對本企業產品質量的反應，為下一步工作指出方向。

2. 產品設計

產品設計是產品質量形成的起點，是影響產品質量的重要環節，設計階段要制定產品的生產技術標準。為使產品質量水平確定得先進合理，可利用經濟分析方法。這就是根據質量與成本及質量與售價之間的關係來確定最佳質量水平。

3. 採購

原材料、協作件、外購標準件的質量對產品質量的影響是很顯然的，因此，要從供應單位的產品質量、價格和遵守合同的能力等方面來選擇供應廠家。

4. 製造

製造過程是產品實體形成的過程，製造過程的質量管理主要通過控制影響產品質量的各種因素，即操作者的技術熟練水平、設備、原材料、操作方法、檢測手段和生產環境來保證產品質量。

5. 檢驗

製造過程中同時存在著檢驗過程。檢驗在生產過程中起把關、預防和預報的作用。把關就是及時挑出不合格品，防止其流入下道工序或出廠；預防是防止不合格品的產生；預報是把產品質量狀況反饋到有關部門，作為質量決策的依據。為了更好地起到把關和預防等作用，同時要考慮減少檢驗費用、縮短檢驗時間，要正確選擇檢驗方式和方法。

6. 銷售

銷售是產品質量實現的重要環節。銷售過程中要實事求是地向用戶介紹產品的性能、用途、優點等，防止不合實際地誇大產品的質量，影響企業的信譽。

7. 服務

抓好對用戶的服務工作，如提供技術培訓、編製好產品說明書、開展諮詢活動、解決用戶的疑難問題、及時處理出現的質量事故。為用戶服務的質量影響著產品的使用質量。

三、全面質量管理的基本工作方法——PDCA 循環

（一）PDCA 循環概念

在質量管理活動中，要求把各項工作按照做出計劃、實施計劃、檢查實施效果，然後將成功的納入標準，不成功的留待下一循環去解決的工作方法進行，這就是質量管理的基本工作方法，實際上也是企業管理各項工作的一般規律。這一工作方法簡稱為 PDCA 循環。

P（Plan）是計劃階段，D（Do）是執行階段，C（Check）是檢查階段，A（Action）是處理階段。PDCA 循環是美國質量管理專家戴明博士最先總結出來的，所以又稱戴明循環。

PDCA 工作方法的四個階段，在具體工作中又進一步分為八個步驟。

P（計劃）階段有四個步驟：

（1）分析現狀，找出所存在的質量問題。

對找到的問題要問三個問題：①這個問題可不可以解決？②這個問題可不可以與其他工作結合起來解決？③這個問題能不能用最簡單的方法解決而又能達到預期的效果？

（2）找出產生問題的原因或影響因素。

（3）找出原因（或影響因素）中的主要原因（影響因素）。

（4）針對主要原因制訂解決問題的措施計劃。

措施計劃要明確採取該措施的原因（Why）、執行措施預期達到的目標（What）、在哪裡執行措施（Where）、由誰來執行（Who）、何時開始執行和何時完成（When）以及如何執行（How），通常簡稱為要明確 5W1H 問題。

D（執行）階段有一個步驟：按制訂的計劃認真執行。

C（檢查）階段有一個步驟：檢查措施執行的效果。

A（處理）階段有兩個步驟：

（1）鞏固提高，就是把措施計劃執行成功的經驗進行總結並整理成為標準，以鞏固提高。

（2）把本工作循環沒有解決的問題或出現的新問題提交下一工作循環去解決。

(二) PDCA 循環的特點

1. 循環順序

PDCA 循環一定要順序形成一個大圈，接著四個階段不停地轉，如圖 9-2 所示：

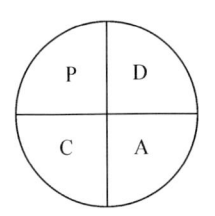

圖 9-2　PDCA 循環

2. 大環套小環，互相促進

如果把整個企業的工作作為一個大的 PDCA 循環，那麼各個部門、小組還有各自小的 PDCA 循環，就像一個行星輪系一樣，大環帶動小環，一級帶一級，大環指導和推動著小環，小環又促進著大環，有機地構成一個運轉的體系。如圖 9-3 所示：

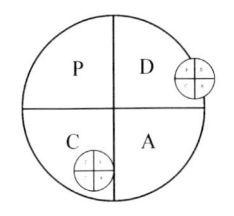

圖 9-3　PDCA 大環套小環

3. 循環上升

PDCA 循環不是到 A 階段結束就算完結，而是又要回到 P 階段開始新的循環，就這樣不斷旋轉。PDCA 循環的轉動不是在原地轉動，而是每轉一圈都有新的計劃和目標。猶如爬樓梯一樣逐步上升，使質量水平不斷提高。

PDCA 循環實際上是有效進行任何一項工作的合乎邏輯的工作程序。在質量管理中，PDCA 循環得到了廣泛的應用，並取得了很好的效果，因此有人稱 PDCA 循環是質量管理的基本方法。之所以將其稱為 PDCA 循環，是因為這四個過程不是運行一次就完結，而是要周而復始地進行。一個循環完了，解決了一部分問題，可能還有其他問題尚未解決，或者又出現了新的問題，再進行下一次循環。

在解決問題過程中，常常不是一次 PDCA 循環就能夠完成的，需要將 PDCA 循環持續下去，直到徹底解決問題。問題—標準—現狀，每經歷一次循環，需要將取得的成果加以鞏固，也就是修訂和提高標準，按照新的更高的標準衡量現狀，必然會發現新的問題，這也是為什麼必須將循環持續下去的原因。

每經過一個循環，質量管理達到一個更高的水平，不斷堅持 PDCA 循環，就會使質量管理不斷取得新成果。這一過程可以形象地用圖 9-4 的示意圖來表示：

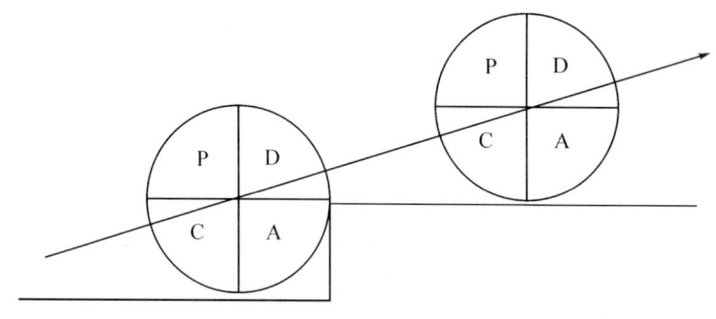

圖 9-4　PDCA 循環上升

第四節　質量管理體系

質量體系應是質量管理的組織保證。質量體系是由若干要素構成的。根據 ISO 9000 系列標準，質量體系一般可以包括下列要素：市場調研、設計和規範、採購、工藝準備、生產過程控制、產品驗證、測量和實驗設備的控制、不合格控制、糾正措施、搬運和生產後的職能、質量文件和記錄、人員、產品安全與責任、質量管理方法的生產應用等。

質量體系有兩種形式：一種是用於內部管理的質量體系，一般以管理標準、工作標準、規章制度、規程等予以體現；另一種是用於外部證明的質量保證體系。前者要求比後者寬。為完成某項活動所規定的方法，即規定某項活動的目的、範圍、做法、時間進度、執行人員、控制方法與記錄等。

質量體系作為一個有機體，還應擁有必要的體系文件，包括質量手冊、程序性文件（包括管理性程序文件、技術性程序文件）、質量計劃及質量記錄等。

一、ISO 9000 簡介

為了適應國際市場競爭中統一質量規則的需要，國際標準化組織（ISO）於 1987 年發布了 ISO 9000《質量管理和質量保證》系列標準。從而使世界質量管理和質量保證活動統一在 ISO 9000 系列標準基礎之上。它標誌著質量體系走向規範化、系列化和程序化的世界高度。經驗表明，採用 ISO 9000 系列標準是走向世界的通行證。

目前世界上已有 60 多個國家和地區等同或等效採用 ISO 9000 系列標準，力求使本國的質量體系、認證制度能獲得世界的普遍承認。中國是國際標準化組織的成員國，在 1992 年 5 月召開的「全國質量工作會議」上，決定普遍採用 ISO 9000 系列標準，以雙編號的形式 GB/T 19000—ISO 9000 發布了系列標準，從 1993 年 1 月起實施。這就適應了中國企業參與國際市場競爭的需要，為管理者實施質量取勝戰略提供了可操作的

質量目標，促使企業質量體系認證向國際化發展。

ISO 9000 系列標準是推薦標準，不是強制執行標準。但是，由於國際上獨此一家，各國政府又予以承認，因此，誰不執行誰就無法在國際市場站穩腳跟。在國際貿易、產品開發、技術轉讓、商檢、認證、索賠、仲裁等方面，它成為國際公認的標準。在這種情況下，積極採用 ISO 9000 系列標準就成為對世界級企業的基本要求。目前，國際上最新的質量標準是替代 1994 版 ISO 9000 系列標準的 2000 版 ISO 9000 系列標準。

二、2000 版 ISO 9000 系列標準的主要內容

2000 版 ISO 9000 系列國際標準，是替代 1994 版 ISO 9000 系列標準的新標準。2000 版的 ISO 9000 系列僅有 5 項標準，即 ISO 9000、ISO 9001、ISO 9004、ISO 19011 和 ISO 10012，前 4 項是 ISO 9000 系列標準的核心標準。

1. ISO 9000——質量管理體系基本原理和術語

該標準是在合併原 ISO 8402 和 ISO 9000-1 的基礎上經修改後重新起草的，共 80 多條，絕大部分術語的定義都或多或少發生了變化，如「質量」的定義就變化很大。

2. ISO 9001——質量管理體系要求

該標準是在合併原 ISO 9001、ISO 9002 和 ISO 9003 的基礎上經修改後重新起草的。如圖 9-5 所示：

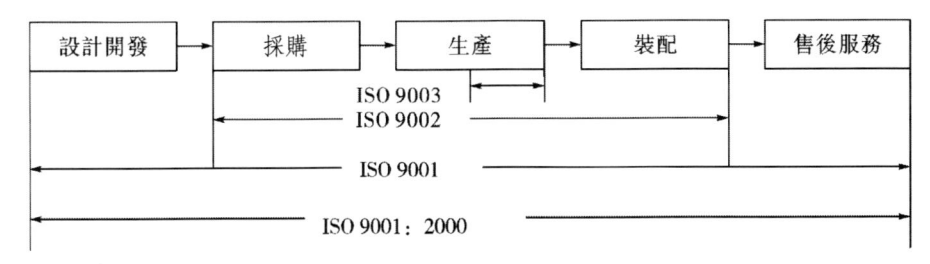

圖 9-5　ISO 9000 系列體系、它們的應用領域以及使用指南

3. ISO 9004——質量管理體系業績改進指南

該標準是在合併原 ISO 9004-1、ISO 9004-2、ISO 9004-3 和 ISO 9004-4 的基礎上經修改後重新起草的。

4. ISO 19011——質量/環境審核指南

該標準是在合併原 ISO 10011 和 ISO 14010、ISO 14011、ISO 14012 的基礎上經修改後重新起草的。它是由 ISO/TC176 和 ISO/TC207 共同起草的一項聯合審核標準，考慮了與 ISO 14000 的相容性。

5. ISO 10012——測量控制系統

該標準是在合併原 ISO 10012-1 和 ISO 10012-2 的基礎上經修改後重新起草的。

邁德樂（廣州）糖果有限公司是一家德資企業，位於番禺區沙灣鎮。其前身為佳口多力（番禺）食品有限公司，於 1999 年由西班牙 JOYCO（佳口）集團和德國 MEDERER（邁德樂）集團合資創辦，主要生產和銷售高品質的橡皮糖。

公司的努力得到多方肯定，在各級評比中屢獲殊榮：1994 年「大大」泡泡糖被中

國食品工業協會推薦為名牌產品；1995年公司獲選工業企業綜合評價500優；1997年度通過ISO 9002質量體系認證；「大大」泡泡糖獲廣東省名牌產品稱號；1999年1月「大大」商標被廣東省工商局認定為廣東省著名商標；1999年12月，通過ISO 9001質量體系認證；等等。公司以其卓越成就而備受讚譽，成為西班牙在華投資企業中的典範。

為了實現質量目標，2000版ISO 9000系列國際標準突出體現了質量管理的八大原則，並作為主線貫穿始終。

原則1：以顧客為中心。專家認為，組織依存於顧客。因此，組織應理解顧客當前的和未來的需求，滿足顧客要求並爭取超越顧客期望。顧客是每一個組織存在的基礎，顧客的要求是第一位的，組織應調查和研究顧客的需求和期望，並把它轉化為質量要求，採取有效措施使其實現。這個指導思想不僅領導要明確，還要在全體職工中貫徹。

原則2：領導作用。專家認為，領導必須將本組織的宗旨、方向和內部環境統一起來，並創造使員工能夠充分參與實現組織目標的環境。領導的作用，即最高管理者具有決策和領導一個組織的關鍵作用。為了營造一個良好的環境，最高管理者應建立質量方針和質量目標，確保關注顧客要求，確保建立和實施一個有效的質量管理體系，確保相應的資源，並隨時將組織運行的結果與目標比較，根據情況決定實現質量方針、目標的措施，決定持續改進的措施。在領導作風上還要做到透明、務實和以身作則。

原則3：全員參與。專家認為，各級人員是組織之本，只有他們充分參與，才能使他們的才幹為組織帶來最大的利益。全體職工是每個組織的基礎。組織的質量管理不僅需要最高管理者的正確領導，還有賴於全員的參與。所以要對職工進行質量意識、職業道德、以顧客為中心的意識和敬業精神的教育，還要激發他們的積極性和責任感。

原則4：過程方法。專家認為，將相關的資源和活動作為過程進行管理，可以更高效地得到所期望的結果。過程方法的原則不僅適用於某些簡單的過程，也適用於由許多過程構成的過程網絡。在應用於質量管理體系時，2000版ISO 9000標準建立了一個過程模式，此模式把管理職責、資料管理、產品實現，以及測量、分析和改進作為體系的四大主要過程，描述其相互關係，並以顧客要求為輸入，提供給顧客的產品為輸出，通過信息反饋來測定顧客滿意度，評價質量管理體系的業績。

原則5：管理的系統方法。專家認為，針對設定的目標，識別、理解並管理一個由相互關聯的過程所組成的體系，有助於提高組織的有效性和效率。這種建立和實施質量管理體系的方法，既可用於新建體系，也可用於現有體系的改進。此方法的實施可在三方面受益：一是提供對過程能力及產品可靠性的信任；二是為持續改進打好基礎；三是使顧客滿意，最終使組織取得成功。

原則6：持續改進。專家認為，持續改進是組織的永恆目標。在質量管理體系中，改進指產品質量、過程及體系有效性和效率的提高，持續改進包括瞭解現狀、建立目標、尋找、評價和實施解決辦法、測量、驗證和分析結果，把更改納入文件等活動。

原則7：基於事實的決策方法。專家認為，對數據和信息的邏輯分析或知覺判斷是有效決策的基礎。以事實為依據作決策，可防止決策失誤。在對信息和資料作科學分析時，統計技術是最重要的工具之一。統計技術可用來測量、分析和說明產品和過程

的變異性，統計技術可以為持續改進的決策提供依據。

原則 8：互利的供方關係。專家認為，通過互利的關係，增強組織及其供方創造價值的能力。供方提供的產品將對組織向顧客提供滿意的產品產生重要影響，因此，能否處理好與供方的關係影響到組織能否持續穩定地提供顧客滿意的產品。對供方不能只講控制不講合作互利，特別是對關鍵供方，更要建立互利關係。這對組織和供方都有利。

三、ISO 9000 系列質量標準認證

ISO 9000 系列質量認證包括產品質量認證和質量體系認證等。產品質量認證是依據產品標準和相應的技術要求，經認證機構確認並通過頒發認證證書和認證標誌來證明某一產品符合相應標準和相應技術要求的活動。質量體系認證通常是國家或國際認可並授權、具有第三方法人資格的權威認證機構來進行的活動。

1. ISO 9000 系列標準認證的步驟

ISO 9000 系列標準認證有八個步驟：

（1）對照 ISO 9001—ISO 9003 標準，評估現有的質量程序；
（2）確定改進措施，以使現行質量程序符合 ISO 9000 系列標準；
（3）制訂質量保證計劃；
（4）確定新的質量程序並形成文件，實施新程序；
（5）制定質量手冊；
（6）評估前與註冊人員共同分析質量手冊；
（7）實施評估；
（8）認證。

2. ISO 9000 系列標準質量認證的意義

成功企業的經驗表明，推行質量認證制度對於有效促使企業採用先進的技術標準、實現質量保證和安全保證、維護用戶利益和消費者權益、提高產品在國內外市場的競爭能力以及提高企業經濟效益，都有重大意義。

（1）ISO 9000 系列標準質量認證有利於促使企業建立、完善質量體系。

一方面，企業要通過第三方認證機構的質量體系認證，就必須充實、加強質量體系的薄弱環節，提高對產品質量的保證能力。另一方面，通過第三方認證機構對企業的質量體系進行審核，也可以幫助企業發現影響產品質量的技術問題或管理問題，促使其採取措施進行解決。

（2）ISO 9000 系列標準質量認證有利於提高企業的信譽，增強企業的競爭能力。

企業一旦通過第三方認證機構對其質量體系或產品的質量認證，獲得了相應的證書或標誌，則相對其他未通過質量認證的企業有更大的質量信譽優勢，從而有利於企業在競爭中取得優先地位。特別是對於世界級企業來說，由於認證制度已在世界上許多國家尤其是先進發達國家實行，各國的質量認證機構都在努力通過簽訂雙邊的認證合作協議，取得彼此之間的相互認可，因此，如果企業能夠通過國際上權威的認證機構的產品質量認證或質量體系認證（註冊），便能夠得到各國的承認，這相當於拿到了

進入世界市場的通行證，甚至還可以享受免檢、優價等優惠待遇。

（3）ISO 9000 系列標準質量認證可減少企業重複向用戶證明自己確有保證產品質量能力的工作，使企業可以集中精力抓好產品開發及製造全過程的質量管理工作。

第五節　質量控制方法

常用的統計質量控制方法主要包括 7 種工具，即排列圖、因果圖、直方圖、散布圖、數據分層法、統計分析表、3σ 控制圖。

一、排列圖法

（一）排列圖的概念

排列圖是為尋找主要問題或影響質量的主要因素所使用的圖。它是由 2 個縱坐標、1 個橫坐標、幾個按高低順序依次排列的長方形和一條累計百分比曲線所組成的圖。如圖 9-6 所示：

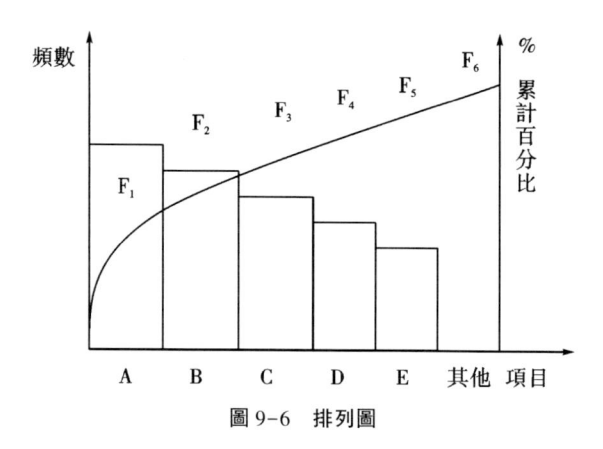

圖 9-6　排列圖

排列圖又叫帕累托圖。它是由義大利經濟學家帕累托（Pareto）提出的，他在分析社會財富分佈狀況時，發現少數人佔有絕大多數財富，而絕大多數人卻只佔有少量財富。在資本主義社會這種少數人佔有絕大多數財富，左右著社會經濟發展的現象即所謂「關鍵的少數，次要的多數」的關係。後來由美國質量管理專家朱蘭（J. M. Juran）引入質量管理中，成為一種簡單可行、一目了然的重要的質量管理工具。

（二）排列圖的作圖方法及步驟

（1）將用於排列圖所記錄的數據進行分類。分類的方法有多種，可以按工藝過程分、按缺陷項目分、按品種分、按尺寸分、按事故災害種類分等。

（2）確定數據記錄的時間。匯總成排列圖的日期，不必規定期限，只要能夠匯總成作業排列圖所必需的足夠的數據即可。

（3）按分類項目進行統計。統計按確定數據記錄的時間來匯總成表，以全部項目

為100%來計算各個項目的百分比,得出頻率。

(4) 計算累計頻率。
(5) 準備坐標紙,畫出縱橫坐標。注意縱橫坐標要均衡勻稱。
(6) 按頻數大小順序作直方圖。
(7) 按累計比率作排列曲線。
(8) 記載排列圖標題及數據簡歷。

填寫標題後還應在空白處寫清產品名稱、工作項目、工序號、統計時間、各種數據的來源、生產數量、記錄者及制圖者等項。

例:某廠鑄造車間生產某一鑄件,質量不良項目有氣孔、未充滿、偏心、形狀不佳、裂紋、其他等項。記錄一週內某班所生產的產品不良情況數據,並分別將不良項目歸結為表9-2①②,計算頻率③和累積頻率④,作圖9-7。

表 9-2　　　　　　　　　　　缺陷頻率表

①缺陷	②頻數	③頻率(%)	④累計頻率(%)
氣孔	48	50.53	50.53
未充滿	28	29.47	80.00
偏心	10	10.53	90.53
形狀不佳	4	4.21	94.74
裂紋	3	3.16	97.9
其他	2	2.1	100
合計	95	100	

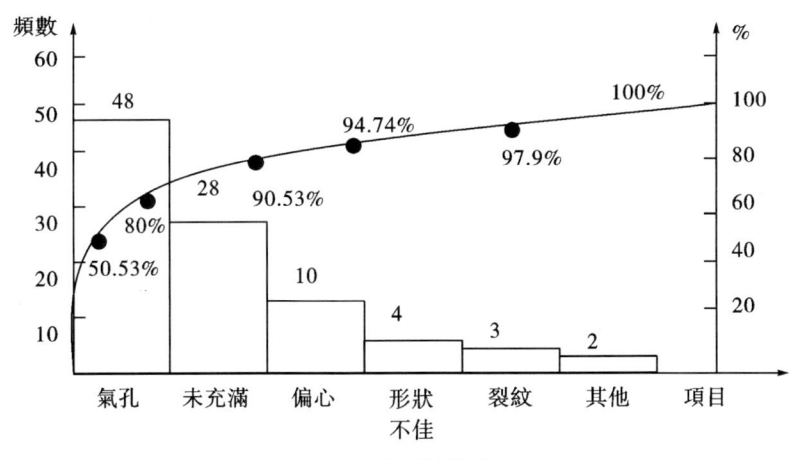

圖 9-7　帕累托排列圖

(三) 排列圖分析

繪製排列圖的目的在於從諸多的問題中尋找主要問題,並以圖形的方法直觀地表示出來,通常把問題分成三類。A類屬於主要或關鍵問題,累計百分比在80%左右。B類屬於次要問題,累計百分比在80%~95%。C類更次要,累計百分比在95%~100%,

但在實際應用中切不可機械地按 80% 來確定主要問題，它主要是針對「關鍵的少數、次要的多數」的原則，給予一定的劃分範圍而言。A、B、C 三類應結合具體情況來選定。

排列圖把影響產品質量的主要問題直觀地表現出來，使我們明確應該從哪裡著手來改進產品質量。集中力量解決主要問題，結果收效顯著。上例中主要問題是氣孔和未充滿，若將氣孔問題解決了，就解決了問題的一半，再將第二項未充滿的問題解決，那麼，80%的問題都得到瞭解決。排列圖不僅解決產品質量問題，其他工作如節約能源、減少損耗、安全生產等都可以用排列圖改進工作，提高工作質量。

二、因果分析圖法

（一）因果圖

質量管理的目的在於減少不合格品，保證和提高產品質量，降低成本和提高效率，控制產品質量和工作質量的波動以提高經濟效益。但是在實際設計、生產和各項工作中，常常出現質量問題。為了解決這些問題，就需要查找原因，考慮對策，採取措施，解決問題。然而影響產品質量的因素是多種多樣的。若能真正找到質量問題的主要原因，便可針對這種原因採取措施，使質量問題得到迅速解決。因果圖就是用來分析影響產品質量各種原因的一種有效的方法。對影響產品質量的一些較為重要的因素加以分析和分類，並在同一張圖上把它們的關係用箭頭表示出來，以對因果進行明確系統的整理。因果圖又稱魚刺圖。

（二）因果圖的構成及畫法

因果圖由質量問題和影響因素兩部分組成。圖中主幹箭頭所指的為質量問題，主幹上的大枝表示大原因，中枝、小枝、細枝表示原因的依次展開。因果圖的構成及畫法如下：

（1）確定待分析的質量問題，將其寫在圖右側的方框內，畫出主幹，箭頭指向右端。如圖 9-8 所示：

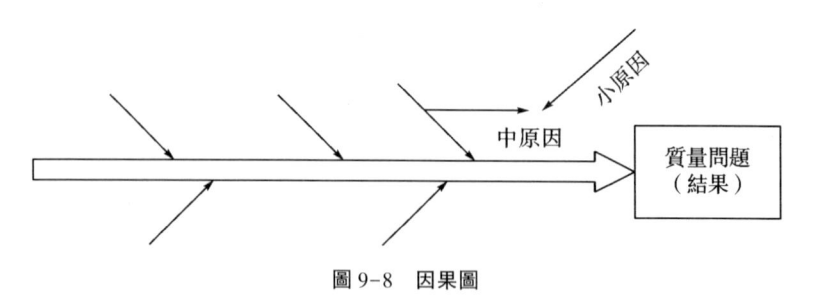

圖 9-8　因果圖

（2）確定該問題中影響質量原因的分類方法。一般分析工序質量問題，常按其影響因素——人、設備、原材料、方法、環境等分類；也可按加工工序分類。作圖時，依次畫出大枝，箭頭方向從左到右斜指向主幹，在箭頭尾端寫上原因分類項目。如圖 9-9 所示。

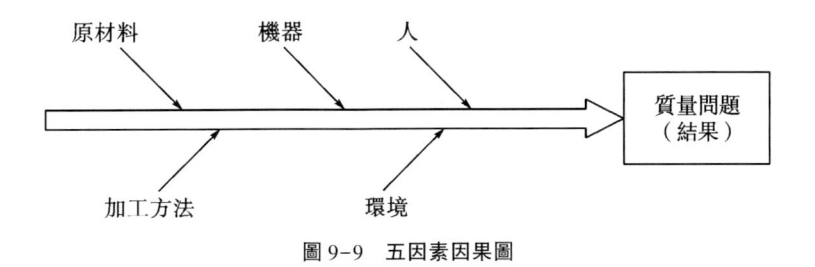

图 9-9　五因素因果图

（3）将各分类项目分别展开，每个中枝表示各项目中造成质量问题的一个原因。作图时，中枝平行于主干，箭头指向大枝，将原因记在中枝上下方。

（4）将原因再展开，分别画小枝，小枝是造成中枝的原因，依次展开，直至细到能实施为止。

（5）分析图上标出的原因是否有遗漏，找出主要原因，画上方框，作为质量改进的重点。

（6）注明因果图的名称、绘图者、绘图时间、参加分析人员等。

例如，图 9-10 是一家制造企业的流程中存在的某一问题的因果图。这家企业加工出的某种活塞杆出现弯曲，其原因可能有四大类：操作方法、所用材料、操作者和机械。每一类原因可能又是由若干个因素造成的。与每一因素有关的更深入的考虑因素还可以为下一级分支。当所有可能的原因都找出来以后，就完成了第一步工作，下一步就是要从中找出主要关键原因。

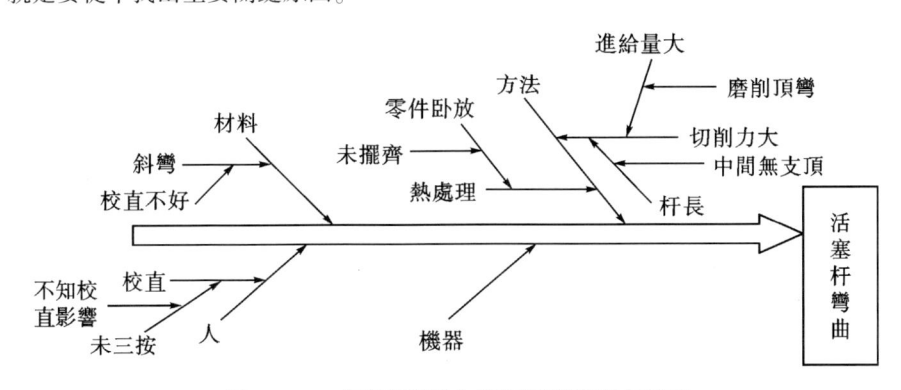

图 9-10　一个制造流程中的活塞杆问题的因果图

(三) 注意事项

①分析大原因时应根据具体情况，适当增减或另立名目，除人、设备、原材料、方法、环境等因素外有时还包括其他如动力、管理、计算机软件等因素。②发扬民主，集思广益，畅所欲言，结合别人的见解来改进自己的想法。③主要原因可用排列图、投票或实验验证等方法确定，然后加以标记。④画出因果图后，就要针对主要原因列出对策表，包括原因、改进目标、措施、负责人、进度要求、效果检查和存在的问题等。排列图、因果图和对策表，人们称为「两图一表」，在质量管理中用得最普遍。

三、直方圖法

直方圖的形式如圖 9-11 所示，它是表示數據變化情況的一種主要工具。用直方圖可以比較直觀地看出產品質量特性的分佈狀態，可以判斷工序是否處於受控狀態，還可以對總體進行推斷，判斷其總體質量分佈情況。

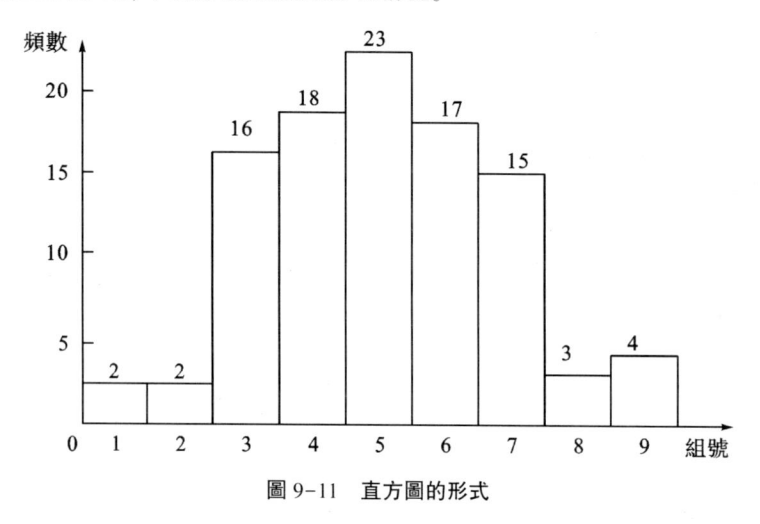

圖 9-11　直方圖的形式

（一）直方圖的畫法

下面結合一個例子說明直方圖的作法。

例：某廠測量鋼板厚度，尺寸按標準要求為 6 毫米，現從生產批量中抽取 100 個樣本進行測量，測出的尺寸如表 9-3 所示，試畫出直方圖。

表 9-3　　　　　　　　　　鋼板厚度測量值

組號	尺寸（毫米）				組號	尺寸（毫米）			
1	5.77	6.27	5.93	6.08	11	6.12	6.18	6.10	5.95	5.95
2	6.01	6.04	5.88	5.92	12	5.95	5.94	6.07	6.00	5.75
3	5.71	5.75	5.96	6.19	13	5.86	5.84	6.08	6.24	5.61
4	6.19	6.11	5.74	5.96	14	6.13	5.80	5.90	5.93	5.78
5	6.42	6.13	5.71	5.96	15	5.80	6.14	5.56	6.17	5.97
6	5.92	5.92	5.75	6.05	16	6.13	5.80	5.90	5.93	5.78
7	5.87	5.63	5.80	6.12	17	5.86	5.84	6.08	6.24	5.97
8	5.89	5.91	6.00	6.21	18	5.95	5.94	6.07	6.00	5.85
9	5.96	6.06	6.25	5.89	19	6.12	6.18	6.10	5.95	5.95
10	5.95	5.94	6.07	6.02	20	6.03	5.89	5.97	6.05	6.45

解：

（1）收集數據。收集 100 個以上的數據，一般以 100 個樣本為宜。

（2）找出數據的最大值與最小值，計算極差 R。本例中：

最大值 $X\max = 6.45$，最小值 $X\min = 5.56$

極差 $R = X\max - X\min = 6.45 - 5.56 = 0.89$（毫米）

（3）確定組數 K 與組距 h。組數 K 的確定可根據表9-4選擇。本例中 $K=10$，組距 $h = (R/K) = 0.89 \div 10 \approx 0.09$（毫米）

表9-4   分組數 K 參考值

數據個數	分組數	一般使用
50～100	6～10	
100～250	7～12	10
250 以上	12～20	

（4）確定組的界限值。分組的組界值要比抽取的數據多一位小數，以使邊界值不致落入兩個組內。因此，先取測定單位的1/2，作為第一組的下界值；再加上組距，作為第一組的上界值，依次加到最大一組的上界值。本例中測量單位為0.01，所以第一組的下界值為：$5.56-0.005=5.555$

第一組上界值為：$5.555+0.09=5.645$

第二組上界值為：$5.645+0.09=5.735$

……

（5）記錄各組中的數據，計算各組的中心值，整理成頻數表，見表9-5：

表9-5   頻數表

組號	組界值	組中值 X_i	頻數核對	頻數 F_i	變換後組中值 U_i	F_iU_i	$F_iU_i^2$
1	5.555～5.645	5.60		2	−4	−8	32
2	5.645～5.735	5.69		3	−3	−9	27
3	5.735～5.825	5.78		13	−2	−26	52
4	5.825～5.915	5.87		15	−1	−15	15
5	5.915～6.005	5.96		26	0	0	0
6	6.005～6.095	6.05		15	1	15	15
7	6.095～6.185	6.14		15	2	30	60
8	6.185～6.275	6.23		7	3	21	63
9	6.275～6.365	6.32		2	4	8	32
10	6.365～6.455	6.41		2	5	10	50
			Σ	100		26	346

（6）根據頻數表畫出直方圖。

在方格紙上，使坐標取各組的組限，縱坐標取各組的頻數，畫出一系列直方形即直方圖。圖中每個直方形面積為數據落到這個範圍內的個數（或頻率），故所有直方形面積之和就是頻數的總和（或頻率的總和），為1或100%。圖中要標出平均值和標準差。

(二) 直方圖的觀察與分析

直方圖是從形態的角度，通過產品質量的分佈反應工序的精度狀況。通常是看圖

形本身的形狀是否正常，再與公差（標準）作對比，做出大致判斷。常見的幾種圖形如圖 9-12 所示：

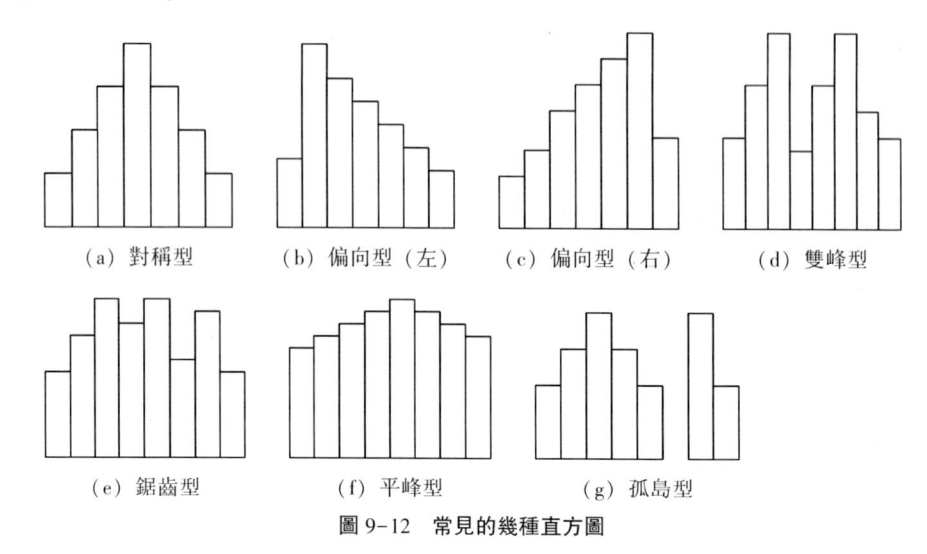

(a) 對稱型　　(b) 偏向型（左）　　(c) 偏向型（右）　　(d) 雙峰型

(e) 鋸齒型　　(f) 平峰型　　(g) 孤島型

圖 9-12　常見的幾種直方圖

四、散布圖

散布圖又稱相關圖法、簡易相關分析法。散布圖是把兩個變量之間的相關關係用直角坐標系表示的圖表。它根據影響質量特性因素的各對數據，用點填列在直角坐標圖上，以觀察判斷兩個質量特性值之間的關係，對產品或工序進行有效控制。圖中所分析的兩種數間的關係，可以是特性與原因、特性與特性的關係，也可以是同一特性的兩個原因的關係。如在熱處理時，需瞭解鋼的淬火溫度與硬度的關係，在金屬機械零件加工時，需瞭解切削用量、操作方法與加工質量的關係等，都可用散布圖來觀察與分析。圖 9-13 是表明淬火溫度與硬度關係的散布圖。這種關係雖然存在，但又難以用精確的公式或函數關係表示，在這種情況下用相關圖來分析就很方便。假定有一對變量 x 和 y，x 表示某一種影響因素，y 表示某一質量特徵值，通過實驗或收集到的 x 和 y 的數據，可以在坐標圖中用點表示出來，根據點的分佈特點。就可以判斷 x 和 y 的相關情況。

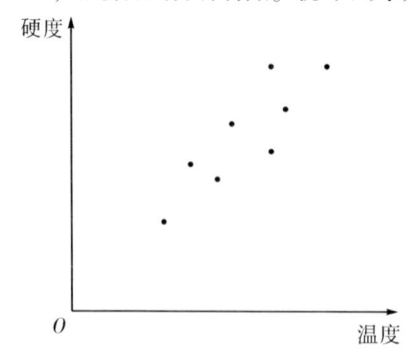

圖 9-13　散布圖

五、數據分層法

數據分層就是把性質相同的、在同一條件下收集的數據歸納在一起，以便進行比較分析。因為在實際生產中，影響質量變動的因素很多，如果不把這些因素區分開來，就難以得出變化的規律。

數據分層可根據實際情況按多種方式進行。例如，按不同時間、不同班次進行分層，按使用設備的種類進行分層，按原材料的進料時間、原材料成分進行分層，按檢查手段、使用條件進行分層，按不同缺陷項目進行分層等。數據分層法經常與下述的統計分析表結合使用。

六、統計分析表

統計分析表，又稱調查表、檢查表，是利用統計表對數據進行整理和初步分析不合格品起因的一種工具，其格式可多種多樣，表 9-6 是其中的格式之一。這種方法雖然較簡單，但實用有效。

表 9-6　　　　　　　　　　不合格品調查表

品名	時間	年　月　日
工序：最終檢驗	工廠：	
不合格項目：缺陷、加工、形狀等	班組：	
檢查總數：2,530	檢查員：	
備註：全部檢查	批號：	
	合同號：	
不合格項目：	小計	
表面缺陷	32	
砂眼	23	
加工不良	48	
形狀不良	4	
其他	8	
總計	115	

七、3σ 控制圖

控制圖又稱為管理圖，如圖 9-14 所示，它是一種有控制界限的圖，用來區分引起質量波動的原因是偶然的還是系統的。它可以提供系統原因存在的信息，從而判斷生產過程是否處於受控狀態。

控制圖按其用途可分為兩類：

一類是供分析用的控制圖，用控制圖分析生產過程中有關質量特性值的變化情況，看工序是否處於穩定受控狀態。

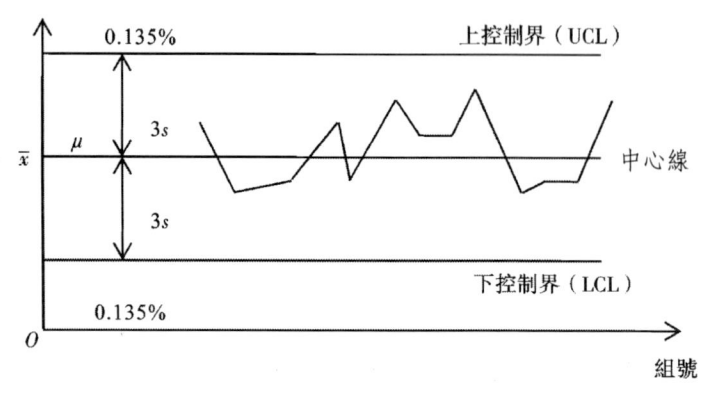

圖 9-14 控制圖

另一類是供管理用的控制圖，主要用於發現生產過程是否出現了異常情況，以預防產生不合格品。

控制圖通常以樣本平均值為中心線，以上下取 3 倍的標準差為控制界，因此用這樣的控制界限作出的控制圖叫作 3σ 控制圖，是休哈特最早提出的。

控制圖根據數據的種類不同，基本上可以分為兩大類：計量值控制圖和計數值控制圖。

計量值控制圖一般適用於以長度、強度、純度等為控制對象的場合，屬於這類的控制圖有單值控制圖、平均值和極差控制圖、中位數和極差控制圖等。

計數值控制圖以計數值數據的質量特性為控制對象，屬於這類的控制圖有不合格品率控制圖（P 控制圖）和不合格品數控制圖（Pn 控制圖）、缺陷數控制圖（C 控制圖）和單位缺陷控制圖（U 控制圖）等。

例：

下面結合某軋鋼廠生產的 6 毫米±4 毫米厚度的鋼板為例，介紹平均值和極差控制圖（x-R 控制圖）的做法和應用，其他類型的控制圖請參考其他有關資料。

（一）控制圖的作法

以下例的數據說明 x-R 控制圖的作法。

收集數據，$N=100$。見表 9-7。

如本例（公式來源不作詳述，有興趣者請參閱有關資料），x 控制圖的控制界限為：

UCL=x+A2R=5.975+0.557×0.419=6.208

LCL=x-A2R=5.975-0.557×0.419=5.742

CL=x=5.975

R 控制圖的控制界限為：

UCL=D4R=2.115×0.419=0.886

LCL=D3R=-(不考慮)

CL=R=0.419

表 9-7　　　　　　　　　　　鋼板厚度數據

組號	X_1	X_2	X_3	X_4	X_5	x	R
1	5.77	6.27	5.93	6.08	6.03	6.016	0.5
2	6.01	6.04	5.88	5.92	6.15	6	0.27
3	5.71	5.75	5.96	6.19	5.7	5.862	0.49
4	6.19	6.11	5.74	5.96	6.17	6.034	0.45
5	6.42	6.11	5.71	5.96	5.78	6	0.71
6	5.92	5.92	5.75	6.05	5.94	5.916	0.3
7	5.87	5.63	5.8	6.12	6.32	5.948	0.69
8	5.89	5.91	6	6.21	6.08	6.018	0.32
9	5.96	6.06	6.25	5.89	5.83	5.996	0.42
10	5.45	5.94	6.07	6.02	5.75	5.946	0.32
11	6.12	6.18	6.1	5.95	5.95	6	0.23
12	5.95	5.94	6.07	6	5.75	5.942	0.32
13	5.86	5.84	6.08	6.24	5.61	5.926	0.63
14	6.13	5.8	5.9	5.93	5.78	5.908	0.35
15	5.8	6.14	5.56	6.17	5.97	5.928	0.61
16	5.13	5.8	5.9	5.93	5.78	5.908	0.35
17	5.86	5.84	6.08	6.24	5.97	5.998	0.4
18	6.95	5.94	6.07	6	5.85	5.962	0.32
19	6.12	6.18	6.1	5.95	5.95	5.06	0.23
20	6.03	5.89	5.97	6.05	6.45	6.078	0.56

畫出控制圖（圖 9-15），並記入有關事項，零件名稱、件號、工序名稱、操作者等。

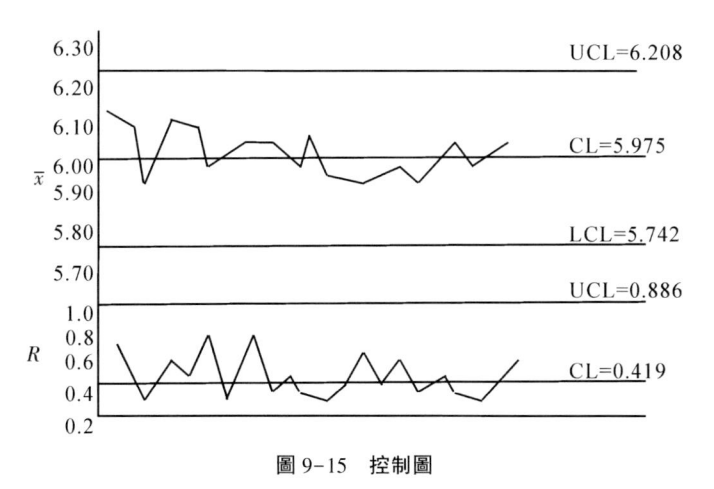

圖 9-15　控制圖

(二) 控制圖的觀察分析

控制圖的觀察分析，是指工序生產過程的質量特性數據在設計好的控制圖上標點後，取得工序質量狀態信息，以便及時發現異常，採取有效措施，使工序處於質量受

219

控狀態。

1. 工序穩定狀態的判斷

工序是否處於穩定狀態的判斷條件有兩個：

（1）點必須全部在控制界限之內。

（2）在控制界限內的點，排列無缺陷或者說點無異常排列。

如果點的排列是隨機地處於下列情況，則可以認為工序處於穩定狀態：

①連續 25 個點在控制界限內。

②連續 35 個點，僅有 1 個點超出控制界限。

③連續 100 個點僅有 2 個點超出控制界限。

2. 工序不穩定狀態的判斷

只要具有下列條件之一，均可判斷為工序不穩定：

①點超出控制界限（點在控制界限上按超出界限處理）。

②點在警戒區內。

點處在警戒區是指點處在 $2\sigma \sim 3\sigma$ 範圍之內。若出現下列情況之一，均判定工序不穩定：

・連續 8 點有 2 點在警戒區內。

・連續 9 點有 3 點在警戒區內。

・連續 10 點有 4 點在警戒區內。

點雖在控制界限內，但排列異常。所謂異常是指點排列出現鏈、傾向、週期等缺陷之一。此時，即判定工序不穩定。

③連續鏈。這是指在中心線一側連續出現點。鏈的長度用鏈內所含點數的多少衡量。當鏈長大於 7 時，則判定為點排列異常。

④間斷鏈。這是指多數點在中心線一側。連續 14 點有 12 點在中心線一側，連續 17 點有 13 點在中心線一側，連續 20 點有 16 點在中心線一側，則判定點排列異常。

⑤傾向。這是指點連續上升或下降，如連續上升或下降點數超過 7，則判定為異常。

⑥週期。這是指點的變動呈現明顯的一定間隔。點出現週期性，判斷較為複雜，應當慎重決策。通常，應先弄清原因，再做判斷。

對上述判斷工序異常的現象，可用小概率事件做出概率論解釋。本節不做定量描述，有興趣的讀者可查閱有關資料。

（三）控制圖的兩類錯誤

控制圖是判斷異常因素是否出現的一種圖形化的檢驗工具。由於控制圖的控制限是基於 3σ 原則，按正態分佈理論，有

$$P(\mu-3\sigma < x < \mu+3\sigma) = 0.997,3$$

上式說明，當工序質量特性值 x 的均值 p 和標準差 σ 在工序生產過程中並未發生變化時，仍有 $\alpha = 0.27\%$ 的點超出控制界限而發出工序異常的不正常信號。我們稱這種不正常虛發信號為控制圖的第Ⅰ類錯誤，記為 α。由第Ⅰ類錯誤引起不必要的停產檢

查，將導致相應經濟損失。

同樣，當系統因素影響工序生產過程使均值 μ 和標準差 α 發生變化時，據正態分佈性質，有部分點仍在控制界限之內，而不能及時發出報警信號，視工序正常，使生產過程繼續下去，從而導致大量廢品產生。

我們稱這種不能及時發出報警信號的錯誤為控制圖的第Ⅱ類錯誤，記為 β。α 與 β 之間關係如圖9-16。由圖可見，當控制限為 $\pm 3\alpha$ 時，α 是一個確定值。而且，α 將隨控制限增大而減小。當均值由 μ_0 變為 μ_1 時，仍有 β 部分落在控制限之內。顯然，β 隨著控制限的增大而增大。

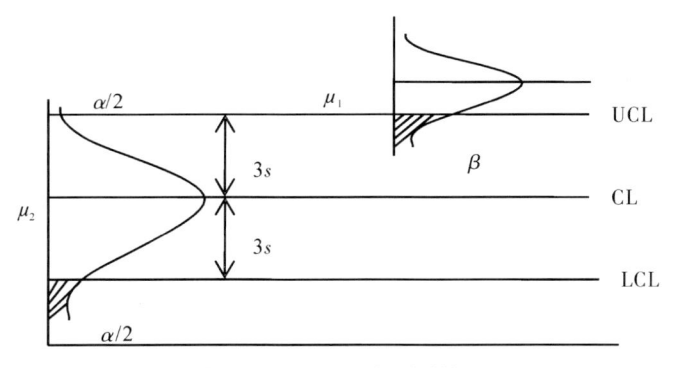

圖 9-16　控制圖的兩類錯誤

除了以上七種統計質量控制的常用技術方法，下面再介紹一種質量控制的戰略方法。

八、六西格瑪質量管理

σ 是希臘文的字母，是用來衡量一個總數裡標準誤差的統計單位。一般企業的瑕疵率是三~四個西格瑪，以四西格瑪而言，相當於每100萬個機會裡，有6,210次誤差。如果企業不斷追求品質改進，達到六西格瑪的程度，績效就幾近於完美地達到顧客要求，在100萬個機會裡，只找得出3.4個瑕疵。對國外成功經驗的統計顯示：如果企業全力實施 6σ 革新，每年可提高一個 σ 水平，直到達到 4.7σ，無須大的資本投入，這期間，利潤率的提高十分顯著。而當達到 4.8σ 以後，再提高，需要對過程重新設計，資本投入增加，但此期間產品、服務的競爭力提高，市場佔有率也相應提高。

六西格瑪（6Sigma）是在20世紀90年代中期開始從一種全面質量管理方法演變成為一個高度有效的企業流程設計、改善和優化技術，並提供了一系列同等地適用於設計、生產和服務的新產品開發工具，成為全世界上追求管理卓越性的企業最重要的戰略舉措。六西格瑪逐步發展成為以顧客為主體來確定企業戰略目標和產品開發設計的標尺，追求持續進步的一種質量管理哲學。

六西格瑪管理法是一種質量尺度和追求的目標，是一套科學的工具和管理方法，運用DMAIC（改善）或DFSS（設計）的過程進行流程的設計和改善。它本質上是一種經營管理策略。6Sigma 管理是在提高顧客滿意程度的同時降低經營成本和週期的過

程革新方法，它是通過提高組織核心過程的運行質量，進而提升企業盈利能力的管理方式，也是在新經濟環境下企業獲得競爭力和持續發展能力的經營策略。

　　對六西格瑪管理實施步驟如下：首先，對需要改進的流程進行區分，找到高潛力的改進機會，優先對其實施改進。如果不確定優先次序，企業多方面出手，就可能分散精力，影響 6σ 管理的實施效果。其次，業務流程改進遵循五步循環改進法，即 DMAIC 模式：定義（define）——辨認需改進的產品或過程，確定項目所需的資源；測量（measure）——定義缺陷，收集此產品或過程的表現作底線，建立改進目標；分析（analyze）——分析在測量階段所收集的數據，以確定一組按重要程度排列的影響質量的變量；改進（improve）——優化解決方案，並確認該方案能夠滿足或超過項目質量改進目標；控制（control）——確保過程改進一旦完成能繼續保持下去，而不會返回到先前的狀態。

　　六西格瑪管理的原則包括：①真誠關心顧客。六西格瑪把顧客放在第一位。例如在衡量部門或員工績效時，必須站在顧客的角度思考。先瞭解顧客的需求是什麼，再針對這些需求來設定企業目標，衡量績效。②資料和事實管理。雖然知識管理漸漸受到重視，但是大多數企業仍然根據意見和假設來做決策。六西格瑪的首要規則便是厘清，要評定績效，究竟應該做哪些衡量（measurement），然後再運用資料和分析，瞭解公司表現距離目標有多少差距。③以流程為重。無論是設計產品，還是提升顧客滿意度，六西格瑪都把流程當作是通往成功的交通工具，是一種提供顧客價值與競爭優勢的方法。④主動管理。企業必須時常主動去做那些一般公司常忽略的事情，例如設定遠大的目標，並不斷檢討；設定明確的優先事項；強調防範而不是救火；常質疑「為什麼要這麼做」，而不是常說「我們都這麼做」。⑤協力合作無界限。改進公司內部各部門之間、公司和供貨商之間、公司和顧客間的合作關係，可以為企業帶來巨大的商機。六西格瑪強調無界限的合作，讓員工瞭解自己應該如何配合組織大方向，並衡量企業的流程中，各部門活動之間，有什麼關聯性。⑥追求完美。在六西格瑪企業中，員工不斷追求一個能夠提供較好服務又降低成本的方法。企業持續追求更完美，但也能接受或處理偶發的挫敗，從錯誤中學習。

復習思考題：

1. 什麼是質量？簡述對質量內涵的理解。
2. 簡述全面質量管理概念的發展和要求。
3. 什麼是 PDCA 循環？其有什麼特點？
4. 統計質量控制七種方法是什麼？
5. 如何利用控制圖來識別生產過程的質量狀態？
6. 簡述六西格瑪管理的含義。

[**本章案例**]

中國工商銀行票據營業部的 ISO 質量管理

為進一步提高工行票據營業部市場競爭能力，加強內部控制管理，經過近一年的醞釀和前期調研等大量準備工作，工行票據營業部於 2002 年 11 月 11 日正式啓動了 ISO 9001 質量管理體系認證工作，並於 2004 年 5 月 29 日、30 日接受了英國標準協會 BSI 的審核認證，通過認證後，工行票據營業部成為國內首家通過 ISO 9001 國際質量管理體系認證的票據專營機構。

一、工行票據營業部推行 ISO 9000 族標準的主要目的

（一）進一步加強內控制度建設，促進管理規範化

工行票據營業部作為一個新設機構，成立兩年多來，邊發展，邊建設，不論在業務發展還是內部管理上都取得了較大的成效。然而，在內控制度建設的系統性和制度執行的有效性方面與總行提出的規範化經營、精細化管理、標準化操作的高標準還存在一定的差距。ISO 9000 標準對一個組織應該如何建立規範的內部控制體系進行了科學、系統的描述，工行營業部清楚地意識到，推行 ISO 9000 可以進一步改進營業部內控管理中的薄弱環節，使內控制度體系更加完善。同時，推行 ISO 9000 標準可以進一步提高員工的服務質量意識，能有效改進服務質量，通過規範化、標準化的操作和管理，使各項內部管理行為更科學、更合理。

（二）進一步提高票據服務質量，提高客戶滿意度

不斷提高服務質量和水平、滿足客戶日益增長的票據融資需求，是工行票據營業部經營管理的出發點和落腳點。儘管工行票據營業部在這兩年中憑藉在規模經營、資金清算等方面的優勢，不斷提高票據服務質量，提升服務工作水平，但在員工的主動服務意識、服務的規範標準、服務的過程控制、服務的持續改進以及如何盡量滿足客戶和市場需求等方面還有待進一步改進。推行 ISO 9000 可以進一步規範服務標準，將進一步提高服務質量，更好地體現以客戶為中心的經營理念。

（三）進一步樹立企業良好形象．增強市場競爭力

通過 ISO 9001 質量體系認證，獲得認證證書和認證標誌將對社會表明工行票據營業部的承諾：工行票據營業部的票據服務質量是符合國際質量標準的。這將有利於工行票據營業部進一步開拓市場，樹立品牌效應，體現工行票據營業部良好的企業文化和公眾形象，使工行票據營業部在市場競爭中處於領先地位。同時，通過建立較完整的以客戶為中心的服務體系，對整個服務過程進行過程控制，可以使客戶體驗到專業的標準化服務，擴大工行票據營業部的市場佔有率。

（四）進一步適應全球金融一體化的要求

現今國際許多知名企業競相採用 ISO 9000 標準，特別是隨著中國加入 WTO，與國際交往日益增加，工行票據營業部與中外企業、外資銀行的業務交易量也在不斷擴大，推行和取得 ISO 9000 認證使工行票據營業部與外資銀行的業務合作更加符合國際慣例。

（五）進一步實現總分部一體化經營管理

實施模塊化管理，這是工行票據營業部 ISO 9001 認證工作的初衷之一。通過實施 ISO 9000，把所有的業務都模塊化，員工要處理什麼業務，或碰到一項不懂的業務時，只需要按照各類業務作業規範去操作就可以了。在總部所有的業務和管理活動都模塊化後，將之推廣到所有分部，以樹立總分部統一的對外服務形象，形成統一的對外服務過程，從而實現總分部的一體化經營管理。

（六）進一步持續有效改進總體業績

通過建立有效的經營運作過程監控和績效考核制度，評價經營運作結果與客戶期望及工行票據營業部內部期望的符合程度，可以不斷改進經營運作，增加客戶和其他相關方滿意的機會，促進工行票據營業部的經營管理持續發展。

二、工行票據營業部推行 ISO 9000 族的主要進程

（一）確定認證公司

要做好 ISO 9000 認證工作，選擇良好的和合適的認證公司至關重要。一家優秀的認證公司不但給企業帶來良好的聲譽，而且能給企業提供優質的、專業的認證服務，認證公司每年還要對企業進行後續審核監督，尤其是其提出的審核建議往往對企業經營管理起到增值效應。由於國外認證機構相對國內來說更成熟、更專業，其理念也更先進、更標準，工行票據營業部通過各種渠道和方式，聯繫了多家認證公司，廣泛瞭解市場信息，最終選擇了國際最著名的認證機構——英國標準協會 BSI，並申請了國際上最具權威的 BSI 認證證書。

（二）按 ISO 9001 要求實施運行

工行票據營業部於 2002 年 11 月正式推行 ISO 9000 後，先後進行了質量管理的設計、BPR 業務流程的再造、ISO 體系文件的編寫和試運行等工作，近期又實施一次內部審核，並即將進行管理評審和第二次內部審核，5 月底外部認證機構將對票據營業部進行正式審核，並當場確定是否通過質量管理體系認證。

三、實施 ISO 9001 的主要效果

（一）優化過程控制，提高工作效率

工行票據營業部在推行 ISO 9000 族過程中，加入了 BPR 流程改造的內容，運用業務流程再造的管理方法對現有的各部門和工行票據營業部整體的業務流程進行梳理，共整理、改進和優化了 58 個業務和管理的流程，基本涵蓋了工行票據營業部所有經營管理活動。通過繪製流程圖的方式來審視現有的流程操作是否明確規範、是否合理，從而理順了內部溝通和協調部門之間的接口和相互關係，使得各項業務活動按規定的程序進行，同時通過對業務流程的分析，減少了不必要的和重複的環節，有效地降低了重複勞動，工作效率得到明顯的提高。採用過程方法、實行過程控制是 ISO 的基本質量管理原則，也是加強內部控制的重要手段和方式。

（二）構建制度體系，規範文件格式

ISO 9000 要求通過建立一整套科學、系統並具備可操作性的內部管理運作制度包括管理和工作程序、服務和操作標準，對業務活動整個過程進行控制。工行票據營業部按照 ISO 9000 體系結構，從質量管理體系、管理職責、服務實現和測量分析改進四

方面對現有的規章制度進行重新整合，把原來獨立的各項規章制度歸並到質量體系中，並通過文件之間的相互引用使之成為完整的體系文件。通過這些質量體系文件來控制和規範業務和管理活動。該文件體系採取覆蓋式的控制方式，從根本上避免了原有管理體系中因「補丁」文件造成的執行中的混亂。工行票據營業部按照質量管理體系標準的要求和範圍，將現有的規章制度轉化為 ISO 標準格式，形成了票據營業部質量手冊 1 本、程序文件 40 個、作業指導書 13 個、各類表格記錄 160 個。ISO 體系文件與現有的規章制度相比，對部門和崗位職責的規定更明確，對工作程序和工作記錄的要求更規範、更具可操作性。按照精細化管理的要求，工行票據營業部還將把不在質量管理體系範圍內的各項內部管理制度也按照 ISO 標準格式和要求進行轉化，使工行票據營業部所有經營管理都按照標準化進行運作。

（三）樹立質量意識，提高服務質量

通過全面實施 ISO 9000 以及有關 ISO 9000 方面的培訓工作，工行票據營業部每位員工牢固樹立了服務質量意識，形成了嚴格按照文件規定執行的制度意識，在各項具體操作中，首先要找制度依據，然後按照制度文件規定的程序進行操作，工作質量和服務質量明顯提高。工行票據營業部還確定了「誠信為本，專業服務，精細管理，穩健經營，持續滿足客戶需求」的質量方針以及「無假票，無冤案，外部客戶滿意率超過 90%」的質量目標和各部門具體的質量目標，同時將把質量目標納入各部門的經營計劃目標任務並進行年度考核。

工行票據營業部在實施 ISO 9000 後感到，ISO 9000 只是關於質量管理與質量保證的一種標準，而不是一種方法。達到這些標準的要求並不難，重要的是用什麼方法去實現。工行票據營業部將實施 ISO 9000 標準作為改善內部管理的一次機會，而不是將標準作為一種簡單的模式進行套用，只有將先進的管理思想融合到具體的實施程序中，才能發揮標準的真正作用。工行票據營業部認為，獲得認證證書也不是最終目標，而是要通過建立有責、有序、有效的管理體系，進一步提高員工的質量管理意識，不斷獲取並運用先進的管理思想和管理方法，使工行票據營業部得以持續穩定發展和提升效益。為今後進一步實施票據營業部總分部一體化經營搭建管理平臺，實行公司化經營管理，工行票據營業部還將選擇部分分部進行 ISO 9000 的試點推廣工作，加快分部推廣和獲得認證的進度，力爭早日將所有 7 個分部全部納入總部的質量管理體系範圍內。

討論題：

從工行票據的質量管理認證前後效果來看，質量管理體系認證對一個企業起到了什麼作用？企業應如何開展質量管理？

第十章 營銷管理

市場營銷學是一門研究市場營銷活動及其規律的應用科學。而市場營銷活動是在一定商業哲學指導下進行的，營銷管理是企業生產經營活動中十分重要的一個環節，對營銷工作的管理是企業管理的一個重要組成部分。因此，準確把握與市場營銷有關的概念，正確認識市場營銷管理的實質與任務，全面理解市場營銷管理哲學的演變，密切注視市場營銷管理的最新發展，對於搞好市場營銷，加強經營管理，提高經濟效益具有重要意義。營銷管理是指通過分析、計劃、實施和控制，來謀求創造、建立及保持營銷者與目標顧客之間互利的交換，比競爭者更好地滿足顧客需求，以實現組織的目標。企業市場營銷管理的最理想的目標是使推銷成為多餘。本章主要闡述市場的類型與特點、營銷管理的實質與類型、市場細分和目標市場、市場定位步驟及原則、市場調查程序和類型、市場預測方法、產品策略、價格策略、渠道策略、促銷策略。

第一節 營銷管理概述

市場營銷理論於 20 世紀初誕生於美國。它的產生是美國社會經濟環境發展變化的產物。19 世紀末 20 世紀初，美國開始從自由資本主義向壟斷資本主義過渡，社會環境發生了深刻的變化。工業生產飛速發展，專業化程度日益提高，人口急遽增長，個人收入上升，日益擴大的新市場為創新提供了良好的機會，人們對市場的態度開始發生變化。所有這些變化因素都有力地促進了市場營銷思想的產生和市場營銷理論的發展。

一、市場及其分類

(一) 市場的界定

營銷是建立在市場基礎之上的，是市場上的營銷。沒有市場，營銷便無從談起。在經濟學當中，市場的含義比較廣泛。最初的市場是指供人們進行交換的具體場所，是一個空間和時間上的概念。但隨著市場經濟的發展，尤其是當前金融服務、通信服務以及網絡服務的發展，交換在時間和空間上的限制被打破了，並不一定需要固定的時間和地點。因此，市場不再僅指具體的交換場所，而是泛指買賣雙方實現產品和服務讓渡的交換關係，其包括兩個相互聯繫、相互制約的方面，即供給和需求。

但是，市場營銷學的研究視角是站在銷售一方的，它所關心的市場僅指企業利潤的源泉，即購買方。因此，市場營銷學中的市場是指某種產品的現實購買者和潛在購

買者需求的總和。所謂潛在購買者，是指對某種產品具有一定興趣，存在潛在的需求並且具有購買能力的組織或個人。

(二) 市場的類型及特點

市場作為商品或勞務交換的場所或接觸點，隨著交換的領域和交換對象的不斷擴大，決定了現代社會的市場有多種類型。

按市場是否有形劃分，市場可以是有形的場所，如商店、貿易市場、證券交易所、展銷會、訂貨會，也可以是無形的場所，一個電話或某個場合簽訂的合同便可完成商品或勞務的交換，無需固定的場所；按市場範圍劃分，市場可以分為國際市場、國內市場和地區市場；按商品的自然性質劃分，市場可以分為消費品市場、生產資料市場或生產要素市場；按商品流通方式，可以把市場分為批發市場和零售市場；按交易時間劃分，可以把市場分為現貨交易市場和期貨交易市場；按照市場購買者的不同，將市場分為消費者市場和組織市場，後者又可分為產業市場、中間商市場和政府市場。研究市場營銷活動通常按購買者的不同對市場進行分類，下面僅就三種主要市場類型，即消費者市場、產業市場、服務市場進行分析研究。

1. 消費者市場及其特點

消費者市場是指為個人消費而購買物品或服務的個人和家庭構成的市場，是產業市場及整個經濟活動為之服務的最終市場。與組織市場相比較，消費者市場具有下列特點：

(1) 消費者人數眾多。消費者市場是最終使用者市場，人們要生存就要消費，所以消費者市場通常以全部人口為服務對象。

(2) 消費者的購買屬於小型多次購買。消費者是為個人最終消費而購買，通常一次購買數量較小，屬於小型購買，企業經營活動常以零售為主，同時，由於一次購買量小，需多次重複購買，這既節省資金，又有利於產品及時更新。

(3) 消費者屬於非專家購買。消費者購買的消費品品種多，質量、性能各異，很難掌握各種商品知識，即使知道一些，也是微不足道的。由於消費者購買時易受促銷宣傳的影響，因此，對消費者市場開展營銷活動應特別重視促銷手段的合理運用。

(4) 消費品一般需求彈性大。消費者市場需求是直接需求，來源於人們的各種生活需要，對多數商品價格較敏感，需求彈性大。另一方面，消費品替代性大，也使需求彈性增大。

(5) 消費者一般自主地、分散地做出購買決策。消費者做出購買決策時受多種因素的影響，又屬於非專家購買，所做出的決策容易發生變化。企業應注重把握消費者需求的變化，並通過有效的營銷活動，引導消費者合理消費。

2. 產業市場及其特點

產業市場是組織市場的組成部分。組織市場是由各種組織機構構成的對產品或勞務需求的總和。產業市場也叫生產者市場或企業市場，是一切購買產品或服務並將之用於生產其他產品，以供銷售、出租或供應給他人使用的團體或組織構成的群體。產業市場是整體市場的中間環節，是非最終使用者市場。產業市場與消費者市場相比具

有以下特點：

（1）產業市場上購買者數量相對較少。在產業市場上，購買者是企業或單位，其數量必然比個人或家庭數目少。

（2）產業市場上購買者購買數量較大。因為購買者是為繼續生產而購買，所以每個購買者的購買量相對於最終的個體消費者要大得多。

（3）產業市場的需求是派生需求。產業市場是非最終用戶市場，市場上用戶對產品的需求並不來自於自身的生活基本需要，而是從消費者對最終產品和服務的需求中派生出來的，是派生需求。即當消費者對某種產品的需求發生變化時，生產該產品的企業對該產品所需原材料、零部件的需求也會隨之變化。因此，生產企業在組織經營活動時不僅要瞭解直接用戶對產品的需求狀況，而且要瞭解最終消費者對產品的需求狀況。

（4）產業市場需求一般缺乏彈性。即產業市場需求對價格變化不敏感。產業市場需求是派生需求，只要最終消費者有需求，產業生產者就會組織生產，一般不重視價格的變化。生產者的工藝流程不能像消費者使用產品那樣不斷變化，也使得產業市場需求難以跟著價格不斷變化。產業用戶購買屬於行家購買，購買者對產品規格、質量、性能、交貨期、服務及技術指導等有較高的要求，對價格變化反應不靈敏。

（5）產業市場購買決策參與者多。產業市場的購買通常由採購中心負責，參與購買的決策者較多，通常包括使用者、影響者、採購者、決定者和信息控制者，決策更加理性。

3. 服務市場及其特點

服務市場是流通領域中勞務交換行為的總和，是勞務商品所有現實或潛在購買者的集合。與實體商品市場相比，它具有以下特徵：

（1）供求矛盾具有隱蔽性。在服務市場上，服務供給表現為提供服務的能力，而不是表現為一定量的現成服務，因此，服務市場的供求關係表現為服務生產能力與消費者購買能力的關係。當供過於求時，表現為生產能力的閒置；當供不應求時，則表現為生產能力的超負荷利用或者消費者自我服務。

（2）服務市場上無分銷過程。服務過程就是消費過程，兩者之間不需要分銷，只能採取直銷方式。

（3）促銷困難。由於服務產品具有無形性和不可貯存性，所以對服務產品的促銷比較困難，必須借助於服務人員的有形展示。

（4）需求彈性大。服務需求不僅受收入水平的影響，還受其他支出的影響，且服務具有較強的可替代性，使服務市場需求具有較強的彈性。

（5）服務市場對服務人員技能等素質要求較高。服務產品具有無形性，受服務人員個人素質的影響較大，具備高素質的服務人員才能提供較好的服務產品。同時，服務人員不僅要有較高的專業技能，而且還要有較強的人際溝通能力和良好的服務態度。

（6）管理上以質量管理為中心。服務產品的生產和消費是同一過程，產品質量好壞直接取決於消費者參與的程度，質量標準難以統一，服務市場營銷應以提高服務質量為中心，提高顧客的滿意度。

二、營銷管理的內容

(一) 營銷管理的實質

所謂營銷管理，按現代營銷學之父菲利普·科特勒的解釋就是：通過分析、計劃、實施和控制，來謀求創造、建立及保持營銷者與目標顧客之間互利的交換，比競爭者更好地滿足顧客需求，以實現組織的目標。

在一般人的心目中，營銷管理者的工作就是刺激顧客對企業產品的需求，以便盡量擴大生產和銷售。事實上，營銷管理者的工作不僅僅是刺激和擴大需求，同時還包括調整、縮減和抵制需求，這要依照需求的具體情況而定。簡言之，營銷管理的任務，就是調整市場的需求水平、需求時間和需求特點，使供求之間相互協調，以實現互利的交換，達到組織的目標。因此，營銷管理實質上是需求管理。

(二) 營銷管理的類型

不同的需求狀況有不同的營銷任務，根據需求狀況和營銷任務的不同，可分為以下 8 種不同的營銷管理：

1. 扭轉性營銷

扭轉性營銷是針對負需求實行的。如果全部或絕大部分潛在購買者對某種產品或服務不僅沒有需求，而且感到厭惡，甚至願意付錢回避它，那麼這個產品市場便處於一種負需求的狀態。例如，許多人對預防注射有負需求；有些旅客對坐飛機旅行有畏懼心理，也是負需求。針對這類情況，營銷管理的任務是分析市場為什麼不喜歡這種產品，以及能否通過重新設計產品、降低產品價格和更積極的推銷手段來改變或扭轉人們的抵制態度，使負需求變為正需求，即營銷者必須首先瞭解這種負需求產生的原因，然後對症下藥，採取適當措施來扭轉市場的信念和態度。

2. 刺激性營銷

刺激性營銷是在無需求的情況下實行的。無需求是指市場對某種產品或服務既無負需求也無正需求，還沒有產生慾望和興趣。通常是因消費者對新產品或新服務項目不瞭解而沒有需求；或者是非生活必需的裝飾品、賞玩品等，消費者在見到之前不會產生需求。因此，營銷管理的任務是設法引起消費者的興趣，刺激需求，使無需求變為正需求，即實行刺激性營銷。

3. 開發性營銷

開發性營銷是與潛在需求相聯繫的。潛在需求是指多數消費者對現實市場上還不存在的某種產品或服務的強烈需求，如吸菸者渴望有一種味道好而對身體無害的香菸；人們渴望購買更節能、環保型的汽車等。因此，開發性營銷管理的任務是努力開發新產品，設法提供能滿足潛在需求的產品或服務，使潛在需求變成現實需求，以獲得更大的市場份額。

4. 恢復性營銷

每個組織或遲或早都會面臨市場對一個或幾個產品需求下降的情況，因為人們對一切產品和服務需求的興趣，都會有衰退的時候。在這種情況下，恢復性營銷管理的

任務是設法使已衰退的需求重新興起，使人們已經冷淡下去的興趣得以恢復。營銷者必須分析需求下降的原因，並決定能否通過開闢新的目標市場，改變產品特色，或者採取更有效的市場溝通手段來重新刺激需求。但實行恢復性營銷的前提是：處於衰退期的產品或服務有出現新的生命週期的可能性，否則將勞而無功。

5. 同步性營銷

許多產品和服務的需求是波動且不規則的，即在不同時間季節需求量會有所不同，這種情況會導致生產能力不足或過剩，因而產生供給量與需求量不協調，如運輸業、旅遊業等都有這種情況。對此，同步性營銷管理的任務是設法調節需求與供給的矛盾，使二者達到協調同步。例如，游樂場所的節假日人流量特別大，而平時營業清淡，可通過靈活的定價、廣告和安排活動等辦法，改變需求的時間模式，使供求趨於協調。如人多的時間，可適當提高價格；人少的時間，可適當降低價格，並多安排一些吸引遊人的活動，多做些廣告宣傳等。

6. 維持性營銷

在需求飽和的情況下，應實行維持性營銷。需求飽和是指當前的需求在數量和時間上同預期需求已達到一致。但是，需求的飽和狀態不會靜止不變，常常由於兩種因素的影響而變化：一是消費者偏好和興趣的改變；二是同業者之間的競爭。因此，維持性營銷管理的任務是設法維護現有的銷售水平，防止出現下降趨勢。維持性營銷的主要策略是保持合理售價，穩定推銷人員和代理商，嚴格控制成本，保證產品質量等。

7. 限制性營銷

當某種產品或服務需求過量時，應實行限制性營銷。過量需求是指需求量超過了賣方所能供給或所願供給的水平，即「供不應求」。這可能是由於暫時性的缺貨，也可能是產品或服務長期過分受歡迎所致。例如，對旺季風景區過多的遊人，對市場過多的能源消耗等，都應實行限制性營銷。限制性營銷就是長期或暫時地限制市場對某種產品或服務的需求，通常可採取提高價格、減少服務項目和供應網點、限量銷售、勸導節約等措施。實行這些措施難免要遭到反對，營銷者要有思想準備，做好解釋工作。

8. 抵制性營銷

抵制性營銷是針對有害需求實行的。有些產品或服務對消費者、社會環境或供應者有害而無益，對這種產品或服務的需求，就是有害需求。抵制性營銷管理的任務是抵制和消除這種需求，實行抵制性營銷可以由政府禁售。抵制性營銷與限制性營銷不同，限制性營銷是限制過多的需求，而不是否定產品或服務本身；抵制性營銷則是強調產品或服務本身的有害性，從而抵制這種產品或服務的生產和經營。例如，對毒品、迷信用品、非法印刷品、盜版音像製品等，就必須堅決抵制。

(三) 企業營銷管理過程

企業營銷管理的目的在於使企業的營銷活動與複雜多變的市場營銷環境相適應，這是企業經營成敗的關鍵。所謂營銷管理過程，就是識別、分析、選擇和發掘市場營銷機會，以實現企業的戰略任務和目標的管理過程，即企業與最佳的市場機會相適應的過程。市場營銷管理過程包括分析市場機會、選擇目標市場、設計營銷組合、管理

營銷力量四個步驟，如圖 10-1 所示：

```
分析市場機會 → 選擇目標市場 → 設計營銷組合 → 管理營銷力量
```

圖 10-1　營銷管理過程的步驟

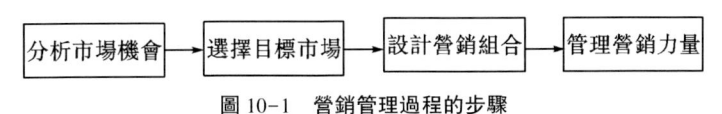

1. 分析市場機會

分析市場機會是企業營銷管理過程的起點。所謂市場機會，就是未滿足的顧客需要。哪裡有未滿足的顧客需要，哪裡就有市場的機會。在賣方市場上未滿足的顧客需要即市場機會很多，但市場由賣方市場轉變為買方市場後，賣方競爭激烈，有利於本企業的市場機會就很難找到。所以，為找到市場機會，企業的營銷人員必須進行專門的調查研究，千方百計地尋找、發掘和識別，然後還要加以分析、評估，看是否對本企業適用，是否有利可圖。因此，營銷人員不但要善於發現和識別市場機會，而且還要善於分析和評估哪些只是環境機會，哪些才是適合於本企業的營銷機會。市場上一切未滿足的需要都是環境機會，但不是任何環境機會都能成為某一企業的營銷機會。例如，市場上需要快餐，這是一個環境機會，但它不一定能成為鋼鐵公司的營銷機會。

2. 選擇目標市場

經過分析和評估，選定符合企業目標和資源的營銷機會以後，還要對這一產業的市場容量和市場結構做進一步的分析，以便縮小選擇範圍，選出本企業準備為之服務的目標市場。這包括 4 個步驟：預測市場需求、進行市場細分、在市場細分的基礎上選擇目標市場和實行市場定位。

3. 設計營銷組合

所謂營銷組合，是指企業的綜合營銷方案，即企業根據目標市場的需要和自己的市場定位，對自己可控制的各種營銷因素，包括產品、價格、渠道和促銷等的優化組合和綜合運用，使之協調配合，揚長避短，以取得更好的社會效益和經濟效益。

營銷組合是企業可控因素多層次的、動態的、整體性的組合，具有可控性、複合性、動態性和整體性的特點。它必須隨著不可控的環境因素的變化和自身因素的變化，協調地組合與搭配。企業營銷管理者正確安排營銷組合對企業營銷的成敗具有重要作用，具體表現在：首先，可以揚長避短，充分發揮企業的競爭優勢，實現企業戰略決策的要求；其次，可以增強企業的競爭能力和應變能力，使企業立於不敗之地；最後，可以加強企業內部凝聚力，實現整體營銷，靈活有效地適應企業環境的變化。因此，營銷組合是體現現代營銷理念的一種重要手段。

4. 管理營銷力量

在市場營銷管理過程中，管理者不僅要考慮顧客的需要，還要考慮企業在市場競爭中的地位。企業的營銷戰略和策略必須從自己的競爭實力出發，並根據自己同競爭者實力對比的變化，隨時加以調整，使之與自己的競爭地位相匹配。這種根據自己在市場上的競爭地位所制定的營銷策略，稱為「競爭性營銷策略」。

三、市場細分與目標市場

為企業的一個業務單位或產品制定目標營銷戰略，在市場研究和預測的基礎上進

行市場細分、選擇目標市場等幾個步驟，是企業營銷戰略的核心，也是決定營銷成敗的關鍵。

（一）市場細分

所謂市場細分，就是根據顧客的購買習慣和購買行為的差異，將具有不同消費需求的顧客群體劃分成若干個子市場，它是目標營銷戰略的前提。

市場可以按不同標準進行細分。市場是由購買者組成的，而每個購買者都有各自的特點，如收入水平、居住地區、購買習慣等方面都有所不同，這些變量都可以用來對市場進行細分。

1. 消費者市場細分

市場細分的前提是需求的異質性，而這些使消費者產生不同需求的因素有很多，概括起來有四大類：地理區域、人口統計、消費心理和消費行為。

（1）地理區域因素。它包括國別、方位、省市、城鄉、氣候條件、地形環境等一系列具體變量。按照地理區域細分市場是市場細分的一種傳統方法。由於地理環境、氣候條件、社會風俗、文化傳統等方面的影響，同一地區市場上的消費者需求具有一定的相似性，不同地區市場的消費者需求具有明顯的差異。這一點在飲食、服裝等產品和服務上表現得尤為突出。

（2）人口統計因素。人口統計因素一直是細分消費者市場的重要指標，主要包括年齡、性別、職業、教育、宗教、家庭等多個方面。一是由於人口統計變量比較穩定，獲得這類資料也比較容易；二是由於人口統計因素與消費者的慾望、偏好和使用頻率等有十分顯著的因果關係。例如化妝品、服飾就與消費者的性別、年齡、收入等因素密切相關；而報刊、電視節目等又在很大程度上受人們的受教育程度和職業的影響。

（3）消費心理因素。消費者的生活方式、購買動機、個性等心理因素對其消費需求也有重要的影響，因此也常被用作市場細分的標準。

（4）消費行為因素。用於市場細分的消費者行為因素包括購買時機、尋求利益、使用頻率和品牌忠誠程度等行為變量。

上述幾種影響市場細分的因素以及每種因素下的各個變量，是市場細分過程中必須充分加以考慮的。值得一提的是，並不是根據某一種變量就能有效地細分市場，尤其是在市場競爭愈加激烈的今天，企業在細分市場時更傾向於同時考慮多個變量的影響。

2. 工業品的市場細分

上述消費品市場細分的標準有很多都可以用於工業品市場的細分。但是，由於工業品市場的特殊性，其細分標準多為與客戶有關的變量，如客戶的地理位置、用戶規模、產品用途等。同樣地，在對工業品市場進行細分時，大多數情況下，也不是只依據單一的變量，而是把一系列變量結合起來進行細分。

（二）目標市場

目標市場是企業準備進入和服務的市場，企業進行市場細分的目的就是選擇適合自己的目標市場。經過市場細分，企業就會發現有一個或幾個子市場是值得進入的。

此時，企業要做出以下戰略決策：一是覆蓋多少子市場；二是如何覆蓋這些子市場，這就是市場覆蓋戰略。一般說來，有三種可供選擇的市場覆蓋戰略：無差異營銷戰略、差異營銷戰略和集中營銷戰略。

1. 無差異營銷戰略

無差異營銷戰略是一種針對市場共性的、求同存異的營銷戰略。它把整個市場看作一個大的目標市場，認為市場上所有顧客對於本企業產品的需求不存在差異，或即便有差異，差異也較小，可以忽略不計。因此，企業只向市場推出單一的標準化產品，並以統一的營銷方式銷售。而且，這些產品和營銷方案，都是針對大多數顧客的。例如，美國的可口可樂公司就曾經是奉行這種營銷策略的典型代表。無差異營銷的出發點是獲取規模經濟效益，由於大量銷售，品種少、批量大，可節省費用，降低成本，提高利潤率。

但是，這種成本優勢的取得是以犧牲顧客差別需求為代價的，而顧客對絕大多數產品的需求是不會完全相同的。因此，無差異營銷的缺點明顯地表現為：如果許多企業同時在一個市場上實行無差異營銷，競爭必然激化，獲利的機會反而不多。尤其是實力不強、資源有限的小企業，盲目追求規模效益，很難成功。此時，如果有的企業針對某些子市場的特點，推出更能滿足消費者特殊需求的產品，就會大大衝擊無差異營銷企業的成本優勢。

2. 差異營銷戰略

差異營銷戰略是指企業在對整體市場細分的基礎上，針對每個子市場的需求特點，設計和生產不同的產品，制定並實施不同的市場營銷組合策略，試圖以差異性的產品滿足差異性的市場需求。因此，差異營銷戰略比較適用於需求異質性突出的產品或服務，如化妝品、洗滌品、服裝等。寶潔、聯合利華、上海家化等公司都採取了差異營銷策略。

採用差異營銷策略，可以使企業面對多個子市場，提高適應能力和應變能力，從而大大減少經營風險。另外，採用這種策略能較好地滿足各類消費者不同的需求，有利於對市場的發掘，擴大銷售量。寶潔公司在同類產品下還為不同的利益追求者設計了不同的品牌，以期有效地覆蓋大部分市場。

這種策略的不足之處在於：企業需要針對不同的需求特點，設計差異化的產品和營銷方案，這些方案的準備和實施都需要額外的營銷調研、市場預測、銷售分析、分銷渠道管理、產品設計和促銷安排等。這使得企業各方面的成本費用大幅度增加，還可能引起企業注意力分散，顧此失彼。因此，是否採用差異營銷戰略，要視企業實力和市場規模而定。

3. 集中營銷戰略

在差異營銷和無差異營銷戰略中，企業都是以整個市場為營銷活動的範圍，但集中營銷卻不同。為了避免分散企業的資源，企業只將實力集中於一個或少數幾個子市場上，以期獲取優勢。採用集中營銷的主要優點是：由於在較小的市場上實行生產和營銷的專業化，企業既可以迅速把握市場動態，揚長避短，在競爭中處於有利地位，又大大節省了經營費用，增加盈利。另外，在必要的時候，企業還可以伺機出動，進

入更多的子市場。

　　但是，實行這種策略，企業面臨的風險也比較大。由於目標市場比較單一和窄小，一旦市場情況發生某種突變，如消費者偏好轉移、購買力下降或出現強大的競爭者，企業就有可能一下子陷入困境。因此，實行集中營銷時，要隨時準備應變措施。

　　上述三種市場覆蓋策略各有利弊，各自適用於不同的情況。決策者要考慮企業的資源、產品的同質性、市場的同質性以及競爭者的策略等因素，選擇恰當的目標營銷戰略。

四、市場定位

　　市場定位是指企業及產品確定在目標市場上所處的位置。市場定位是由美國營銷學家艾·里斯和杰克特勞特在1972年提出的，其含義是指企業根據競爭者現有產品在市場上所處的位置，針對顧客對該類產品某些特徵或屬性的重視程度，為本企業產品塑造與眾不同的、給人印象鮮明的形象，並將這種形象生動地傳遞給顧客，從而使該產品在顧客心目中占據一個獨特的位置。

　　1. 市場定位的步驟

　　市場定位的關鍵是企業要設法在自己的產品上找出比競爭者更具有競爭優勢的特性。競爭優勢一般有兩種基本類型：一是價格競爭優勢，就是在同樣的條件下比競爭者定出更低的價格。這就要求企業採取一切努力來降低單位成本。二是偏好競爭優勢，即能提供確定的特色來滿足顧客的特定偏好。這就要求企業採取一切努力在產品特色上下功夫。

　　企業市場定位的全過程可以通過以下三大步驟來完成：

　　（1）識別潛在競爭優勢。這一步驟的中心任務是要回答以下三個問題：一是競爭對手產品定位如何？二是目標市場上顧客慾望滿足程度如何以及確實還需要什麼？三是針對競爭者的市場定位和潛在顧客的真正需要的利益要求企業應該及能夠做什麼？要回答這三個問題，企業市場營銷人員必須通過一切調研手段，系統地設計、搜索、分析並報告有關上述問題的資料和研究結果。通過回答上述三個問題，企業就可以從中把握和確定自己的潛在競爭優勢在哪裡。

　　（2）核心競爭優勢定位。競爭優勢表明企業能夠勝過競爭對手的能力。這種能力既可以是現有的，也可以是潛在的。選擇競爭優勢實際上就是一個企業與競爭者各方面實力相比較的過程。比較的指標應是一個完整的體系，只有這樣，才能準確地選擇相對競爭優勢。通常的方法是分析、比較企業與競爭者在經營管理、技術開發、採購、生產、市場營銷、財務和產品等七個方面究竟哪些是強項，哪些是弱項。借此選出最適合本企業的優勢項目，以初步確定企業在目標市場上所處的位置。

　　（3）戰略制定。這一步驟的主要任務是企業通過一系列的宣傳促銷活動，將其獨特的競爭優勢準確傳播給潛在顧客，並在顧客心目中留下深刻印象。首先，應使目標顧客瞭解、知道、熟悉、認同、喜歡和偏愛本企業的市場定位，在顧客心目中建立與該定位相一致的形象。其次，企業通過各種努力強化目標顧客形象，保持與目標顧客的聯繫，穩定目標顧客的態度和加深目標顧客的感情來鞏固與市場相一致的形象。最

後，企業應注意目標顧客對其市場定位理解出現的偏差或由企業市場定位宣傳上的失誤而造成的目標顧客模糊、混亂和誤會，及時糾正與市場定位不一致的形象。企業的產品在市場上定位即使很恰當，但在下列情況下，也應考慮重新定位：①競爭者推出的新產品定位於本企業產品附近，侵占了本企業產品的部分市場，使本企業產品的市場佔有率下降。②消費者的需求或偏好發生了變化，使本企業產品銷售量驟減。重新定位是指企業為已在某市場銷售的產品重新確定某種形象，以改變消費者原有的認識，爭取有利的市場地位的活動。

2. 市場定位的原則

各個企業經營的產品不同，面對的顧客也不同，所處的競爭環境也不同，因而市場定位所依據的原則也不同。總的來講，市場定位所依據的原則有以下四點：

（1）根據具體的產品特點定位。構成產品內在特色的許多因素都可以作為市場定位依據的原則。比如所含成分、材料、質量、價格等。「七喜」汽水的定位是「非可樂」，強調它是不含咖啡因的飲料，與可樂類飲料不同。「泰寧諾」止痛藥的定位是「非阿司匹林的止痛藥」，顯示藥物成分與以往的止痛藥有本質的差異。一件仿皮皮衣與一件真正的水貂皮衣的市場定位自然不會一樣，同樣，不銹鋼餐具若與純銀餐具定位相同，也是難以令人置信的。

（2）根據特定的使用場合及用途定位。為老產品找到一種新用途，是為該產品創造新的市場定位的好方法。小蘇打曾一度被廣泛地用作家庭的刷牙劑、除臭劑和烘焙配料，已有不少的新產品代替了小蘇打的上述一些功能。我們曾經介紹了小蘇打可以定位為冰箱除臭劑，另外還有家公司把它當作了調味汁和鹵肉的配料，更有一家公司發現它可以作為冬季流行性感冒患者的飲料。中國曾有一家生產「曲奇餅干」的廠家最初將其產品定位為家庭休閒食品，後來又發現不少顧客購買是為了饋贈，又將之定位為禮品。

（3）根據顧客得到的利益定位。產品提供給顧客的利益是顧客最能切實體驗到的，也可以用作定位的依據。1975年，美國米勒（Miller）推出了一種低熱量的「Lite」牌啤酒，將其定位為喝了不會發胖的啤酒，迎合了那些經常飲用啤酒而又擔心發胖的人的需要。

（4）根據使用者類型定位。企業常常試圖將其產品指向某一類特定的使用者，以便根據這些顧客的看法塑造恰當的形象。美國米勒啤酒公司曾將其原來唯一的品牌「高生」啤酒定位於「啤酒中的香檳」，吸引了許多不常飲用啤酒的高收入婦女。後來發現，占30%的狂飲者大約消費了啤酒銷量的80%，於是，該公司在廣告中展示石油工人鑽井成功後狂歡的鏡頭，還有年輕人在沙灘上衝刺後開懷暢飲的鏡頭，塑造了一個「精力充沛的形象」。在廣告中提出「有空就喝米勒」，從而成功占領啤酒狂飲者市場達10年之久。事實上，許多企業進行市場定位依據的原則往往不止一個，而是多個原則同時使用。因為要體現企業及其產品的形象，市場定位必須是多維度的、多側面的。

第二節　市場調查與預測

市場是企業經營決策的直接環境。企業戰略決策的出發點，就是使企業的經營結構、經營活動和經營目標，在可以接受的風險限度內與市場環境提供的各種機會相協調。市場調查，是把握市場機會、探測市場風險的基本手段。

一、市場調查的類型和程序

市場調查是以市場為對象的調查研究活動。具體地說，它是應用各種科學方法，搜集、整理、分析市場信息資料，對市場的狀況進行反應和描述，以求認識市場發展變化的規律，為企業開展市場預測和經營決策提供依據的活動。

1. 市場調查的意義

市場是不斷變化的，如果不能根據市場的變化採取相應的對策，企業就很難在激烈的競爭中生存和發展。市場調查對企業經營管理來說，具有重要的意義。

（1）通過市場調查，瞭解市場發展的方向，企業便可以改善經營管理，不斷提高經營管理水平和競爭能力，提高總體經濟效益。

（2）通過市場調查，瞭解企業外部環境的變化，企業便可與外部環境保持緊密的聯繫，適時地調整發展戰略，使自己在市場競爭中立於不敗之地。

（3）通過市場調查，企業可以瞭解市場的供求情況，瞭解和掌握消費者的需求變化情況，企業便可根據市場的供求狀況和消費者的需求變化組織生產和銷售，順利實現商品價值。

（4）通過市場調查，瞭解市場缺口，有利於開發新的市場，使企業的產品成功地進入市場。

2. 市場調查的類型

市場調查可以按照調查目的、調查方法和調查方式等不同的標準進行分類。

（1）市場調查按其調查目的可劃分為探測性調查、描述性調查、因果性調查和預測性調查。

① 探測性調查是指在市場狀況不明了的情況下，為了發現問題，找出問題的癥結，明確進一步深入調查的具體內容而進行的調查。該種調查主要採用二手資料調查和專家訪談等調查方法，對市場的有關問題做初步的研究。

② 描述性調查是指為了查明事實真相，能夠描述清楚客觀現象而開展的市場調查。通常採用面談訪問法、觀察法、郵遞訪問調查和實驗法等，目的是查明問題的來龍去脈和相關因素，為進一步的市場研究提供信息。

③ 因果性調查又稱相關性調查，是指為了探索有關現象或市場變量之間的因果關係而進行的市場調查。通常採用描述性調查獲得數據，進行因果關係分析。

④ 預測性調查是指為了預測市場供求變化趨勢或企業經營前景而進行的具有推斷性的調查。預測性調查可以充分利用描述性調查和因果性調查的資料，並在調查內容

中加入市場未來發展變化的變量，收集和分析新情況、新動態等信息。

（2）市場調查按其調查方法可分為文案調查法和實地調查法兩種。

文案調查法是指通過文獻查詢而進行的調查。實地調查法可以具體分為觀察法、詢問法和實驗法等。詢問法可以進一步劃分為電話詢問、面對面訪談、問卷設置和網絡調查等。

（3）市場調查按調查方式的不同可劃分為市場普查、重點調查、典型調查和抽樣調查等。

① 市場普查是對市場總體，即所要認識的研究對象全體進行逐一的、普遍的、全面的調查。這是全面收集市場信息的過程，可以獲得較為完整、系統的信息資料，是企業科學管理的基礎。

② 重點調查是在調查對象中選定一部分重點對象進行的調查。所謂重點對象，是指在總體中處於十分重要的地位，或者在某項標誌總量中占極大比重的對象。採用這種方式，可以節省調查的成本，能夠較快地分析並得出結論。

③ 典型調查是在調查對象中有意識地選擇一些具有典型意義或有代表性的對象進行專門調查的方式。這種調查一般可用於調查新生事物，調查中對個別的新生事物進行深入細緻的剖析，來總結經驗，掌握典型事例，指導全面工作。這種調查也可用於通過對典型對象的分析，推斷出總體指標的調查。

④ 抽樣調查是指從市場總體中抽取一部分樣本進行調查，然後根據樣本信息，推算市場總體情況的方式。在市場調查的實踐中，抽樣調查的方式是比較普遍的。

上述市場調查的各種種類在實際調查中往往相互結合、相輔相成，共同完成市場調查工作，為科學的經營決策提供依據。

3. 市場調查的程序

市場調查的程序如圖 10-2 所示：

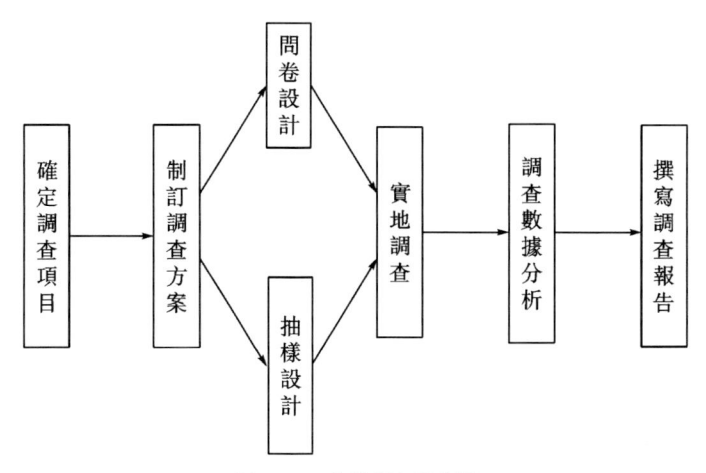

圖 10-2　市場調查程序圖

（1）確定調查項目。調查項目是調查所要解決的具體問題。確定調查項目，就是要明確問題的範圍和內容。對企業的管理者來說，必須明確通過市場調查需要解決的

問題，並把問題準確地傳達給市場調查的承擔者。確定調查項目必須符合以下要求：調查切實可行，即能夠運用具體的調查方法進行調查；可以在短期內完成調查，調查時間過長，調查的結果會失去意義；能夠獲得客觀的資料，並能依據這些調查資料解決提出的問題。

（2）制訂調查方案。調查方案的內容很多，主要有：調查目的、調查對象、調查內容、調查方法、調查時間和調查費用等。此外，還要設計各種調查表格，如實驗記錄表、現場觀察記錄表等。

（3）問卷設計。問卷設計是調查工作中一個十分重要的環節，問卷設計的好壞，直接影響到調查的質量，關係到調查的成效。

（4）抽樣設計。抽樣設計是抽取樣本的具體過程，抽樣設計內容包括調查總體的確定、建立或選擇抽樣框、確定樣本容量、確定抽樣方法和選取樣本等。

（5）實地調查。制訂出切實可行的調查方案之後，接下來就要著手進行實地調查。

（6）調查數據分析。在調查工作結束後，需要對調查取得的資料進行處理和分析。內容包括調查數據的整理，運用適當的軟件進行數據處理和必要的統計分析。

（7）撰寫調查報告。報告的主要內容為：調查目的、調查對象、調查方法的說明、調查結果的描述、調查分析的結果與建議，並附上必要的調查統計表。此外，還要對調查報告的實效進行跟蹤瞭解，以便不斷總結調查經驗，提高調查水平。

二、市場調查的方法

市場調查根據不同的標準可以劃分為不同的類型，下面重點介紹根據調查方法劃分的市場調查類型。根據調查對象的資料類型不同，市場調查分為文案調查法和實地調查法。

1. 文案調查法

文案調查又稱二手資料調查或文獻調研，它是查詢、閱讀與研究項目有關資料的過程。

文案調查法的優點：它所獲得的信息比較多，獲取也較方便、容易，無論是從企業內部還是企業外部，收集過程所花時間都短而且費用低。

文案調查法的局限性：資料在原來收集時的收集方法、時間等與目前的研究項目要求有區別，如何加以區別和利用這些已有資料，判斷其有效性是文案調查的關鍵；多數文獻資料是支離破碎的，並不常常能滿足企業個別研究的需要，結論的可信度往往令人懷疑；某些二手資料在印刷、翻印、轉載、翻譯過程中，有時會出現錯誤。

2. 實地調查法

（1）觀察法

觀察法是通過跟蹤、記錄被調查事物和人物的行為痕跡來取得第一手資料的調查方法。

觀察法的優點表現在：觀察法使被調查者未覺察到自己的行動被觀察，因此能保持正常的活動規律，使調查資料真實可靠；只記錄實際發生的事項，不受歷史或將來意願的影響；觀察者由於到現場觀察，不僅可以瞭解事件發生和發展的全過程，而且

可以身臨其境，取得其他方法無法得到的體察和感悟。

觀察法的不足：觀察行為或間斷地發生或持續時間長，成本相對較高；當人們覺察被觀察時，可能會改變他們的行為或出現不正常的表現，從而導致觀察結果的失真；有些事情不易觀察到，特別是人的思想以及個人隱私等，無法用觀察法來收集信息；觀察的結果受觀察者的主觀影響，尤其容易被表面現象迷惑，依主觀理解得出結論，使結論失真；只能觀察行為結果，無法瞭解其原因和動機。觀察法經常用來調查商品資源和庫存、顧客流量情況、營業狀況等。

(2) 詢問法

詢問法，又稱訪問法，指通過詢問方式，向被調查者瞭解並收集市場情況和信息資料。具體有個人訪談（或面談調查）、電話調查、郵寄調查（通信調查）、問卷設置調查、座談會和電腦輔助調查等方法。其優點是較容易實施，被廣泛採用；缺點是有可能被誤導。

(3) 實驗調查法

實驗調查法指在調研過程中，調研人員通過改變某些變量的值，在保持其他變量不變的情況下，來衡量這些變量的影響效果，從而取得市場信息第一手資料的調查方法。實驗調查法又可以分為實驗室實驗與市場試驗兩種形式。

實驗室實驗是調查人員人為地模擬一個場景，通過向被實驗者提問的方法進行。市場試驗是將企業的產品投放某一特定市場進行試探性的銷售。在市場調查中，實驗法通常在商品質量、包裝、設計、價格、廣告宣傳、商品陳列等被改變時使用。

實驗調查法的優點是結果具有一定的客觀性和實用性；具有一定的可控性和主動性，根據調查項目的需要，可以進行適當的設計，並進行反覆研究。實驗調查法的缺點是有些非實驗因素不可控制，會影響實驗效果；實驗中的市場和真實的市場條件並不完全一致，導致結果有誤差；另外實驗調查法比其他方法費用高，運用難度大。

三、市場預測方法

市場預測是通過對歷史資料和市場信息的分析，找出市場發展的內在規律，預見或推斷市場未來發展趨勢的方法。市場預測包括商品需求量、產銷量、商品價格、市場佔有率等預測。

(一) 定性預測方法

定性預測是靠人們的知識、經驗和綜合分析能力，對未來發展狀況做出推斷和描述的預測方法，又稱經驗判斷法。

1. 德爾菲法

德爾菲法又稱專家意見法，是美國蘭德公司20世紀40年代開始使用的一種函詢預測方法。

(1) 德爾菲法的基本過程：①主持預測的機構選定預測題目和參加預測的專家，專家一般在10人以上；②將預測題目和必要的背景材料發放給專家，分別向他們徵求意見；③預測機構把專家的個人意見加以匯總、歸納、整理，計算出平均數和離差，

並把綜合的材料反饋給專家，讓他們再次做出判斷；④如此反覆幾次，意見趨於一致，預測機構就可以把全部資料綜合整理成最後的意見，這就是我們所要的預測結果。

（2）德爾菲法的特點：①匿名性。參加預測的專家互相不交流，以匿名方式進行。如此操作，他們既不受他人名氣、人數和心理等因素的影響，又可以隨時更改自己的意見，沒有心理負擔。②反饋性。它與民意測驗不同，進行一次就公布結果，德爾菲法要不斷地將多種不同的意見反饋給專家，讓他們參考各種有價值的意見，得出較為理智的預測結果。③統計性。德爾菲法經過一系列的分析和處理，最後得到一個定量的預測結果。

德爾菲法的主要優點是簡明直觀，並且避免專家會議的許多弊病，在資料不全或不多的情況下均可使用。缺點是操作起來費時、費力、費用較大。

2. 主觀概率法

主觀概率法是先由預測專家對預測事件發生的概率做出主觀的估計，然後計算它們的平均值，以此作為對事件預測的結論。

例如，某汽車生產廠家想預測2016年的銷量增加情況，已知2015年上半年汽車銷量增長6%～13%，請五位專家對2016年的銷量增長情況進行預測，其結果如表10-1所示：

表10-1　　　　　　　　　　　專家預測概率

預計銷量增長情況（％）	預測概率					
	專家1	專家2	專家3	專家4	專家5	總計
5	0.2	0.1	0.3	0.2	0.4	1.2
10	0.6	0.5	0.4	0.5	0.4	2.4
15	0.2	0.4	0.3	0.3	0.2	1.4
總計	1	1	1	1	1	5

則：2016年銷量增長率＝（1.2×5%+2.4×10%+1.4×15%）/5＝10.2%

預計2016年銷量增長率為10.2%。

3. 用戶意見法

用戶意見法是指通過對用戶進行調查徵求其意見來預測市場銷售量的方法。例如，出版社在出版一本新書之前，先發出新書徵訂通知單，根據反饋信息做出需要量的預測。如果產品屬於工業生產資料，因為用戶較少，可以普遍進行詢問或問卷調查，預測銷量。如果產品屬於生活消費品，用戶多而且分散，則可採用抽樣調查法進行預測。這種方法因為費用較低，有針對性，結果也較切合實際，所以在報刊行業和大型機器設備行業被廣泛採用。但是如果用戶不配合，不予以重視，預測就很難進行。所以，這種方法局限在一部分行業中，並非所有行業都適宜。

（二）定量預測方法

定量預測方法是在佔有若干統計資料，並假定這些資料數據所描述的趨勢對未來

適用的基礎上，運用數學模型預測未來的一種方法。

1. 時間序列預測法

時間序列是以時間序列所反應的經濟現象的發展過程和規律性外推預測，是指把歷史統計資料按年或按月排列成一個統計數列，根據其發展趨勢，向前延伸進行預測的方法。與其他方法相比，時間序列預測法具有省時、節省費用、操作簡便和易於掌握等優點。

（1）平均法。平均法是求出一定觀察期內預測目標時間序列的算術平均數作為下期預測值的一種方法。有簡單平均和加權平均兩種方法，公式如下：

簡單平均法：

$$\bar{x} = \frac{\sum x_i}{n}$$

加權平均法：

$$\bar{x} = \frac{\sum x_i f_i}{\sum f_i}$$

（2）移動平均法。採用簡單平均法預測時，其平均期數隨預測期的增加而增大，但事實上，當我們加進一個新數據時，遠離現在的第一個數據的作用已經不大，不必再考慮。移動平均法就是這樣一種改進了的預測方法。它的數據個數不變，而觀察期卻「連續移動」，隨著預測期向前移，每組數據的觀察期也向前移動。同時去掉最前面的那個數據，新增一個新數據。然後根據各組數據求得算術平均數作為預測值。

常用的移動平均法有一次移動平均法和二次移動平均法。二次移動平均是在一次移動平均的基礎上再進行一次移動平均。這裡我們只介紹一次移動平均法，它又分為簡單移動平均法和加權移動平均法兩種，公式分別如下：

簡單移動平均法：

$$F_{t+1} = \frac{x_t + x_{t-1} + x_{t-2} + \cdots + x_{t-n+1}}{n}$$

加權移動平均法：

$$F_{t+1} = \frac{x_t f_1 + x_{t-1} f_2 + x_{t-2} f_3 + \cdots + x_{t-n+1} f_m}{f_1 + f_2 + \cdots + f_m}$$

（3）指數平滑法。指數平滑法是取預測對象全部歷史數據的加權平均值作為預測值的一種預測方法。這裡「加權平均」的意思是：近期歷史數據賦予較大的權數，遠期歷史數據賦予較小的權數，而且，權數由近及遠按指數規律遞減。指數平滑法有一次指數平滑法和多項式指數平滑法，這裡只簡略介紹一次指數平滑法。一次平滑模型如下：

$$\overline{A_t} = \overline{A_{t-1}} + \alpha(A_{t-1} - \overline{A_{t-1}}) = \alpha A_{t-1} + (1-\alpha)\overline{A_{t-1}}$$

式中：

$\overline{A_t}$ ——t 期的預測值；

A_{t-1}——$t-1$ 期實際值；

$\overline{A_{t-1}}$——$t-1$ 期的預測值；

α——平滑系數。

指數平滑法預測結果能否符合實際的關鍵是平滑系數 α 的確定。α 體現著時間序列中各期實際水平在預測中所占的比重。平滑系數 α 為 0~1，越趨近於 0，就說明各年之間數量變化不大，如果看起來各期數值呈水平趨勢，α 可取 0~0.5；相反，如果各期數值變化較大，α 值可取 0.5~1，α 越大，說明最近一期實際水平對預測結果的影響越大，模型的靈敏度越高。α 的數值由預測者自己選定，如何選定，目前還沒有很好的方法。

2. 迴歸分析法

迴歸分析預測法，是一種數量統計方法。它通過分析事物發展變化的原因，確定影響目標變化的主要因素，再利用數學模型描述預測目標和影響因素之間的相互聯繫，並借此進行預測。根據影響因素的多少，可分為一元迴歸和多元迴歸；根據預測目標和影響因素之間相互關係的特徵，又可分為線性迴歸和非線性迴歸。

如果影響預測目標變化趨勢的眾多因素中，只有一個因素是主要的，即起決定性作用，並且兩者之間呈線性關係，則可利用一元線性迴歸方程預測：

$$y = a + bx$$

式中：

y——預測值；

x——影響因素；

a，b——迴歸系數。

求得迴歸系數 a、b 是迴歸預測法的關鍵，利用最小二乘法可求得：

$$a = \frac{\sum y}{n} - b\frac{\sum x}{n}$$

$$b = \frac{n\sum xy - \sum x \sum y}{n\sum x^2 - (\sum x)^2}$$

第三節　營銷策略

營銷策略是企業營銷組合策略的綜合方案，是企業根據目標市場的需要和自己的市場定位，對自己可控制的各種營銷因素進行優化組合和綜合運用，使之協調配合，揚長避短，以取得更好的社會效益和經濟效益。產品決策直接影響和決定著其他市場營銷組合因素的管理，對企業市場營銷的成敗關係重大。在現代市場經濟條件下，每一個企業都應致力於產品質量的提高和組合結構的優化，並隨著產品生命週期的發展變化，靈活調整市場營銷方案，以更好地滿足市場需要，提高企業產品競爭力，取得更好的經濟效益。

一、產品策略

1. 產品整體概念

所謂產品，是指能夠滿足人們某種需要的物品和勞務，包括實物、服務、場所和信息等一切有形和無形的東西。所謂產品整體概念，是指產品是由三個基本層次組成的整體，即核心產品、形式產品（有形產品）和附加產品（延伸產品）。

核心產品，是產品整體概念的最基本層次，是滿足顧客需要的核心內容，即顧客所要購買的實質性的東西。核心產品為顧客提供最基本的效用和利益。消費者或用戶購買產品絕不是為了獲得某種產品的各種構成材料，而是為了滿足某種特定的需求。核心產品向人們說明了產品的實質。營銷者的任務就是要發現隱藏在產品背後的真正需要，把顧客需要的核心利益和服務提供給顧客。

形式產品，是整體產品的第二個層次，是滿足顧客需要的各種具體產品形式，較產品實質具有更廣泛的內容。產品的形式一般應具有 5 個方面的內容：質量水平、產品特色、產品款式、產品包裝以及品牌。事實上，形式產品是向人們展示核心產品的外部特徵，它能滿足同類消費者的不同需求。

附加產品，是整體產品的第三個層次，是指顧客在購買產品時所得到的附加服務和利益的總和。通常指提供售後服務、產品說明書、質量保證、免費送貨、安裝、維修和技術培訓等。現代市場營銷環境中，企業銷售的絕不只是特定的使用價值，而必須是反應產品整體概念的一個系統。在日益激烈的競爭環境中，附加產品給顧客帶來的附加利益，已成為競爭的重要手段。

2. 產品組合策略

產品組合又稱產品搭配，指企業提供給市場的全部產品線和產品項目的組合或搭配，即經營範圍和結構。產品線是互相關聯或相似的一組產品，可以依據產品功能上相似、消費上具有連帶性、供給相同的顧客群、有相同的分銷渠道或屬於同一價格範圍等來劃分。如化妝品、家用電器、兒童用品等都可以形成一條產品線，每條產品線內又包含若干個產品項目。產品項目是指產品線中各種不同品種、檔次、質量和價格的特定產品。所有產品線和產品項目按一定比例搭配，就形成了一定的產品組合。

產品組合策略，就是根據企業的總體戰略要求，對構成產品組合的寬度、長度和相關性等方面做出決策，以優化產品組合。產品組合的寬度，說明企業經營多少種產品類別，擁有多少條產品生產線等，多者為廣，少者為窄。產品組合的長度是指企業經營的各種產品線內的產品項目的多少，多者為長，少者為短。產品組合的相關性是指各種產品線在最終用途、生產條件、分銷渠道及其他方面相互關聯的程度。

分析產品組合的寬度、長度和相關性，有利於企業更好地制定產品組合策略，對於營銷決策有著重要的意義。在一般情況下，擴大產品組合的寬度，擴展企業的經營領域，實行差異性多元化經營，可以更好地發揮企業潛在的技術、資源優勢，提高經濟效益，並可以分散企業的經營風險；加強產品組合的長度，可以佔領同類產品的更多細分市場，滿足更廣泛的消費者的不同需求和愛好；而加強產品組合的相關性，則可以使企業在某一特定的市場領域內贏得良好的聲譽。為了優化產品組合，企業要經

常對現行產品組合進行分析、評價和調整。由於產品組合狀況直接關係到企業銷售額和利潤水平，企業必須經常對現行產品組合就未來銷售額、利潤水平的發展和影響做出系統的分析和評價，並對是否增加、加強或剔除某些產品線或產品項目進行決策。

3. 產品策略的制定

產品策略是企業營銷戰略的重要組成部分，因為企業正是通過銷售產品和服務，獲取利潤，才得以生存和發展的。企業在制定產品策略時，應考慮下列情況：

(1) 產品質量。質量是產品的生命，是獲得競爭力的源泉。企業的產品質量決策，就是要根據市場需求確定市場認可的質量水平，並在此基礎上建立產品質量標準，並通過各種溝通手段將這一質量信息準確、及時地傳遞給目標市場。

(2) 產品設計。產品設計涉及成本、技術水平和藝術審美等多方面的問題，直接制約著產品的特色和質量，已經成為國際市場上又一個產品競爭的焦點。產品設計應該在營銷調研的基礎上，從顧客的需要出發，將產品的質量功能實現、使用方便舒適、外觀和諧美觀、加工維修便利、製造成本適度等多方面因素綜合起來考慮。

(3) 品牌。品牌是產品的重要組成部分，好的品牌是企業不可缺少的無形資產。企業要制定的品牌策略包括：品牌化策略、品牌歸屬策略、家族品牌策略、品牌延伸/新品牌策略和多品牌策略等。

(4) 包裝策略。包裝是指產品的容器或包裝物，也是產品的組成部分。它能夠防止或減少產品在儲運、銷售過程中的損毀、遺失，起到保護產品，方便運輸、攜帶和儲存的作用。良好的包裝具有廣告和推銷的功能，獨特的包裝還是促進產品差異化的重要手段。包裝作為產品整體概念中的一部分，起著提高產品價值的作用。方便美觀的包裝會使顧客願意支付更高的價格購買產品，使企業增加利潤。另外，包裝對環保、能耗、人類健康和消費者權益等方面的影響也日益受到社會各方面的重視。

(5) 產品線策略。產品線策略的主要內容是產品線的長度決策。一般來說，在市場競爭激烈的形勢下，企業為了緩解生產能力過剩的壓力，或是為了更好地適應消費者和中間商的需要，往往會增加產品項目，以擴大銷售和增加利潤。但是，隨著產品線的加長，設計、製造、訂單處理、儲運和促銷的成本費用也隨之上升。於是，企業又不得不剔除那些得不償失的項目，使產品線趨於縮短。產品線的這種波動現象，往往會反覆出現。

(6) 服務策略。服務是整體產品的另一個重要組成部分。前面探討的是有形產品的問題，這裡主要探討延伸產品的附加服務問題。附加服務是指純服務性工作，如為顧客送貨、安裝、保養、維修以及提供產品信息、諮詢和消費信貸等。這種附加服務是為了對有形產品的營銷起輔助作用，與專門的服務企業服務有所不同。營銷者做這種服務決策時，需要從三個方面考慮：一要決定服務組合；二要決定服務水平；三要決定服務方式。

(7) 新產品開發策略。企業要想在競爭激烈的市場中獲得可持續發展的能力，必須不斷研究、開發新產品。新產品研發的過程通常是：營銷人員根據市場需求情況多方收集信息，幫助研發人員形成新產品的構思；在對這些構思進行分析、篩選的基礎上，產生新產品的概念和與之相應的營銷策略；然後對這一概念進行評估測試，對其

營銷策略進行商業分析。如果經過商業分析證明有開發價值，就可交付生產部門試製出樣品。若樣品經測試後得到滿意結果，還可以投入小批量生產，上市試銷。通過小規模試銷，可及時發現新產品設計和營銷方案中的不足之處，及時調整。試銷成功的新產品，一般就可以準備投產上市了。

二、價格策略

定價策略是營銷組合變量中非常重要的一部分，是競爭的重要手段。價格的合理與否直接影響產品或服務的銷售，關係到企業營銷目標的實現。因此，營銷管理者必須掌握、瞭解影響定價的各種因素、常用的定價方法、價格管理和調整的策略。

1. 影響企業定價的因素

企業在定價時，要充分考慮一系列內部因素和外部因素對企業價格決策的影響和制約。內部因素主要有企業的定價目標、產品成本、產品質量狀況和產品銷售狀況等。外部因素主要有市場供求狀況、競爭者的價格和其他社會因素等。

（1）企業的定價目標。企業定價目標即企業的價格目標，受企業整體營銷目標的制約，並且為企業的整體目標服務。通常企業的整體目標都是要獲取一定的收益，以維持和促進企業自身的生存和發展。與企業整體營銷目標直接有關的價格目標主要有：追求最大利潤、爭取最大限度的市場佔有率、獲取一定的投資收益率、保持穩定物價、應付和防止競爭和保持良好的分銷渠道等。不同的價格目標決定了不同的策略，乃至不同的定價方法與技巧。

（2）產品成本。產品的銷售價格必須能夠補償產品生產、分銷和促銷的所有支出，並補償企業為產品承擔風險所付出的代價，它是獲利的前提。產品成本是企業制定價格的最低界限，是影響產品定價決策的重要因素。產品成本較低時，價格變動的空間較大，如果產品成本高於競爭者的成本，該產品在市場上就會處於十分不利的地位。

（3）產品質量。產品質量是影響產品定價的重要內在因素。質量與價格的關係大體上有三種類型：按質論價、物美價廉和質次價高。在產品供大於求，人們生活水平普遍提高的情況下，消費者更注重產品質量而非價格。因此在企業定價時，一定要以質量為前提。同時，也應根據產品的不同類別，正確處理價格與質量之間的關係：有些產品高質高價；有些產品則應價低，質量也可以差一點，比如一次性使用的產品；有些產品則應物美價廉，比如生活日用品。

（4）市場供求狀況。在市場上，產品價格的高低取決於該產品的市場供求狀況。當產品的需求量大於產品的供給量時，價格則上升；反之，價格則下跌。反過來，價格的高低又會影響產品的供求。產品的價格和產品供求互相影響、互相制約。

（5）需求的價格彈性。企業在制定價格時，必須考慮需求的價格彈性。對於價格彈性大的產品（彈性系數大於1），可以通過降價來刺激需求擴大銷售；對於價格彈性小的產品（彈性系數小於1），可以適當提高價格，這類產品的提價不會減少銷售量，提價可使單位產品的利潤增加，從而增加企業利潤。

（6）競爭者的產品和價格。企業產品價格的上下限為市場的需求和企業的成本，在該幅度內，企業產品價格的具體水平則取決於競爭對手的同種產品的價格水平。如

果企業的產品與競爭對手的產品十分相似，則定價應與競爭對手相近，否則銷售量會受到損失。如果企業的產品不如競爭對手，則定價不能高於競爭對手的價格。如果企業產品質量較高，則定價可以高於競爭對手的價格。

2. 常用的定價方法

企業常用的定價方法主要有：①成本導向定價法，如成本加成、目標利潤等方法；②市場需求導向定價法；③競爭導向定價法。不同的定價方法不僅有各自的特點和要求，而且相互補充，企業在實際營銷活動中可選擇採用。在當今市場競爭日趨激烈、營銷活動不斷深入的市場上，越來越多的企業在定價時，不是僅選用一種方法，而是全面考慮產品成本、市場需求和競爭狀況等多方面因素對價格的影響，採用組合定價，即根據實際情況，將上述各種定價方法結合起來使用。

3. 產品定價策略

（1）市場撇脂定價策略。市場撇脂定價策略也稱高價速取策略。企業研製出的新產品，開始推出時以盡可能高的價格投放市場，以求得最大收益，盡快收回投資。這是對市場的一種榨取，就像從牛奶中撇取奶油一樣，所以被稱為「撇脂定價」策略。

運用這種市場撇脂定價策略的條件是：產品的質量和特色與高價格相適應；要有足夠的顧客能接受並願意購買這種高價產品；競爭者在短期內不易打入該產品市場。市場撇脂定價策略的優點是：新產品初上市，可抓住時機迅速收回投資，再用以開發其他新產品；價格開始定高些，可使企業在價格上掌握主動權，根據市場競爭的需要隨時調價；企業可根據自己的生產供應能力，用價格調節需求量，避免新產品斷檔脫銷，供不應求；可提高產品身價，樹立高檔產品的形象。

（2）市場滲透定價策略。與市場撇脂定價策略相反，市場滲透定價策略是在新產品介紹期制定比較低的價格，以吸引大量顧客，迅速占領市場，取得較大的市場份額。

採用市場滲透定價策略的條件是：目標市場必須對價格敏感，需求彈性大，即低價可擴大銷售；生產和分銷成本必須能隨銷售量的擴大而降低。市場滲透定價策略的優點是：可促使新產品迅速成長，打退競爭對手，自己則通過擴大生產、降低成本、薄利多銷來保證長期的最大利潤。

（3）價格調整策略。產品的基本價格制定後，企業還要依據市場需求和產銷的具體情況，隨時對基本價格進行調整，以達到營銷目標。這主要有折扣定價和折讓定價、心理定價、差別定價和地區定價等幾種策略。

三、渠道策略

產品和服務只有到達消費者和用戶的手中，才能真正實現其價值。因此，企業需運用一定的市場分銷渠道，把生產者和消費者聯繫在一起，才能最終實現產品所有權的轉移。分銷渠道是指在某種產品從生產者向消費者或用戶轉移的過程中，所經過的一切取得所有權或幫助所有權轉移的組織或個人，即產品從生產領域向消費領域轉移所經過的通道。它的起點是生產者，終點是消費者或用戶，中間環節包括各種批發商、零售商、商業仲介機構（交易所、經紀人等）。

1. 分銷渠道的結構

分銷渠道的結構是企業產品從生產領域進入消費領域過程中經過的路線，即經歷哪些商業環節。分銷渠道是多種多樣的，但傳統的結構可分為四種基本結構類型。

（1）直接渠道。直接渠道也稱零層渠道，是指生產商直接把產品賣給消費者或用戶。這是一種最短、最簡單的分銷渠道，沒有中間商，生產企業派推銷員直接與顧客接觸，拜訪客戶。如派推銷員上門推銷、郵寄銷售、開設自銷門市部、通過訂貨會或展銷會與用戶直接簽約供貨等。

（2）一層渠道。生產商和消費者或用戶之間，只通過一層中間環節，生產者把產品供應給零售商或分銷商，然後再由零售商或分銷商將商品銷售給消費者。這在消費者市場是零售商，在產業市場通常是分銷商或經紀人。

（3）二層渠道。生產商和消費者或用戶之間經過二層中間環節，即生產者把產品銷售給批發商，批發商可以有幾道批發環節，然後由批發商轉賣給零售商，由零售商最後銷售給消費者。這在消費者市場是批發商和零售商，在產業市場則可能是銷售代理商與分銷商。二層渠道是目前市場分銷渠道最主要、最基本的形式，一般銷售日用消費品時被廣泛採用。

（4）三層渠道。三層渠道是指在生產者與批發商之間增加了代理商，生產者把商品委託給代理商，再由代理商把商品銷售給商業部門。

以上四種類型，也可概括為直接渠道和間接渠道兩大類。直接渠道產品從生產者流向最終消費者的過程中不經過任何中間環節；間接渠道則是在產品從生產者流向最終消費者的過程中經過一層或一層以上的中間環節。一般說來，多層次的分銷渠道較少見。從生產者的觀點來看，隨著渠道層次的增多，控制渠道所需解決的問題會增多。

2. 分銷渠道的選擇

生產者在設計市場營銷渠道時，須在理想渠道與可用渠道之間進行抉擇。一般來講，新企業在剛剛開始經營時，總是先採取在有限市場上進行銷售的策略，以當地市場為銷售對象，因該企業經營資本有限，只得採用現有中間商，說服現有的中間商來銷售其產品。新企業一旦經營成功，它可能會擴展到其他地區市場。這家企業在當地市場仍利用現有的中間商銷售其產品，在其他地區使用各種不同的市場營銷渠道。在較小市場，他可能直接銷售給零售商；而在較大的市場，他須通過經銷商來銷售產品。總之，生產者的渠道系統需要因時因地靈活變通，只有這樣才能設計出一個有效的渠道系統。

四、促銷策略

促銷是營銷組合的要素之一。所謂促銷，就是營銷管理者將有關企業及其產品的信息，通過各種方式傳遞給消費者和用戶，促進其瞭解、信賴併購買本企業的產品，以實現擴大銷售的目的。促銷的實質是營銷管理者與目標市場之間的信息溝通和傳遞。傳統的促銷決策包括：確定目標受眾，確定受眾反應和溝通目標，設計促銷信息的內容、結構和形式，選擇促銷信息傳播媒體，收集市場反饋和根據目標受眾的認知過程進行有效的信息編排等內容。

企業傳播營銷信息的方式多種多樣，常用的主要有廣告、人員推銷、營業推廣和公共關係四種。這四種方式的組合與搭配稱為促銷組合。所謂促銷組合決策，是指一個企業在某一特定時期內，為促進自己產品的銷售而對這四種促銷方式進行選擇、運用與組合搭配的過程。

(一) 廣告策略

廣告，顧名思義是廣而告之。廣告是由明確的發起者以公開支付費用的做法，以非人員的形式，對產品和勞務的信息通過媒介傳遞到各種可能的顧客中，以達到增加信任和擴大銷售的目的。

1. 廣告媒體選擇

廣告策劃人員還必須評核各種主要媒體到達特定目標受眾的能力，以便決定採用何種媒體。主要媒體有報紙、雜誌、直接郵寄、廣播、戶外廣告牌、自印廣告品等。

在選擇媒體種類時，需瞭解各媒體的特性。報紙的優點是彈性大、及時、對當地市場的覆蓋率高、易被接受和被信任；缺點是時效短、傳閱人少。雜誌的優點是可選擇性強、時效長、傳閱者多；缺點是廣告在雜誌未賣出前置留時間長，有些發行量對廣告是無效的。廣播的優點是覆蓋面廣、成本低；缺點是僅有聲音效果，沒有動畫的可視性。電視的優點是視、聽、動作緊密結合且引人注意、送達率高；缺點是企業投入廣告費用高、展露瞬間即逝、對觀眾無選擇性。自印廣告品的優點是可選擇性投遞、無同一媒體的廣告與之競爭；其缺點是容易造成泛濫的現象。戶外廣告牌的優點是比較靈活、展露重複性強、成本低、競爭少；缺點是不能選擇受眾、創造力易受到局限等。

2. 影響廣告媒體的選擇因素

企業在選擇媒體種類時，必須考慮如下因素：

(1) 目標受眾的媒體習慣。例如，生產或銷售玩具的企業，在把學齡前兒童作為目標受眾的情況下，不應在雜誌上做廣告，而只能在電視臺做廣告。

(2) 產品特性。不同的媒體在展示、解釋、可信度與色彩等各方面分別有不同的說服能力。例如，照相機之類的產品，最好通過電視媒體做廣告說明；服裝之類的產品，最好用鮮豔的色彩做廣告。

(3) 信息類型。宣布銷售活動開始前，最好在電視臺做相關信息公告；如果廣告信息內容含有大量的技術資料，最好在專業雜誌上做廣告。

(4) 成本。不同媒體所需廣告費用也是企業投放廣告渠道所需考慮的一個重要因素。電視是最昂貴的媒體，而報紙則較便宜。不過，最重要的不是投入的絕對成本，而是目標受眾的人數構成與投入成本之間的相對關係。

近幾年來，在廣告業中逐漸出現了一種新興的廣告媒體形式——網絡廣告。企業可通過兩種主要方式做廣告：一是建立公司自己的網站，發布網頁廣告；二是像常規的廣告一樣，向某個網上的服務商購買一個廣告空間。

網絡廣告的發展對傳統的廣告商帶來挑戰，雖然有上百萬人定期到互聯網上衝浪，但無法確定有多少人看網絡廣告。某一網址上的廣告只有去搜索才能找到，而電視廣

告很容易傳達到受眾。為此，網絡廣告商必須絞盡腦汁開發吸引人的網絡廣告。

（二）人員推銷策略

人員推銷是指企業通過派出銷售人員與可能購買的人交談，陳述產品特性，促進和擴大銷售。人員推銷是銷售人員幫助和說服潛在購買者購買某種產品的過程。在這一過程中，銷售人員要通過自己的努力去吸引和滿足購買者的各種需求，使雙方能從公平交易中獲取各自的利益。人員推銷是一種傳統的促銷方式，國內許多企業在人員推銷方面的費用支出要遠遠大於在其他促銷方面的費用支出。在現代社會經濟發展中，人員推銷仍起著十分重要的作用。

企業可以採取多種形式開展人員推銷活動，可以建立自己的銷售隊伍，使用本企業的銷售人員來推銷產品，也可以代理銷售，如製造商的代理商、銷售代理商、經紀人等，按照其代銷額付給佣金。

（三）營業推廣

營業推廣是企業用來刺激需求和引起強烈的市場反應而採取的各種短期性促銷方式的總稱。營業推廣包括多種具體形式，如優惠券、獎券、競賽和贈品等，其特點如下：

（1）非規則性和非週期性。營業推廣常用於一定時期、一定任務的短期和額外的促銷工作，因而表現為非規則性和非週期性。

（2）靈活多樣性。營業推廣形式十分繁多，可以根據企業商品的不同特點、不同的營銷環境靈活地加以選擇和運用。

（3）短期效果較明顯。營業推廣往往是為了推銷積壓產品，或是為了在短期內迅速收回現金和實現產品價值而採用的，它最適宜完成短期的具體目標，在短期內刺激產品銷量的迅速提高，並吸引潛在顧客。因此，這種促銷方式的效果也往往是短期的，如果運用不當，可能會使顧客對產品產生懷疑，不利於長期的品牌形象的建立。

（四）公共關係

公共關係是促銷組合的另一個重要組成部分，它是指企業為獲得公眾的信賴和支持，樹立良好的企業形象，增進企業與社會各界的相互瞭解，爭取公眾和社會所付出的努力，並為企業的市場營銷活動創造一個良好的外部環境的一系列活動。公共關係對促銷來說是一種間接的方式，不應要求直接的經濟效益，但較其他方式有特殊意義。其特點如下：

（1）可信度高。由於公共關係是由第三者進行宣傳報導，大多數受眾認為公共報導比較客觀，比企業的廣告可信程度高得多。

（2）傳達力強。許多人對廣告等信息傳播方式本能地反感，並有意識地回避。而公共關係活動中的宣傳報導是以新聞形式出現的，所以傳達能力較強，吸引力較大。

制定促銷組合是非常複雜的，許多因素會影響促銷組合策略。廣告、人員推銷、營業推廣和公共關係四種主要的促銷方式各有利弊，企業營銷管理人員應該結合本企業的促銷目標，綜合考慮各種促銷方式的利弊，制定出對不同促銷方式的選擇、運用

和搭配的策略,也就是要確定促銷預算及其在各種促銷方式之間如何合理分配,形成有效的組合策略。

復習思考題:

1. 市場營銷管理的類型有哪些?
2. 企業的營銷管理過程包括哪些步驟?
3. 市場是如何進行細分的?針對細分市場應採取什麼樣的營銷策略?
4. 市場調查的類型是如何劃分的?其基本程序是什麼?
5. 市場調查有哪些方法?
6. 市場定性預測的方法有哪些?
7. 營銷組合策略包括哪些內容?正確制訂營銷組合方案有什麼重要意義?
8. 如何理解整體產品概念?產品組合策略有哪些?
9. 影響價格策略制定的因素有哪些?產品定價策略有哪些?
10. 分銷渠道有哪些?如何選擇分銷渠道?
11. 促銷策略有哪些類型?如何組合促銷策略?

[本章案例]

奧康鞋業的渠道選擇

浙江奧康鞋業股份有限公司經過25年的發展,現已成為中國最大的民營制鞋企業之一。奧康鞋業建立了兩大研發中心、三大製造基地、5,000多個營銷網點,擁有奧康、康龍、美麗佳人、紅火鳥四個自有品牌,並於2010年成功收購了義大利品牌萬利威德(Valleverde)的大中華區品牌所有權,形成了縱向一體化的經營模式。奧康鞋業作為渠道革新者,在20世紀90年代末國內主要競爭者長期固守大中商場,忽略其他渠道建立之時,充分利用市場空白,建立了自己的營銷模式。借助流通渠道的新局面,奧康著力發展連鎖系統,挑戰主渠道。奧康的革新渠道使企業的銷售額每年保持了66.7%的增長速度,使企業在短期內迅速崛起,並快速超過競爭對手,使鞋業市場重新洗牌。

1. 連鎖專賣和多渠道並重

皮鞋銷售具有小批量、多型號、季節性強、服務性強等特點,比較適合採用專賣店的流通形式。奧康在國內鞋業銷售上,借鑒麥當勞的特許經營模式建立起了奧康品牌專賣店,率先在二三級城市發展連鎖專賣網絡,大舉圈地,實現對次級市場的占領。自1998年在浙江設立第一家連鎖專賣店以來,奧康借助特許加盟模式,迅速在全國二三級城市鋪開連鎖網絡,目前專賣店已經達到2,000多家。在一些強勢品牌開始感嘆坐失良機時,奧康市場不斷擴大,並向競爭者渠道發起了攻擊。這促使購買競爭品牌的消費者迅速實現品牌的轉換,奧康市場佔有率明顯提高,返款及時。

在充分佔領二三級城市市場的基礎上，奧康把營銷的重點轉向了大城市，面向國內百家大型商場推出了「A計劃」，其要點是商場核定年度銷售任務、生產企業在商場選擇位置，奧康根據發展需要在合作方式、品牌選擇和業務培訓等方面採用國際一流的操作流程與國內大型商場進行合作。奧康計劃將旗下各品牌積聚起來在一個零售點出售，開設國內制鞋企業獨有的「品牌超市」。

奧康把大商場作為渠道開發的新目標，具有兩方面的意義：首先，實現奧康產品的全面市場覆蓋，市場網絡編織得盡量不留空白點，提高市場佔有率；其次，挺進大商場，搶佔市場制高點，鎖定高收入人群，發揮廣告效應，提升品牌形象。到目前為止，奧康開設的店中店已經達到800家。此外，奧康還在謀求進入新的渠道，多渠道的營銷策略構築了奧康的立體市場網絡。

2. 品牌分級策略

奧康針對不同的細分市場，採取了品牌分級戰略，構建全面的立體品牌組合，全面阻擊競爭品牌。奧康已在國內推出了奧康、康龍、美麗佳人3個品牌。奧康針對不同品牌開始強化渠道分佈的合理性，並盡量做到不同品牌的合作，優化企業資源。

（1）奧康——定位於A、B級市場。奧康鎖定的是工薪階層，消費者量大面廣，因此該品牌進攻方向以大中城市為主，零售點多設在地市級城市的繁華商業街，零售終端以連鎖專賣店與店中店為主。

（2）康龍——定位於C級市場。康龍為大眾旅遊休閒鞋。康龍的消費人群注重價格實惠與款式新穎。因此在渠道上採取專賣為主、代理為輔的做法，進攻方向為農村和鄉鎮，零售點設在一些鄉鎮的主要街道或城市的普通商業街上。

（3）美麗佳人——定位於A級市場。美麗佳人的進攻方向是大的中心城市和沿海開放城市，零售點設在白領階層經常光顧的注重品牌的繁華商業街或各大名牌商場，滿足白領女性的時尚要求。

（4）紅火鳥——始於2004年的夏天，受到滑板、HIP HOP、混搭等街頭潮流文化的啟發，奧康鞋業針對年輕時尚一簇打造的「潮鞋文化」。以不斷創新的設計風格、大眾的價格定位和引領「潮」一簇。

3. 終端控制

奧康採用垂直營銷系統，增強終端控制力。在加強加盟店管理與支持力度的同時，充分發揮直營店對市場的影響力。

（1）採用垂直營銷系統。目前在消費品銷售中，垂直營銷系統已經成為一種主流的分銷形式。奧康設立了營銷總公司，由營銷總公司在全國設立省級分公司，省級以下地區設辦事處，對終端市場進行管理和供貨，建立了由製造商主導的垂直營銷系統。此舉儘管加大了營運成本，但是明顯增強了對終端市場的控制能力。

（2）加強終端建設。奧康的連鎖專賣網絡由特許加盟店與直營店兩部分組成。對於特許加盟者，奧康要先進行嚴格考察，並簽訂雙方責任義務十分明確的合同書。在終端分佈上，奧康要求選址應設在繁華商業街，設立應疏密有度。為體現連鎖店的統一性，奧康要求各專賣店全面貫徹全國連鎖統一形象、統一品牌、統一管理、統一服務的原則。

(3) 代理商分級管理，考核與培訓結合。奧康為推動渠道的健康發展，對代理商進行Ａ、Ｂ、Ｃ分級管理。企業對優秀的代理商進行獎勵，並在配貨與廣告、促銷等支持體系方面予以最大優惠。對專賣店則從位置、店堂形象、管理服務等方面進行達標管理。同時，奧康每年投入200萬元左右用於銷售人員、經銷商和零售商的各類培訓。

　　(4) 直營店開路。在奧康的連鎖專賣網絡，特許加盟店與直營店數量之比為2：1。在連鎖專賣系統的快速平穩發展過程中，奧康的直營店發揮了無可替代的作用。

　　4. 促銷組合

　　奧康通過以廣告、公關、銷售促進等為一體的強有力的促銷組合，塑造品牌形象，推動產品銷售，為渠道經營業績增長助力。奧康認為，不僅消費者是品牌傳播的對象，渠道也是品牌傳播的對象。

　　(1) 塑造品牌形象，提高品牌的知名度與美譽度。1999年12月15日，奧康將打假收繳的2,000雙假冒奧康皮鞋在杭州焚毀，引來了100多家國內外新聞媒體。《12年前一把火，燒溫州人假貨；12年後火一把，溫州人燒假貨》成為報導的熱點。奧康的策劃者巧妙地將本次活動同1987年杭州曾發生的火燒溫州製造的假冒偽劣皮鞋一事聯繫起來，充分體現了時代的變遷、溫州鞋業浴火重生走名牌之路的創業史。從活動效果看，既有效地維護了企業的利益，塑造了品牌新形象，又著力在外界營造了「奧康是溫州鞋業代表性品牌」的傳播印象。

　　(2) 注重促銷方式創新。在競爭激烈的市場中，促銷成為企業普遍採用的營銷手段，取得了較好的促銷效果，但是促銷方式的同質化現象削弱了促銷的效力。在做到季節性促銷不落俗套的同時，奧康引入了國際流行的累積性促銷方式。例如美麗佳人時尚女鞋，通過建立消費會員制度，採取消費積分的形式，當消費者的消費積分達到一定額度的時候就可以享受優惠打折和獲贈禮品的待遇，以消費者的重複購買來提升產品的銷量。

　　分析題：

　　(1) 企業如何建立適合本企業產品的營銷渠道？

　　(2) 渠道之爭已成為現在眾多行業的競爭熱點，如藥店、零售超市等，在這種情況下傳統的分銷商如何轉型？

第十一章 財務管理

　　現代企業財務管理是一項涉及面廣、綜合性強的管理工作。財務管理是企業財務活動及其所體現的經濟利益關係的總稱。在市場經濟條件下，企業是否有效地利用所籌集到的資金，把它們充分投放到收益高、回收快、風險小的項目上去，使有限的資金發揮最大的作用，對企業的生存和發展是十分重要的。企業財務管理是企業為生產經營需要而進行的資金籌集、資金運用和資金分配以及日常資金管理等活動。企業財務管理的基本職能是財務計劃和財務控制。本章闡述財務管理的基本內容，財務管理的職能、企業融資、投資管理、成本、費用和利潤管理，財務分析（包括對企業的償債能力、營運能力、獲利能力進行分析）等內容。

第一節　財務管理概述

　　財務管理是指組織企業資金運動，處理企業同各方面的財務關係的一項經濟管理工作。要正確把握財務管理的概念，就必須研究和揭示企業財務活動的內容和財務關係的本質。

　　財務活動指企業在生產過程中涉及資金的活動，表明財務的形式特徵，它是以企業為主體，通過價值形式表現的企業資金在生產經營活動中的運轉過程。在企業生產經營活動中，資金運動和物資運動是既相互聯繫、又相互獨立的兩個方面。其中物資運動是資金運動的基礎，資金運動是物資運動的價值表現形式，物資運動是借助資金運動來實現的。而企業資金運動又是通過資金的籌集、投放、耗費、收回和分配等活動來體現的。財務關係指財務活動中企業和各方面的經濟關係。概括來講，企業財務就是企業再生產過程中的資金運動，體現了企業和各方面的經濟關係。因此，可對財務管理定義如下：財務管理是組織企業財務活動、處理財務關係的一項經濟管理工作。

一、財務管理的內容

　　企業財務管理的目標是一切財務活動的出發點和歸宿，最具有代表性的財務管理目標有以下幾種提法：一是利潤最大化目標。利潤最大化是西方微觀經濟學的理論基礎，西方經濟學家往往以利潤最大化來分析和評價企業行為和業績。隨著中國改革開放的不斷深入，將利潤作為考核企業經營情況的首要指標，把職工的經濟利益同企業實現利潤的多少緊密聯繫起來，這使得利潤指標逐步成為企業運行的主要目標。二是每股收益最大化。該目標將收益和股東投入資本聯繫起來考慮，用每股收益（或權益

資本收益率）來概括企業財務管理的目標。三是股東財富最大化。股東創辦企業的目的是擴大財富，他們是企業的所有者，企業價值最大化就是股東財富最大化。四是社會責任。企業作為市場主體，不僅要為其所有者提供收益，而且還要承擔相應的社會責任，如保護生態平衡、防止公害污染、支持社區文化教育和福利事業等。適當從事一些社會公益活動，有助於提高公司知名度，進而提高股票市價。但是，任何公司都無法長期單獨地負擔因承擔社會責任而增加的成本，過分地強調社會責任而使股東財富減少，都可能導致整個社會資金運用的次優化，公司管理當局必須在各種法規約束下去追求股東財富的最大化。

財務管理活動又稱理財活動，財務管理的對象是資金的循環與週轉，主要內容是企業為生產經營需要而進行的資金籌集、資金運用和資金分配以及日常資金管理等活動。

1. 籌資管理

企業資金指企業再生產過程中能夠以貨幣表現的、用於生產週轉和創造物質財富的價值。企業進行生產經營活動，首先必須籌集一定數量的資金。在中國社會主義市場經濟條件下，企業的資金來源包括兩大部分：一部分是所有者投資，這部分投資形成企業的自有資金；另一部分是通過不同籌資渠道所形成的借入資金。資金的籌集方式具有多樣性的特點，企業既可以發行股票、債券，也可以吸收直接投資或從金融機構借入資金。無論以何種形式獲得資金，企業都需要為籌資付出代價，如定期支付股息、紅利以及借入資金的還本付息等。企業根據生產經營的實際需要，通過不同渠道籌集一定數量的資金，資金進入企業後，便形成了企業資金運動的起點。

2. 投資管理

投資管理是指企業通過各種資金渠道及具體籌資方式獲得必要的生產經營資金後，將其轉化為相應的資產，分佈於生產經營的全過程，具體包括流動資產、固定資產和無形資產等。資金運用又稱企業投資，企業投資可以從不同角度進行分類。

（1）短期投資與長期投資。按投資回收時間的長短，投資可以分為短期投資和長期投資兩大類。短期投資是指在一年以內能夠收回的投資，通常指企業的流動資產投資，如現金、應收帳款、存貨、短期有價證券等方面的投資。有價證券如能隨時變現也可以列作短期投資。長期投資是指回收時間超過一年的投資，主要用於廠房及辦公設施、機器設備等固定資產投資，也可包括長期流動資產和長期有價證券方面的投資。由於長期投資中固定資產投資所占比重比較大，所以有時長期投資又專指固定資產投資。

（2）直接投資與間接投資。按投資與企業生產經營的關係，可把投資分為直接投資與間接投資兩大類。直接投資是指企業把投資直接投放到生產經營性資產上以獲取直接經營性利潤，在非金融類企業中這類投資占總投資的比重較大。間接投資又稱證券投資，是指企業把資金投放於證券金融資產上，通過獲取股息、債息，而使企業間接獲得收益。

（3）企業內部投資與外部投資。按投資發生作用的地點，可把投資分為企業內部投資和企業外部投資。企業內部投資是指把資金投放到企業內部，購置生產經營資產

的投資；企業外部投資是指企業以現金、實物、無形資產等方式，或者以購買股票、債券等有價證券的方式向企業外部進行的投資。外部投資主要是間接投資，隨著市場經濟的發展，企業外部投資會顯得越來越重要。

（4）廣義投資與狹義投資。按投資的範圍，可把投資分為廣義投資和狹義投資。廣義投資包括企業經營項目投資、貨幣和資本市場投資，狹義投資僅僅指貨幣和資本市場投資。

3. 利潤分配管理

企業銷售產品取得的貨幣收入，在支付各項費用和扣除銷售稅金後，即為企業利潤。企業利潤應按規定繳納所得稅，然後以稅後利潤進行合理分配。

由此可見，在社會主義市場經濟條件下，再生產過程還必須借助資金、成本、利潤等價值形式進行。企業的財務活動就是指企業再生產過程的價值方面，它是因籌集、運用和分配資金而產生的，既以貨幣形態綜合反應了企業經濟活動，又是企業經濟活動的一個獨立組成部分。

二、財務管理的職能

一般認為，管理的最主要職能是計劃和控制，所以可將財務管理的職能分為財務計劃和財務控制。後來，人們對計劃的認識深化了，將計劃分為項目計劃和期間計劃。項目計劃是針對企業的個別問題的，它的編製和採納過程就是決策過程，包括對目標的描述、對實現目標的各個方案可能結果的預測以及怎樣實現目標的決策。此後，管理的職能分為決策、計劃和控制。這裡的計劃專指期間計劃。期間計劃是針對一定時期（如一年）的，其編製目的是落實既定決策，明確本期應完成的全部事項。控制是執行決策和計劃的過程，包括對比計劃與執行的信息、評價下級的業績等。期間計劃和控制都是決策的執行過程。

（一）財務決策

財務決策是指對有關資金籌集和使用的決策。

1. 財務決策的過程

財務決策的過程，一般可分為四個活動階段。

（1）情報活動。情報活動即探查環境，是尋找作決策的條件。在這個階段中，要根據初步設想的目標收集情報，找出作決策的依據。

（2）設計活動。設計活動即創造、制訂和分析可能採取的方案。在這個階段裡，要根據收集到的情報，以企業想要解決的問題為目標，設計出各種可能採取的方案即備選計劃，並分析評價每一方案的得失和利弊。

（3）抉擇活動。抉擇活動即從備選計劃中選擇一個行動方案，或者說在備選計劃中進行抉擇。在這個階段裡，要根據當時的情況和對未來的預測以及一定的價值標準評價諸方案，並按照一定的準則選出一個行動方案。

（4）審查活動。審查活動即對過去的決策進行評價。在這個階段中，要根據實際發展進程和行動方案的比較，評價決策的質量即主觀符合客觀的程度，以便改進後續

決策。

事實上，這四個階段並不是一次順序完成的，經常需要返回到以前的階段。例如，設計或抉擇時會發現情報不充分，還要再收集情報；抉擇時會發現原來設計的方案都不夠好，需要修改設計。這四個階段中的每一個，還可以細分為同樣的四個小階段，是大圈套小圈的結構。例如，收集情報階段，包括瞭解收集情報的「情報」、「設計」收集情報的方案、「決定」如何收集情報、「評價（審查）」收集到的情報是否合乎需要這樣四個小階段。

2. 財務決策的價值標準

決策的價值標準，是指評價方案優劣的尺度，或者說是衡量決策目標實現程度的尺度，它用於評價方案價值的大小。

歷史上，首先使用的是單一價值標準，如最大利潤、最高產量、最低成本、最大市場份額、最優質量、最短時間等。單一的決策價值標準給人們帶來了許多教訓。例如，不顧安全生產，單純追求產量和利潤，結果發生嚴重事故，產量和利潤反而會掉下來；單純追求短期利潤，也會使企業失去發展後勁，甚至破產。單一價值標準決策，往往會使第一步決策取得輝煌的勝利，但繼續前進就會遭到客觀世界的報復，走向自己的反面。歷史上多次失敗的教訓，使人們認識到要進行多目標綜合決策。

人們在解決這個問題時，最先使用綜合經濟目標的辦法，即以長期穩定的經濟增長為目標，以經濟效益為尺度的綜合經濟目標作為價值標準。經濟效益可以理解為投入和產出的關係。將各種投入和產出都貨幣化，然後將兩者進行比較。用這種辦法取代急功近利的單一短期利潤目標，使人們擴大了眼界，看問題比較全面、比較長遠了。

把物質目標貨幣化並綜合在一起的做法也遇到了困難。由於社會的、心理的、道德的、美學的等非經濟目標日益受到重視，它們的實現程度越來越影響人類的生活質量。儘管物質文明的建設和發展有助於精神文明的進步，但是物質文明不可能取代精神文明。人們企圖把非經濟目標轉化為經濟目標，但這只能在短期內有效，從長期來看是不行的。人們還不能把經濟和非經濟目標統一於一個價值標準，至少在財務領域還沒有解決非經濟目標的貨幣化問題。因此，在評價方案的最後階段，總要加進各種非經濟的或不可計量的因素，進行綜合判斷，選取行動方案。經濟方面的決策離不開計算，但沒有一項決策是僅僅通過計算完成的，總要考慮各種不可計量的因素，有時甚至成為方案被放棄的決定性因素。

3. 財務決策的準則

傳統的決策理論認為，決策者是「理性的人」或「經濟的人」，在決策時他們受「最優化」的行為準則支配，應當選擇「最優」方案。

現代決策理論認為，由於決策者在認識能力和時間、成本、情報來源等方面的限制，不能堅持要求最理想的解答，常常只能滿足於「令人滿意的」或「足夠好的」決策。因此，實際上人們在決策時並不考慮一切可能的情況，而只考慮與問題有關的特定情況，使多重目標都能達到令人滿意的、足夠好的水平，以此作為行動方案。

(二) 財務計劃

廣義的財務計劃工作包括很多方面，通常有確定財務目標、制定財務戰略和財務

政策、規定財務工作程序和針對某一具體問題的財務規則，以及制定財務規劃和編製財務預算。狹義的財務計劃工作，是指針對特定期間的財務規劃和財務預算。

財務規劃是個過程，它通過調整經營活動的規模和水平，使企業的資金、可能取得的收益、未來發生的成本費用相互協調，以保證實現財務目標。財務規劃受財務目標、戰略、政策、程序和規劃等決策的指導和限制，為編製財務預算提供基礎。財務規劃的主要工具是財務預測和本量利分析。規劃工作主要強調各部分活動的協調，因為規劃的好壞是由其最薄弱的環節決定的。

財務預算是以貨幣表示的預期結果，它是計劃工作的終點，也是控制工作的起點，它把計劃和控制聯繫起來。各企業預算的精密程度、實施範圍和編製方式常有很大的差異。預算工作的主要好處是促使各級主管人員對自己的工作進行詳細、確切的計劃。

(三) 財務控制

財務控制和財務計劃有密切聯繫，計劃是控制的重要依據，控制是執行計劃的手段，它們組成了企業財務管理循環。財務管理循環的程序如圖 11-1 所示：

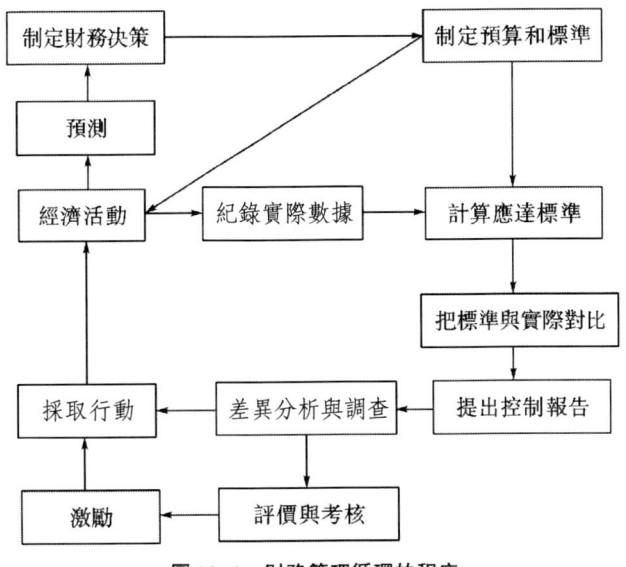

圖 11-1　財務管理循環的程序

財務管理循環的主要環節包括以下內容。

(1) 制定財務決策，即針對企業的各種財務問題決定行動方案，也就是制訂項目計劃。

(2) 制定預算和標準，即針對計劃期的各項生產經營活動擬訂用具體數字表示的計劃和標準，也就是制訂期間計劃。

(3) 記錄實際數據，即對企業實際的資金循環和週轉進行記錄，它通常是會計的職能。

(4) 計算應達標準，即根據變化了的實際情況計算出應該達到的工作水平，例如「實際業務量的標準成本」「實際業務量的預算限額」等。

(5) 對比標準與實際，即對上兩項數額（3）和（4）進行比較，確定其差額，發現例外情況。

(6) 差異分析與調查，即對足夠大的差異進行具體的調查研究，以發現產生差異的具體原因。

(7) 採取行動，即根據產生問題的原因採取行動，糾正偏差，使活動按既定目標發展。

(8) 評價與考核，即根據差異及其產生原因，對執行人的業績進行評價與考核。

(9) 激勵，即根據評價與考核的結果對執行人進行獎懲，以激勵其工作熱情。

(10) 預測，即在激勵和採取行動之後，經濟活動發生變化，要根據新的經濟活動狀況重新預測，為下一步決策提供依據。

第二節　融資與投資管理

籌集資金是指企業通過不同渠道，採取不同方式，按照法定程序，籌措聚集生產經營所需的資金。企業籌集足夠的資金並科學地運用這些資金進行投資，是企業生存和發展的前提。因此，如何籌集資金並管好用好資金是企業財務管理的主要內容。

一、融資管理

(一) 融資管理概述

企業融資是指企業向企業外部有關單位或個人融通生產經營所需資金的財務活動。按企業所需資金的不同標誌可作以下分類：

1. 權益資金和借入資金

權益資金是指企業股東提供的資金，它不需要歸還，籌資的風險小，其期望的報酬率高。借入資金是指債權人提供的資金，它要按期歸還，有一定的風險，但其要求的報酬率比權益資金低。

所謂資本結構，主要是指權益資金和借入資金的比例關係。一般來說，完全通過權益資本籌資是不明智的，不能得到負債經營的好處，但負債的比例大則風險也大，企業隨時可能陷入財務危機。在籌資時一個要重點研究的內容就是確定最佳資金結構。

2. 長期資金和短期資金

長期資金是指企業可長期使用的資金，通常是指占用時間在一年以上的資金，包括權益資金和長期負債。權益資金可以被企業長期使用，屬於長期資金。

短期資金是指一年內要歸還的資金。通常短期資金的融資主要解決臨時的資金需要。例如，在銷售旺季需要的資金比較多，可借入短期借款，度過高峰後則歸還借款。

長期資金和短期資金的融資速度、融資成本、融資風險以及借款時企業所受的限制有所區別。如何安排長期融資和短期融資的相對比重，是融資時要解決的另一個重要問題。

3. 企業籌集資金

企業籌集資金的基本要求如下：

（1）建立資本金制度，確保資本金的安全與完整。資本金是企業在行政管理部門登記的註冊資金。資本金制度是國家圍繞資本金的籌集、管理和核算及其所有者的責權利所做的法律規範。其主要內容包括下列6條：①設立企業必須有法定的資本金，並達到國家法律規定的最低數量；②企業可以採取吸收現金、實物、無形資產等方式籌集資本；③資本金按投資主體可分為國家資本金、法人資本金、個人資本金和外商資本金；④企業經營期間，除國家另有規定外，投資者不得以任何方式抽回資本金；⑤投資者按投入資本金比例分享收益和承擔風險；⑥企業增加或減少註冊資金數額，必須辦理變更登記。

（2）合理預測資金需要量，保持資金籌集與資金需求的平衡。確定資金需要量，是籌資的依據和前提。資金不足，會影響企業生產經營的發展，但資金過剩也會影響資金使用效果。所以融資時要做到既及時滿足企業的資金需要，又不造成資金的積壓。

（3）選擇籌資渠道和方式，力求降低籌資成本。企業籌資渠道和方式很多，無論採用哪一種籌資渠道和方式，都要付出一定的代價即資金成本，企業應選擇資金成本低的渠道和方式。

（4）保持合理的資金結構。這是指要保持權益資金和負債資金的合理比例。企業負債經營既能提高自有資金利潤率，又可緩解自有資金緊張的矛盾。但負債過多會發生較大的財務風險。因此，企業應適度舉債經營。

（二）企業融資的主要渠道和方式

1. 籌資渠道

籌資渠道是企業籌措資金來源的方向與通道，體現著資金的源泉。企業籌資渠道主要有以下幾方面：

（1）國家財政資金。這是國有企業的主要資金來源，以國有資產對企業的投資形成企業的國家資本金。

（2）銀行信貸資金。企業向銀行通過基本建設投資貸款、流動資金貸款借款、專項貸款等形式取得的資金。

（3）非銀行金融機構資金。如信託投資企業、租賃企業、保險企業、證券企業等機構的資金。

（4）社會資金。指企業員工和城鄉居民的節餘資金，以及其他企業、事業單位閒置不用的資金。

（5）企業自留資金。如企業計提的折舊費、提取的公積金和未分配利潤而形成的資金。

（6）外商資金。如外國投資者和中國港、澳、臺地區投資者投入的資金，是外資企業的重要資金來源。

2. 籌資方式

籌資方式是籌措資金時所採取的具體形式，體現著資金的屬性。籌資方式與籌資

渠道之間有著密切的關係，一定的籌資方式可能只適用於某些特定的籌資渠道，但同一渠道的資金可以採用不同的方式取得。企業籌資方式主要有以下幾種。

（1）吸收直接投資。這是指企業以協議等形式吸收國家、其他企業、個人和外商直接投入資金，形成企業資本金的一種籌資方式。它不以股票為媒介，是非股份制企業籌措自有資金的一種基本方式。

（2）發行股票。股票是股份制企業為籌資而發行的有價證券，是投資者投資入股的憑證。按權利的不同，股票可分為普通股和優先股。普通股是股份有限企業發行的無特別權利的股份，也是最基本的、標準的股份。優先股是指優先於普通股分配股利和優先分配企業剩餘財產的股票，一般無表決權。

普通股籌資的優點是：①沒有固定的股利負擔。股利支付視企業有無盈利和經營需要而定。②沒有固定的到期日，無須償還，是企業的永久性資本。③籌資風險小，即沒有固定的還本付息的風險。④能增強企業的信譽。發行普通股籌集的資本是企業最基本的資金來源，反應了企業的實力，可作為其他方式籌資的基礎，可為債權人提供保障，增強企業的舉債能力。

（3）企業債券。企業債券是企業為了籌集資金，依照法定程序發行，約定在一定期限內還本付息的一種有價證券。

債券籌資的優點是：①資金成本低。由於債券利息通常低於股息，同時，債券利息在稅前收益中支付，所以債券資金的成本低於權益資金的成本。②能產生財務槓桿的作用。債券的成本固定，當企業資金利潤率高於債券資金成本時，多發行債券能給企業所有者帶來更大的收益。③不會影響企業所有者對企業的控制權。債券持有人只是企業的債權人，無權參與企業的經營管理。

債券籌資的缺點是：①增加企業的財務風險。債券的本息是企業的固定支出，債券發行越多，負債比率越大，償債能力就越低，破產的可能性就越大。②可能產生負財務槓桿的作用。當債券利率高於企業資金利潤率時，發行債券越多，所有者的收益越少。

（4）租賃。租賃是有償轉讓資產使用權而保留其所有權的協議或行為。按性質的不同，租賃可分為經營租賃和融資租賃。經營租賃是指出租人向承租企業提供租賃設備，並提供設備維修保養和人員培訓等服務。它是解決企業對資產的短期需要的短期租賃。融資租賃是指由租賃企業按照承租企業的要求購買設備，並在合同中規定較長時間內提供給承租企業使用。出租人收取租金但不提供維修保養等服務，承租人在租賃期間對資產擁有實際的控制權，在租賃期滿後可優先購買該項資產。它是集融資和融物於一身，具有借貸性質，是承租企業籌集長期資金的一種方式。

融資租賃的主要優點是：①可以避免借款或債券籌資對生產經營活動的限制，迅速獲得所需資產。租賃條款對承租人經營活動限制很少。②租金分期償付，可適當減少不能償付的危險。③租金在所得稅前支付，具有抵稅作用。它的缺點主要是：資金成本高，租金總額比借款購入資產的本利和可能還要高。

（5）銀行借款。銀行借款有長期借款和短期借款。其優點是：①籌資速度快。手續比發行股票、債券簡單，花費時間較短。②借款成本低。借款利息在稅前支付，借

款利率一般低於債券利率、股息率，籌資費用少。③借款彈性較大。因為借款的期限、數量、利息可由借款雙方直接商定。其缺點主要是：籌資風險較高，限制條件較多（對長期借款而言）。

（6）商業信用。這是指因延期付款而形成的一種借貸關係，是企業短期資金的一種重要來源，在會計上主要形成應付帳款、應付票據、應付工資、應交稅費等。

（7）企業內部累積。企業通過計提折舊、提取公積金和未分配利潤而取得的資金累積。

由於同一渠道的資金往往可以採取不同的方式取得，企業應根據自身的具體情況及外部環境選擇合適的籌資渠道和方式。企業的籌資渠道和方式如表11-1所示：

表11-1　　　　　　　　　　　企業籌資方式一覽表

序號	籌資方式	籌資渠道	協助單位
1	發起人投資	自有資金渠道	
2	發行股票	自有資金渠道	證券機構
3	國家財政投資	自有資金渠道	財政部門
4	外商投資	自有資金渠道	外商資本
5	其他單位投資	自有資金渠道	其他單位
6	銀行借款	借貸資金渠道	銀行
7	發行債券	借貸資金渠道	證券機構
8	國家財政貸款	借貸資金渠道	財政部門
9	融資租賃	借貸資金渠道	融資單位
10	商業信用	借貸資金渠道	客戶
11	內部累積	自有資金渠道	

（三）資本成本和資本結構

1. 資本成本

（1）資本成本的含義。資本成本是企業為籌措和使用資金而付出的代價。從廣義來講，企業籌集和使用任何資金，不論短期的還是長期的，都要付出代價。但我們這裡講的資本成本，僅指長期資金成本。它包括資金使用費和籌資費用兩部分。資金使用費是指佔有資金支付的費用，也就是支付給投資者的報酬，如銀行借款利息、債券利息、股票的股息等。籌資費用是指為取得資金所有權或使用權而發生的各種費用，如借款手續費，發行股票、債券需支付的廣告宣傳費、印刷費、代理發行費等。相比之下，資金使用費是籌資企業經常發生的，而籌資費用通常在籌措資金時一次性支付，在使用資金過程中不再發生，因此，籌資費用可視作籌資金額的一項扣除。

（2）資本成本的表示方法。資本成本的表示方法有兩種，即絕對數表示方法和相對數表示方法。絕對數表示方法是指為籌集和使用資本到底發生了多少費用。相對數表示方法則是通過資本成本率指標來表示的。通常情況下人們更習慣於用後一種表示

方法。資本成本率簡稱資本成本，在不考慮時間價值的情況下，它指資金的使用費用占籌資淨額的比率。其公式為：

$$資本成本 = \frac{資金使用費用}{籌資總額 \times (1-籌資費用率)}$$

資本成本是一個重要概念，國際上將其列為一項「財務標準」。對企業籌資來講，資本成本是選擇資金來源、確定籌資方案的重要依據，企業要選擇資本成本最低的籌資方式。

對於企業投資來說，資本成本是評價投資項目、決定投資取捨的重要標準。一個投資項目只有其投資收益高於資本成本時才是可接受的。資本成本還可作為衡量企業經營成果的尺度，即經營利潤率應高於資本成本，否則表明企業經營不利，業績較差。

(3) 資本成本的種類。主要有個別資本成本、綜合資本成本和邊際資本成本。

① 個別資本成本。這是指使用各種長期資金的成本，包括長期借款資本成本、債券資本成本、普通股資本成本、優先股資本成本和保留盈餘資本成本。前兩種為債務資本成本，後三種為權益資本成本。一般來說，權益資本成本高於債務資本成本，表現在投資者分得的利潤或股利高於債券利息收入。就權益資本而言，普通股的資本成本高於優先股的資本成本。至於保留盈餘，從實際支付情況來看，是不花費企業任何成本的，但對投資者而言，企業的這部分保留盈餘若作為報酬分給投資者，投資者可再用其投資以獲取新的利潤，而這部分利潤就是企業保留盈餘投資者失去的機會成本。因此，企業保留盈餘的資本成本可看做與普通股的資本成本相同，只是不須支付籌資費用。

【例1】某公司從銀行借入長期借款100萬元，期限為5年，年利率為10%，利息於每年年末支付，到期時一次還本，借款手續費為借款金額的1%，公司所得稅稅率為25%，則該公司銀行借款的資本成本為：

$$資本成本 = \frac{資金使用費用 \times (1-所得稅稅率)}{籌資總額 \times (1-籌資費用率)} = \frac{1,000\,000 \times 10\% \times (1-40\%)}{1,000\,000 \times (1-1\%)} = 6.06\%$$

② 綜合資本成本。當比較各種籌資方式時，我們使用個別資本成本，但由於受多種因素的制約，企業不只是使用某種單一的籌資方式，往往需要通過多種方式籌資，這樣就需要計算、確定企業全部長期資金的總成本，即綜合資本成本。綜合資本成本一般是以各種資金占全部資金的比重為權數，對個別資本成本進行加權平均確定的，故又被稱為加權資本成本。其計算公式為：

$$K_w = \sum_{i=1}^{n} W_i K_i$$

式中：

K_w——綜合資金成本；

W_i——第 i 種資金占全部資金的比重；

K_i——第 i 種個別資本成本。

【例2】某公司2014年12月31日資產負債表中長期借款200萬元，長期債券400萬元，普通股800萬元，留存收益200萬元，個別資本成本分別為6%、8%、10.5%、

10.37%。則該公司綜合資本成本為：

$$K_w = \sum_{i=1}^{n} W_i K_i = \frac{200}{1,600} \times 6\% + \frac{400}{1,600} \times 8\% + \frac{800}{1,600} \times 10.5\% + \frac{200}{1,600} \times 10.37\% = 9.296\%$$

③邊際資本成本。邊際資本成本是指企業每增加一個單位量的資本而增加的成本，它是企業追加籌資的成本。當企業籌資規模擴大和籌資條件發生變化時，企業應計算邊際資本成本以便進行追加籌資決策。

個別資本成本和綜合資本成本是企業過去籌集的或目前使用的資本的成本。然而，隨著時間的推移或籌資條件的變化，個別資本成本也會隨之變化，綜合資本成本也會發生變化。所以，在未來追加籌資時，不能僅僅考慮目前所用的資金的成本，還要考慮新籌資金的成本即邊際資本成本。

2. 資本結構

(1) 資本結構的概念。資本結構，是指企業各種資本的構成及其比例關係。如某企業的資本總額為 1,000 萬元，其中銀行長期借款 100 萬元、債券 200 萬元、普通股 500 萬元、保留盈餘 200 萬元，其比例分別是 0.1、0.2、0.5 和 0.2。

企業的資本結構是由於企業採用各種籌資方式籌資而形成的。通常情況下，企業都採用債務資本和權益資本籌資的組合。所以資本結構問題基本上就是債務資本比例問題。所謂最佳資本結構，就是企業在一定時期使其綜合資本成本最低，同時企業價值最大的資本結構。

(2) 資本結構中債務資本的作用主要有以下三點：

①負債可以降低企業的資本成本。如前所述，債務利息率通常低於股票的股利率，且債務利息在稅前支付，可以抵稅，所以債務資本的成本明顯低於權益資本的成本。這樣，在一定限度內提高債務資本的比率，可以降低企業的綜合資本成本。

②使用債務資本可以獲取財務槓桿利益。不論企業的利潤多大，債務的利息通常都是固定的。當息稅前利潤增大時，每一元利潤所負擔的利息就會相應減少，從而可分配給企業所有者的稅後利潤也會相應增加，即能給每一普通股帶來較多的收益。債務對所有者收益的這種影響稱為財務槓桿。

③負債會加大企業的財務風險。企業為了取得財務槓桿利益而增加債務，必然增加利息等固定費用的負擔。另外，由於財務槓桿的作用，在息稅前盈餘下降時，普通股每股盈餘下降得更快，由借債而引起的這兩種風險就是財務風險。財務槓桿作用的大小、財務風險的大小通常用財務槓桿係數表示。計算公式如下：

$$財務槓桿係數 = \frac{息稅前利潤}{息稅前利潤 - 利息費用}$$

【例3】某公司的資本來源為：債券 100 000 元，年利率 5%；普通股 100 000 股，每股收益 10 元，所得稅稅率為 40%。公司當年息稅前利潤 20 000 元。則財務槓桿係數計算如下：

$$財務槓桿係數 = \frac{20\ 000}{20\ 000 - 100\ 000 \times 5\%} \approx 1.3$$

計算結果表明，該公司在息稅前利潤20 000元的基礎上，財務槓桿系數每變動1個百分點，普通股每股收益就變動1.3個百分點。如果息稅前利潤增長20%，每股收益就增長26%（20%×1.3），每股收益將由10元變為12.6元［10×(1+20%×1.3)］。

在資本總額、息稅前利潤相同的情況下，負債比率越高，財務槓桿系數越大，相應地，財務槓桿的作用也就越大。

融資管理主要是根據企業經營的實際需要，針對現有的籌資渠道，統籌考慮籌資數額、期限、利率、風險等方面，來選擇資金成本最低的方案，也即最優方案。

（四）融資方式的選擇

企業選擇籌資方案必須有兩個前提條件：一是假設所有企業都是有效經營的；二是要有比較完善的資本市場。一般來說，融資方案的選擇大致有以下幾種：

（1）比較融資成本。企業在融資過程中，為獲得資金必須付出一定的代價。比較融資成本時主要考慮以下三方面的內容：比較各種資金來源的資本成本、比較投資者的各種附加條件、比較融資的時間價值。

（2）比較融資機會。融資機會的比較包含：①對迅速變化的資本市場上的時機進行選擇。它包括融資時間的比較和定價時間的比較，融資的實施機會選擇主要由主管財務人員在投資銀行的幫助下，根據當時市場的情況做出決定。②對融資風險程度的比較。企業融資有兩方面的風險，除了企業自身經營上的風險外，還有資本市場上的風險。進行融資決策時，必須將不同的融資方案的綜合風險進行比較，選擇最優方案。③融資成本與收益比較。融資成本與項目生產的效益進行比較，是融資決策的主要內容。如果企業融資項目的預計收益大於融資的成本，則融資方案是可行的。

二、投資管理

投資是指經濟主體以預期收益為目的的資金投入及運用過程，是為了獲取資本增值或避免風險而運用資金的一種活動，包括決定企業基本結構的固定資產投資和維持生產經營活動所必需的流動資產投資。

投資方式包括有形資產投資和無形資產投資。有形資產投資直接表現為物的形態的投資；無形資產作為投資手段時，必須使用價值尺度，將其轉化為資金形態。

投資過程既包括資金的投入，也包括資金的運用、管理與回收。資金投入只是投資的開始，只有通過投入、運用、管理、回收這一資金運動的全過程，才能考察投資預期目的的實現程度。投資活動既是經濟活動也是資金運動，離開資金運動，也就不存在投資。

（一）流動資產投資的管理

流動資產是生產經營活動的必要條件，其投資的核心不在於流動資產本身的多寡，而在於流動資產能否在生產經營中發揮作用。流動資產投資管理主要涉及以下三方面的內容，其管理目標是節約企業流動資金的使用和占用，更好地實現企業利潤。

1. 現金的管理

現金是可以立即投入流動的交換媒介。它的首要特點是普遍的可接受性，即可以

有效地立即用來購買商品、貨物、勞務或償還債務。因此，現金是企業中流動性最強的資產。屬於現金內容的項目，包括企業的庫存現金、各種形式的銀行存款和銀行本票、銀行匯票。有價證券是企業現金的一種轉換形式。

企業置存現金的原因，主要是滿足交易性需要、預防性需要和投機性需要。

（1）交易性需要是指滿足日常業務的現金支付需要。企業經常得到收入，也經常發生支出，兩者不可能同步同量。收入多於支出，形成現金置存；收入少於支出，需要借入現金。企業必須維持適當的現金餘額，才能使業務活動正常地進行下去。

（2）預防性需要是指置存現金以防發生意外的支付。企業有時會出現料想不到的開支，現金流量的不確定性越大，預防性現金的數額也就越大；反之，企業現金流量的可預測性強，預防性現金數額則可小些。此外，預防性現金數額還與企業的借款能力有關，如果企業能夠很容易地隨時借到短期資金，也可以減少預防性現金的數額；若非如此，則應擴大預防性現金額。

（3）投機性需要是指置存現金用於不尋常的購買機會，比如遇有廉價原材料或其他資產供應的機會，便可用手頭現金大量購入；再比如在適當時機購入價格有利的股票和其他有價證券等。當然，除了金融和投資公司外，一般地講，其他企業專為投機性需要而特殊置存現金的不多，遇到不尋常的購買機會，也常設法臨時籌集資金。但擁有相當數額的現金，確實為突然的大批採購提供了方便。

企業缺乏必要的現金，將不能應付業務開支，使企業蒙受損失。企業由此而形成的損失，稱為短缺現金成本。短缺現金成本不考慮企業其他資產的變現能力，僅就不能以充足的現金支付購買費用而言，內容上大致包括：喪失購買機會（甚至會因缺乏現金不能及時購買原材料，而使生產中斷造成停工損失）、造成信用損失和得不到折扣好處。其中失去信用而造成的損失難以準確計量，但其影響往往很大，甚至導致供貨方拒絕或拖延供貨，債權人要求清算等。

但是，如果企業置存過量的現金，又會因這些資金不能投入週轉無法取得盈利而遭受另一些損失。此外，在市場正常的情況下，一般說來，流動性強的資產，其收益性較低，這意味著企業應盡可能少地置存現金，即使不將其投入本企業的經營週轉，也應盡可能多地投資於能產生高收益的其他資產，避免資金閒置或用於低收益資產而帶來的損失。這樣，企業便面臨現金不足和現金過量兩方面的威脅。企業現金管理的目標，就是要在資產的流動性和盈利能力之間做出抉擇，以獲取最大的長期利潤。

2. 存貨的管理

存貨是指企業在生產經營過程中為銷售或者耗用而儲備的物資，包括材料、燃料、低值易耗品、在產品、半成品、產成品、協作件、商品等。如果工業企業能在生產投料時隨時購入所需的原材料，或者商業企業能在銷售時隨時購入該項商品，就不需要存貨。但實際上，企業總有儲存存貨的需要，並因此占用或多或少的資金。

首先，保證生產或銷售的經營需要。實際上，企業很少能做到隨時購入生產或銷售所需的各種物資，即使是市場供應量充足的物資也如此。這不僅因為不時會出現某種材料的市場斷檔，還因為企業距供貨點較遠而需要必要的途中運輸及可能出現運輸故障。一旦生產或銷售所需物資短缺，生產經營將被迫停頓，就會造成損失。因此為

了避免或減少出現停工待料、停業待貨等事故，企業需要儲存存貨。

其次，出於價格的考慮。零購物資的價格往往較高，而整批購買在價格上常有優惠。

但是，過多的存貨要占用較多的資金，並且會增加包括倉儲費、保險費、維護費、管理人員工資在內的各項開支。同時存貨占用資金是有成本的，占用過多會使利息支出增加並導致利潤的損失，各項開支的增加更直接使成本上升。進行存貨管理，就要盡力在各種存貨成本與存貨效益之間做出權衡，達到兩者的最佳結合，這也就是存貨管理的目標。

3. 應收帳款的管理

應收帳款是指因對外銷售產品、材料、供應勞務及其他原因，應向購貨單位或接受勞務的單位及其他單位收取的款項，包括應收銷貨款、其他應收款、應收票據等。應收帳款是一種商業信貸，必然要占用一定的資金。應收款投資較多，增加了資金占用和壞帳風險，但同時卻可以刺激銷售，增加利潤；反之，雖然減少了資金占用及其機會成本和壞帳風險，但也會降低銷售額。因此，合理的應收帳款投資必須在利潤與風險之間取得平衡。有的欠款超過了信用期是正常的，但到期後能否收回，要制定正確的收帳政策，及時的監督仍是必要的。企業對各種不同過期帳款的催收方式，包括準備為此付出的代價，就是它的收帳政策。比如，對過期較短的顧客，不過多地打擾，以免將來失去這一市場；對過期稍長的顧客，可措辭婉轉地寫信催款；對過期較長的顧客，可頻繁地信件催款並電話催詢；對過期很長的顧客，可在催款時措辭嚴厲，必要時提請有關部門仲裁或提請訴訟等。

催收帳款要發生費用，某些催款方式的費用還會很高（如訴訟費）。一般說來，收帳的花費越大，收帳措施越有力，可收回的帳款越大，壞帳損失也就越小。因此，制定收帳政策，又要在收帳費用和減少壞帳損失之間做出權衡。制定有效、得當的收帳政策很大程度上靠有關人員的經驗，從財務管理的角度講，也有一些數量化的方法可以參照。根據收帳政策的優劣在於應收帳款總成本最小化的道理，可以通過比較各收帳方案成本的大小對其加以選擇。

(二) 固定資產投資的管理

1. 固定資產投資策略

企業的固定資產投資主要有兩種策略：

一種是市場導向投資策略。它要求固定資產投資隨著市場的變化而適時地變化。但事實上，固定資產投資策略卻不可能隨之不停地變化，因為固定資產投資的量一般很大，它決定了企業的規模，並著眼於一定的時期。所以，在不斷變化的市場環境中，適時地抓住固定資產投資的時機，使之既不會使原有的投資浪費，又盡可能地發揮新投資的效益，是這一策略的關鍵所在。

另一種是最低標準收益率策略。這是指在企業決定某種固定資產投資之前，首先要制定出最低標準的投資回報率，只有高於這一收益率的項目才有可能被採納。從理論上講，可行的最低限度收益率應該是企業的資本成本率，但在實踐中，企業往往不

會滿足資本成本，從企業的發展願望出發，企業對風險的估計和對利潤的追求都要求項目的投資收益率高於資本成本率。

2. 投資決策的基本方法

企業投資活動有多種，如短期投資和長期投資、直接投資和間接投資、對內投資和對外投資等，這裡講的投資決策的基本方法主要是針對直接投資中的長期投資（如固定資產投資）。

評價投資方案時使用的經濟效果指標分兩類：

一類是非貼現指標，即不考慮時間價值因素的指標，主要包括投資回收期、投資收益率等。這類指標方法的優點是簡明、易算、易懂，主要缺點是沒有考慮資金的時間價值，把不同時間點上的現金收入和支出當作毫無差別的資金進行比較，這是不科學的，有時會做出錯誤決策。

另一類是貼現指標，即考慮了時間價值因素的指標，主要包括淨現值、現值指數、內部報酬率等。這類指標把不同時間點上的現金收入和支出按統一的折現率折算到同一時點上，使不同時期的現金具有可比性，這樣才能做出正確的投資決策。

第三節 成本、費用和利潤管理

成本和費用是企業在生產經營過程中發生的，並與生產經營有關的各項支出，成本和費用的管理是企業財務管理的核心內容之一。利潤是企業在一定時期內的經營成果，是企業實現盈餘的一種表現形式。它集中反應企業生產經營活動各方面的效益，是企業最終的財務成果，是衡量企業生產經營管理的重要綜合指標。

一、成本和費用管理

企業應當做好成本、費用管理的各項基礎工作，包括建立健全原始記錄，實行定額管理，嚴格計量驗收和物資發、領、退等制度，加強對成本、費用的管理。企業財務制度中，成本的管理採用製造成本法。在計算產品成本時，只分配與生產經營關係最直接和最密切的費用，而將與生產經營沒有直接關係和關係不密切的費用直接計入當期損益。按照製造成本法的要求，企業管理費用、財務費用、銷售費用不需要再按一定的標準在各種產品之間、各個成本計算期之間進行分配，避免了重複分配。

1. 成本和費用管理中必須注意的問題

（1）確定成本和費用開支的基本原則。企業應當根據《企業財務通則》、企業財務制度和有關規定，確定成本和費用的開支範圍。一切與生產經營有關的支出，都應當按規定計入企業的成本和費用，具體到財務會計來說，就是直接材料、直接工資、其他直接支出、製造費用本期固定資產折舊費管理費用、財務費用、銷售費用。其中直接材料、直接工資、其他直接支出和製造費用、本期固定資產折舊費構成產品的製造成本。而管理費用、財務費用和銷售費用三項間接費用不計入產品的製造成本，直接作為當期費用處理。

(2) 確定成本和費用開支範圍劃分的界限，具體包括：①分清本期成本、費用和下期成本、費用的界限。企業要按照權責發生制的原則確定成本費用開支。企業不能任意預提和攤銷費用。凡應由本期負擔而尚未支出的費用，應作為預提費用計入本期成本、費用。凡是已經支出，應由本期和以後各期負擔的費用，應作為待攤費用，分期攤入成本、費用。企業一次支付，分攤期限一般不超過一年。②分清在產品成本和產成品成本的界限。企業應當注意核實期末在產品的數量，按規定的成本計算方法正確計算在產品成本。不得任意壓低或提高在產品和產成品的成本。③劃清各種產品成本的界限。凡是能直接計入有關產品的各種直接成本，都要直接計入。與幾種產品共同有關的成本、費用先歸集，然後根據合理的分配標準，在各種產品之間正確分配。

(3) 明確不得列入成本和費用的開支。企業的下列支出，不得列入成本、費用：為購置和建造固定資產、無形資產和其他資產的支出；對外投資的支出；被沒收的財物，支付的滯納金、罰款、違約金、賠償金以及企業捐贈、讚助支出；國家法律、法規規定以外的各種費用；國家規定不得列入成本、費用的其他支出。

2. 目標成本

目標成本是指在一定時期內，為保證實現目標利潤而規定的成本控制目標。公式如下：

$$目標成本 = 預計銷售收入 - 應納稅金 - 預計目標利潤$$

$$單位目標成本 = \frac{目標成本}{預計產量}$$

目標成本是企業為確保實現利潤目標而努力降低成本必須達到的要求。確定目標成本後，還必須制定成本降低幅度，即成本降低目標。公式為：

$$成本降低率 = \frac{上年平均單位成本 - 單位目標成本}{上年平均單位成本} \times 100\%$$

$$成本降低率 = 上年平均單位成本 - 單位目標成本$$

為了達到降低成本目標，保證利潤目標的實現，還必須預測各項主要措施對目標成本的保證程度，以便把降低成本的必要性和可能性結合起來。預測的具體方法，是通過利用有關成本核算資料，按照影響單位產品成本變動的各個因素，對照計算指標分別計算這些因素對單位產品成本中有關項目的影響程度，然後用比重法進一步計算各因素變動對單位產品成本的影響，其基本公式為：

某項因素變動使成本降低率 = 預計該項因素變動程度 × 變動前該項因素占成本的百分比

3. 決策成本

決策成本是指為決策而提供的成本。決策成本是一種預測成本，它根據決策內容和要求的不同而採用各種特殊的計算方法，它是成本資料在管理中的應用。應用決策成本進行事前的預測和決策，首先要瞭解成本習性。成本習性可將企業的全部成本分為變動成本和固定成本兩大類。凡是在一定時期和一定業務量範圍內，成本總額中一部分與業務量總數成正比變動關係的部分，叫作變動成本；反之，成本總額中一部分不受業務量增減變動影響的部分，叫作固定成本。總成本是一種混合成本，它同時兼有變動與固定兩種不同的性質。混合成本可以分解成變動成本和固定成本。在按成本

習性將企業成本歸類的基礎上，就可以實際運用決策成本了。

二、營業收入管理

營業收入是企業在生產經營過程中，對外銷售商品或提供勞務等取得的各項收入，它由主營業務收入和其他業務收入構成。在市場經濟條件下，企業是獨立的商品生產者和經營者，為了在激烈的市場競爭中立於不敗之地，必須增加營業收入，提高經濟效益。營業收入管理是企業財務管理的一個重要方面，它關係到企業的生存和發展。

1. 營業收入管理的要求

企業在生產經營過程中，為了增加營業收入，必須組織好生產經營活動，加強各個經營環節的管理，做好預測、決策、計劃和控制工作。一般來說，營業收入的管理應該注意以下幾點：

（1）加強對市場的預測分析，調整企業的經營戰略。中國正在建立和完善社會主義市場經濟體制，企業從過去傳統的計劃經濟體制束縛中解放出來，成為自主經營、自負盈虧的獨立的商品生產者和經營者，企業的生產經營活動必須以市場為導向，根據市場的需求變化來調整自己的經營活動，為此，企業必須加強對市場的預測，為企業的經營決策提供充分的依據。否則，企業不瞭解市場的變化，盲目地生產經營，必然會給企業造成重大的經濟損失，在激烈的市場競爭中終究將被淘汰。對市場進行預測分析，不僅要預測短期的市場需求，更要預測長期的市場變化趨勢，以調整企業的經營戰略，這樣才能使企業在激烈的市場競爭中立於不敗之地。

（2）根據市場預測，制訂生產經營計劃，組織好生產和銷售，保證營業收入的實現。營業收入的實現是企業生產經營的一個重要目標，它是在市場預測分析的基礎上制定的，為了保證這個經營目標的實現，必須加強生產經營管理，改進技術，提高產品質量，提高服務水平，以增加企業的信譽，這樣才能使企業佔有更多的市場份額，擁有更多的客戶。企業必須根據生產經營計劃的要求，協調好供、產、銷各個經營環節，使預期的生產經營計劃得以順利實現。

（3）積極處理好生產經營中存在的各種問題，提高企業的經濟效益。企業在生產經營過程中，因為預測偏差、計劃失誤、管理不力或者市場環境發生變化等原因，可能會出現許多問題，如供應失調、產品結構不合理、存貨積壓等現象，這些問題都會影響企業營業收入的正常實現。因此，企業必須適應客觀環境的變化，調整生產經營活動，妥善處理各種問題，以增加營業收入，保證企業經營目標的實現。處理這些問題也是一個決策過程，必須掌握充足的數據，進行全面分析，在調查研究的基礎上做出合理的決策，以免造成新的失誤，帶來新的問題。

2. 營業收入的影響因素

在生產經營活動中，許多因素影響著營業收入的實現，通常在營業收入管理中主要應考慮以下幾項影響因素：

（1）價格與銷售量。這是影響營業收入的最主要因素，營業收入實際上就是銷售產品或勞務的數量與價格的乘積，因此這兩個因素直接影響著營業收入的實現。其中價格因素更加敏感，如果價格定得過高，就會減少銷售量，從而會影響企業的營業收

入；反之，如果價格定得過低，雖然可以增加銷售量，但是營業毛利下降，會影響到企業的收益，這就要求企業根據市場供求狀況以及本企業產品的成本與質量，確定合理的價格。同時，深入調查和研究市場，努力做好促銷工作，擴大本企業產品的市場佔有份額。

（2）銷售退回。銷售退回是指在產品已經銷售，營業收入已經實現以後，由於購貨方對收到貨物的品種或質量不滿意，或者因為其他原因而向企業退貨，企業向購貨方退回貨款。銷售退回是營業收入的抵減項目，因此，在營業收入管理中，企業要盡力提高產品質量，認真做好發貨工作，搞好售後服務工作，盡可能減少銷售退回。

（3）銷售折扣。銷售折扣是企業根據客戶的訂貨數量和付款時間而給予的折扣或給予客戶的價格優惠。銷售折扣雖然也衝減營業收入，但是與銷售退回相比，銷售折扣是企業的一種主動行為，它往往是出於提高市場佔有份額、增加營業收入的目的。

（4）銷售折讓。銷售折讓是企業向客戶交付商品後，因商品的品種、規格或質量等不符合合同的規定，經企業與客戶協商，客戶同意接受商品，而企業在價格上給予一定比例的減讓。銷售折讓也應衝減當期的營業收入。

3. 營業收入的控制

控制就是按照計劃的要求對生產經營活動的過程與結果進行監督管理，以達到完成預定的經營目標、提高經濟效益的目的。營業收入的控制主要是對銷售收入的控制。在銷售收入的控制過程中，要加強各個環節的監督管理，以達到增加銷售收入、節約銷售費用的目的。一般來說，銷售控制主要包括以下幾個方面：

（1）調整推銷手段，認真執行銷售合同，擴大產品銷售量，完成銷售計劃。在市場經濟條件下，企業的推銷手段對產品的銷售具有重大影響，推銷手段高，可以擴大產品銷售量，增加銷售收入。在銷售產品時，要認真執行與客戶所簽訂的經濟合同，這樣不僅可以加速企業的資金週轉，而且可以提高企業的信譽，為企業生產經營創造良好的環境。

（2）提高服務質量，做好售後服務工作。質量是企業的生命，關係到企業生產經營的成敗興衰。服務質量不僅包括企業服務態度和服務水平，也包括企業產品的質量。提高服務質量可以使銷售工作少出問題，減少銷貨退回，減少經濟糾紛，增加企業的銷售收入。售後服務對企業銷售也至關重要，它有助於提高企業信譽，增強產品競爭能力，擴大銷售。

售後服務包括的內容很廣泛，如為客戶安裝調試產品、提供技術諮詢、建立維修服務網點等。售後服務是實行競爭、打開產品銷路的重要手段，是一種必要的追加投資。

（3）及時辦理結算，加快貨款回收。貨款結算與回收一般由財務部門統一辦理，但是銷售部門也應該協助財務部門做好貨款回收工作。貨款回收關係到企業資金的週轉速度，如果貨款拖欠太多，以致發生壞帳損失，就會影響企業經營目標的實現。為了減少壞帳數量，企業在銷售產品時，一定要在合同中明確雙方的責任和貨款結算方式，在改善本企業的商品發運工作的情況下，也要認真審查對方的信譽情況。

（4）在產品銷售過程中，要做好信息反饋工作。企業產品生產和銷售必須以市場

為導向，根據市場需求變化來調整自己的經營活動。企業在銷售產品過程中，要瞭解市場情況，收集各種信息，以使企業根據市場變化來調整計劃的不合理之處，同時也為未來預測做好準備。

三、利潤管理

利潤集中反應企業生產經營活動各方面的經濟效益，是企業最終的財務成果，是衡量企業生產經營管理的重要綜合指標。

1. 利潤的構成

利潤是企業在一定時期內生產經營活動所取得的主要財務成果。企業實現的利潤總額由營業利潤、投資淨收益以及營業外收支淨額組成。其計算公式為：

$$利潤總額＝營業利潤＋投資淨收益＋營業外收入－營業外支出$$

其中：

營業利潤＝主營業務利潤＋其他業務利潤－管理費用－財務費用

主營業務利潤＝主營業務收入－主營業務成本－主營業務費用－主營業務稅金及附加

其他業務利潤＝其他業務收入－其他業務支出

2. 利潤預測

利潤預測是企業經營預測的一個重要方面，它是在銷售預測的基礎上，通過對產品的銷售數量、價格水平、成本狀況進行分析和測算，預測出企業未來一定時期的利潤水平。利潤預測的方法很多，這裡主要介紹最常用的量本利分析法。

量本利分析法又稱損益平衡分析法，是專門研究成本、業務量、利潤三者之間的依存關係的分析方法。利用它可以分析盈虧平衡點（即保本點）以及獲得目標利潤要達到的業務量、價格、成本水平等，從而為企業的生產經營進行預測和決策提供有關數據，它是確定利潤目標的一種有效方法。

在量本利分析中，按照成本與業務量的關係，可劃分為變動成本和固定成本。業務量一般指企業的產銷量（產銷一致）或商業企業的銷售量。利潤是指息稅前利潤。在量本利分析中，假定單位變動成本、固定成本總額在一定的範圍和時期內保持不變。因此，實際情況如果與這些假定有出入，分析結構必須做相應的調整。其基本計算公式如下：

$$利潤＝銷售收入－變動成本總額－固定成本總額$$
$$＝單價×銷售量－單位變動成本×銷售量－固定成本總額$$
$$＝（單價－單位變動成本）×銷售量－固定成本總額$$

在上述公式相關五個變量中，給定其中四個，便可求出另一個變量的值。如計算銷售量的公式為：

$$銷售量＝\frac{固定成本＋利潤}{單價－單位變動成本}$$

【例4】某企業生產甲產品，根據成本習性，甲產品的單位變動成本為10元，固定成本總額為20 000元，市場上甲產品每件的銷售價格為15元。要求預測該產品的保本銷售量和保本銷售額；目標利潤為10 000元時的銷售量和銷售額。

此題是預測甲產品的保本點，保本點一般有兩種表示方法，即保本銷售量和保本銷售額。保本點的利潤應為 0，則

$$\text{保本銷售量} = \frac{\text{固定成本}}{\text{單價} - \text{單位變動成本}} = \frac{20\,000}{15 - 10} = 4,000 \text{（件）}$$

保本銷售額＝保本銷售量×單價＝4,000×15＝60 000（元）

當目標利潤為 10 000 元時：

$$\text{銷售量} = \frac{\text{固定成本} + \text{利潤}}{\text{單價} - \text{單位變動成本}} = \frac{20\,000 + 10\,000}{15 - 10} = 6,000 \text{（件）}$$

銷售額＝銷售量×單價＝60 00×15＝90 000（元）

從上式不難看出，企業利潤的大小，主要受銷售量、銷售單價、單位變動成本和固定成本總額等因素的影響。在已知這些因素的情況下，就可以根據這個基本公式計算目標利潤。或者，在確定了利潤目標的情況下，就可以確定上述因素如何變動才能保證利潤目標的實現。

第四節　財務分析

為了深入瞭解企業的財務狀況與經營成果，企業及投資者等方面要對企業的財務報表提供的數據進行財務分析。財務分析有兩種方法：一是趨勢分析法，就是根據連續幾期的財務報表，比較各個項目前後的變化情況，來判斷企業財務和經營上的變化趨勢；二是比率分析法，即根據同一期財務報表各個項目之間的相互關係，求出它們的比率，從而對企業的財務和經營狀況做出分析和評價。財務分析是財務管理的重要方法之一，是對企業一定期間的財務活動的總結，為財務預測和財務決策提供依據。

一、財務分析的基礎

財務分析的基礎是企業的財務報告，財務報告是反應一定時期內的財務狀況、經營成果和影響企業未來發展的重要經濟事項的書面文件。企業財務報告主要包括資產負債表、損益表、現金流量表、其他報表及財務狀況說明書。這些報表及財務狀況說明書集中、概括地反應了企業的財務狀況、經營成果和現金流量情況等財務信息，對它們進行分析，可以更加系統地揭示企業的償債能力、營運能力、獲利能力等財務狀況。

二、償債能力分析

償債能力是指企業償還各種到期債務的能力。償債能力分析是企業財務分析的一個重要方面，通過這種分析可以揭示企業的財務風險。企業財務管理人員、債權人及投資者都十分重視企業的償債能力分析。評價企業償債能力的指標主要有流動比率、速動比率和資產負債率等指標。

1. 流動比率

流動比率是企業流動資產與流動負債的比率。用公式可以表示為：

$$流動比率=\frac{流動資產}{流動負債}$$

一般認為，生產企業合理的最低流動比率在 2.0 比較合適。這是因為流動資產中變現能力最差的存貨金額約占流動資產總額的一半，剩下的流動性較大的流動資產至少要等於流動負債，企業的短期償債能力才會有保證。人們長期以來的這種認識，因未能從理論上證明，還不能成為一個統一的標準。

2. 速動比率

速動比率能夠較準確地反應企業的償債能力。企業流動資產中扣除存貨後的資產叫作速動資產。速動比率是速動資產與流動負債的比值。用公式可以表示為：

$$速動比率=\frac{速動資產}{流動負債}=\frac{流動資產-存貨}{流動負債}$$

通常認為正常的速動比率為 1，低於 1 的速動比率被認為是短期償債能力偏低。這僅是一般的看法，因為行業不同，速動比率會有很大的差別，沒有統一標準的速動比率。例如，採用大量現金銷售的商店，幾乎沒有應收帳款，大大低於 1 的速動比率則是很正常的。相反，一些應收帳款較多的企業，速動比率可能要大於 1。

影響速動比率可信性的重要因素是應收帳款的變現能力。帳面上的應收帳款不一定都能變成現金，實際壞帳可能比計提的準備要多；季節性的變化，可能使報表的應收帳款數額不能反應平均水平。這些情況，外部使用人不易瞭解，而財務人員卻有可能做出估計。

3. 資產負債率

資產負債率又稱負債比率，是企業負債總額除以資產總額的比率。用公式可以表示為：

$$資產負債率=\frac{負債總額}{資產總額}\times100\%$$

不同的人對負債比率的要求不盡相同，債權人關心的是貸給企業款項的安全程度，如果負債比率較高，則企業的風險將主要由債權人承擔，這對債權人是不利的；而產權擁有者卻希望負債經營，以提高資金利潤率。

三、營運能力分析

營運能力是用來衡量企業在資產管理方面效率的財務指標。營運能力指標主要包括：營業週期、存貨週轉率、應收帳款週轉率、流動資產週轉率和總資產週轉率。

1. 營業週期

營業週期是指從取得存貨開始到銷售存貨並收回現金為止的這段時間。營業週期的長短取決於存貨週轉天數和應收帳款週轉天數。營業週期的計算公式如下：

$$營業週期=存貨週轉天數+應收帳款週轉天數$$

把存貨週轉天數和應收帳款週轉天數加在一起計算出來的營業週期，指的是需要

多長時間能將期末存貨全部變為現金。一般情況下，營業週期短，說明資金週轉速度快；營業週期長，說明資金週轉速度慢。

2. 存貨週轉率

在流動資產中，存貨所占的比重較大。存貨的流動性，將直接影響企業的流動比率，因此，必須特別重視對存貨的分析。存貨的流動性，一般用存貨的週轉速度指標來反應，即存貨週轉率或存貨週轉天數。

存貨週轉率是衡量和評價企業購入存貨、投入生產、銷售收回等各環節管理狀況的綜合性指標。它是銷售成本除以平均存貨而得到的比率，或叫存貨的週轉次數，用時間表示的存貨週轉率就是存貨週轉天數。計算公式為：

$$存貨週轉率 = \frac{銷售成本}{平均存貨}$$

其中：

$$平均存貨 = \frac{期初存貨 + 期末存貨}{2}$$

$$存貨週轉天數 = \frac{360}{存貨週轉率}$$

【例5】M公司2014年度產品銷售成本為2,644萬元，期初存貨為326萬元，期末存貨為119萬元。該公司存貨週轉率為：

$$存貨週轉率 = \frac{2,644}{\frac{326+119}{2}} \approx 11.88 （次）$$

$$存貨週轉天數 = \frac{360}{11.88} \approx 30 （天）$$

一般來講，存貨週轉速度越快，存貨的占用水平越低，流動性越強，存貨轉換為現金或應收帳款的速度越快。提高存貨週轉率可以提高企業的變現能力，而存貨週轉速度越慢，則變現能力越差。

3. 應收帳款週轉率

應收帳款和存貨一樣，在流動資產中有著舉足輕重的地位。及時收回應收帳款，不僅可以增強企業的短期償債能力，也反應出企業管理應收帳款方面的效率。

反應應收帳款週轉速度的指標是應收帳款週轉率，也就是年度內應收帳款轉為現金的平均次數，它說明應收帳款流動的速度。用時間表示的週轉速度是應收帳款週轉天數，也叫平均應收帳款回收期或平均收現期，它表示企業從取得應收帳款的權利到收回款項、轉換為現金所需要的時間。其計算公式為：

$$應收帳款週轉率 = \frac{銷售收入}{平均應收帳款}$$

$$應收帳款週轉天數 = \frac{360}{應收帳款週轉率}$$

公式中的「銷售收入」數據來自損益表，是指扣除折扣和折讓後的銷售淨額。「平

均應收帳款」是指未扣除壞帳準備的應收帳款金額，它是資產負債表中「期初應收帳款餘額」與「期末應收帳款餘額」的平均數。

【例6】M公司2014年度銷售收入為3,000萬元，年初應收帳款餘額為200萬元，年末應收帳款餘額為400萬元。則應收帳款週轉率為：

$$應收帳款週轉率 = \frac{3,000}{\frac{200+400}{2}} = 10（次）$$

$$應收帳款週轉天數 = \frac{360}{10} = 36（天）$$

一般來說，應收帳款週轉率越高，平均收帳期越短，說明應收帳款的收回越快。否則，企業的營運資金會過多地呆滯在應收帳款上，影響正常的資金週轉。

4. 流動資產週轉率

流動資產週轉率是銷售收入與全部流動資產平均餘額的比值。其計算公式為：

$$流動資產週轉率 = \frac{銷售收入}{平均流動資產}$$

其中：

$$平均流動資產 = \frac{年初流動資產 + 年末流動資產}{2}$$

【例7】M公司年初流動資產為610萬元，年末流動資產為700萬元。流動資產週轉率為：

$$流動資產週轉率 = \frac{3,000}{\frac{610+700}{2}} \approx 4.58（次）$$

流動資產週轉率反應流動資產的週轉速度。週轉速度快，會相對節約流動資產，等於相對擴大資產投入，增強企業盈利能力；而延緩週轉速度，需要補充流動資產參加週轉，形成資金浪費，降低企業盈利能力。

5. 總資產週轉率

總資產週轉率是銷售收入與平均資產總額的比值。其計算公式為：

$$總資產週轉率 = \frac{銷售收入}{平均資產總額}$$

其中：

$$平均資產總額 = \frac{年初資產總額 + 年末資產總額}{2}$$

該項指標反應資產總額的週轉速度。週轉越快，反應銷售能力越強。企業可以通過薄利多銷的辦法，加速資產的週轉，帶來利潤絕對額的增加。

四、獲利能力分析

獲利能力是指企業賺取利潤的能力，投資者及公司經營者都關心這一比率。衡量獲利能力的指標有資產報酬率、股東權益報酬率和銷售淨利潤率等。

1. 資產報酬率

資產報酬率是一定時期內的淨利潤與資產平均餘額的比率，用以衡量企業使用全部資產獲取淨利潤的能力。資產報酬率的計算公式為：

$$資產報酬率 = \frac{淨利潤}{資產平均餘額} \times 100\%$$

資產報酬率綜合反應了企業資產的營運效果。在資本結構相同的情況下，該比率越高，說明企業利用有限資產獲取淨利潤的能力越強。在實際運用中，行業間資產報酬率會趨於平衡。這是因為資產作為一種資源，會從低報酬率行業向高報酬率行業轉移，直至每個行業獲得平均利潤率。

2. 股東權益報酬率

股東權益報酬率也稱淨資產收益率，是淨利潤與股東權益平均總額的比率。用公式表示為：

$$股東權益報酬率 = \frac{淨利潤}{平均淨資產} \times 100\%$$

股東權益報酬率反應了企業資產利用效果和利用財務槓桿的能力。

3. 銷售淨利潤率

銷售淨利潤率是淨利潤與銷售收入的比率。用公式表示為：

$$銷售淨利潤率 = \frac{淨利潤}{銷售收入} \times 100\%$$

【例8】M公司的淨利潤是136萬元，銷售收入是3,000萬元，則：

$$銷售淨利潤率 = \frac{136}{3,000} \times 100\% = 4.53\%$$

在資本結構一定的情況下，銷售淨利潤率越高，企業通過銷售獲得利潤的能力就越強。

復習思考題：

1. 財務管理的目標有哪些？
2. 企業融資的渠道和方式有哪些？
3. 企業為何要置存現金？
4. 如何區分成本和費用的界限和範圍？
5. 如何管理和控制企業營業收入？
6. 企業財務分析的方法有哪些？如何分析？

[**本章案例**]

中小企業的財務分析

　　財務比率分析對中小企業特別有用，一些數據機構可以根據企業規模提供可比性數據。儘管如此，分析一家中小企業的財務報表仍然會遇到一些特殊的問題。在這裡，我們從一個銀行信貸人員的角度來考察這些問題，銀行信貸人員也是比率分析的最常見的使用者。

　　當評價一家中小企業的信用前景時，銀行人員必須預測企業償債能力。在做這種預測時，銀行人員將會特別關心有關流動性的指標以及企業的盈利前景。就新客戶而言，銀行人員願意接受能夠及時還本付息的企業，並且企業業務能夠在未來持續盈利，從而可以在未來數年中一直作為銀行的客戶。因此，對銀行信貸人員來講，短期與長期的考慮都非常重要。同樣，銀行信貸人員的觀點對於那些既是企業所有者又是企業經理的人也非常重要，因為銀行可能是企業資金的主要來源。

　　與銀行的大客戶不同，中小企業的財務報表可能沒有經過審計，這是銀行信貸人員可能遇到的第一個問題。此外，企業財務報表的編製可能不是定期的，如果企業歷史不長，企業以往的財務報表可能只有 1 年，或者根本就沒有。同樣，企業的財務報表可能不是由有聲望的會計企業編製的，而是由企業所有者的親戚編製的。

　　因此，對於中小企業來說，在努力建立與銀行的關係時，其財務數據的質量可能是一個嚴重的障礙。在這種情況下，即使企業實際的財務狀況非常好，可能也難以獲得銀行的信貸支持。因此，保持企業財務數據的可靠性，有利於保障企業所有者的利益，即使這樣做會花費巨額的成本，但應該也是值得的。此外，如果銀行人員對企業提供的數據不滿意，企業管理層也不會感到舒服，因為許多的管理決策要依賴於企業會計報表提供的數據，這些數據如果不充足或不精確，肯定會影響決策。

　　對於給定的一組財務比率來說，中小企業可能會顯示出比大企業更高的風險。銀行在為中小企業提供信用時，特別是為那些既是所有者又是經理的人管理的企業提供信用時，經常會遇到另一種風險，這也是大企業不常遇到的問題——中小企業的興衰經常依賴於某一個關鍵的個人，而一旦這一領袖人物出現意外，企業也就垮了。類似地，如果企業是由一個家族所有並由家族管理，通常有一個關鍵的決策人，雖然會有其他的家族成員參與進來並幫助管理企業。

　　總而言之，要確定一家中小企業的授信額度，財務分析人員必須「放眼財務比率之外」進行分析，分析企業的產品、客戶、管理者以及市場的生命力。當然，在這種信用分析中，財務比率分析仍然是分析的第一步。

　　（資料來源：Eugene F. Brigham and Joel F. Houston. Fundamentals of Financial Management, 2004）

　　討論題：當評估企業未來財務業績時，分析人員應該考慮哪些因素？

第十二章　人力資源管理

對人的管理，從一定意義上講，是任何一位管理者都必然要擔負的重要職責，因為管理者要管事，而任何事都是通過人來做的，所以管理必定要管人，也就是說管理者是廣義的人力資源管理功能的執行者。但狹義的人力資源管理卻是指那些在人力資源管理職能部門中的專職人員所做的工作。人力資源管理是近幾十年來才逐漸出現並普及的新概念，中國企業人力資源管理的發展也同樣經歷了人事管理階段、人力資源管理階段和人力資本管理階段。早期的人事管理與生產、營銷、財務等管理同為企業經營管理中不可或缺的基本管理職能。但由於其工作的內容主要是較簡單的行政事務性、低技術性的事務，所以曾長期被忽略和輕視。隨著企業內、外環境的變化，這項工作的作用日漸重要起來，於是，人事管理更名為人力資源管理。這不僅是名稱上的改變，其具體的工作內涵也有了深刻的變化，但更根本的是，在觀念上對企業最寶貴的資源——人的認識上，有了質的改變。本章主要闡述了人力資源管理的概念、特點、基本原理、人力資源規劃、人員的招聘、人員培訓、績效評估等內容。

第一節　人力資源管理概述

現代企業越來越重視人力資源。成功的企業已認識到它們的員工比它們的機器設備更為重要。因此，現在大多數企業都設有企業人力資源開發與管理部門，以幫助企業做好挑選員工和培訓的工作。這種人力資源開發與管理部門在制訂工薪計劃以及其他有關保健、安全和福利等計劃方面也起著積極的作用。對許多企業來說，人力資源開發與管理部門已變得更加重要，它與企業的其他基本經營管理部門，如市場營銷、生產和財務等部門比較起來，已具有同等地位。因此，大、中型企業有必要設立專門的企業人力資源開發與管理部門。當然，在較小型的企業中，企業人力資源開發與管理部門的人員可能較少，有些職務可能合併。

一、企業人力資源

企業是由人、財、物有機構成的社會經濟組織。在這個組織結構中，人的要素居於主導地位。古人的「謀事在人」也講的是這樣的道理。人力資源是企業最寶貴的資源，在其他條件相同的情況下，企業的競爭就是人的素質的競爭、經營管理人才的競爭。重視人力資源的開發，企業就會充滿生機和活力，在激烈的經營競爭中立於不敗之地。

企業的人力資源就是企業進行生產經營活動所必需的各類員工。企業人力資源與財力資源、物力資源和信息資源相比有明顯的區別，它具有以下特點：

（1）主導性。人類社會的生產，需要人力資源和物力資源的結合運用，然而人是活的、主動的，物是死的、被動的，對物的開發和利用要靠人去發現、認識、設計、運用或創造。因此，與物力資源相比，人力資源占主導地位。

（2）社會性。人類勞動以合作的方式進行，人具有社會的屬性，個人創造力受社會環境、文化氛圍的影響和制約。

（3）主動性。人不僅能適應環境，更重要的是人可以改變環境、創造環境，人具有主動性。

（4）自控性。人力資源的利用程度是由人自身控制決定的，積極性的高低調節著人的作用的發揮程度。

（5）成長性。物力資源一般來說只有客觀限定的價值，而人的創造力可以通過教育培訓以及實踐經驗的累積不斷成長，人的潛力是無限的。

二、企業人力資源管理

企業人力資源管理就是實行一整套吸引人才的獨特制度及對企業人力因素進行一系列的組織和激勵活動，使企業人力與物力保持最佳的結合，充分發揮人的主觀能動性，以促進企業不斷地發展。

企業人力資源管理的形式有兩種：一是勞動管理，二是行為管理。從數量上對企業人力資源進行的管理，即人的內在管理，稱為勞動管理；從質量上對企業人力資源進行的管理，稱為行為管理。在傳統管理方式中，人力資源管理形式主要以勞動管理為主，行為管理的作用很小。在科學管理方式中，還是以勞動管理為主，但行為管理的作用有所增加。在現代管理方式中，從勞動管理與行為管理二者並重，進一步過渡到以行為管理為主。目前，中國企業在人力資源管理中，一方面要加強勞動管理，另一方面更要重視行為管理。

三、企業人力資源管理的作用

人力資源管理是企業內部生產力管理的一個重要方面。一個企業要完成既定的生產任務或經營目標，不僅要具備一定的機器設備、原材料或服務設施，還要有一定數量的經過培養和訓練的勞動力，這樣生產過程或經營過程才能得以順利進行。企業在進行資金、原材料、技術、時間和商品等生產因素或經營因素的組合過程中，其計劃、組織、指揮、協調、控制等一系列管理活動，無一不涉及人的管理活動。所以，合理地組織企業勞動力，有效地挖掘和發揮企業人力資源的作用，有計劃地培養和訓練勞動力，加強勞動力的保護，正確貫徹按勞分配的原則，是企業人力資源管理的基本任務。

實踐證明，重視和加強企業人力資源管理，對於保護生產經營的運行、提高企業經濟效益、實現管理的現代化有著重要的作用。

（1）有利於保證生產經營的順利進行。在企業經營中，企業需要特定的人才。發

現、引進、培養經營管理人才，才能使企業生產經營順利進行。勞動力是企業生產力的重要組成部分，只有通過組織勞動力，不斷協調勞動力之間、勞動力與勞動資料和勞動對象之間的關係，才能充分利用現有的生產資料和勞動力資源，使它們在生產經營過程中最大限度地發揮作用，並在空間上和時間上使勞動力、勞動資料和勞動對象形成最優的組合，從而保證生產經營活動有條不紊地進行。

（2）有利於提高經濟效益。①有利於調動勞動者的積極性，提高勞動效率。企業管理中的人是有生命的，他們有思想、有感情、有尊嚴，這就決定了企業人力資源管理必須設法為勞動者創造一個適合他們需要的勞動環境，使他們安於工作、樂於工作和忠於工作，並能夠積極主動地把個人勞動潛力和全部智慧奉獻出來，為企業創造出更有效的生產經營成果。因此，企業必須善於處理好物質獎勵、行為激勵以及政治思想教育工作這三方面的關係，使勞動者始終保持旺盛的工作熱情，充分發揮自己的專長，努力學習技術和鑽研業務，不斷改進工作，從而達到提高勞動生產率的目的。②有利於減少勞動耗費，提高經濟效益。經濟效益是指進行經濟活動的耗費和所得之間的差額。減少勞動耗費的過程，就是提高企業經濟效益的過程。所以，合理組織勞動力，科學地調配勞動力，充分發揮管理人才在合理決策、設計開發方面的作用，加強企業的定額管理、定員管理，確保勞動力、勞動工具和勞動對象之間的合理結合，就可以促使企業以最小的勞動消耗，取得最大的經濟效益。

（3）有利於實現企業管理的現代化。實現企業管理的現代化，不僅要實現生產經營技術裝備的現代化，更重要的是實現管理人才的現代化。一個企業只有擁有第一流的人才，才會有第一流的計劃、第一流的組織和第一流的領導，才能充分而有效地掌握和應用第一流的現代化技術，創造出第一流的產品和服務。否則，如果一個企業不具備優秀的管理者和勞動者，企業的先進設備和技術只能付諸東流。提高企業現代化管理水平，最重要的是提高企業勞動者的素質。可見，注重加強對企業人力資源的開發和利用，搞好職工培訓教育工作，是實現企業管理現代化不可缺少的一個方面。隨著中國企業現代化技術裝備程度的不斷提高，企業人力資源管理將越來越顯得突出和重要。

四、企業人力資源管理的基本原理

企業人力資源管理必須遵循一定的原理和規律，下面主要討論幾個基本的原理。

1. 系統優化原理

系統是指由若干相互聯繫、相互作用的元素組成，在一定環境中有特定功能和共同目標的有機綜合體。系統的優化是指經過有效的規劃、組織、領導和控制，使系統整體功能獲得最優績效的過程。具體地講，系統優化原理包含下述幾方面的內容：

（1）系統的整體性。從系統功能的整體性來說，系統的功能不等於要素功能的簡單相加，而是往往要大於各個部分功能的代數和。這裡的「大於」不是指數量上大，而是指總體功能的產生是一種質變。因此，要從整體著眼、部分著手，統籌考慮，各方協調，達到系統的整體優化。

（2）系統的動態性。系統作為一個運動著的有機體，必須不斷地完善和改變自己的功能以及元素間的相互關係，預見系統的發展趨勢，樹立超前觀念，減少偏差，使

系統向期望的目標方向發展,從而達到系統的動態優化。

(3) 系統的開放性。任何有機系統都必須與外界不斷交流物質、能量和信息,才能維持其生命,只有當系統從外部獲得的能量大於系統內部消耗的能量時,才能不斷發展壯大。所以,對外開放是系統永葆青春的根本。

(4) 系統的適應性。系統與環境進行物質、能量和信息交流,必須保持很強的適應狀態,才能達到系統的整體優化。

2. 能級對應原理

所謂能級是指人的能力大小。能級對應原理包含以下幾個要點:①能力存在差異;②人力資源管理必須分層次、分對象,具有穩定的組織形式;③對能級應表現為不同的責、權、利;④人的能級必須與其所處的崗位層次動態對應;⑤人的能級不是固定不變的,能級本身具有動態性、可變性和開放性;⑥人的能級與崗位層次的對應程度標誌著管理水平的高低和人力資源管理狀態的優劣。

3. 系統動力原理

所謂動力是指激勵的推動力。系統動力原理包含下述內容:①物質動力,即通過物質鼓勵達到激發人的目的;②精神動力,即通過表彰、提升等精神鼓勵的形式肯定人們的工作業績,激勵人們繼續努力工作;③信息動力,即通過好消息增強人們的信心和追求,從而起到激勵的作用。

4. 互補增值原理

在社會生產過程中,人的經濟活動是有組織的群體活動,在對人力資源的分配及應用中,互補增值原理包括:知識互補、氣質互補、能力互補、性別互補、年齡互補、性格互補和技能互補等等。由此,還必須注意互補的群體中要有共同的價值觀、合作者的道德品質修養等,以實現「增值」之目的。總之,如能理解上述的人力資源管理的基本原理,並靈活地加以運用,就能富有成效地全面開發企業人力資源的潛力,大大提高企業的勞動生產率,促進企業經濟效益的增長。

五、企業人力資源管理的內容

人力資源管理的內容相當豐富,概括地說,主要有三個方面:①人力資源的規劃。對企業而言,人力資源規劃就是確定人員的需求及人員的配置,制定人力資源管理的規章、制度。②人力資源的開發,主要包括招聘和選聘新職工、激勵員工和培訓員工。③人力資源的評價,包括崗位評價、人員素質測評、員工的績效考評和人力資源開發利用的總體評價等等。

第二節　企業人力資源規劃

企業人力資源規劃是預測企業未來的人才需求情況,並通過制訂和實施相應的計劃來使人力資源供求關係協調平衡的過程。人力資源管理部門可根據所獲得的數據資料制定相應的政策(人才的培養、分配、使用、流動、晉升和退休等),從而保證未來

人力資源的數量和質量。

一、企業人力資源規劃的任務和內容

1. 人力資源規劃的任務

（1）根據企業整體戰略規劃和中長期經營計劃，研究市場變化的趨勢，掌握科學技術革新的方向，確定各種人力資源需求。

（2）組織的調整設計對人力資源需求的影響極為重大，因此人力資源規劃必須研究未來企業組織變革的可能性，確定由於機械設備的變更、企業活動範圍的擴大而產生的組織原則與形態的變更，進而推斷未來的人力資源需求的變動狀況。

（3）分析現有人力資源的素質、年齡結構與性別結構、變動率及缺勤率和工作情緒的變動趨勢等狀況，決定完成各項生產經營工作所需的各種類別和等級的人力資源。

（4）研究分析就業市場的人力資源供需狀況，確定可以從社會人力資源供給中直接獲得，或與教育及培訓機構合作預先為之培養的各種類別和等級的人力資源。如果發現某一類別和等級的人力資源，上述兩種途徑都不可能取得，則還須自行制訂人力資源訓練計劃，培養人才。

（5）使人力資源規劃體系中的各項具體的計劃保持平衡，並使之與企業的發展規劃和經營計劃能相互銜接。

2. 人力資源規劃的內容

人力資源規劃的內容包括兩個層次，即總體規劃及各項業務計劃。人力資源的總體規劃是有關計劃期內人力資源開發利用的總目標、總政策、總體實施步驟及總預算的安排；而人力資源規劃所屬的各項業務計劃包括人員補充計劃、人員使用計劃、人才接替及提升計劃、教育培訓計劃、評價及激勵計劃、勞動關係計劃和退休解聘計劃等等。每一項具體的業務計劃由目標、政策、步驟及預算等部分構成。業務計劃是總體規劃的展開和具體化，是人力資源總體規劃目標實現的保證。

3. 人力資源規劃的程序

人力資源規劃的過程一般包括四個步驟：準備階段、預測階段、實施階段和評估階段。如圖 12-1 所示。

二、人員配置及原則

1. 人員配置

人員配置是人力資源規劃後的落實階段。組織機構中各級各類職務需要人去擔當，計劃控制過程需要人去實施，制度規範需要人去推行，垂直影響和橫向作用過程也不能不考慮人的因素。人員配置是對企業各類人員進行恰當而有效的選擇、使用、考評和培養，以合適的人員去擔任組織機構中所規定的各項職務，從而保證正常運轉並實現預定目標的職能活動。現代企業管理中，人員配置包括擬訂組織工作計劃、選拔、儲備、任用、調動、考核評價和培養訓練等相互關聯的一系列環節和工作，因而可以視為一個職能系統。人員配置系統與其他管理職能密切聯繫和相互作用，並統一於企業管理的整體系統之中，成為該系統的一個子系統。

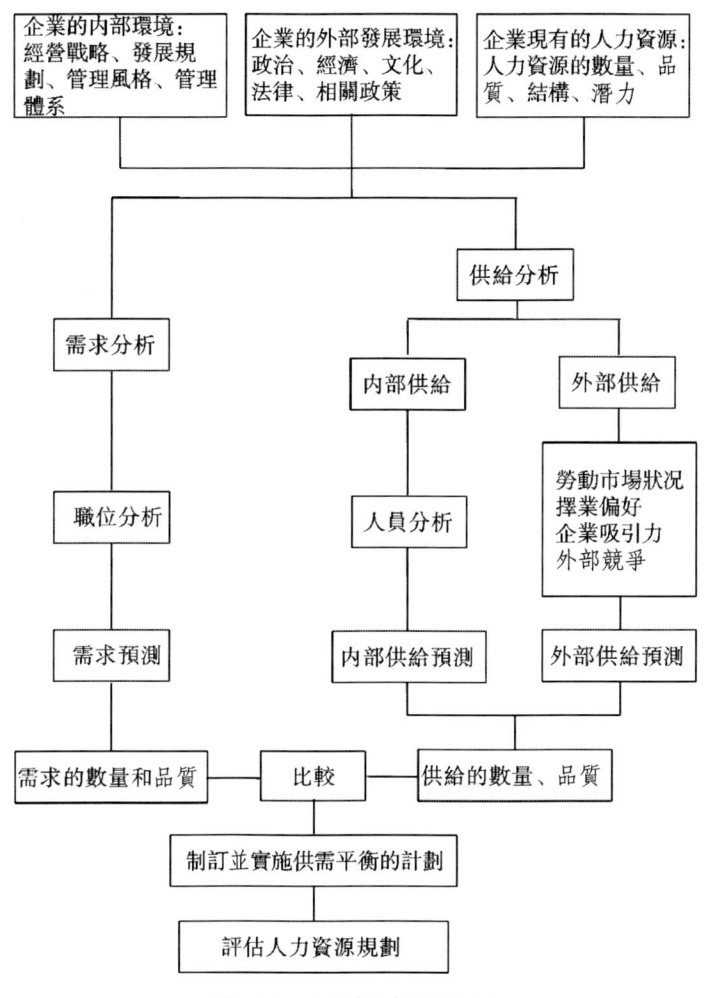

圖 12-1　人力資源規劃的程序

2. 人員配置的基本原則

人員配置是一項複雜的系統工程，由於企業內部分工細密，各個環節、職務和崗位的工作性質複雜，對人員的素質要求具有多樣性。同時，在市場經濟條件下，企業處於高度開放狀態，包括人力資源在內的各項資源要素流動頻繁，外部環境複雜多變且對企業的影響日益深刻，為使各類人員適應企業發展的要求，得到合理配置，必須堅持以下基本原則：

（1）系統開發原則。人員配置過程包括選擇、分配、組合、使用、培養、訓練和儲備等一系列環節和工作。上述環節之間既相對獨立又緊密聯繫、相互制約，其中任何一個環節的工作狀況都將對其他環節產生影響。例如人員的選拔是否得當，直接影響其使用效果，而人力資源是否能得到充分利用，又直接取決於各個環節之間的協同配合程度。為此，在人員配置過程中，必須堅持系統的原則，根據企業發展的總體目

標統籌制訂人員配置計劃，將選聘、任用、培訓以及人才儲備等納入統一的計劃體系，使各個環節之間有機地結合起來，防止和避免選人、用人與培養人的相互脫節，從而促進企業資源的系統開發和有效利用。

（2）協調發展原則。在市場經濟條件下，一方面，隨著收入水平和受教育程度的提高，越來越多的企業員工不再把就業僅僅視為謀生手段，而是力求通過所從事的工作實現自身的價值，求得智能與人格的不斷完善；另一方面，作為在市場經濟中屬於主體地位並最富於活力和創造性的經濟組織，企業的功能和職責也不是僅局限於提供產品和謀取盈利，而是負有為員工的全面發展提供機會的責任，創造條件的社會責任。基於這一認識，企業在配置人員時，必須堅持以協調發展為指導思想和基本原則：①立足於員工個人在智力、體力、能力、生理和心理及人格等諸方面的全面發展，力求通過合理使用和培養，使員工成為具有現代意識和技能、身心健康的優秀人才。②應求得員工個人發展與企業發展的協調統一，即通過人員合理配置將員工的個人發展目標納入企業的組織發展目標之中，在促進個人發展的同時推動企業目標的實現。

（3）選賢任能原則。在根據組織機構所確立的職務選配相應人員時，應堅持選賢任能，任人唯賢的原則，特別是擔負管理職能的各級管理人員的選拔，應當務求唯賢不唯親，用客觀的、科學的標準和方法準確地進行考察與選擇。要綜合評判備選人員的思想品德與工作能力，既不能過分注重品行而選用庸才，也不能片面強調才干而忽視思想修養。要通過人員的全面考評，把既有良好品行和思想修養，又具備較強管理才能的兼備型人才提拔到各級管理和領導崗位上來，委以重任，大膽使用。同時要根據工種崗位的不同要求擇優選聘各類人員，為企業建立一支優良素質的員工隊伍。

（4）適才適能原則。這一原則要求，一方面要根據企業組織中各個職務崗位的性質配備有關人員，即人員的數量和結構要與職位的多寡和類型相適應，人員的素質和能力要與其所擔負職責的需要相吻合；另一方面，要按照人員的能力水平及特長分配適當的工作，使每個人既能勝任現有職務，又能充分發揮內在潛力。只有堅持適才適能原則，才能促進企業人—機系統的協調匹配，避免出現能力不足或能力過剩、浪費人才的現象。在實踐中貫徹這一原則，首先要對組織機構確定的各級各類職位進行分析，明確這些工作所需的素質、知識和技能。同時要全面分析瞭解每個員工的素質狀況和個性特點，然後根據二者之間的相適程度逐一進行配置，以便求得人員與工作的最大相容。

（5）揚長避短原則。企業中每個員工的素質構成不僅相異，而且各有長短。例如有的人長於理論分析，實際操作能力較差；有的人獨立工作能力很強，但不善於與他人協調共處。這就要求在選拔和使用人員時，堅持揚長避短的原則，著眼於人的長處，用其所長，避其所短，使每個人的優勢能力得到充分發揮。為做到用人之長，企業領導者必須全面瞭解每個員工的能力構成，善於識別人的長處，不以人之所短否定其所長。同時要敢於大膽起用有缺點但具備某方面突出才能的人，不拘一格，放手使用，為最大限度地發揮他們的能力優勢創造條件。

（6）群體相容原則。現代企業內部分工細密，協作關係複雜，為使各個環節和崗位做到合理分工，密切協作，要求各群體內部保持較高的相容度。為此，在人員配置

中，不僅強調人員與工作的相互匹配，而且要注重群體成員之間的結構合理和心理相容。群體的相容度對群體的士氣、人際關係、群體行為的一致性和工作效率都有直接影響。彼此間高度相容，會使成員對群體目標一致認同，感情融洽，行為協調有序，有利於充分發揮全體成員的積極性，收到群體績效大於個體績效之和的效果。為提高群體的相容度，在組合群體成員時，要求各個成員在觀念、理想、信念上保持較高的一致性；要注意成員之間性格的協調與相容；要合理配置群體成員的年齡結構、性別結構、知識結構和能力結構。在合理組合的基礎上，可以形成群體成員之間心理素質差異的互補關係，促進群體優勢的發揮。

三、人力資源規劃中的供求預測

(一) 人力資源需求預測法

在預測組織人力資源需求量方面，有客觀法和主觀法這兩種基本方法，它們也可以分別被稱作統計法和推斷法。

1. 統計法

統計法是通過對過去某一時期的數據資料進行統計分析，尋找、確定與組織人力資源需求相關的因素，確定兩者的相關關係，建立起數學公式或模型，從而對組織未來的人力資源需求進行預測的人力資源規劃預測方法。統計法是以過去的事實為依據的預測方法，包括多種方法，其中最常用的是趨勢分析法、比率分析法和迴歸分析法。

(1) 趨勢分析法

趨勢分析法是根據過去一定時間的人力資源需求趨勢來預測未來需求情況的方法。作為人力資源預測的一種工具，趨勢分析法是很有價值的，但僅僅使用該方法還是不夠的，因為一個組織的人力資源使用水平很少只由過去的狀況決定，而其他因素（例如銷售額、生產率變化等）也會影響到組織未來的人力資源需求。因此，該方法得出的結果，可以作為一種趨勢來參考，而不能認為是完全準確而機械地加以應用。

(2) 比率分析法

比率分析法是通過計算某種組織活動因素和該組織所需人力資源數量之間的比率來確定未來人力資源需求的數量與類型的方法。例如，教育部門的師生比、銷售數量和銷售人員數量比、單位食堂炊事人員與就餐人員比等。一些大企業有著嚴格的勞動定員管理標準，這些標準也可以用於比率分析法。

長期從事員工管理工作、具有實際經驗的組織領導者，腦子裡會儲存該方面的判斷標準信息。當一個組織的工作任務與條件有所改變、需要對人員數量進行增減或者對員工進行再配置時，這些標準就會在領導者的腦海裡出現，他們把類似環境下類似組織的一些數據拿來作為參考，從而對本組織的人力資源需求量做出修正。一些崗位的資深人員也能夠就此提出比較準確的估測值。

(3) 迴歸分析法

迴歸分析法是通過繪製散點圖以尋找、確定某事物（自變量）與另一事物（因變量）之間的相關關係，來預測組織未來對人力資源需求數量的方法。如果兩者是相關

的，那麼一旦組織能預測出其業務活動量，就能夠預測出自身的人員需求量。當自變量只有一個時，為一元迴歸；當自變量為多個時，稱多元迴歸。

(4) 勞動生產率分析法

這是一種通過分析和預測勞動生產率，進而根據目標生產/服務量預測人力資源需求量的方法。因此，這種方法的關鍵部分是如何預測勞動生產率。如果勞動生產率的增長比較穩定，那麼預測就比較方便，其效果也較好。這種方法適用於短期預測。

2. 推斷法

推斷法是通過專家和管理人員運用自身知識、經驗以至直覺，對未來的人力資源需求數量做出推測、判斷的方法。常用的推斷法有自上而下法、自下而上法和德爾菲法。

(1) 自上而下法

自上而下法主要依賴組織的高層管理者做出判斷，這就要求管理者對組織的發展方向、各方面的情況、組織發展目標和運行情況有明確和清醒的認識。

(2) 自下而上法

與自上而下法相對應的是自下而上法，它是依賴各部門和各層次的直線經理，靠其經驗和判斷對未來人力資源需求做出預測。這種方法一般用於簡單的預測，只需清楚地瞭解當前的具體需要項目，而不必反應未來的和整個組織全局的目標。

上述「自上而下法」和「自下而上法」兩種方法，往往被同時使用，以提高預測的精確度。

(3) 德爾菲法

德爾菲法是一種依靠管理者主觀判斷的預測方法。「德爾菲」一詞，是古希臘神話中可預知未來的阿波羅神殿的所在地名。美國蘭德公司在20世紀40年代以「德爾菲」為代號，研究如何更為可靠地搜集專家意見，德爾菲調查法因而得名。

德爾菲法的具體做法是：專家們背靠背，分別提出各自的預測；調查組織者綜合專家們的上述意見，並再次提供給專家（可以是另外一些專家），如此反覆，直到形成可行的、一致的預測結果。在人力資源需求預測方面，德爾菲法具有方便、可信和能夠在缺少資料、其他方法難以完成的情況下成功進行預測的優點。

(二) 人力資源供給預測法

1. 內部人力資源供給預測法

由於組織經營活動規模的擴大和內容的增加，或由於本單位員工隊伍的自然減員，組織就必須獲得必要的人力資源補充或擴充。

組織內部人力資源的供給預測，即對未來本組織管理人員和技術人員可接續部分的計算。從總體上看，預測期組織的人力資源內部供給，是現有各類崗位的人力資源數量減去晉升、調動、流出、退休後的數量，並加上由本組織內部變更（下級晉升和平級調動）而來的人員。

具體來說，人力資源內部供給預測的過程是：

(1) 確定人員預測的範圍；

（2）估算各崗位預測期的實際存留人數；
（3）評價和確定每一關鍵職位的接替人選；
（4）確定專業發展需要，並將員工個人目標與組織目標相結合；
（5）挖掘現有人力資源的潛力。

對於本組織的人力資源向外流動，尤其是人才流動，要分析他們流動及損耗的原因，並採取有針對性的政策措施予以解決。從總體上看，人力資源流動的原因可以分為外界的吸力和內部的推力兩部分，具體來說，主要有組織用人狀況、工資競爭力、個人發展機會、組織文化、管理制度、人際關係、工作氛圍等原因。

2. 外部人力資源供給預測法

根據組織的人力資源需求預測和組織人力資源內部供給預測的結果，可以計算出本組織在一定時期對人力資源需求的缺口。這一缺口要靠外部人力資源供給來滿足。

為此，組織就要對外部人力資源供給狀況進行預測和規劃，以獲取自己所需的人力資源。組織進行外部人力資源供給預測，要考慮人力資源市場的狀況和變動，對員工的資料進行收集和分析，並要考慮諸多的經濟、社會、文化因素對人力資源市場的影響，預測未來組織之間的競爭和合作的狀況，以決定組織未來的招聘方式和吸引人才的政策和方法。

此外，人力資源管理部門還必須對人力資源市場進行及時的觀察和把握，以防在補充人力資源時陷於被動。

影響外部人力資源市場供給的因素主要有：
（1）社會新成長勞動力（即新進入人力資源隊伍的畢業生）數量與質量總況；
（2）人力資源市場上本組織所需專業和職業的人力資源狀況；
（3）本組織的工資競爭力、工作環境、公共關係形象等；
（4）社會上同類型組織的數量與綜合競爭力；
（5）國家有關法律和政府的勞動法規；
（6）社會失業率與行業失業率；
（7）政府和行業的培訓計劃。

第三節　人力資源的開發

人力資源開發是指一個企業對專業人員和管理人員的能力和知識的提高而進行的有計劃、有組織的一切教育培訓活動。人力資源開發的成功與否直接影響到企業總目標的實現。

一、人力資源開發的基本途徑

人力資源開發的基本途徑是從勞動生產力的函數引申出來的。勞動生產力函數的表達式為：

$$F_0 = F(N, Q, M, B)$$

式中：

F_0——企業的勞動生產力

N——企業內人員數量

Q——企業內人員素質水平

M——企業激勵程度

B——企業員工協調狀況

F——勞動生產力函數

人力資源開發的目標在於最大限度地提高企業勞動生產力 F_0。從這個函數關係可以推導出人力資源開發的幾個基本途徑。

1. 人力資源的投入

人力資源的投入是指選擇適量並滿足需要的人力資源，投入到企業的生產經營活動中去。投入適量人力資源，以達到最佳規模經濟效益，是人力資源開發的第一個途徑，但其前提是必須有事可做，不能無目的地投入，另外還必須有相應的資金保證，使人均技術裝備水平達到一定程度。各企業要根據自身的條件及特點來選擇適量的人力資源。

2. 提高人員素質

人員素質的提高可以從招聘和選拔兩個方面入手，是企業尋找、吸收那些有能力又有興趣到本企業任職，並從中選出適宜人員予以錄用的過程。

（1）選聘優秀人才。要招聘和選拔什麼樣的人員以及如何選聘人員是企業使用人才的關鍵。企業要面對的是複雜的市場競爭環境、企業經營多角化和經營管理信息化等。能否選聘到所需的高質量人才，關係到整個員工隊伍的素質，直接影響到企業生產經營活動的成敗。

（2）培養優秀人才。在企業中優秀人才的培養及人員素質水平的提高一般是通過教育培訓來完成的。據美國經濟學家奧多·舒爾茨統計，美國 1957—1990 年物質資本投資增加了 4.5 倍，產生的利潤增加了 3.5 倍；教育投資增加了 8.5 倍，產生的利潤增加了 17.5 倍。可見，人力資源投資效益大大高於物質方面投資的效益。企業應重視員工的培訓，捨得智力投資，有了高素質的員工，就有了強大的競爭力和發展的基礎。

3. 人員激勵

人員激勵是指激發人的熱情，調動人的積極性，使其潛在的能力充分發揮出來。企業激勵水平越高，員工積極性就越高，企業的勞動生產力水平也就越高。一般情況下，勞動生產力開始隨激勵水平的提高而迅速上升，但到一定程度後，逐漸減緩增長，直至趨於某一水平，這是因為人的精力有限。應當說明的是，勞動者素質越高，激勵效果就越好。對一個文化程度很低的勞動者來說，激勵的極限是以其體力為限；而知識和技能較高的勞動者，當積極性充分調動起來時，可以發明創造，激勵效果就非常之大了。由此可見，人員激勵也是人力資源開發的重要途徑之一。以上人力資源開發的途徑雖然性質不同，但緊密相連，缺一不可。從這幾個方面入手，就能保證企業內的人員數量合理，選聘優化，整體素質提高，最大限度地發揮人力資源的作用。

二、人員選聘

為了使企業能夠在市場競爭中順利發展，能夠真正選拔到適合企業工作的合格人才，在人員選聘的過程中要遵守以下原則和程序。

1. 人員選聘的原則

要做好選聘工作，在選聘過程中，有兩條重要的原則需要遵循。

（1）公開競爭。公開競爭可以表述為組織越是想獲得高質量的管理人員，提高自己的管理水平，就越應在選拔和招聘員工的過程中鼓勵公開競爭。按照這一原則，就是要將組織的空缺職位向一切適合的人選開放，而不管他們是組織內部的還是組織外部的，大家都機會均等，一視同仁，這樣才能保證組織選到自己最滿意的人員。要保證公開競爭能夠實行，大前提是人才的流動，如果人才不能流動，那麼公開競爭實際上也是做不到的。

（2）用人之長。用人之長可以表述為在管理人員的選聘過程中，要根據職務要求，知人善任，揚長避短，為組織選擇最合適的人員。人無完人，每個人都有其長處和短處，只有當他處在最能發揮其長處的職位上，他才能幹得最好，組織也才能獲得最大的益處。因此，選聘員工，關鍵在於如何根據職位要求，發揮人的長處，既能使候選人各得其所，各遂其願，人盡其才，又能使組織得到最合適的人選。

2. 人員選聘的程序

根據人員選聘的上述基本原則，應當嚴格按照一定的程序實施招聘選拔工作。招聘的人員要根據從事的工作的性質及特點進行分析，即進行崗位分析和崗位評價，以確定所招聘人員所必須具備的條件。

（1）企業的人力資源管理部門提出招聘計劃的報告。

（2）由企業的人力資源管理部門公布招聘簡章，其內容包括招聘的範圍、對象、崗位、條件、數量、性別比例、待遇和方法等。

（3）根據自願的原則，在劃定的範圍內接受招聘對象的報名。

（4）進行招聘考試。考試分筆試和面試兩種。

（5）對考試合格的人員進行體檢。

（6）連同考試材料、體檢表、本人檔案以及本人提交的其他有關材料一併報送企業人事主管。

（7）錄用後，發錄用通知書，並簽訂勞動合同。

3. 人員選聘的方法

人員選聘方法是對應聘者進行評價，從而決定是否錄用的具體方法。人員選聘的方法有三類：背景履歷分析法、面談法和測驗法。無論採用何種方法都是為了判斷一個應聘者是否適合於要求的具體崗位，是對應聘者個人素質的綜合評價。

（1）背景履歷分析法

背景履歷分析法是指根據檔案記載的事實，瞭解一個人的成長歷程和工作業績，從而對其素質狀況進行推測的一種評價方法。該方法可靠性高，成本低，但也存在檔案記載不詳而無法全面深入瞭解的弊端。

(2) 面談法

面談法是以面對面的交談及觀察為主要形式，對被測試者的有關素質進行測評的方式。供需雙方通過正式交談，使組織能夠客觀瞭解應聘者的業務知識水平、外貌風度、工作經驗、求職動機等信息，應聘者能夠瞭解到更全面的組織信息。與傳統人事管理只注重知識的掌握不同的是，現代人力資源管理更注重實際能力與工作潛力。進一步的面談還可幫助組織（特別是用人部門）瞭解應聘者的語言表達能力、反應能力、個人修養、邏輯思維能力等；而應聘者則可瞭解到自己在組織的發展前途，能將個人期望與現實情況進行比較，瞭解組織提供的職位是否與個人興趣相符等。尤其是對高級人才的選擇，筆試一般是無效的。比如，對企業高級管理人員的選用一般只能通過深入的交談，瞭解他的管理思想、管理作風以及他對本企業下一步發展的思路等方面來進行。

(3) 測驗法

所謂測驗，是對行為樣本客觀的和標準化的測量，通俗地講，是指通過觀察人的少數有代表性的行為，對於貫穿在人的行為活動中的心理特徵，依據確定的原則進行推論和數量化分析的一種科學手段。

測驗，在人力資源開發中通常指心理測驗。按照心理測驗中所測量的目標，心理測驗可分為四類：①智力測驗，測量被試者的一般能力水平（即 G 因素）。②特殊能力測驗，測量被試者具有的某種特殊才能（即 S 因素），以及瞭解其具有的有潛力的發展方向。③成就測驗，即知識測驗，測量被試者經過某種努力所達到的水平。知識是人在某領域的成就的反應，因而知識測驗也可以納入廣義心理測驗的內容。④人格測驗，測量被試者的情緒、興趣、態度等個性心理特徵。

三、人員培訓

現代社會的科學技術迅猛發展，知識更新加快，通過員工培訓，提高員工的隊伍素質，以適應現代生產技術對人力資源水平不斷提高的要求，適應激烈的國內外競爭的要求，是企業人力資源開發中提高人員素質的方法之一。

1. 人員培訓的內容

人員培訓的內容包括思想政治教育、基礎文化知識教育、技術業務培訓、管理知識培訓、法律政策及制度培訓等。

（1）思想政治教育——包括政治觀教育，如愛祖國、愛企業的教育，四項基本原則的教育，形勢政策教育；人生觀教育，如共產主義理想教育、職業道德教育、為人民服務教育和文化傳統教育等。

（2）基礎文化知識教育——包括各類文化課程和基礎知識課程教育、學歷教育等。

（3）技術業務培訓——包括有關專業知識方面的培訓、有關工藝規則及流程和技術技能方面的培訓、各類崗位及技術等級的應知應會培訓等。

（4）管理知識培訓——包括有關管理原理、管理思想、管理方法、管理手段和管理技巧方面的培訓。

（5）法律政策及制度培訓——包括社會主義法制教育、企業規章制度和紀律教育、

安全思想、安全制度及安全技術等方面的培訓。

2. 人員培訓的特點

企業人員培訓教育不同於普通教育，有它自身的特點，主要表現在以下幾個方面：①培訓教育的對象是在職人員。因此，是一種不脫離生產經營實際的培訓教育。②員工培訓同生產經營需要緊密結合。員工幹什麼工作就學什麼，針對性強。③形式多樣，適應性強。有條件，可以採取脫產形式；無條件，可以採取半脫產或業餘形式。而且可利用網絡和電視授課，以適應各類人員的不同需要。

3. 人員培訓的原則

為有效增進員工的知識、技能和能力，企業的培訓需訂立原則，確定合適的訓練，激勵受訓者。具體原則有：①學以致用原則。培訓應該有明確的目的，計劃的設計應根據實際工作的需要，並考慮工作崗位的特點、員工的年齡、知識結構、能力結構等因素，全面地確定培訓的內容。②專業知識技能和企業文化並重的原則。培訓的內容，除了包括知識和技能外，還需包括企業的信念、價值觀和道德觀等，以便培養員工的符合企業要求的工作態度。③全員培訓和重點提高結合原則。全員培訓是指有計劃和有步驟地培訓所有員工，以提高全員素質。在資源的使用上，則應按職級的高低安排培訓的先後次序，從上而下，先培訓管理骨幹，特別是中上層管理人員，以加強領導素質，繼而培訓基層員工。④嚴格考核和擇優獎勵原則。嚴格考核和擇優獎勵是不可缺少的環節。前者可確保培訓的質量，後者可激勵員工的積極性。

4. 人員培訓的作用

所有企業培訓計劃的目的，都是保持或改善員工的績效，從而保持或改善企業的績效。企業人員培訓的作用表現在：①提高工作績效。有效的培訓能夠使員工增加工作中所需要的知識，包括對企業和部門的組織結構、經營目標、策略、制度、程序、工作技術和標準、溝通技巧以及人際關係等知識。②提高滿足感和安全水平。培訓對提高滿足感和安全水平有正面作用。經過培訓之後，員工不但在知識和技能方面有所提高，自信心加強，而且也感到管理層對他們的關心和重視，士氣、產品品質和安全水平都因而得到提高。③建立優秀的企業文化。培訓能夠傳達和強化企業的價值觀和行為，使企業領導者的願景能夠深入企業每一個員工的心中。此外通過企業各層次員工在培訓活動中的互動，促進各層次員工的交流與溝通，可以進一步增強企業的凝聚力，在企業中形成融洽的、不斷進取的高度統一、高度認可的企業文化。④塑造企業形象。企業培訓不但可以在內部形成優秀的企業文化，而且可以在外部為企業塑造起良好的企業形象。擁有科學系統的培訓的企業將給社會公眾一個成熟、穩健、不斷進取的形象。在中國的外資企業之所以能夠吸引大量的優秀人才，其中一個關鍵因素就是外資企業能為員工提供大量培訓和發展的機會，在人們心中建立起了長期發展的形象，從而獲得了人力資源爭奪上的優勢。

5. 人員培訓的方式

人員培訓教育的形式很多，大致可作如下劃分：

（1）按培訓對象的範圍劃分，有全員培訓、工人操作技術培訓、專業技術人員培訓、管理人員培訓和領導幹部培訓等。

（2）按培訓時間的階段劃分，有職前培訓（即就業培訓）、在職培訓和職外培訓等。

（3）按培訓時間的長短劃分，有脫產、半脫產和業餘等。

（4）按培訓單位的不同形式劃分，有企業自身培訓，有委託大專院校培訓或社會辦學機構培訓和企業同大專院校聯合辦學培訓等。

（5）按教學手段不同劃分，有面授、函授和網絡授課等。

此外，還有許多有效的培訓方式，如崗位練兵、技術操作比賽和現場教學等。企業或組織應根據培訓對象的不同層次，實施不同時間、地點以及不同內容和性質的培訓，從實際出發，形成一個主體的培訓模式，為制訂有效的人員培訓計劃提供依據。

第四節　人力資源評價

企業人力資源評價主要包括三個方面：一是側重於對事不對人的崗位評價；二是側重於對人不對事的人員素質評價，或稱能力測試；三是以人與事相結合的、側重於結果的績效考評，或稱人事考核。企業人力資源評價的目的就是採用科學的評價方法，分析評價每個崗位在各方面對人的要求，具體測評每位待選人員的素質與能力的特點，使人崗匹配，實際考核每位在崗人員在一定時期內的工作成果與績效。

一、崗位評價

崗位評價是人力資源開發與管理的一項基礎性工作，其主要內容包括崗位分析、崗位規範的制定、崗位任職資格的評價和崗位相對價值的評價。

1. 崗位分析

崗位分析是整個崗位評價程序的第一個階段，它是根據對事不對人的原則，系統地收集與工作崗位有關的情況，如工作人員的任務是什麼，目的是什麼，方法程序是什麼，任務中使用什麼設備和工具，任務在什麼條件下完成，崗位對工作人員有什麼基本要求等等。對崗位本身特徵的各種情況進行調查記錄、分析整理和確定的過程被稱為崗位分析。

（1）崗位分析的內容

根據崗位的職責範圍、工作內容、工作形式、工作目的及工作條件等，具體可從以下幾方面進行調查分析：①崗位名稱、編號以及地點、所屬部門名稱等。②崗位詳細工作內容，如主要、次要工作，日常、定期和偶然出現的工作等；工作形式，包括方法、程序、手段、器具等；工作目的。③崗位的領導與被領導的關係，承擔的責任及其廣度與深度。④崗位承擔的業務責任，包括對人、財、物，對管理等方面承擔的責任。⑤崗位的工作條件。⑥崗位對人的基本要求，指文化教育水平、專業知識、技能、經驗、能力和身體條件等。

（2）崗位分析的方法

崗位分析的方法主要有三種：①問卷法，即由崗位任職人員和直接上司填寫調查

問卷。②訪談法，即同崗位任職人員和其上司交談。③觀察法，即在現場直接觀察崗位的工作情況。

上述三種方法各有優缺點，在實際調查工作中，常常將這三種方法結合使用。

2. 崗位規範的制定

崗位規範，也稱崗位說明書，或稱崗位描述。它是在崗位分析的基礎上給出的，包括有關崗位的全部要素，如工作任務與責權範圍、工作責任、對人員的基本要求和工作條件等。

崗位說明書必須準確和完整，才能用於隨後的崗位評價。崗位說明書的表達方式和風格也必須統一要求，以利於評價人員對崗位實行系統的比較。崗位規範是崗位分析結果的體現，在實際工作中，崗位分析和崗位規範的制定往往結合起來統一進行。

3. 崗位任職資格的評價

在崗位規範中，對崗位任職資格已經提出了一些基本要求。但是對企業中一些比較重要的崗位，如領導崗位和關鍵管理崗位，僅僅根據這些基本要求還不能達到優選人員的目的，這就有必要進一步進行全面的任職資格評價。

崗位任職資格的評價包括評價指標體系的設計、崗位任職標準參照系的建立和評價方式的確定等。

4. 崗位相對值的評價

由於不同崗位的勞動技能、強度、條件和責任存在著客觀差別，因此各個崗位的勞動者的付出、對企業的貢獻是不同的，也就是說各崗位在企業中存在的價值是有差異的。崗位相對值的評價就是要反應這種差異程度，其結果可作為支付報酬的主要依據之一。

（1）崗位評價因素體系的建立和權重分配。一般而言，企業不同，其評價因素分析也不相同，但大致可歸納為四大類，即技能、強度、條件和責任。然後根據企業的需要，再進行因素的細分。如某從事機械行業的高科技合資企業的崗位評價因素，可以繼續細分為：技能——包括文化水平、經驗和專業技術知識；強度——包括職務複雜性、體力勞動的負荷、腦力及精神負荷；條件——包括工作環境、工作危險性；責任——包括工作影響程度、對人財物的責任、獨立工作程度和指導責任等等。

（2）評價因素的定義及等級標準的建立。對每一個評價因素給予肯定的定義，然後根據實際情況把各項評價因素劃分為若干不同的等級。其登記劃分的多少，依因素複雜程度而定，但應以能明確區分各等級間的不同為原則，一般以 4~8 級為宜。對每一項因素的每一個等級，都應有明顯的界限和詳細的定義作為崗位評價的尺度。在劃分好崗位評價因素的等級後，還要給因素的每個等級以適當的評分。評分所採取的方法可以多種，沒有特定的要求。

（3）崗位相對值的評價計算。

①以崗位分析和崗位規範為評價基礎，以崗位評價因素的定義和等級標準為評價尺度，以各崗位的主管意見為參考，組成專家評價小組，確定各崗位在每一評價因素中的等級和應得的分數。

②將崗位在每一因素的得分和該因素的權重相乘，相乘後的結果即為崗位在各項

因素上的加權得分值。

③所有因素的加權得分相加即得到該崗位的崗位相對評價值。

二、人員素質評價

企業的崗位空缺需要補充，但求職者是否具有適應該崗位的素質？在求職者人數超過崗位人數的情況下如何擇優錄用？這就需要借助科學的方法和工具對人的素質進行評價。

所謂人員素質評價，是指運用各種考核、測試手段，判斷人的知識、技能和心理等內在素質以及相關聯的其他方面。

前述崗位任職資格評價，是以崗位評價為中心，通過調研分析，確定該崗位所需的任職資格。雖然兩者的評價目的和作用不同，但內容和形式卻有相似之處，都離不開對人的素質條件的分析評價。因此，在人的素質評價的指標體系和評價方式上是完全相通的。

人員素質評價可以採取面談、測試等不同的手段來完成，也可以綜合運用不同的手段完成。根據評價內容的不同，大致可以分為兩類：知識技能測試和心理測試。

1. 知識技能測試

一般來說，一個人的學歷證書和專業證書基本上能夠表明其知識與技能水平，但是為了進行公正的選拔，或者某些崗位在知識技能上有特殊的要求，仍需要進行知識技能測試。一般可採取筆試、口試和現場操作考核的方法來進行測試。

2. 心理測試

在國外，人員素質評價常常採用各種心理測試的方法，對人的氣質、思維敏捷性、個性和特殊才幹等進行判斷，從而確定其適應某種崗位的潛在能力。如美國在招聘和選拔員工時，採用心理測試的百分比呈上升趨勢。下面介紹一些心理測試的方法。

（1）魏氏成人智慧表法。這是個別測試，由心理學家口頭提問題，答案記在一張特殊測驗表格上。它在管理能力的測試方面有良好的效果，適用於高層管理者的選拔。

（2）旺德利克人事測驗法。這是一種測驗一般智力水平的方法，包括50個項目，分別測量言語、數字和空間能力。

（3）知覺準確性測驗。一般是設置兩組大量無序的符號，兩組之間只有細微的差別，要求被測者迅速識別出這種差異。此法較適合於文書和分析人員。

（4）明尼蘇達空間關係測試法。設置A、B、C、D四塊木板，每塊上挖有58個形狀和大小不同的空洞，另有同樣數目的木塊，其形狀和大小與木板上的空洞一一對應，可分別放置空洞內。A、B兩板上的空洞除位置不同外，其形狀和大小是一樣的，所以合用一塊木板；C、D也合用一組。使用時要求被測者將木塊放置到另一板的空洞內，記分方法則以時間和錯誤次數為準。此法比較適合於操作工人和設計師。

（5）美國加州心理量表（CPI）。要求被測者對描述典型行為模式的480個是否題做出回答，測量人的社會性、支配性、忍耐度、靈活性和自我控制等特徵。

（6）情景測試法。就是模擬實際工作的情景，觀察被測者實際反應所表現出的個性特徵。

（7）投射測試法。就是讓被測者對一些模棱兩可的景物做出解釋，被測者在不知道測什麼的情況下將自己的願望和情感反應出來。

三、人員績效考評

人員績效考評，就是考察員工對崗位所規定的職責執行的程度，從而評價其工作成績和效果。企業希望實現預期的發展目標，而員工期望自己的工作得到承認，得到應有的待遇，同時也希望上級指點自己的努力方向。因此，人員績效考評不僅在分配和人力選拔上具有指導意義，而且有很大的激勵作用，考評的過程既是企業人力資源評價的過程，也是瞭解員工發展意願、制訂企業教育培訓計劃和為人力資源開發做準備的過程。

1. 人員績效考評的原則

人員績效考評的原則包括：①應盡可能科學地進行評價，使之具有可靠性、客觀性和公平性。考評應根據明確的考評標準、針對客觀考評資料進行評價，盡量減少主觀性和感情色彩。②應使考評標準和考評程序科學化、明確化和公開化，這樣才能使員工對考評工作產生信任和採取合作的態度，對考評結果能理解和接受。③應堅持差別原則。如果考評不能產生較鮮明的差別界限，並據此對員工實行相應的獎懲和升降，考評就不會有激勵作用。④考評結果一定要反饋給被考評者本人，這是保證考評民主的重要手段。這樣，一方面有利於防止考評中可能出現的偏見以及種種誤差，以保證考評的公平與合理；另一方面可以使被考評者瞭解自己的缺點和優點，使成績優秀者再接再厲，考評不好者心悅誠服，奮起上進。

2. 人員績效考評的內容

與人員素質評價的內容的側重點不同，人員績效考評的內容主要側重於工作實績和行為表現兩個方面：

（1）工作實績。工作實績就是員工在各自崗位上對企業的實際貢獻，即完成工作的數量和質量。它包括：員工是否按時、按質、按量地完成本職工作和規定的任務，在工作中有無創造性成果等。

（2）行為表現。行為表現就是員工在執行崗位職責和任務時所表現出來的行為。它包括職業道德、積極性、紀律性、責任性、事業性、協作性和出勤率等諸多方面。

3. 人員績效考評的方法

國內外人員績效考評的方法很多，常用的主要有以下幾種：

（1）因素評分法

①根據考評的目標設定各項考評的因素（或稱考評的指標），並賦予各項考評因素以權數。

②根據實際情況界定考評的等級標準及定義。

③考評者針對所列的考評因素與考評標準及定義，就其觀察衡量與判斷被考評者的工作績效，給予適當的分數。

④將各因素上的評分進行加權匯總，就是被考評者的考評結果。

考評的總分一般定為100分、90分以上為特等，這是有突出貢獻的人員；80分以

上為 A 等；70 分以上為 B 等；60 分以上為 C 等；60 分以下為 D 等，即為不及格的等級。

此法簡便易行，也比較科學，但要注意的是，對不同層次的崗位，其考評因素的重要程度不同，給予的權重也應有所不同。比如「全局觀」這一考評因素，對於經理、部門經理來說較為重要，權重應大些；而對於操作工人來說，則應小些甚至為零。

（2）相互比較法

如果被考評者的人數不多，且工作性質也相近的話，可採用相互比較法。

①順序排列法。該法就是將被考評者群體，按其總的績效評價的順序予以排列，並依次以 1、2、3 等數字標注。該順序數字，可視作績效的指數，也可轉換為某規定範圍的數字，使之含有一般的比較意義。

②成對比較法。該法就是將被考評者群體，一對一地進行比較，根據對比的結果，排列出他們的績效名次。這種方法的缺點是，被考評者群體的人數較多時比較麻煩。

③強迫分配法。所謂強迫分配的比較，就是預先規定一個有限制的範圍，並將這個範圍劃分為若干個區域，通常按正態分佈的規律分為五個區域，從低到高分別佔有 10%、20%、40%、20%、10%，考評者將不同類別工作的員工，盡可能地做出比較，分配於限定的區域。

（3）360 度考核法

①360 度考核法的含義

360 度考核法是一種從多角度進行的比較全面的績效考核方法，也稱全方位考核法或全面評價法。這種方法是選取與被考核者聯繫緊密的人來擔任考核工作，包括上級、同事（以及外部客戶）、下級和被考核者本人，用量化考核表對被考核者進行考核，採用五分制將考核結果記錄，最後用坐標圖來表示，以供分析。

②360 度考核法的實施方法

首先，考核主持者要聽取被考核者的 3~6 名同事和 3~6 名下屬的意見，並讓被考核者進行自我評價。聽取意見和自我評價的方法，是填寫調查表。

其次，考核者根據這些調查表對被考核者的工作表現、能力狀況等方面做出評價。根據考核項目的不同確定不同的權重。

評價結果出來後，考核者要將所有同事和下屬的評價調查表全部銷毀，而後，考核者與被考核者見面，將評價報告拿出來與被考核者一起討論。在分析討論考核結果的基礎上，雙方一起討論，定出被考核者下年度的績效目標、評價標準和發展計劃。

③360 度考核法的優缺點

360 度考核法的優點在於：能夠使上級更好地瞭解下級，鼓勵員工參與管理和管理自己的職業生涯，同時也促使上級幫助下級發展、培養責任心和改善團隊合作狀態。其缺點是：花費時間太多，只適用於管理者。此外，這種方法在中國受組織文化的影響非常大，可能會遇到保密性、同事之間的競爭、人際關係的影響、缺少發展機會等方面的困難。

（4）查核表法

查核表法就是將每一項考評要素用文字簡要敘述出來，由考評者逐項地查核並做

出評判記分，記分的等級一般可分為 5 等或 7 等。此法是一種常用的傳統考評方法，缺陷是比較容易出現一些主觀偏向，從而造成評判的誤差。

近幾年來，國內外不少人力資源管理的理論工作者和實踐工作者，提出了很多新的考評方法，其中不乏量化科學、結論有效、具有較高參考價值的研究成果。

復習思考題：

1. 如何理解人力資源的內涵與特點？
2. 企業人力資源管理的基本原理有哪些？
3. 如果你負責招聘大學畢業生，你認為應該如何對他們進行面試和測評？
4. 人員配置應遵循哪些基本原則？
5. 人力資源開發的基本途徑有哪些？
6. 如果你是招聘主管，你將如何做招聘工作的計劃？
7. 如何做員工培訓工作才能更有成效？
8. 企業人力資源評價包括哪些內容？

[**本章案例**]

IBM 的薪酬管理制度

在 IBM 有一句話：加薪非必然！IBM 的工資水平在外企中不是最高的，也不是最低的，但 IBM 有一個讓所有員工堅信不疑的游戲規則：干得好加薪是必然的。

如何讓員工相信組織的激勵機制是合理的，並完全遵從這種機制的裁決，是組織激勵機制成功的標誌。IBM 的薪金制度非常獨特和有效，其能夠通過薪金管理達到獎勵進步、督促平庸的目的。如今 IBM 已將這種管理發展成為一種高績效文化（High Performance Culture），自己上一年干得如何，都可以通過工資漲幅體現出來。IBM 的薪金構成很複雜，但裡面不會有學歷工資和工齡工資，IBM 員工的薪金跟員工的崗位職務、工作表現和工作業績有直接關係，而跟工作時間長短和學歷高低沒有必然關係。在 IBM，學歷是一塊很好的敲門磚，但絕不會是獲得更好待遇的憑證。

IBM 的薪資政策精神是：通過有競爭力的策略，吸引和激勵業績表現優秀的員工繼續在崗位上保持高水平。個人收入視工作表現、相對貢獻、所在業務單位的業績表現以及組織的整體薪資競爭力而確定。

1996 年調整後的新制度以全新的職務評估系統取代原來的職等系統，所有職務將按照技能、貢獻和領導能力，對業務的影響力及負責範圍等客觀條件，分為十個職等類別。部門經理根據三大原則，決定薪資調整幅度。

這三大原則是：
(1) 員工過去 3 年「個人業務承諾計劃」成績的記錄；
(2) 員工是否擁有重要技能，並能應用在工作上；

(3) 員工對部門的貢獻和影響力。

員工對薪資制度有任何問題，可以詢問自己的直屬經理，進行面對面溝通，或向人力資源部查詢。一線經理提出的薪資調整計劃，必須得到上一級經理的認可。

IBM 的工資與福利項目如下：

(1) 基本月薪——是對員工基本價值、工作表現及貢獻的認同；

(2) 綜合補貼——對員工生活方面基本需要的現金支持；

(3) 春節獎金——農曆新年之前發放，使員工過一個富足的新年；

(4) 休假津貼——為員工報銷休假期間的費用；

(5) 浮動獎金——當組織完成既定的效益目標時發出，以鼓勵員工的工作貢獻；

(6) 銷售獎金——銷售及技術支持人員在完成銷售任務後的獎勵；

(7) 獎勵計劃——員工由於努力工作或有突出貢獻時的獎勵；

(8) 住房資助計劃——組織撥出一定數額的錢存入員工個人帳戶，以資助員工購房，使員工能在盡可能短的時間內用自己的能力解決住房問題；

(9) 醫療保險計劃——員工醫療及年度體檢的費用由組織解決；

(10) 退休金計劃——積極參加社會養老統籌計劃，為員工提供晚年生活保障；

(11) 其他保險——包括人壽保險、人身意外保險、出差意外保險等多種項目，關心員工每時每刻的安全；

(12) 休假制度——鼓勵員工在工作之餘充分休息，在法定假日之外，還有帶薪年假、探親假、婚假、喪假等；

(13) 員工俱樂部——組織為員工組織各種集體活動，以加強團隊精神，提高士氣，營造大家庭氣氛，包括各種文娛活動、體育活動、大型晚會、集體旅遊等。

IBM 的薪酬管理是眾多薪酬制度中很有代表性的一種。薪酬管理作為人力資源管理中最富挑戰性的部分，需要考慮的因素很多。從理論上而言，薪酬水平的高低與市場、戰略、職位、素質、績效等幾個方面有關。公平的薪酬分配與管理體制不僅是公正性的重要體現，而且也是使組織成員以高度的熱情和努力投入到工作中去的關鍵因素。

(資料來源：孫健敏. 組織與人力資源管理 [M]. 北京：華夏出版社，2004.)

討論題：

(1) IBM 的薪酬制度對該企業和員工都發揮了什麼功能？

(2) 假設你負責你們單位的薪酬制度的設計工作，談談你的工作思路。

第十三章　企業文化

　　企業的成功與否經常可以歸因於企業文化。企業文化的本質是對「人」的「軟性」管理。企業文化是被企業成員共同接受的價值觀念、思維方式、工作作風、行為準則等群體意識的總稱。企業通過培養、塑造有利的企業文化，來影響成員的工作態度，引導實現企業目標，因此，根據外在環境和內部條件的變化適時變革企業文化常被視為企業成功的基礎。有人說企業文化是創業基本成功後的再創造。企業文化是管理領域一個較新的研究課題。本章將討論企業文化的概念、特徵、結構，企業文化的作用及其形成過程。

第一節　企業文化的含義與功能

一、企業文化的概念及其特徵

(一) 企業文化的形成

　　企業文化，這一概念最早是美國學者於 20 世紀 70 年代末 80 年代初提出的，是通過對日本經濟飛速發展的實證分析，以及與美國經濟發展的比較而提出的一個嶄新概念。

　　眾所周知，日本的資源極為匱乏，二戰後千瘡百孔，但為什麼發展如此之快？美國企業界人士、管理學界的學者紛紛湧向日本，學習、考察和探索日本經濟騰飛的奧秘。儘管美國人對日本經濟迅猛發展的看法不盡一致，但他們都認為日本的成功得益於自己獨特的管理模式。日本人的高明之處就在於重視人的管理，重視人的價值觀念及其作用，能夠把「硬性」管理與「軟性」管理有機地統一起來。因此，文化的本質是人的問題，是人的價值觀念問題。「企業文化」的概念就這樣被美國人提出來了。可見，企業文化是探索企業管理的本質，是屬於管理領域的新問題。

　　企業文化建設的宏觀環境因素主要有三個方面：

　　(1) 科學技術的不斷發展對企業產生了巨大影響，使企業的管理思想、管理組織、管理手段、管理行為以及管理人員構成等都發生了巨大的變化，特別是管理價值觀的變化。

　　(2) 市場競爭的不斷加劇。在所有的競爭中，技術和人的競爭最為突出，而在技術和人的背後仍然是知識的競爭，因為知識是基礎。

　　(3) 在企業生存和發展的過程中，人文環境因素的作用越來越重要。企業要立足

於特定的社會環境，樹立良好形象，努力回報社會，就必須準確地識別和研究人文環境的各種影響和作用，而這些也正是企業文化要回答的問題。

按照黨的十五大政治報告的表述，中國還將長期處於社會主義的初級階段。同樣，中國的經濟就是在這樣一個國情下的社會主義市場經濟。那麼，分析和認識中國現階段企業文化建設的時代背景，就必須著眼於這樣的國情和經濟環境。

從初級階段和市場經濟這兩個最本質的背景特徵看，一個反應國情基礎，一個反應經濟環境，企業文化的建設就是要充分體現這兩個特徵的規範，認識和利用這兩個特徵所反應的規律對企業發展的意義，由此促進企業的發展。

(二) 企業文化的基本概念

正確地理解企業文化，首先應認識什麼是文化。文化有廣義和狹義兩種理解。廣義的文化指人類在社會歷史發展過程中所創造的物質文明和精神文明的總和，其中，物質文化可稱為「器的文化」或「硬文化」，精神文化可稱為「軟文化」。狹義的文化是指社會的意識形態，以及與之相適應的禮儀制度、組織機構、行為方式等物化的精神。文化具有民族性、多樣性、相對性、沉澱性、延續性和整體性的特點，它不僅作用於人類改造自然和社會的實踐活動，推動社會歷史的發展，同時，人類文化又隨著社會歷史的發展，形成了各種門類、各種形式、各具特色的文化模式。

企業是按照一定的目的和形式而建構起來的社會集合體，由於每個企業都有自己特殊的環境條件和歷史傳統，也就形成了自己獨特的哲學信仰、意識形態、價值取向和行為方式，於是每一個企業也都形成了自己特定的企業文化。企業文化的任務就是努力創造這些共同的價值觀念體系和共同的行為準則。從這個意義上來說，企業文化是企業在長期的實踐活動中所形成的並且為企業成員普遍認可和遵循的具有本企業特色的價值觀念、團體意識、工作作風、行為規範和思維方式的總和。

(三) 企業文化的主要特徵

1. 超個體的獨特性

每個企業都有其獨特的企業文化，這是由不同的國家和民族、不同的地域、不同的時代背景以及不同的行業特點所形成的。如美國的企業文化強調能力主義、個人奮鬥和不斷進取；日本文化深受儒家文化的影響，強調團隊合作、家族精神。

2. 相對穩定性

企業文化是企業在長期的發展中逐漸累積而成的，具有較強的穩定性，不會因組織結構的改變、戰略的轉移或產品與服務的調整而變化。一個企業中，精神文化比物質文化具有更強的穩定性。

3. 融合繼承性

每個企業都是在特定的文化背景之下形成的，必然會接受和繼承這個國家和民族的文化傳統和價值體系。但是，企業文化在發展過程中，也必須注意吸收其他企業的優秀文化，融合世界上最新的文明成果，不斷地充實和發展自我。也正是這種融合繼承性使得企業文化能夠更加適應時代的要求，並且形成歷史性與時代性相統一的企業文化。

4. 發展性

企業文化隨著歷史的累積、社會的進步、環境的變遷以及組織變革逐步演進和發展。強勢、健康的文化有助於企業適應外部環境和變革，而弱勢、不健康的文化則可能導致企業的不良發展。改革現有的企業文化、重新設計和塑造健康的企業文化過程就是企業適應外部環境變化、改變員工價值觀念的過程。

二、企業文化的結構與內容

(一) 企業文化的結構

一般認為，企業文化有三個層次結構，即潛層次、表層和顯現層三層。

1. 潛層次的精神層

這是指企業文化中的核心和主體，是廣大員工共同而潛在的意識形態，包括管理哲學、敬業精神、人本主義的價值觀念、道德觀念等等。

2. 表層的制度系統

它又稱為制度層，是體現某個具體企業的文化特色的各種規章制度、道德規範和員工行為準則的總和，也包括組織體內的分工協作關係的組織結構。它是企業文化核心層與顯現層的中間層，是由虛體文化向實體文化轉化的仲介。

3. 顯現層的企業文化載體

它又稱為物質層，是指凝聚著企業文化抽象內容的物質體的外在顯現，它既包括了企業整個物質的和精神的活動過程、組織行為、組織體產出等外在表現形式，也包括了企業實體性的文化設備、設施等，如帶有本企業色彩的工作環境、作業方式、圖書館、俱樂部等等。顯現層是企業文化最直觀的部分，也是人們最易於感知的部分。

(二) 企業文化的內容

從最能體現企業文化特徵的內容來看，企業文化包括企業價值觀、企業精神、倫理規範以及企業素養等。

1. 企業價值觀

企業的價值觀就是企業內部管理層和全體員工對該企業的生產、經營、服務等活動以及指導這些活動的一般看法或基本觀點。它包括企業存在的意義和目的、企業中各項規章制度的必要性與作用、企業中各層級和各部門的各種不同崗位上的人們的行為與企業利益之間的關係等。每一個企業的價值觀都會有不同的層次和內容，成功的企業總是會不斷地創造和更新企業的信念，不斷地追求新的、更高的目標。

2. 企業精神

企業精神是指企業經過共同努力奮鬥和長期培養所逐步形成的認識和看待事物的共同心理趨勢、價值取向和主導意識。企業精神是一個企業的精神支柱，是企業文化的核心，它反應了企業成員對企業的特徵、形象、地位等的理解和認同，也包含了對企業未來發展和命運所抱有的理想和希望。企業精神反應了一個企業的基本素養和精神風貌，成為凝聚企業成員共同奮鬥的精神源泉。

3. 倫理規範

倫理規範是指從道德意義上考慮的、由社會向人們提出並應當遵守的行為準則，它通過社會公眾輿論規範人們的行為。企業文化內容結構中的倫理規範既體現企業自下而上環境中社會文化的一般要求，又體現著本企業各項管理的特殊需求。因此，如果高層主管不能設定並維持高標準的倫理規範，那麼正式的倫理準則和相關的培訓計劃將會流於形式。

由此可見，以道德規範為內容與基礎的員工倫理行為準則，是傳統的企業管理規章制度的補充、完善和發展，並使企業的價值觀融入了新的文化力量。

4. 企業素養

企業素養包括企業中各層級員工的基本思想素養、科技和文化教育水平、工作能力、精力以及身體狀況等等。其中，基本思想素養的水平越高，企業中的管理哲學、敬業精神、價值觀念、道德修養的基礎就越深厚，企業文化的內容也就越充實豐富。可以想像，當一個行為或一項選擇不容易判定對與錯時，基本思想素養水平較高的企業容易幫助管理者正確做出決策，企業文化必須包含企業運作成功所必需的企業素養。

三、企業文化的功能

企業文化作為一種自組織系統具有很多特定的功能。主要功能有以下幾個：

1. 整合功能

企業文化通過培育組織成員的認同感和歸屬感，建立起成員與組織之間的相互信任和依存關係，使個人的行為、思想、感情、信念、習慣以及溝通方式與整個組織有機地整合在一起，形成相對穩固的文化氛圍，凝聚成一種無形的合力，以此激發出組織成員的主觀能動性，並為組織的共同目標而努力。

2. 適應功能

企業文化能從根本上改變員工的舊有價值觀念，建立起新的價值觀念，使之適應企業外部環境的變化要求。一旦企業文化所提倡的價值觀念和行為規範被成員接受和認同，成員就會自覺不自覺地做出符合組織要求的行為選擇，倘若違反，則會感到內疚、不安或自責，從而自動修正自己的行為。因此，企業文化具有某種程度的強制性和改造性，其效用是幫助企業指導員工的日常活動，使其能快速地適應外部環境因素的變化。

3. 導向功能

企業文化作為團體共同價值觀，與企業成員必須強行遵守的、以文字形式表述的明文規定不同，它只是一種軟性的抽象的理智約束，通過企業的共同價值觀不斷地向個人價值觀滲透和內化，使企業自動生成一套自我調控機制，以一種適應性文化引導著企業的行為和活動。

4. 發展功能

企業在不斷的發展過程中所形成的文化沉澱，通過無數次的輻射、反饋和強化，會隨著實踐的發展而不斷地更新和優化，推動企業文化從一個高度向另一個高度邁進。

5. 持續功能

企業文化的形成是一個複雜的過程，往往會受到政治環境、社會環境、人文環境和自然環境等諸多因素的影響，因此，它的形成需要經過長期的倡導和培育。正如任何文化都有歷史繼承性一樣，企業文化一經形成，便會具有持續性，並不會因為企業戰略或領導層的人事變動而立即消失。

第二節　企業文化的塑造

一、企業文化的塑造途徑

企業文化的塑造是個長期的過程，同時也是企業發展過程中的一項艱鉅、細緻的系統工程。許多企業致力於導入 CIS 系統，它已成為一種直觀的、便於理解和操作的企業文化塑造方法。從路徑上講，企業文化的塑造需要經過以下幾個過程：

1. 選擇合適的企業價值觀標準

企業價值觀是整個企業文化的核心，選擇正確的企業價值觀是塑造良好的企業文化的首要戰略問題。選擇企業價值觀要立足於本企業的具體特點，根據自己的目的、環境要求和組成方式等特點選擇適合自身發展的企業文化模式。其次要保持企業價值觀與企業文化各要素之間相互協調，因為各要素只有經過科學的組合與匹配才能實現系統整體優化。

在此基礎上，選擇正確的企業價值標準要注意以下四點：

（1）企業價值標準要正確、明晰、科學，具有鮮明特點；

（2）企業價值觀和企業文化要體現企業的宗旨、管理戰略和發展方向；

（3）要切實調查本企業員工的認可程度和接納程度，使之與本企業員工的基本素質保持和諧，過高或過低的標準都很難奏效；

（4）選擇企業價值觀要發揮員工的創造精神，認真聽取員工的各種意見，並經過自上而下和自下而上的多次反覆，審慎地篩選出既符合本企業特點又反應員工心態的企業價值觀和企業文化模式。

2. 強化員工的認同感

在選擇並確立了企業價值觀和企業文化模式之後，就應把基本認可的方案通過一定的強化灌輸方法使其深入人心。具體做法可以是：

（1）利用一切宣傳媒體，宣傳企業文化的內容和要旨，使之家喻戶曉，以創造濃厚的環境氛圍。

（2）培養和樹立典型。榜樣和英雄人物是企業精神和企業文化的人格化身與形象縮影，能夠以其特有的感召力和影響力為企業成員提供可以仿效的具體榜樣。

（3）加強相關培訓教育。有目的的培訓與教育，能夠使企業成員系統地接受企業的價值觀並強化員工的認同感。

3. 提煉定格

企業價值觀的形成不是一蹴而就的，必須經過分析、歸納和提煉方能定格。

（1）精心分析。在經過群眾性的初步認同實踐之後，應當將反饋回來的意見加以剖析和評價，分析和比較實踐結果與規劃方案的差距，必要時可吸收有關專家和員工的合理意見。

（2）全面歸納。在系統分析的基礎上，進行綜合化的整理、歸納、總結和反思，去除那些落後或不適宜的內容與形式，保留積極進步的形式與內容。

（3）精煉定格。把經過科學論證的和實踐檢驗的企業精神、企業價值觀、企業倫理與行為，予以條理化、完善化、格式化，再經過必要的理論加工和文字處理，用精煉的語言表述出來。

4. 鞏固落實

要鞏固落實已提煉定格的企業文化，首先要建立必要的制度保障。在企業文化演變為全體員工的習慣行為之前，要使每一位成員在一開始就能自覺主動地按照企業文化和企業精神的標準去行動比較困難，即使在企業文化業已成熟的企業中，個別成員背離企業宗旨的行為也是經常發生的。因此，建立某種獎優罰劣的規章制度十分必要。其次，領導者在塑造企業文化的過程中起著決定性的作用，應起到率先垂範的作用。領導者必須更新觀念並能帶領企業成員為建設優秀企業文化而共同努力。

5. 在發展中不斷豐富和完善

任何一種企業文化都是特定歷史的產物，當企業的內外條件發生變化時，企業必須不失時機地豐富、完善和發展企業文化。這既是一個不斷淘汰舊文化和不斷生成新文化的過程，也是一個認識與實踐不斷深化的過程。企業文化由此經過不斷的循環往復以達到更高的層次。

二、打造學習型組織

(一) 學習型組織的概念

學習型組織，是指通過培養彌漫於整個組織的學習氛圍，充分發揮員工的創造性思維能力而建立起來的一種有機的、柔性的、扁平化的、符合人性的、能持續發展的組織。隨著企業經營機制改革的不斷深化，在經濟轉型時期，面對企業求生存、求盈利的壓力和緊迫感的不斷加劇，企業如今考慮更多的是如何通過增強自身實力或組建戰略聯盟而立於不敗之地。職工是企業的立身之本，許多企業領導人都想著眼於通過提高企業職工素質來提高企業競爭力。傳統觀念認為，提高企業職工素質的有效辦法是職工培訓。其實，這只是一種比較片面、狹隘的認識。培訓是一種重要的方法，但不是僅僅通過培訓就能解決的，關鍵在於建立一個企業不斷學習、不斷樹立價值追求目標、不斷改進思維方式、提高思想認識水平的機制，將企業逐步改造、過渡為符合這種機制的組織的管理理論、經驗與方法。創建學習型組織是一項重要的戰略行動，無論對於單個的企業還是企業戰略聯盟，都具有非常重要的戰略意義。

(二) 學習型組織的五項修煉

學習型組織的理論是由美國學習理論專家彼得·聖吉提出的。他認為，在學習型組織的領域裡，有五項新技術匯聚起來，使學習型組織演變成一項創新。雖然，它們

的發展是分開的，但都緊密相關，對學習型組織的建立，每一項都不可或缺。他稱這五項學習型組織的技能為五項修煉，我們也可以把這五項修煉看作是學習型組織建立的五大原則。

（1）第一項修煉：自我超越（Personal Mastery）。為了促進組織學習，高層管理人員必須允許組織中的每一個人進行自我超越。管理者必須賦予員工權力，允許他們根據自己的想法進行試驗、創造和研究。

（2）第二項修煉：改善心智模式（Improving Mental Models）。作為促進自我超越的一部分，組織必須鼓勵員工發展和使用複雜心智模式———一種可以激勵員工尋找新的、更好的完成任務的方式的複雜思維方式。通過這一模式的使用，能夠加深員工對其特定工作活動的理解。聖吉認為，管理者必須鼓勵員工形成一種實驗和冒險的偏好。

（3）第三項修煉：建立共同願景（Building Shared Vision）。管理者必須強調建立共同願景的重要性。所謂共同願景，是指所有組織成員用來考慮機會的共同的心智模式。

（4）第四項修煉：團體學習（Team Learning）。管理者必須盡其所能激發組織的創造性。聖吉認為，在不斷壯大的組織學習中，團隊學習（發生於集體或團隊中的學習）比個人學習更為重要。

（5）第五項修煉：系統思考（Systems Thinking）。管理者必須鼓勵系統思考，聖吉強調，為了建立一個學習型組織，管理者必須認識到學習過程中各層級之間的相互影響。

（三）創建學習型組織的條件

1. 建立創新理念

（1）觀念創新。思想是行動的先導，觀念上的滯後是學習型企業難以建立的主要原因，只有不斷扭轉以前落後的學習觀念，才能加快學習型企業的形成和發展，才能增強企業的競爭實力，使企業在未來的競爭中處於有利的地位。同時，個體的學習觀念也要更新。在知識經濟時代，每個個體只有終身學習才能有效吸取有用的知識和信息，才能在激烈的競爭中佔有優勢，個體學習的危機意識、主動意識的培養和形成是實現個體成功的必要條件。

（2）組織創新。要進行必要的組織機構的調整，企業的培訓機構是企業的組織核心，但企業培訓機構的最重要任務不是向員工傳授、灌輸知識，而是培養員工學習的興趣、激發他們學習的動力，更重要的是學會學習的能力。尊重、鼓勵中下層組織的學習能力和創新能力，進行組織結構調整，發揮培訓機構的積極作用是建立學習型企業的重要條件。

（3）制度創新。即要建立健全企業的學習制度。學習制度是學習型企業建立的根本性和全局性的問題，建立健全學習制度，使學習制度與考核評價制度、工資福利制度、人事組織制度有效銜接，形成科學的學習激勵機制。

（4）領導創新。企業領導對學習型企業的創建起著最為關鍵的作用。企業領導的引導和激勵作用具有巨大的影響，企業領導要起到負責培養、教育下級，評判、監督

實施,率先垂範以及創造發展條件等重要作用。

2. 創建學習型戰略聯盟

當前,由於市場競爭的白熱化,總體上中國企業規模不大,市場競爭缺乏層次。為了進一步增強實力,強強聯合,向戰略夥伴學習其優點,取長補短,建立學習型戰略聯盟是重要途徑。把介於企業和市場之間的聯盟創建為學習型組織,對於提升企業戰略聯盟的競爭實力和合作質量具有深遠的意義。

(四) 創建學習型組織的措施

(1) 企業每一個職工、每一個部門、每一個單位,都要有一個學習的近期計劃和遠期規劃。學習型組織擁有三個層次的含義,即建立學習型組織要從個人的學習、組織的學習和平等精神這三個層次出發,學習型組織的細胞是個人學習,學習型組織的關鍵是團隊學習,學習型組織的核心思想是行為學習。

(2) 個人學習方面的措施。促進個人學習,必須建立員工理性思考和系統思考的思考方式。理性思考有兩個基礎:一是自我意識,二是自控能力。員工自我意識的真正迸發,是理性的前提。系統思考的方式之一是進行適當的工作輪訓,工作輪訓的意義並不是要讓每位員工都成為多面手,最終的意義在於讓員工瞭解每一道工序對於企業都是至關重要的,可以讓員工的眼光不局限於自己的崗位,可以使他能從全局看不同工作的不同作用。工作輪訓是培養系統思考方式非常重要的組成部分。

(3) 組織的學習方面。通過組織學習,可以使得組織具有明顯高於其他企業的競爭能力、經營實力和技術實力,促進組織學習,可以採取如下措施:

①建立目標管理體制。這個目標就是共同願景,即要建立共同願景,給企業設置一個努力要達到的目標,企業每個部門、每個單位都有其各自明確的、經過努力可以達到的奮鬥目標。

②建立企業信息管理系統。企業信息管理系統可以使企業管理柔性化、扁平化,明顯提高管理效率。加快信息的傳遞速度,提高企業領導掌握企業實際狀態和變化的準確性與速度,保證企業領導決策質量。

③建立雙向溝通機制。將雙向機制納入企業的組織管理體制,作為企業日常管理工作的一部分,使企業職工和管理者,包括企業的最高管理者有直接的信息傳遞和反饋渠道,對於職工反應的信息和提案必須給予充分重視和積極回應。

④規範化與自由。企業必須有學習的規範,即相應的規章制度,將學習制度化和規範化。同時職工也有學習的自由,這也是發揮職工學習主動性和積極性、結合職工個人興趣和愛好的非常重要的方面。

創建學習型組織具有重要的戰略意義,創建學習型組織要以組織戰略目標為導向,充分研究組織的特點,把創建活動納入組織總體戰略中,進行長期的堅持不懈的努力,從實際出發,將企業逐步改造、過渡為學習型組織。創建學習型組織必將收到全面提高企業職工素質、明顯提高企業競爭力的積極效果。

復習思考題：

1. 什麼是企業文化？企業文化有何特徵？
2. 企業文化的結構與內容是什麼？
3. 如何塑造企業文化？
4. 何謂學習型組織？如何建造？

[**本章案例**]

華為狼性企業文化

　　華為在 1988 年還是一個註冊資金僅兩萬元的民營小企業，主要代銷香港生產的一種 HAX 交換機。華為在中國不是進入通信領域最早的企業，當時與它一起打天下的其他企業早已銷聲匿跡，但它以咄咄逼人之勢迅速發展成了該領域的強者，憑的就是狼性文化。有人把通信製造業的各類企業比作草原上的三種動物：跨國公司就像獅子，跨國公司在中國的合資企業就像豹子，而地道的中國本土企業就像土狼。如果這個比喻貼切的話，那華為就是最傑出的土狼。

　　華為崇尚狼性文化。華為的老總任正非歸納出了狼的三大特性：一是敏銳的嗅覺；二是不屈不撓、奮不顧身的進攻精神；三是群體奮鬥。這三點是狼在廝殺中成功的特性，轉用到企業的競爭中，也會形成不可思議的力量。敏銳地察覺對手的動向和市場的變化，可以抓住先機、把握主動。競爭的過程中必然會有挫敗，因而想獲得將來的勝利，必須有不怕輸的精神、永不言止的信念。企業是個集體組織，它的成功是每個人的努力，所以唯有全體奮鬥，才有企業輝煌。

　　對華為而言，主業就是銷售。銷售表現出了狼性最為鮮活的一面，就是以整體力量向外攻擊，為實現目標利用各種手段，爭奪市場。它對勝利有著瘋狂的追求，它對失敗有著不懈的忍耐。華為厭惡個人英雄主義，提倡團隊精神，「勝則舉杯相慶，敗則拼死相救」。在競爭中，華為的武器不一定是最好的，但是一定是最有效的，所以它的競爭力根植於它的狼性。

　　在研發方面，華為也表現了不屈不撓、奮勇拼搏的狼性。研究人員勤勤懇懇、埋頭苦幹，不害怕「冷板凳要坐十年」，堅持從點點滴滴做起，研究問題不做廣，而是要做深。所以華為的技術總能在國內領先，這是科技產品搶占市場的利器。

　　狼還有強烈的危機意識，任正非曾寫過的《華為的冬天》和《北國的春天》兩篇文章，其中的危機論，引起了業界極大的震動。

　　雖然狼在競爭中有殘酷的一面，但狼的忠心是它不懈努力的根源，所以華為倡導以「愛祖國、愛人民、愛公司」為主導的企業文化，包含了四個重要方面：

　　（1）民族文化、政治文化企業化。企業文化是民族文化和政治文化的再現，華為將中國的社會主義文化引入企業之中，號召學習雷鋒和焦裕祿，同時也決不讓這些模

範人物吃虧。讓物質文明鞏固精神文明，精神文明又促進物質文明，把社會主義奉獻精神和個人利益相結合。

（2）雙重利益驅動。為祖國昌盛、民族振興和家庭幸福而努力奮鬥，是雙重利益驅動個人行為，國家利益和個人目標雙重激發工作熱情。

（3）同甘共苦，榮辱與共。在華為人人平等，不搞特權；成功時集體共同分享，失敗時集體共同分擔。團結協作、集體奮鬥是華為企業文化之魂，與狼的集體行動有著異曲同工之妙。

（4）「華為基本法」。「華為基本法」的起草工作開始於1996年初，是華為企業文化的具體再現，它確定了華為二次創業的觀念、戰略、方針和基本政策，對華為的發展起著重要的指導和規範作用。

討論題：

（1）華為企業文化的特點是什麼？
（2）華為企業文化怎樣與其競爭戰略互動？

第十四章　創新管理

　　組織、領導和控制是保證計劃目標的實現所不可缺少的。從某種意義上說，它們同屬於管理的「維持職能」，其任務是保證系統按預定的方向和規則運行。但是，管理是在動態環境中生存的社會經濟系統，僅有維持是不夠的，還必須不斷調整系統活動的內容和目標，以適應環境變化的要求，發揮管理的創新職能。沒有創新就沒有發展，企業只有求助於創新，才能將企業推進到一個新的企業管理的均衡狀態，從而使企業在更高層次上實現目標、結構與功能的有機整合，以創造性地適應環境變化，贏得競爭優勢。本章主要闡述了創新管理的含義、特徵、分類，企業中創新的五大方面的內容、過程（階段）和組織。

第一節　創新及其作用

一、創新是管理的基本職能

　　所謂創新，就是淘汰舊的東西，創造新的東西。它是一切事物向前發展的根本動力，是事物內部新的進步因素通過矛盾鬥爭戰勝舊的落後因素，從而推動事物向前發展的過程。所謂創造，是指新構想、新觀念的產生；而革新是指新觀念、新構想的運用。創新是通過創造與革新達到更高目標的創造性活動，是管理的一項基本職能。

　　管理是為了有效地實現組織目標，這個過程必然表現在具體的成果上。創新管理的成果與維持管理的成果相比，具有這樣一些特徵：①具有首創性。創新是要解決前人沒有解決的問題，它不是模仿、再造，而包含著過去所沒有的新的因素和成分。②具有未來性。創新是面向未來、研究未來、追求未來和創造未來的活動。③具有變革性。創新是一種變革舊事物的活動，創新的成果也就表現為變革舊事物的產物。④具有先進性。創新是在已有成就的基礎上的發展，所以高於現有的成就。⑤具有時間性。對創新成果的確認，與時間有著密切的關係。相同或相似的成果是否被確認，以時間的先後為界。因此，創新的關鍵在於一個「新」字，是以新思想、新觀念和新成果為組織輸入活力的活動。

　　創新是企業生命力的源泉。對於企業來說，創新是適應企業內外環境條件的變化，打破系統原有平衡，創造系統新的目標、機構和功能狀態，以實現新的系統平衡的重要因素。沒有創新就沒有發展，企業只有求助於創新，才能將企業推進到一個新的企業管理的均衡狀態，從而使企業在更高層次上實現目標、結構與功能的有機整合，以

創造性地適應環境變化，贏得競爭優勢。

創新本質上是一種經濟活動，是經濟利潤的重要源泉之一。由於企業是社會經濟運行的基本單位，企業應該成為創新的真正主體，把握住企業創新也就為歷屆創新的管理提供了堅實的基礎。可以說，企業創新就是企業在生產、經營、組織和管理活動中應用新思想、新方法，建立新的生產函數或實現資源新的配置方式的經濟行為。

創新是企業獲取持續競爭優勢的重要保證，尤其是伴隨知識經濟時代的到來，企業的性質正在發生根本性的改變。適應以信息技術為核心的技術革命及全球化競爭對生產經營活動的新要求，現代企業的價值觀念、制度框架、組織模式和管理方式與傳統企業相比都有顯著不同。由於商品的個性化、多樣化和社會的信息化，知識價值的流動性大、變化快、壽命也越來越短。因而，追求知識價值的不斷更新就成為現代企業經營的主要理念。「變」是唯一不變的真理。創新成為現代成功企業的突出標誌。

二、創新的基本類別與特徵

系統內部的創新可以從不同的角度去考察。

（一）從創新的規模以及創新對系統的影響程度來考察，可將其分為局部創新和整體創新

局部創新是指在系統性質和目標不變的前提下，系統活動的某些內容、某些要素的性質或其相互組合的方式，系統的社會貢獻的形式或方式等發生變動；整體創新則往往改變系統的目標和使命，設計系統的目標和運行方式，影響系統的社會貢獻的性質。

（二）從創新與環境的關係來分析，可將其分為消極防禦型創新與積極攻擊型創新

防禦型創新是指由於外部環境和變化對系統的存在和運行造成了某種程度的威脅，為了避免威脅或由此造成的系統損失擴大，系統在內部展開的局部或全局性調整；攻擊型創新是在觀察外部世界運動的過程中，敏銳地預測到未來環境可能提供的某種有利機會，從而主動地調整系統的戰略和技術，以積極地開發和利用這種機會，謀求系統的發展。

（三）從創新發生的時期來看，可將其分為系統初建期的創新和運行中的創新

系統的組建本身就是社會的一項創新活動。系統的創建者在一張白紙上繪製系統的目標、結構、運行規劃等藍圖，這本身就要求有創新的思想和意識，創造一個全然不同於現有社會（經濟組織）的新系統，尋找最滿意的方案，取得最優秀的要素，並以最合理的方式組合，使系統進行活動。但是「創業難，守業更難」，在動盪的環境中「守業」，必然要求積極地以攻為守，要求不斷地創新。創新更大量地存在於系統組建完畢開始運轉以後。系統的管理者要不斷地在系統運行的過程中尋找、發現和利用新的創業機會，更新系統的活動內容，調整系統的結構，擴展系統的規模。

（四）從創新的組織程度上看，可分為自發創新與有組織的創新

任何社會經濟組織都是在一定環境中運轉的開放系統，環境的任何變化都會對系

統的存在和存在方式產生一定的影響，系統內部與外部直接聯繫的各個子系統接收到環境變化的信號以後，必然會在其工作內容、工作方式、工作目標等方面進行積極或消極的調整，以應付變化或適應變化的要求。同時，社會經濟組織內部的各個組成部分是相互聯繫、相互依存的。系統的相關性決定了與外部有聯繫的子系統根據環境變化的要求自發地做出調整後，必然會對那些與外部沒有直接聯繫的子系統產生影響，從而要求後者也做出相應的調整。系統內部各部分的自發調整可能產生兩種結果：

（1）各子系統的調整均是正確的，從整體上說是相互協調的，從而給系統帶來的總效應是積極的，可使系統各部分的關係實現更高層次的平衡——除非極其偶然，這種情況一般不會出現。

（2）各子系統的調整有的是正確的，而另一些則是錯誤的——這是通常可能出現的情況。因此，從整體上來說，調整後各部分的關係不一定協調，給組織帶來的總效應既有可能為正，也可能為負（這取決於調整正確與失誤的比例），也就是說，系統各部分自發創新的結果是不確定的。

與自發創新相對應的有組織的創新包含兩層意思：

（1）系統的管理人員根據創新的客觀要求和創新活動本身的客觀規律，制度化地研究外部環境狀況和內部工作，尋求和利用創新機會，計劃和組織創新活動。

（2）在這同時，系統的管理人員要積極地引導和利用各要素的自發創新，使之相互協調並與系統有計劃的創新活動相配合，使整個系統內的創新活動有計劃、有組織地展開。只有組織的創新，才能給系統帶來預期的積極的比較確定的結果。

鑑於創新的重要性和自發創新結果的不確定性，有效的管理要求有組織地進行創新。但是有組織的創新也有可能失敗，因為創新本身意味著打破舊的秩序，打破原來的平衡，因此，具有一定的風險，更何況組織所處的社會環境是一個錯綜複雜的系統，這個系統的任何一次突發性的變化都有可能打破組織內部創新的程序。當然，有計劃、有目的、有組織地創新取得成功的機會無疑要遠遠大於自發創新。

第二節　創新的基本內容

系統在運行中的創新要涉及許多方面。為了便於分析，我們以企業系統為例來介紹創新的內容。

一、目標創新

企業是在一定的經濟環境中從事經營活動的，特定的環境要求企業按照特定的方式提供特定的產品。一旦環境發生變化，要求企業的生產方向、經營目標以及企業在生產過程中與其他社會經濟組織的關係進行相應的調整。在新的經濟背景中，企業的目標必須調整為「通過滿足社會需要來獲取利潤」。至於企業在各個時期的具體的經營目標，則更需要適時地根據市場環境和消費需求的特點及變化趨勢加以整合，每一次調整都是一種創新。

二、技術創新

技術創新是企業創新的主要內容,企業中出現的大量創新活動是有關技術方面的,因為任何企業都是利用一定的產品來表現市場存在、進行市場競爭的;任何產品都是一定的人借助一定的生產手段加工和組合一定種類的原材料生產出來的。不論是產品本身,還是生產這些產品的人和物資設備,或是被加工的原材料以及加工這些原材料的工藝,都以一定的技術水平為基礎,並/或以相應的技術水平為標誌。因此,技術創新的進行從而技術水平的提高是企業增強自己在市場上的競爭力的重要途徑。

(一) 技術創新的內容

技術水平是反應企業經營實力的一個重要標誌,企業要在激烈的市場競爭中處於主動地位,就必須不斷地進行技術創新。因此與企業生產製造有關的技術創新,其內容是非常豐富的。從生產過程的角度來分析,企業的技術創新主要表現在要素創新、產品創新以及要素組合方法創新。

1. 要素創新

從生產的物質條件這個角度來考察,要素創新主要包括材料創新和手段創新。

(1) 材料創新。材料既是產品和物質生產手段的基礎,也是生產工藝和加工方法作用的對象。因此,在技術創新的各種類型中,材料創新可能是影響最為重要、意義最為深遠的。材料創新或遲或早會引致整個技術水平的提高。

由於迄今為止作為工業生產基礎的材料主要是由大自然提供的,因此材料創新的主要內容是尋找和發現現有材料特別是自然提供的原材料的新用途,以使人類從大自然的恩賜中得到更多的實惠。隨著科學的發展,人們對材料的認識漸趨充分,利用新知識和新技術製造的合成材料不斷出現,材料創新的內容也正在逐漸地向合成材料的創造這個方向轉移。

(2) 手段創新。手段創新主要是指生產的物質手段的改造和更新。任何產品的製造都需要借助一定的機器設備等物質生產條件才能完成。生產手段的技術狀況是企業生產力水平具有決定性意義的標誌。

生產手段的創新主要包括兩個方面的內容:

第一,將先進的科學技術成果用於改造和革新原有的設備,以延長其技術壽命或提高其效能,比如用單板機改裝成自動控制的機床,用計算機把老式的織布機改裝成計算機控制的織布機等。

第二,用更先進、更經濟的生產手段取代陳舊、落後、過時的機器設備,以使企業生產建立在更加先進的物質基礎之上,比如用電視衛星傳播系統取代原有的電視地面傳播系統等。

2. 產品創新

產品是企業的象徵,任何企業都是通過向市場上提供不可替代的產品來表現並實現其社會存在的,產品在國內和國際市場上的受歡迎程度是企業市場競爭成敗的主要標誌。

產品創新包括新產品的開發和老產品的改造。這種改造和開發是指對產品的結構、性能、材質、技術特徵等一方面或幾方面進行改進、提高或獨創。它既可以是利用新原理、新技術、新結構開發出一種全新型產品，也可以是在原有產品的基礎上，部分採用新技術而製造出適合新用途、滿足新需要的換代型產品，還可以是對原有產品的性能、規格、款式、品種進行完善，但在原理、技術水平和結構上並無突破性的改變。

產品在企業經營中的作用決定了產品創新是技術創新的核心和主要內容，其他創新都是圍繞著產品的創新進行的，而且其成果也最終要在產品創新上得到體現。

3. 要素組合方法創新

利用一定的方式將不同的生產要素加以組合，這是形成產品的先決條件。要素的組合包括生產工藝和生產過程的時空組織兩個方面。

（1）工藝創新包括生產工藝的改革和操作方法的改進。生產工藝是企業製造產品的總體流程和方法，包括工藝過程、工藝參數和工藝配方等；操作方法是勞動者利用生產設備在具體生產環節對原材料、零部件或半成品的加工方法。生產工藝和操作方法的創新既要求在設備創新的基礎上，改變產品製造的工藝、過程和具體方法，也要求在不改變現有物質生產條件的同時，不斷研究和改進具體的操作技術，調整工藝順序和工藝配方，使生產過程更加合理，現有設備得到充分的利用，現有材料得到更充分的加工。

（2）生產過程的組織包括設備、工藝裝備、在製品以及勞動各要素在空間上的布置和時間上的組合。空間布置不僅影響設備、工藝裝備和空間的利用效率，而且影響人機配合，從而直接影響工人的勞動生產率；各生產要素在時空上的組合，不僅影響在製品、設備、工藝裝備的占用數量，從而影響生產成本，而且影響產品的生命週期。因此，企業應不斷地研究和採用更合理的空間布置和時間組合方式，以提高勞動生產率、縮短生命週期，從而在不增加要素投入的前提下，提高要素的利用效率。

上述幾個方面的創新，既是相互區別的，又是相互聯繫、相互促進的。材料創新不僅會帶來產品製造基礎的革命，而且會導致產品物質結構的調整；產品創新不僅是產品功能的增加、完善或更趨完善，而且必然要求產品製造工藝的改革；工藝的創新不僅導致生產方法的更加成熟，而且必然要求生產過程中利用這些新的工藝方法的各種物質生產手段的改進。反過來，機器設備的創新也會帶來加工方法的調整或促進產品功能的更加完善；工藝或產品的創新也會對材料的種類、性能或質地提出更高的要求。各類創新雖然側重點不同，但任何一種創新的組織都必然會促進整個生產過程的技術改進，從而帶來企業整體技術水平的提高。

(二) 技術創新的源泉

創新源於企業內部和外部的一系列不同的機會。這些機會可能是企業刻意尋求的，也可能是企業無意中發現但發現後立即有意識地加以利用的。美國學者德魯克把誘發企業創新的這些不同因素歸納成七種不同的創新來源：意外的成功與失敗、企業內外的不協調、工藝過程的需要、產業和市場的改變、人口結構的變化、人們觀念的改變以及新知識的產生等。

1. 意外的成功與失敗

企業經營中經常會發生一些出乎意料的結果：企業苦苦追求基礎業務的發展，並為此投入了大量的人力與物力，但結果卻是這種業務令人遺憾地不斷萎縮；與之相反，另一些業務企業雖未給予足夠的關注，卻悄無聲息地迅速發展。不論是意外的成功，還是意外的失敗，都有可能在向企業預示某種機會，企業必須對之加以仔細的分析和論證。

(1) 意外的成功

意外的成功通常能夠為企業創新提供非常豐富的機會。這些機會的利用要求企業投入的代價以及承擔的風險都相對較小。但如果說意外的失敗是企業不得不面對的現實的話，那麼未曾料到的成功則常被企業忽視。因為這些意外的成功既然是「出乎意料」的，那麼也通常是領導者感到陌生和不熟悉的，且大多與組織追求的目標和多年來形成的習慣和常識相悖。比如，企業可能長期致力於某種上流產品的研發和完善，對這種產品的質量改進或設施現代化投入過大量資金，而對一些顧客需求的特殊產品則僅投入相對較少的資源，但最終的結果則可能是後者獲得極大的成功，而前者的市場銷量則長期徘徊不前。這正應了中國那句老話——「有心栽花花不開，無心插柳柳成蔭」。

然而，在日常生活和經濟生活中，人們通常只顧觀察和發現那些自己熟悉或自己所希望出現的結果。有時雖然也觀察到了那些未曾預料或希望的結果的出現，但對其意義卻常難有充分的認識。這樣，意外的成功雖然為企業創新提供了大量的機會，但這些機會卻不僅可能被企業領導人視而不見，而且有時甚至被視為「異端」而遭排斥。

德魯克曾舉過這樣一個例子。20世紀50年代，紐約最大的一家百貨公司的董事長面對家用電器的大量銷售不知所措。因為在這類商店，以前主要是「向來買時裝的人推銷家用電器」，而現在則是「向來買家用電器的人推銷時裝」；這類商店「時裝銷售額占總銷售額的70%是比較正常的」，而「家用電器銷售額增長過快、占五分之三則顯得不太正常」。於是乎，商店在設法提高時裝的銷售額而無任何結果後，便想到了「唯一可做的事是把家用電器的銷售額壓低到他們應有的水平」。

這種政策帶來的必然是公司營業狀況的不斷惡化。只是到了20世紀70年代，隨著新管理班子的到來，才開始把側重點倒了過來，對企業經營的內容和主要方向進行重新組合，給了家電銷售以應有的位置，從而使公司再度繁榮。顯然如果這家公司早一點從意外的家電銷售額增長中看到發展的機會，那麼這個公司也許早已發達了。

(2) 意外的失敗

意外的成功也許會被忽視，未曾料到的失敗則不能不面對。一項計劃——這可以是某種產品的技術開發，也可以是其市場開發，不論企業在其設計、論證以及執行上是如何精心和努力，最終仍然失敗了，那麼這種失敗必然隱含了某種變化，從而實際上向企業預示了某種機會的存在。比如，產品或市場設計的失敗可能是這種設計所依據的假設不再成立。這既可能表現為居民的消費需要、消費習慣以及消費偏好可能已經改變，也可能表現為政府的政策進行了調整。這種改變或調整雖然使計劃的開發遭到失敗，或使原先熱門的產品不再好銷，但卻為一種或一些新的產品提供了機會。瞭

解了這種變化，發現了這種機會，企業便可有針對性地進行有組織的創新。

不論是意外的成功、還是意外的失敗，一經出現，企業就應正視其存在，並對之進行認真的分析，努力搞清並回答這樣幾個問題：究竟發生了什麼變化？為什麼會發生這樣的變化？這種變化會將企業引向何方？企業應採取何種應付策略才能充分地利用這種變化使之成為企業發展的機會？

2. 企業內外的不協調

當企業對外部經營環境或內部經營條件的假設與現實相衝突，或當企業經營的實際狀況與理想狀況不一致時，便出現了不協調的狀況。這種不協調既可能是已經發生了的某種變化的結果，亦可能是某種將要發生的變化的徵兆。同意外事件一樣，不論是已經發生的還是將要發生的變化，都可能為企業的技術創新提供一種機會。因此，企業必須仔細觀察不協調的存在，分析出現不協調的原因，並以此為契機組織技術創新。

根據產生原因的不同，不協調可分成不同的類型。宏觀或行業經濟景氣狀況與企業經營績效的不符是可以經常觀察到的一種現象。一方面，整個宏觀經濟形勢很好，對行業產品的需求逐漸上升，同行業中的其他經濟單位也在不斷成長，相反本企業的銷售額卻停滯不前，市場份額因此而不斷萎縮。伴隨著市場的擴大，企業的銷售額在短期內不一定有較大的下降，因此不協調對企業發展的長期影響不一定能被企業及時意識到，但是行業發展了，而企業卻停步不前，這顯然是一種不正常的現象。這種不協調反應了企業在產品結構、原料使用、市場營銷、成本與價格、產品特色等某個或某些經營方面存在著問題。分析這些問題之所在，便可為技術的創新提供一種思路和機會。

假設和實際的不協調也是一種常見的不協調類型。任何企業，實際上任何人也是這樣，都是根據一定的假設來計劃和組織其活動的。假設如果不能被實際所證實，那麼企業戰略投資或日常經營就可能在朝著一個錯誤的方向努力。這時，企業的努力程度愈高，帶來的負面效果可能愈大。及時發現假設與現實的不符，企業就可以及時地改變或調整努力的方向。企業對消費者價值觀的判斷與消費者實際價值觀的不一致是假設與現實不協調的典型類型，也是企業常犯的一種嚴重錯誤。

在所有不協調的類型中，消費者價值觀判斷與實際不一致不僅是最為常見的，對企業的不利影響也是最為嚴重的；根據錯誤的假設組織生產，企業的產品始終不可能真正滿足消費者的需要，從而生產所需難以得到補償，企業的生存危機遲早會出現。相反，如果在整個行業的假設與實際不符時企業較早地發現了這種不符，則可能給企業的技術創新和發展提供大量機會。

3. 過程改進的需要

意外事件與不協調是從企業與外部的關係這個角度來進行分析的，過程改進的需要則與企業內部的工作（內部的生產經營過程）有關。由這種需要引發的創新是對現已存在的過程（特別是工藝工程）進行改善，把原有的某個薄弱環節去掉，代之以利用新知識、新技術重新設計的新工藝、新方法，以提高效率、保證質量、降低成本。由於這種創新的需要通常存在已久，所以一旦採用，人們常會有一種理該如此或早該

如此的感覺，因而可能迅速被組織接受，並很快成為一種通行的標準。

過程的改進既可能是科學技術發展的邏輯結果，也可能是推動和促進科技發展的原動力。實際上，在過程改進所需的知識尚未出現以前，任何改進都是不可能實現的。因此，在組織這種改進之前，企業（也可能是在宏觀層次上）可能要針對生產過程中的薄弱環節進行長期的「基礎研究」，以產生出克服這種薄弱環節所需的新知識。只有在新知識產生以後，人們才能實際地考慮如何將其應用於工業生產、改進生產過程中的某個環節。必須指出，從基礎研究到應用分析再到工藝與方法的實際改進，這個過程可能是非常漫長的。

與前兩個因素相聯繫，過程的改進以及與此相聯繫的技術創新也可能是由外部的某個或某些因素的變化引起的。比如，勞動力勞動成本的增加促使企業努力推進了生產過程的機械化和自動化。

4. 行業和市場結構的變化

企業是在一定的行業結構和市場結構條件下經營的。行業結構主要是指行業中不同企業的相對規模和競爭力結構以及由此決定的行業集中度或分散度；市場結構主要與消費者的需求特點有關。這些結構既是行業內和市場內各參與企業的生產經營共同作用的結果，同時也制約著這些企業的活動。行業結構和市場結構一旦出現變化，企業就必須迅速對之做出反應，在生產、營銷以及管理等諸方面組織創新和調整，否則就有可能影響企業在行業中的相對地位，甚至帶來經營上的災難，引發企業的生存危機。相反，如果企業及時應變，則這種結構的變化給企業帶來的將是眾多的創新機會。所以，企業一旦意識到產業或市場結構發生了某些變化，就應迅速分析這種變化對企業經營業務可能產生的影響，確定企業經營應該朝什麼方向調整。

實際上，處在行業之內的企業通常對行業發生的變化不太敏感，而那些「局外人」則可能更易觀察到這種變化以及這種變化的意義，因而也較易組織和實施創新。所以，對已在行業內存在的現有企業來說，產業結構的變化常構成一種威脅。

面對同一市場和行業結構的變化，企業可能做出不同的創新和選擇，比如汽車市場從貴族向平民的變化就曾引發了企業四種不同的反應，且不同反應均取得了成功。

（1）羅爾士‧羅伊士的反應。該公司開始集中全力生產作為「王族標誌」的汽車，其特點是用古老的手工製造方法，由熟練的技術工人進行單個加工和裝配，許諾永不磨損，並配之以平民難以承受的價格，以保證此種類型的汽車永遠只為一定社會階層的人擁有。自此，該公司生產的汽車始終是一定社會地位的象徵。

（2）隨著汽車市場向普及化的方向發展，福特公司的反應則是組織汽車的大量生產，使其T型車的價格降到當時最廉價車的五分之一。

（3）杜蘭特則從汽車市場的發展中看到了建立大型公司的機會，從而在組織上進行了創新，組建了大型現代企業「通用汽車公司」。

（4）義大利人阿涅尼則看到了汽車在軍事上的發展，組建了專門生產軍官指揮車的菲亞特公司，迅速成為義大利、俄國以及奧匈帝國軍隊指揮車的主要供應商。

因此，面對市場以及行業結構的變化，關鍵是要迅速地進行創新行動，至於創新努力的形式和方向則可以是多重的。

5. 人口結構的變化

人口因素對企業經營的影響是多方位的。作為企業經營中一種必不可少的資源，人口結構的變化直接決定著勞動力市場的供給，從而影響企業的生產成本；作為企業產品的最終用戶，人口的數量及其構成決定了市場的結構及其規模。有鑒於此，人口結構的變化有可能為企業的技術創新提供契機。

作為一種經營資源的人口，其有關因素（如人口數量、年齡結構、收入構成、就業水平以及受教育程度等）的變化相對具有可視性，其變化結果也較易預測。比如，2030年進入勞動力市場的人口，目前已經出生；就業人口中已經從業的年限決定了未來若干年內每年退休人員的數量。根據類似的資料，企業大致可以判斷未來勞動力市場供給情況以及工業對勞動力的需求壓力，並從中分析企業創新的機會。

需要指出的是，分析人口數量對企業創新機會的影響，不僅要考察人口的總量指標，而且要分析各種人口構成的統計資料。總量指標雖然可在一定程度上反應人口變化的趨勢，但這種數據亦可能把企業的分析引入歧途。實際上，在總量相同或基本未變的人口中，年齡結構可能有著很大的差異或已經發生了重大的變化。西方國家在二戰結束後普遍出現了「嬰兒潮」，但不久生育率即逐漸下降，因此自20世紀50年代開始，人口總體水平波動不大。但在總量大致相當的情況下，人口的年齡構成卻發生了重要變化。在60年代，青年人數量劇增，而80年代以後中年人的數量則穩步增加，老年人的比重在此之後則大量上升。人口結構的這種變化對企業經營提供的機會或造成的壓力以及對企業創新的要求顯然是有重大區別的。因此，人口變量的研究應重在人口年齡構成的分析，特別是人口中比重較大的核心年齡層次的分析。

與作為資源的人口相反，作為企業產品最終用戶的人口，其有關因素對企業經營的影響從而創新的要求是難以判斷和預測的。比如，如果說我們可以大致地確定年齡結構的變化對勞動力市場的影響，那麼判斷這種變化對居民消費傾向從而需求的影響則是非常困難的。

6. 觀念的改變

對事物的認知和觀念決定著消費者的消費態度；消費態度決定著消費者的消費行為；消費行為決定一種具體產品在市場上的受歡迎程度。因此，消費者觀念上的改變影響著不同產品的市場銷路，為企業提供著不同的創新機會。

觀念反應了人們對事物的認識和分析的角度。從企業創新的角度來說，觀念的改變既意味著消費者本身的有關認識的改變，亦意味著企業對消費者某種行為或態度的改變。這種改變有時並不改變事實本身，但對企業的意義則是不一樣的。有則案例很好地說明了這一點。有兩家製鞋商分別派出銷售人員去某島推銷自己的產品。甲廠派出的推銷員到了島上以後，迅速給廠部發來一份電報，強調鞋製品在該島無任何市場，因為島上居民無一人著鞋，並表明自己亦將迅速回廠。而另一家廠商的推銷員則迅速發電報，要求企業立即寄來大批貨物，因為該島有著非常巨大的市場潛力，且目前尚無其他廠家參與競爭。顯然，不同的認識將給兩家企業帶來不同的市場和發展機會。當然，上述第二家企業要充分開發市場，還須在島民消費觀念的改變上進行必要的示範、宣傳以及勸導。

需要指出的是，以觀念轉變為基礎的創新必須及時組織才可能給企業帶來發展和增長的機會。所謂及時，是指既不能過遲，也不能過早。滯後於競爭對手行動，等到許多競爭企業都已利用消費觀念的改變開發了某種產品企業才採取措施，那麼待企業措施產生效果、推出產品時，由於消費觀念轉變而新出現的市場可能早已飽和了。相反，如果消費者的觀念尚未轉變或剛剛開始轉變，企業在敏銳地觀察到這種機會後即迅速採取行動，這樣可以領先競爭者許多，由此促成這種消費觀念的轉變從而市場真正形成，這不僅會使企業受益，而且會使整個行業受益，換句話說，企業開發的將不僅是企業市場，而且是行業市場。與稍後行動的企業相比，迅即行動的企業前期投入的各種費用可能過高，因而在成本上可能處於不利地位。

7. 新知識的產生

有人把我們所處的時代稱為知識經濟時代。從某種意義上說，人類任何活動都是知識的利用、累積和發展的過程。把目前的時代稱作知識經濟時代的重要原因可能是新知識以前所未有的速度湧現。一種新知識的出現，將為企業創新提供異常豐富的機會。在各種創新類型中，以新知識為基礎的創新是最為企業重視和歡迎的。但同時，無論在創新所需時間、失敗的概率或成功的可能性預期還是對企業家的挑戰程度上，這種創新都是最為變化莫測、難以駕馭的。

與其他類型的創新相比，知識性創新具有最為漫長的前置期。從新知識的產生到應用技術的出現最後到產品的市場化，這個過程通常需要很長時間。不僅在自然科學領域如此，以社會科學新知識為基礎的創新亦是這樣。比如，早在19世紀初，聖西門就提出了有目的地利用資本去促進經濟發展的商業銀行理論，但直到他去世20多年後，才有他的門徒雅各布和皮里兄弟倆在1852年創辦世界上第一家商業銀行——「信貸公司」。

知識性創新的第二個特點是這類創新不是以某個單一因素為基礎，而是以好幾種不同類型的知識的組合為條件。雖然在這類創新的組織中首先需要依靠一種或少數幾種關鍵的技術以及相關的知識，但在所有其他必備知識尚未出現之前，創新是不可能實現的。這種對知識集合性的要求也是這類創新前置期較長的一個重要原因。飛機、計算機等的出現無不說明了這一點。

前置期較長和對相關知識的集合性要求不僅決定了企業必須在早期投入大量的資金，而且由於即便投入許多資源新知識也可能不會出現或難以齊全，因此與其他創新相比，以新知識為基礎的創新需要承擔更大的風險。

上面我們介紹了德魯克理論中創新的七種來源。顯然，創新這個詞本身的含義已經表明其機會和可能是難以窮盡的。同時還需指出，在企業實踐中，創新通常是幾種不同來源或影響因素共同作用的結果。

三、制度創新

要素組合的創新主要從技術角度分析了人、機、料各種結合方式的改進和更新，而制度創新則需要從社會經濟角度來分析企業各成員間的正式關係的調整和變革，制度是組織運行方式的原則規定。

（1）產權制度是決定企業其他制度的根本性制度，它規定著企業最重要的生產要素的所有者對企業的權力、利益和責任。不同的時期，企業各種生產要素的相對重要性是不一樣的。在主流經濟學的分析中，生產資料是企業生產的首要因素，因此，產權制度主要指企業生產資料的所有制。目前存在兩大生產資料所有制：私有制和公有制（或更準確地說是社會成員共同所有的「共有制」）。這兩種所有制在實踐中都不是純粹的。企業產權制度的創新也許應朝向尋求生產資料的社會成員「個人所有」與「共同所有」的最適度組合的方向發展。

（2）經營制度是有關經營權的歸屬及其行使條件、範圍、限制等方面的原則規定。它表明企業的經營方式，確定誰是經營者，誰來組織企業生產資料的佔有權、使用權和處置權的行使，誰來確定企業的生產方向、生產內容、生產形式，誰來保證企業生產資料的完整性及其增值，誰來向企業生產資料的所有者負責以及負何種責任。經營制度的創新應是不斷尋求企業生產資料最有效利用的方式。

（3）管理制度是行使經營權、組織企業日常經營的各種具體規則的總稱，包括對材料、設備、人員及資金等各種要素的取得和使用的規定。在管理制度的眾多內容中，分配制度是極重要的內容之一。分配制度涉及如何正確地衡量成員對組織的貢獻並在此基礎上如何提供足以維持這種貢獻的報酬。由於勞動者是企業諸要素的利用效率的決定性因素，因此，提供合理的報酬以激發勞動者的工作熱情對企業的經營就有著非常重要的意義。分配制度的創新在於不斷地追求和實現報酬與貢獻的更高層次上的平衡。

產權制度、經營制度、管理制度這三者之間的關係是錯綜複雜的（實踐中相鄰的兩種制度之間的劃分甚至很難界定）。一般來說，一定的產權制度決定相應的經營制度。但是，在產權制度不變的情況下，企業具體的經營方式可以不斷進行調整；同樣，在經營制度不變時，具體的管理規則和方法也可以不斷改進。而管理制度的改進一旦發展到一定程度，就會要求經營制度作相應的調整；經營制度的不斷調整，則必然會引起產權制度的革命。因此，反過來，管理制度的變化會反作用於經營制度；經營制度的變化會反作用於產權制度。

四、組織創新

企業組織創新是指隨著生產的不斷發展而產生的新的企業組織形式，如股份制、股份合作制、基金會制等。換句話說就是改變企業原有的財產組織形式或法律形式使其更適合經濟發展和技術進步。

組織創新是企業管理創新的關鍵。現代企業組織創新就是為了實現管理目的，將企業資源進行重組與重置，採用新的管理方式和方法、新的組織結構和比例關係，使企業發揮更大效益的創新活動。

企業組織創新是通過調整優化管理要素——人、財、物、時間、信息等資源的配置結構，提高現有管理要素的效能來實現的。作為企業的組織創新，可以有新的產權制、新的用工制、新的管理機制，公司兼並和戰略重組，對公司重要人員實行聘任制和選舉制，企業人員的調整與分流等等。

組織創新的方向就是要建立現代企業制度，真正做到「產權清晰、權責明確、政企分開、管理科學」。企業的組織創新，要考慮企業的經營發展戰略，要對未來的經營方向、經營目標、經營活動進行系統籌劃；要建立以市場為中心的市場信息、宏觀調整信號並及時做出反應的反饋應變系統；要不斷優化各項生產要素組合，開發人力資源；在注重實物管理的同時，應加強價值形態管理，注重資產經營、資本金的累積等等。

(一) 企業組織創新的主要內容和方向

組織創新的主要內容就是要全面系統地解決企業組織結構與運行以及企業間組織聯繫方面所存在的問題，使之適應企業發展的需要，具體內容包括企業組織的職能結構、管理體制、機構設置、橫向協調、運行機制和跨企業組織聯繫六個方面的變革與創新。

1. 職能結構的變革與創新

要解決的主要問題包括：第一，走專業化的道路，分離由輔助作業、生產與生活服務、附屬機構等構成的企業非生產主體，發展專業化社會協作體系、精幹企業生產經營體系，集中資源強化企業核心業務與核心能力。第二，加強生產過程之前的市場研究、技術開發、產品開發和生產過程之後的市場營銷、用戶服務等過去長期薄弱的環節，同時加強對信息、人力資源、資金與資本等重要生產要素的管理。

2. 管理體制（組織體制）的變革與創新

管理體制是指以集權和分權為中心、全面處理企業縱向各層次特別是企業與二級單位之間權責利關係的體系，亦稱為企業組織體制。其變革與創新要注意以下問題：

第一，在企業的不同層次，正確設置不同的經濟責任中心，包括投資責任中心、利潤責任中心、成本責任中心等，消除因經濟責任中心設置不當而產生的管理過死或管理失控的問題。

第二，突出生產經營部門（俗稱一線）的地位和作用，管理職能部門（二線）要面向一線，對一線既管理又服務，根本改變管理部門高高在上，對下管理、指揮監督多而服務少的傳統結構。

第三，作業層（基層）實行管理中心下移。作業層承擔著作業管理的任務。這一層次在較大的企業中，還可分為分廠、車間、工段、班組等若干層次。可以借鑒國外企業的先進經驗，調整基層的責權結構，將管理重心下移到工段或班組，推行作業長制，使生產現場發生的問題，由最瞭解現場的人員在現場迅速解決，從組織上保證管理質量和效率的提高。

3. 機構設置的變革與創新

考慮橫向上每個層次應設置哪些部門，部門內部應設置哪些職務和崗位，怎樣處理好他們之間的關係，以保證彼此間的配合協作。改革方向是推行機構綜合化，在管理方式上實現每個部門對其管理的物流或業務流，能夠做到從頭到尾、連續一貫的管理，達到物流暢通、管理過程連續。具體做法就是把相關性強的職能部門歸併到一起，做到一個基本職能設置一個部門、一個完整流程設置一個部門。其次是推行領導單職

制，即企業高層領導盡量少設副職，中層和基層基本不設副職。

4. 橫向協調的變革與創新

對於橫向協調的變革與創新，有三個措施：

第一，自我協調、工序服從制度。實行相關工序之間的指揮和服從。

第二，主動協作、工作滲透的專業搭接制度。在設計各職能部門的責任制時，對專業管理的接合部和邊界處，有意識地安排一些必要的重疊和交叉，有關科室分別享有決定、確認、協助、協商等不同責權，以保證同一業務流程中的各個部門能夠彼此銜接和協作。

第三，對大量常規性管理業務，在總結先進經驗的基礎上制定制度標準，大力推行規範化管理制度。這些標準包括管理過程標準、管理成果標準和管理技能標準。

5. 運行機制的變革與創新

建立企業內部的「價值鏈」，上下工序之間、服務與被服務的環節之間，用一定的價值形式聯結起來，相互制約，力求降低成本、節約費用，最終提高企業整體效益。改革原有自上而下進行考核的舊制度，按照「價值鏈」的聯繫，實行上道工序由下道工序考核、輔助部門由主體部門評價的新體系。

6. 跨企業組織聯繫的變革與創新

前面幾項組織創新內容，都是屬於企業內部組織結構及其運行方面的內容，除此之外，還要考慮企業外部相互之間的組織聯繫問題。重新調整企業與市場的邊界，重新整合企業之間的優勢資源，推進企業間組織聯繫的網絡化，這是新世紀企業組織創新的一個重要方向。

(二) 中國企業組織創新模式的類型

在中國現階段經濟改革過渡時期，企業組織創新可劃分為三種模式：戰略先導型組織創新模式、技術誘導型組織創新模式、市場壓力型組織創新模式。

1. 戰略先導型組織創新模式

從創新的動力源看，戰略先導型組織創新的動力主要來自於企業戰略導向的變化。在企業高層管理者對內外環境變化的預見或快速反應的驅動下，企業首先將企業家的智力和時間資源以及相應的物質和組織資源集中投入到企業戰略的變革上，分析外部環境和內部條件、確立組織視野、明確目標規劃、調整產品結構，實現戰略創新。在此基礎上，一方面轉變觀念、形成新規範、調整人際關係，進行文化創新；另一方面，則著眼於重新配置企業責權結構，使結構創新適應戰略創新和文化創新的需要。

戰略先導型組織創新的本質在於：由企業戰略創新啟動，文化創新、結構創新同步進行，從而實現企業戰略創新、文化創新和結構創新的動態匹配。正是這三類創新的協同匹配，使戰略先導型組織創新表現出帶有企業內源性根本組織創新的特點。戰略先導型組織創新模式的實現除了要求企業家具有戰略眼光和超前決策能力外，還要求企業必須在快速發展的產業環境中，具有充分的成長空間，並能夠有效利用各種信息源，尤其善於創造性學習和借鑒外部組織創新的經驗，以盡量減少創新成本。

2. 技術誘導型組織創新模式

從創新的動力源看，技術誘導型組織創新的動力主要來自於企業新技術的發展，尤其是企業帶有根本性的產品創新導致的產品結構的變化。由於產品結構的變化，企業的部門設置、資源配置及責權結構都要有相應的調整，從而引發結構創新。在結構創新的基礎上，企業價值觀念和行為規範會發生潛移默化的轉變，完成漸進的文化創新。結構和文化的逐漸變化又會進一步誘致企業戰略創新。因而，技術誘導型組織創新總是表現為由結構創新到文化創新再到戰略創新的邏輯順序。

技術誘導型組織創新的最大特點是源自企業內部產品結構的變化，並由此引起的結構和文化調整也是逐漸進行的，一般不至於導致企業組織在短期內的整體變化，因而，技術誘導型組織創新屬於企業內源性的漸進組織創新。技術誘導型組織創新是企業中常見的組織創新類型，尤其是對於那些正由單一品種生產向多元經營轉化的企業來說，適應新產品生產經營的需要，就要進行相應的組織創新。應該注意的是，這種類型的創新應該首先從開發、生產和銷售的技術條件和管理條件的角度，考察新產品與企業原有產品之間的關係，以避免機構重疊和資源浪費；其次，結構創新和文化創新應該保持連貫性和循序漸進性，以避免打破企業原有的平衡；最後，一旦結構創新和文化創新得以實現，應適時進行戰略調整，使企業戰略真正轉移到多品種生產經營上來。

3. 市場壓力型組織創新模式

從創新的動力源看，市場壓力型組織創新的動力主要來自於市場競爭壓力。市場競爭壓力迫使企業求生存、謀發展，努力通過戰略創新、文化創新和結構創新來保持和提高企業核心能力，靠持續的技術創新贏得競爭優勢。對於中國大多數企業來說，市場壓力型組織創新更多地表現為由文化創新啟動，進而誘發大規模戰略創新，最終以反覆的結構創新來實現企業組織創新的邏輯順序。

市場壓力型組織創新屬於企業外源性創新，但它既可能是漸進的，又可能是根本性的，這要視企業具體的內部和外部環境而定。由於中國大多數企業的戰略、結構和文化都急需重組，因而，對於國有企業來說，市場壓力型組織創新多表現為從文化創新開始的企業根本性創新。而這種轉軌或過渡一旦完成，市場壓力型組織創新將主要表現為漸進性創新，而且將成為企業日常占主導地位的創新類型。

一般來說，表現為企業根本性創新的市場壓力型組織創新，要求企業首先要有轉變觀念的內在需要，最高管理層和基層員工都要意識到競爭的壓力；其次，要有進行根本性戰略創新的勇氣，適應市場的需要重新配置企業資源；最後，要熟悉市場變化、明確競爭來源、及時準確地把握各種內外部創新源的變化，尤其要善於學習外部組織成功創新的經驗，以盡量降低創新成本。

(三) 中國企業組織創新模式的選擇

從根本上說，組織創新要有利於培育、保持和提高企業的核心能力，在市場競爭中贏得持續的競爭優勢。因而，企業組織創新模式的選擇最終還是要看是否有利於提高企業的核心能力。可以說，核心能力是衡量企業組織創新的成效及其模式選擇的最

終標準。具體地說，核心能力是企業不同的技術系統、管理系統、社會心理系統、目標與價值系統等的有機結合，而體現在這種組合中的核心內涵是企業所專有的知識體系。正是企業的專有知識使核心能力表現得獨一無二、與眾不同和難以模仿。核心能力建立在企業戰略和結構之上，以具備特殊技能的人為載體，涉及眾多層次的人員和組織的全部職能，因而，核心能力必須有溝通、參與和跨越組織邊界的共同視野和認可。

對於中國企業組織創新模式的選擇來說，核心能力的影響主要是通過企業核心能力的定位和核心能力未來發展戰略的確定表現出來。因為，核心能力定位直接決定了企業在戰略、結構和文化方面的定位，即組織定位。沒有恰當的組織定位，創新模式的選擇將難以符合企業的實際。組織創新模式的選擇必須緊緊圍繞這兩個問題展開：一方面保證企業核心技術的創新持續不斷；另一方面，保證作為核心能力載體的人才能夠得到全面的培養、發展以及合理使用和有效聚集。在此基礎上，組織創新的模式選擇還要考慮技術環境與制度環境的變化，分析組織創新動力的來源和可能獲得的創新信息的源泉。所以，環境分析、創新源分析和核心能力分析一起構成了企業組織創新模式選擇的重要前提，其中核心能力分析是組織創新模式選擇的分析框架的基礎。

(四) 中國企業組織創新的主流模式

目前，中國企業組織創新的主流模式為戰略先導型組織創新模式，此模式之所以成為主流，既與其符合中國經濟轉型時期的特點有關，又與其適應當前世界經濟發展大趨勢相聯繫。我們可以看到：即使在市場經濟相對發達的國家，由於近年來高新技術的飛速發展和產業經濟結構的調整，經濟發展正逐步由資源依賴型向知識依賴型轉變，致使企業帶有根本性的戰略先導組織創新也層出不窮。而戰略先導型組織創新模式又有兩個具體的主導模式：一是業務流程重組；二是分權制。

1. 業務流程重組

業務流程是企業為達到一個特定的經營成果而執行的一系列邏輯相關的活動的總和，而業務流程重組則是企業為達到組織關鍵業績（如成本、質量、服務和速度）的巨大進步，而對業務流程進行的根本性再思考和再設計，其核心是業務流程的根本性創新，而非傳統的漸進性變革。業務流程重組屬於企業內源型的根本性組織創新，創新的動力源來自於企業家精神或企業戰略導向變化，強調由戰略創新啟動，戰略、文化和結構創新密切配合，因而，業務流程重組是典型的戰略先導型組織創新。另外，選擇這種模式，必須考慮如下幾個方面的影響因素：

第一，企業所處的環境正在發生深刻變化，如中國經濟體制改革這樣的大規模制度創新或像世界範圍的高新技術革命引發的技術經濟模式的變革，而這種創新或變革又深刻地影響到企業所在產業的發展，使產業結構發生深刻變化。這一切將成為企業重新考慮自身生存和發展問題的必要條件，也是進行戰略先導型組織創新的重要外部環境。

第二，這種根本性的創新必須源自企業自身的內在需要，必須由企業家的戰略眼光和超前決策來推動，而且還能夠從企業家思想、經驗以及外部組織變革的啟示中獲

得足夠的創新信息以順利實現創新。

第三，圍繞核心能力的提高和未來發展，戰略、文化和結構的創新必須緊密配合。

第四，戰略、文化和結構的根本性創新必須能夠保證企業核心能力的穩定和持續提高。

中國企業在選擇業務流程重組這種戰略先導型組織創新模式時，必須考慮以上四個影響因素。如果不能對這些影響因素做全面而細緻的分析，就選擇進行企業業務流程重組，那將是非常盲目的。中國企業在進行業務流程重組時，必須要有明確的戰略視野，也要有相應的管理哲學和觀念變革的方法，這樣才能達到適應環境變化、重新配置企業資源的目的。

2. 分權制

分權制組織是現代企業特別是大企業所普遍採取的一種組織結構形式，也是目前中國企業組織創新中的重要目標模式。對於中國企業來說，實行分權制組織創新是一種戰略先導型組織創新，因此，研究這個問題對於中國企業國際化組織創新具有十分重要的意義。中國企業面臨著規模擴大、市場競爭加劇、競爭核心環節向研發和營銷轉移、環境動盪性增加以及人員成長需求增強等趨勢，因此從整體看，分權制組織創新是不可避免的趨勢。同時，相對於西方企業而言，中國企業的分權基礎能力普遍較弱，這是造成中國企業實施分權代價過高的根本原因。因此，提高企業的分權基礎能力是中國企業取得分權制組織創新成功的關鍵所在。分權是一種必然趨勢，分權必須在一定能力的基礎之上進行才能取得預期效果。

五、環境創新

環境是企業經營的土壤，同時也制約著企業的經營。企業與環境的關係，不是單純地去適應，而是在適應的同時去改造、去引導，甚至去創造。環境創新不是指企業為適應外界變化而調整內部結構活動，而是指通過企業積極的創新活動去改造環境，去引導環境朝著有利於企業經營的方向變化。例如，通過企業的公關活動，影響社區政府政策的制定；通過企業的技術創新，影響社會技術進步的方向等。就企業來說，環境創新的主要內容是市場創新。

市場創新主要是指通過企業的活動去引導消費，創造需求。成功的企業經營不僅要適應消費者已經意識到的市場需求，而且要去開發和滿足消費者自己可能還沒有意識的需求。新產品的開發往往被認為是企業創造市場需求的主要途徑。其實，市場創新的更多內容是通過企業的營銷活動來進行的，即在產品的材料、結構、性能不變的前提下，或通過市場的物理轉移，或通過揭示產品新的使用價值，來尋求新用戶，抑或通過廣告宣傳等促銷工作，來賦予產品以一定的心理使用價值，影響人們對某種消費行為的社會評價，從而誘發和強化消費者的購買動機，增加產品的銷售量。

第三節　創新的過程和組織

一、創新的過程

要有效地組織系統的創新活動，就必須揭示創新的規律。

創新有無規律可循？對這個問題是有爭議的。美國創新活動非常活躍，從而經營成功的 3M 公司的一位常務副總裁在一次講演中甚至這樣開頭：「大家必須以一個堅定不移的信念作為出發點，這就是：創新是一個雜亂無章的過程。」

創新是對舊事物的否定，是對新事物的探索。對舊事物的否定，創新必定要突破原先的制度，破壞原先的秩序，不遵守原先的章程；對新事物的探索，創新者只能在不斷的嘗試中去尋找新的程序、新的方法，在最終的成果取得之前，可能要經歷無數次反覆，無數次失敗，因此，它看上去必然是雜亂的。但這種「雜亂無章性」是相對於舊制度、舊秩序而言的，是相對於個別創新而言的。就創新的總體來說，它們必然遵循一定的步驟、程序和規律。

總結眾多成功企業的經驗，成功的創新要經歷尋找機會、提出構思、迅速行動、堅持不懈這樣幾個階段的努力。

（一）尋找機會

創新是對原有秩序的破壞。原有秩序之所以要打破，是因為其內部存在著或出現了某種不協調的現象。這些不協調對系統的發展提供了有利的機會或造成了某種不利的威脅。創新活動正是從發現和利用舊秩序內部的這些不協調現象開始的。不協調為創新提供了契機。

舊秩序中的不協調既可存在於系統內部，也可產生於對系統有影響的外部。

就系統的外部說，有可能成為創新契機的變化主要有：

（1）技術的變化，從而可能影響企業資源的獲取、生產設備和產品的技術水平。

（2）人口的變化，從而可能影響勞動市場的供給和產品銷售市場的需求。

（3）宏觀經濟環境的變化。迅速增長的經濟背景可能給企業帶來不斷擴大的市場，而整個國民經濟的蕭條則可能降低企業產品需求者的購買能力。

（4）文化與價值觀念的轉變，從而可能改變消費者的消費偏好或勞動者對工作及其報酬的態度。

就系統內部來說，引發創新的不協調現象主要有：

（1）生產經營中的瓶頸，可能影響了勞動生產率的提高或勞動積極性的發揮，因而始終困擾著企業的管理人員。這種卡殼環節，既可能是某種材料的質地不夠理想，且始終找不到替代品，也可能是某種工藝加工方法的不完善，再或是某種分配政策的不合理。

（2）企業意外的成功和失敗。派生產品的銷售額、從而其利潤貢獻不聲不響地、出人預料地超過了企業的主營產品；老產品經過精心改進後，結構更加合理、性能更

加完善、質量更加優異，但並未得到預期數量的訂單……這些出乎企業預料的成功和失敗，往往可以把企業從原先的思維模式中驅趕出來，從而可以成為企業創新的重要源泉。

企業的創新，往往是從密切地注視、系統地分析社會經濟組織在運行過程中出現的不協調現象開始的。

(二) 提出構想

敏銳地觀察到不協調現象的產生以後，還要透過現象究其原因，並據此分析和預測不協調的未來變化趨勢，估計它們可能給組織帶來的積極或消極後果；在此基礎上，努力利用機會或將威脅轉換為機會，採用頭腦風暴法、德爾菲法、暢談會等方法提出多種解決問題、消除不協調、使系統在更高層次實現平衡的創新構想。

(三) 迅速行動

創新成功的秘訣主要在於行動。提出的構想可能不完善，甚至可能很不完善，但這種並非十全十美的構想必須立即付諸行動才有意義。「沒有行動的思想會自生自滅。」這句話對於創新思想的實踐成功尤為重要，一味追求完美，以減少受譏諷、被攻擊的機會，就可能坐失良機，把創新的機會白白送給自己的競爭對手。T. 彼得斯和 W. 奧斯汀在《志在成功》中介紹了這樣一個例子：20 世紀 70 年代，施樂公司為了把產品搞得十全十美，在羅徹斯特建造了一座全由工商管理碩士（MBA）占用的 29 層高樓。這些 MBA 們在大樓裡對每一件可能開發的產品都設計了擁有數百個變量的模型，編寫了一份又一份的市場調查報告……然而當這些人繼續不著邊際地分析時，當產品研製工作被搞得越來越複雜時，競爭者已將施樂公司的市場搶走了 50% 以上。創新的構想只有在不斷的嘗試中才能逐漸完善，企業只有迅速地行動才能有效地利用「不協調」提供的機會。

(四) 堅持不懈

構想經過嘗試才能成熟，而嘗試是有風險的，是不可能「一打就中」的，是可能失敗的。創新的過程是不斷嘗試、不斷失敗、不斷提高的過程。因此，創新者在開始行動以後，為取得最終的成功，必須堅定不移地繼續下去，絕不能半途而廢，否則便會前功盡棄。要在創新中堅持下去，創新者必須有足夠的信心，有較強的忍耐力，能正確面對嘗試過程中出現的失敗。既為減少失誤或消除失誤後的影響採取必要的預防或糾正措施，又不把一次「戰役」（嘗試）的失利看成整個「戰爭」的失敗，知道創新的成功只能在屢屢失敗後才姍姍來遲。偉大的發明家愛迪生曾經說過：「我的成功乃是從一路失敗中取得的。」這句話對創新者應該有所啟示。創新的成功在很大程度上要歸因於「最後五分鐘」的堅持。

二、創新活動的組織

系統的管理者不僅要根據創新的上述規律和特點的要求，對自己的工作進行創新，

而且更主要的是組織下屬的創新。組織創新，不是去計劃和安排某個成員在某個時間去從事某種創新活動——這在某些時候也許是必要的，但更要為部屬的創新提供條件、創造環境、有效的組織系統內部的創新。

(一) 正確理解和扮演「管理者」角色

管理人員往往是保守的。他們往往以為組織雇用自己的目的，是維持組織的運行，因此自己的職責首先是保證預先制定的規則的執行和計劃的實現。「系統的活動不偏離計劃的要求」便是優秀管理的象徵。因此，他們往往自覺或不自覺地扮演現有規章制度的守護神的角色。為了減少系統運行中的風險，防止大禍臨頭，他們往往對創新嘗試中的失敗吹毛求疵，隨意懲罰在創新嘗試中遭到失敗的人，或輕易地獎勵那些從不創新、從不冒險的人……在我們真正明白了管理的維持與創新的職能後，再這樣來狹隘地理解管理者的角色，顯然是不行的。管理人員必須自覺地帶頭創新，並努力為組織成員提供和創造一個有利於創新的環境，積極鼓勵、支持、引導組織成員進行創新。

(二) 創造促進創新的組織氛圍

促進創新的最好辦法是大張旗鼓地宣傳創新，激發創新，樹立「無功便是過」的新觀念，使每一個人都奮發向上、努力進取、躍躍欲試、大膽嘗試。要造成一種人人談創新、時時想創新、無處不創新的組織氛圍，使那些無創新慾望或有創新慾望卻無創新行動從而無所作為者自己感覺到在組織中無立身之地，使每個人都認識到組織聘用自己的目的，不是要自己簡單地用既定的方式重複那也許重複了許多次的操作，而是希望自己去探索新的方法，找出新的程序，只有不斷地去探索、去嘗試才有繼續留在組織中的資格。

(三) 制訂有彈性的計劃

創新意味著打破舊的規則，意味著時間和資源的計劃外占用，因此，創新要求組織的計劃必須具有彈性。

創新需要思考，思考需要時間。把每個人的每個工作日都安排得非常緊湊，對每個人在每時每刻都實行「滿負荷工作制」，則創新的許多機遇便不可能發現，創新的構想也無條件產生。美籍猶太人宮凱爾博士對日本人的高節奏工作制度就不以為然，他說：「一個人成天在街上奔走，或整天忙於做某一件事……沒有一點清閒的時間可供他去思考，怎麼會有新的創見？」他認為，每個人「每天除了必需的工作時間外，必須抽出一定時間供思考用」(《讀者文摘》1989年第一期)。美國成功的企業，也往往讓職工自由地利用部分工作時間去探索新的設想，據《創新者與企業革命》一書介紹，IBM、3M、奧爾—艾達公司以及杜邦公司等都允許員工利用5%~15%的工作時間來開發他們的興趣和設想。同時，創新需要嘗試，而嘗試需要物質條件和試驗的場所。要求每個部門在任何時間都嚴格地制訂和執行嚴密的計劃，則創新會失去基地，而永無嘗試機會的新構想就只能留在人們的腦子裡或圖紙上，不可能給組織帶來任何實際的效果。

（四）正確地對待失敗

創新的過程是一個充滿了失敗的過程。創新者應該認識到這一點，創新的組織者更應該認識到這一點。只有認識到失敗是正常的，甚至是必需的，管理人員才可能允許失敗，支持失敗，甚至鼓勵失敗。當然，支持嘗試，允許失敗，並不意味著鼓勵組織成員去馬馬虎虎地工作，而是希望創新者在失敗中取得有用的教訓，學到一點東西，變得更明白，從而使下次失敗到創新成功的路程縮短。美國一家成功的計算機設備公司在它那只有五六條的企業哲學中甚至這樣寫道：「我們要求公司的人每天至少犯10次錯誤，如果誰做不到這一條，就說明誰的工作不夠努力。」（《志在成功》第251頁）

（五）建立合理的獎酬制度

要激發每個人的創新熱情，還必須建立合理的評價和獎懲制度。創新的原始動機也許是個人的成就感、自我實現的需要，但是如果創新的努力不能得到組織或社會的承認，不能得到公正的評價和合理的獎酬，則繼續創新的動力會漸漸失去。

（1）注意物質獎勵與精神獎勵的結合。獎勵不一定是金錢上的，而且往往不需要是金錢方面的，精神上的獎勵也許比物質報酬更能滿足驅動人們創新的心理需要。而且，從經濟的角度來考慮，物質獎勵的效果要低於精神獎勵：金錢的邊際效用是遞減的，為了激發和保持同等程度的創新積極性，組織不得不支付越來越多的獎金。對創新這個人來說，物質上的獎酬只在一種情況下才是有用的：獎金的多少首先被視作是衡量個人的工作成果和努力程度的標準。

（2）獎勵不能視作「不犯錯誤的報酬」，而應是對特殊貢獻甚至是對希望做出特殊貢獻的努力的報酬；獎勵的對象不僅包括成功以後的創新者，而且應當包括那些成功以前甚至是沒有獲得成功的努力者。就組織的發展而言，也許重要的不是創新的結果，而是創新的過程。如果獎酬制度能促進每個成員都積極地去探索和創新，那麼對組織發展有利的結果是必然會產生的。

（3）獎勵制度要既能促進內部的競爭，又能保證成員間的合作。內部的競爭與合作對創新都是非常重要的。競爭能激發每個人的創新慾望，從而有利於創新機會的發現、創新構想的產生；而過度的競爭則會導致內部各自為政、互相封鎖。協作能綜合各種不同的知識和能力，從而可以使每個創新構想都更加完善，但沒有競爭的合作難以區別個人的貢獻，從而會削弱個人的創新慾望。要保證競爭與協作的結合，在獎勵項目的設置上，可考慮多設集體獎，少設個人獎，多設單項獎，少設綜合獎；在獎金的數額上，可考慮多設小獎，少設甚至不設大獎，使每個人都能看到成功的希望，避免「只有少數人才能成功的超級明星綜合徵」，從而防止相互封鎖和保密、破壞合作的現象。

復習思考題：

1. 創新含義是什麼？創新有哪些分類與特徵？
2. 怎樣理解目標創新？
3. 組織中可能存在哪些技術創新的源泉？
4. 何謂制度創新、環境創新？
5. 何謂組織創新？
6. 簡述管理創新的過程。
7. 如何組織管理創新？

[本章案例]

小天鵝的「末日管理」

無錫小天鵝公司是一個以國有資本為主體的股份制企業。幾年來，在企業內部推行「末日管理」，以建立全球性「橫向比較」的信息體系為手段，以全員化、立體化、規範化的營銷管理體系為支柱，以強有力的人才開發機制為保證，從追求卓越到追求完善，小天鵝人的危機意識已成為全體員工的共同意識。

1. 競爭就是爭取消費者

小天鵝運用特殊的比較法參與競爭，將傳統的「縱比」改為「橫比」，比出了「危機」：其一，與國際名牌比，找出與世界水平的差距，爭創國際品牌；其二，與國內同行比，學習兄弟企業的長處，保持國內領先；其三，與市場的需求比，目光緊緊瞄準用戶，把握市場命脈；其四，以己之短比人之長，努力避免一得自矜。

2. 參與競爭就是提高市場佔有率

市場佔有率既是企業成功的條件，又是企業成功的標誌。佔有了市場就是爭取了消費者。小天鵝認為，企業出產不僅僅是產品，是質量和信譽，而且是廣大消費者給自己發了工資和獎金。今天的小天鵝不僅完成了這個觀念上的轉變，而且已經實現按訂單生產，成了「無倉庫企業」。小天鵝又提出「24小時，365天運行才是真正經營」的經營理念。實行雙班制生產，推行24小時熱線服務，進一步提高小天鵝的市場應變能力和效率，確保了市場佔有率。

3. 建立面對市場的全員化、立體化、規範化的營銷管理體系

全員化就是多讓職工參與營銷。立體化就是企業內部在生產、科技、營銷、人事等方面面對市場發揚團隊精神，參與市場競爭。規範化就是把行之有效的營銷方式制度化，這包括：①小天鵝的企業精神：「為國貢獻，團結拼搏，進取敬業，全心服務，文明禮貌。」②小天鵝的規範管理：人事管理推行「職工就業規則」，對職工的權利和義務都做了詳盡而明確的規定；財務管理實行「裁決順序和簽字原則」，明確總經理、副總經理和部長的權限，對公司日常事項的決定作了詳細的規定。③實行成品零庫存的制度，如果產品三天賣不掉，寧可停產。

4. 注重服務

小天鵝在服務上推出了「金獎產品信譽卡」的承諾，將服務監督權交給用戶，把服務公約公布於眾，堅持做到「1，2，3，4，5」的特色服務，即「上門服務帶一雙鞋，進門二句話，帶好三塊布（一塊修機布、一塊墊機布、一塊擦機布），做到四不準（不準抽用戶一支菸，不準喝水，不準亂收費，不拿用戶禮品），五年保修，隨叫隨到，如有逾期甘願受罰」，並為用戶辦理了責任保險。同時堅持「名品進名店」，與全國經聯會、貿聯會、新聯會、華聯和交電系統的一百多家商界臺柱子商場建立正常友好的業務往來。

5. 實施名牌戰略，擴大經濟規模，提高競爭力

經營只是今天，創新才是明天，隨著市場經濟的深入，末日管理又有了新的拓展，推行戰略聯盟，壯大銷售同盟軍，也壯大了小天鵝自己。為實現自己的「旭日目標」，小天鵝的做法是：①與同行聯盟。小天鵝只有波輪全自動，沒有滾筒，也沒有雙缸，從這點看，小天鵝要搶占市場份額，確有難度，偏偏上海惠而浦、長春羅蘭、寧波新樂有設備、有產品也樂於接受定牌，擴大批量，小天鵝緊緊抓住這個機遇，與它們成功地進行戰略聯盟，達到了雙贏。②與相關產品聯盟。洗衣機和洗衣粉休戚相關，小天鵝與廣州寶潔公司建立了夥伴式的營銷聯盟。寶潔公司在其生產的「碧浪」洗衣粉包裝袋上印上了「一流產品推薦」的字樣，並標明了小天鵝的商標。小天鵝洗衣機在其產品銷售過程中為寶潔公司分發「碧浪」洗衣粉試用樣品。③與國外大公司聯盟。小天鵝公司與德國西門子公司雙方投資，組建了博西威家電有限公司生產滾筒洗衣機，又與松下公司合資生產綠色冰箱，與 MOTOROLA、NEC 分別結盟成立實驗室，使小天鵝的產品始終與世界先進技術保持同步。

討論題：

(1) 管理的創新職能在這個案例中體現在什麼地方？
(2) 小天鵝的「末日管理」的最大的特點是什麼？

國家圖書館出版品預行編目(CIP)資料

現代企業經營管理 / 楊孝海, 翟家保 主編. -- 第一版.
-- 臺北市：財經錢線文化出版：崧博發行, 2018.12

面； 公分

ISBN 978-957-680-281-2(平裝)

1. 企業管理

494　107019087

書　名：現代企業經營管理
作　者：楊孝海、翟家保 主編
發行人：黃振庭
出版者：財經錢線文化事業有限公司
發行者：崧博出版事業有限公司
E-mail：sonbookservice@gmail.com
粉絲頁　　　　　　　網　址：
地　址：台北市中正區延平南路六十一號五樓一室
8F.-815, No.61, Sec. 1, Chongqing S. Rd., Zhongzheng Dist., Taipei City 100, Taiwan (R.O.C.)
電　話：(02)2370-3310　傳　真：(02) 2370-3210
總經銷：紅螞蟻圖書有限公司
地　址：台北市內湖區舊宗路二段 121 巷 19 號
電　話：02-2795-3656　　傳真：02-2795-4100　網址：
印　刷：京峯彩色印刷有限公司（京峰數位）

　　本書版權為西南財經大學出版社所有授權崧博出版事業有限公司獨家發行電子書及繁體書繁體版。若有其他相關權利及授權需求請與本公司聯繫。

定價：650元

發行日期：2018 年 12 月第一版

◎ 本書以POD印製發行